钣金展开下料

技巧及实例

钟翔山 主编

化学工业出版社

·北京·

内容简介

钣金展开下料是钣金加工的关键和难点。本书通过对大量实例的解析，详细讲解了钣金展开下料的操作技能与方法。主要内容包括：钣金展开作图基础知识，钣金展开的原理与方法，33种常见钣金构件的图解展开，52种钣金件的展开计算，32种型钢的展开计算方法，以及钣金构件放样、下料的操作方法、技能、技巧及注意事项。

本书内容详尽实用，案例贴近生产实际，既可供从事机械制造及机械加工的工程技术人员、技术工人学习使用，也可为高校机械专业师生提供有益参考。

图书在版编目（CIP）数据

钣金展开下料技巧及实例/钟翔山主编. —北京：化学工业出版社，2022.1

ISBN 978-7-122-40129-8

Ⅰ.①钣… Ⅱ.①钟… Ⅲ.①钣金工 Ⅳ.①TG38

中国版本图书馆CIP数据核字（2021）第210492号

责任编辑：贾　娜　　文字编辑：林　丹

责任校对：王　静　　装帧设计：刘丽华

出版发行：化学工业出版社（北京市东城区青年湖南街13号　邮政编码100011）

印　　装：大厂聚鑫印刷有限责任公司

787mm×1092mm　1/16　印张15¾　字数385千字　2022年1月北京第1版第1次印刷

购书咨询：010-64518888　　售后服务：010-64518899

网　　址：http://www.cip.com.cn

凡购买本书，如有缺损质量问题，本社销售中心负责调换。

定　　价：79.00元

前言

钣金加工是对金属板材、型材和管材进行冷、热态成形，装配，并以焊接、铆接及螺栓连接等连接方式制造金属构件的加工，主要涉及钳工、冲压、金属切削、焊接、热处理、表面处理、铆接、装配等专业工种或加工技术，并在机械、冶金、航空、造船、化工、国防等诸多行业获得广泛应用。

钣金展开下料主要完成钣金构件的展开放样工作，即完成钣金构件展开图的求解、放样以及放样件的制作两个方面的内容，也是材料验收、矫正、预处理等辅助工序之后的首道正式钣金加工工序，是钣金加工的前提及基础。由于钣金加工涉足的行业领域广，涉及的专业工种多，生产的零部件形状、种类多而杂，决定了其展开放样的方法、手段较为多样，下料操作的方法也相对复杂，涉及的展开、放样、下料的技巧也较多。钣金的展开下料质量成为影响整个钣金构件加工质量的重要组成部分，也成为钣金加工的关键及难点。为满足钣金展开下料工作的实际需要，提升钣金工操作技能，组织编写了本书。

全书在内容编排上注重实践性、针对性、启发性和可操作性，基本理论部分以必需和够用为原则，注重基础知识和基本操作技能的讲解和工作能力的培养，将专业知识与操作技能、方法、技巧有机地融为一体，做到基本概念清晰，突出实用技能。

全书共分 6 章，第 1 章主要介绍了钣金件图的表达、识读以及钣金的几何作图；第 2 章主要讲述了钣金构件实长、相贯体交线的展开原理与方法，并介绍了展开图中的板厚处理、加工余量的确定等放样的基本操作方法、操作技巧；第 3 章主要讲述了常见的棱柱面、圆柱面、球面等构件的平行线法展开，棱锥面、圆锥面、椭圆锥面、渐变形锥面等构件的放射线法展开以及常见构件的三角形法展开；第 4 章主要讲述了常见圆管、圆锥管、异形管台、多面体、球面、螺旋面及板料弯曲等构件的展开计算；第 5 章主要讲述了角钢、槽钢弯曲件及其切口弯曲件的展开计算；第 6 章主要介绍了钣金构件放样的操作方法及注意事项，同时对常见的剪切、冲裁、气割、锯切等下料方法的操作方法、技能、操作技巧及常见操作缺陷及解决措施作了较为详细的介绍。为便于读者领会、理解并在实际工作中融会贯通，所有章节中，尽量多地选用了实战案例，并将大量操作方法、技巧融入其中。

本书具有内容系统完整、结构清晰明了和实用性强等特点。由钟翔山主编，钟礼耀、曾冬秀、周莲英副主编，参加资料整理与编写的有周彬林、刘梅连、欧阳拥、周爱芳、周建华、胡程英，参与部分文字处理工作的有钟师源、孙雨暄、欧阳露、周宇琼。全书由钟翔山整理统稿，钟礼耀校审。

在本书的编写过程中，得到了同行及有关专家、高级技师等的热情帮助、指导和鼓励，在此一并表示由衷的感谢！然而由于编者水平有限，经验不足，书中疏漏之处难免，敬请广大读者批评指正。

编　者

目录

钣金展开作图基础

1.1 钣金件图的表达

钣金加工是对金属板材、型材和管材进行冷、热态分离，变形，装配，并以焊接、铆接及螺栓连接等连接方式制造金属构件的加工。由板材、型材及管材等材料制作的金属构件应用面广，涉及机械、冶金、航空、造船等多个行业，而随着科学技术的发展与进步，钣金构件越来越呈现出多样性和复杂性的特点，但不论钣金构件的复杂程度如何，正确、完整地识读钣金图是钣金加工的前提和基础。

1.1.1 图样视图的表达

能准确地表达物体的形状、尺寸及其技术要求的图称为图样。图样是工程的语言，是制造各种机械零件、设备的重要依据。不同的生产部门对图样有不同的要求，机械制造业中使用的图样称为机械图样。

机械图形主要有零件图和装配图两种。操作工人根据零件图上所规定的要求来加工机器零件，并根据装配图将零件装配成机器。

机械图上图形的画法，绝大多数是正投影法，偶尔也用轴测投影法。用正投影法画出的图形俗称平面图，用轴测投影法画出的图形俗称立体图。立体图尽管较为直观且有立体感，但由于图形不能真实地反映机件的形状和大小，因此，使用并不广泛，一般只作为一种辅助图样。

正投影法就是用垂直于投影面的平行光线去照射物体，在投影面上得到投影图形（参见图 1-1），它可以完全清晰地表达出物体的形状和大小。通俗地说，正投影图就是正对着物体去看和画，所画出的图形，叫作视图。

视图为机件向投影面投影所得的图形。视图主要用来表达机件外部的结构和形状，一般只画出其可见部分（用粗实线），只有必要时才画出其不可见部分（用虚线）。视图可分为基本视图、局部视图、斜视图、向视图、剖视图、断面图。

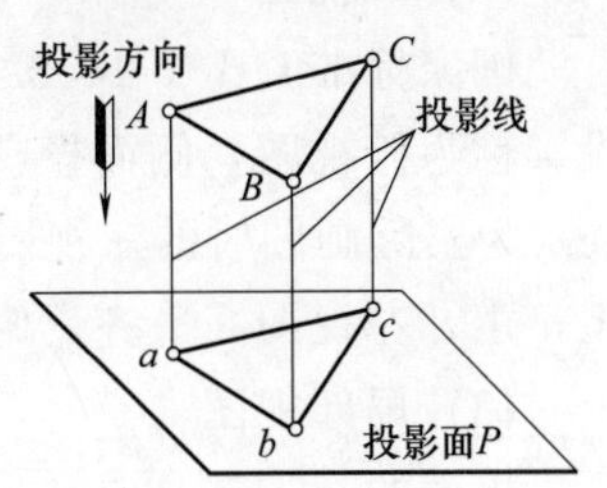

图 1-1 正投影法

(1) 基本视图

机件向基本投影面投影所得的图形称为基本视图。

国家标准 GB/T 4458.1—2002 规定，采用空心正六面体的六个内表面为基本投影面。如图 1-2（a）所示，将机件放在正六面体内，由前、后、左、右、上和下六个方向，分别向六个基本投影面投影，再按图 1-2（b）规定的方法展开，正面投影不动，其余各面按箭头所指方向旋转展开，与正投影面成一个平面，即得六个基本视图，六个基本视图的配置按基本视图位置配置，如图 1-2（c）所示。其名称规定为：主视图（由前向后投影）、俯视图（由上向下投影）、左视图（由左向右投影）、右视图（由右向左投影）、仰视图（由下向上投影）、后视图（由后向前投影）。

六个视图具有主、俯、仰、后视图长对正，主、左、右、后视图高平齐，俯、左、仰、右视图宽相等的规律。

在实际画图中，同一物体并非要同时选用六个基本视图，至于选用哪几个视图应根据机件外部结构的复杂程度，选择必要的基本视图。其中最常用、最优先选用的是：主、俯、左三个基本视图，组成所谓的三视图。

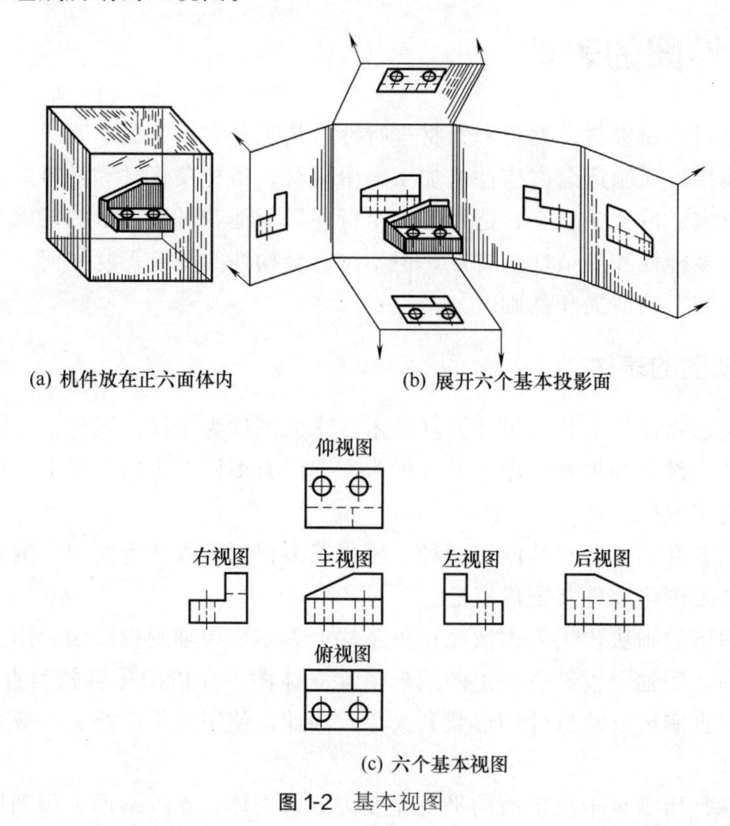

(a) 机件放在正六面体内　(b) 展开六个基本投影面

(c) 六个基本视图

图 1-2 基本视图

(2) 三视图

国家标准 GB/T 4458.1—2002 规定，在三面投影体系中的正面投影称为主视图，水平投影称为俯视图，侧面投影称为左视图，统称为三视图，如图 1-3（a）、（b）所示。图 1-3（c）为实际画图时的三视图。画图时必须保证三视图间的投影规律，即："主、俯视图长对正，主、左视图高平齐，俯、左视图宽相等"，如图 1-3（d）所示。

(3) 局部视图

机件的某一部分向基本投影面投影而得到的视图称为局部视图。局部视图是不完整的基本视图。利用局部视图可以减少基本视图的数量，补充基本视图尚未表达清楚的部分。如图

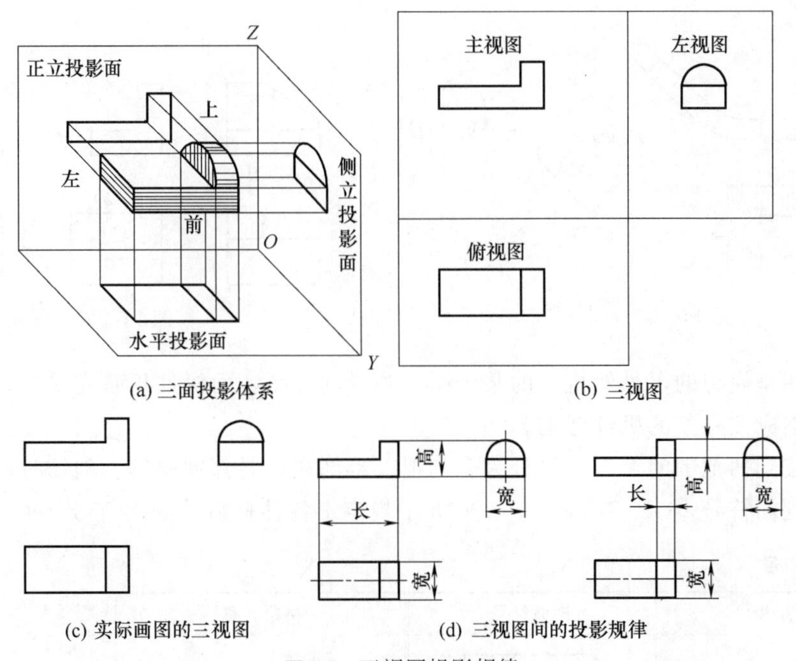

(a) 三面投影体系　(b) 三视图

(c) 实际画图的三视图　(d) 三视图间的投影规律

图 1-3　三视图投影规律

1-4 所示零件，主、俯两视图已将形状表达清楚，只有两侧凸台和左侧筋板的厚度未表达清楚，因此采用 A 向、B 向两个局部视图加以补充，可较简明表达零件全部形状。

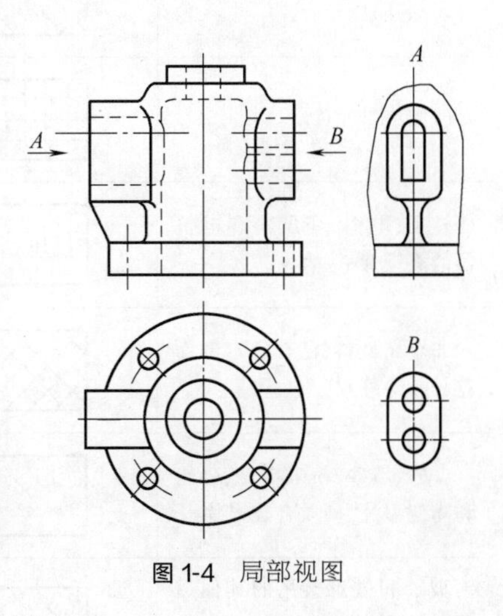

图 1-4　局部视图

局部视图边界应用波浪线表示，如图 1-4 中 A 向视图，若视图的局部结构是完整的，外轮廓又封闭时可省略波浪线，如图 1-4 中 B 向视图。

（4）斜视图

当机件上某一部分结构是倾斜的，且不平行于任何投影面，这时可以采用斜视图。如图 1-5 所示弯板，其倾斜部分在俯视图和左视图上均得不到实形投影，这时就可加一个平行于该倾斜部分的投影面，在该投影面上便可得到其实形。

斜视图的画法与标注基本与局部视图相同。在不引起误解的情况下，可不按投影关系配置视图，可将图形旋转摆正。

（5）向视图

实际制图时，由于考虑到视图在图纸中的布局问题，视图可不按照图 1-2（c）所示的位置配置，此时应在视图上方标出视图名称“×”，并用箭头在相应视图附近指明投影方向，注写同样的字母，如图 1-6 所示。

（6）剖视图

视图只能表达机件的外部形状，而内部形状无法表达清楚。采用剖视图主要用来表达机件的内部结构形状。剖视是利用假想的剖切面剖开机件，移去观察者与剖切面之间的妨碍观察的部分，将余下需要看清楚的部分向投影面投影，所得到的图形称为剖视图。

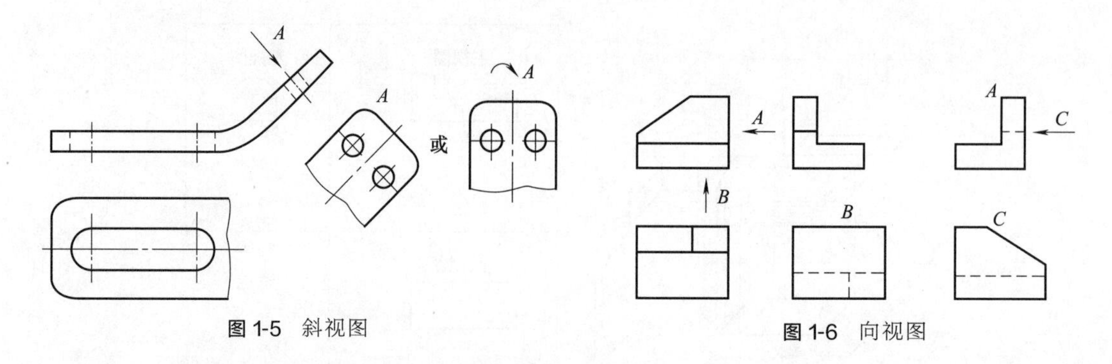

图1-5 斜视图　　图1-6 向视图

因为剖切是假想的，虽然机件的某个图形画成剖视图，而机件仍是完整的，所以其他图形的表达方案应按完整的机件考虑。

剖视图按剖切范围的大小，可分为全剖视、半剖视和局部剖视等。剖切时，凡被剖切的部分应画上剖面符号，GB/T 4457.5—2013 中规定了各种材料的剖面符号，见表1-1。

◈ 表1-1　剖面符号

材料名称	剖面符号	材料名称	剖面符号
金属材料(已有规定剖面符号者除外)		木质胶合板(不分层数)	
线圈绕组元件		基础周围的泥土	
转子、电枢、变压器和电抗器的叠钢片		混凝土	
非金属材料(已有规定剖面符号者除外)		钢筋混凝土	
型砂、填砂、粉末冶金、砂轮和陶瓷刀片、硬质合金刀片		砖	
玻璃和供观察用的其他透明材料		格网(筛网、过滤网等)	
木材　纵剖面		液体	
木材　横剖面			

注：1. 剖面符号仅表示材料的类别，材料的名称和代号必须另行注明。

2. 叠钢片的剖面线方向应与束装中叠钢片的方向一致。

3. 液面用细实线绘制。

金属材料的剖切符号用与水平方向成45°且间隔均匀的细实线画出，左右倾斜均可，但在同一机件的剖切图中所有剖面线的倾斜方向和间隔必须一致。

① 全剖视图。用剖切面完全剖开机件，将处在观察者和剖切面之间的部分移去，而将其余部分向投影面投影，所得到的剖视图，称为全剖视图，见图 1-7。

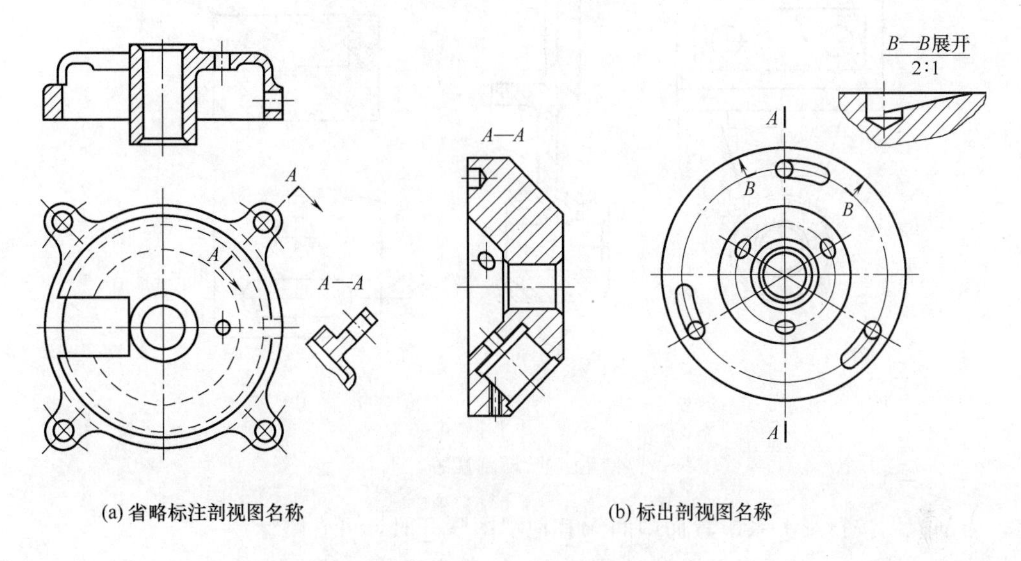

(a) 省略标注剖视图名称　　(b) 标出剖视图名称

图 1-7　全剖视图

全剖视图的标注，一般在剖视图上方用字母标出剖视图的名称“×—×”，在相应视图上用剖切符号表示剖切位置，用箭头表示投影方向，并注上相应的字母，如图 1-7（b）所示。当剖切平面通过零件对称平面，剖视图按投影关系配置而中间无其他视图隔开时，可省略标注，如图 1-7（a）所示。

② 半剖视图。当机件具有对称平面，并在垂直于对称平面的投影面上投影时，以对称中心线（点画线）为界，一半画成视图用以表达外部结构形状，另一半画成剖视图用以表达内部结构形状，这样组合的图形称为半剖视图。

图 1-8 所示零件的主视图和俯视图均为半剖视图。半剖视图既充分表达了零件内部形状，又保留了零件的外部形状，适用于内外形状都比较复杂的对称零件，半剖视图的标注与全剖视图相同。

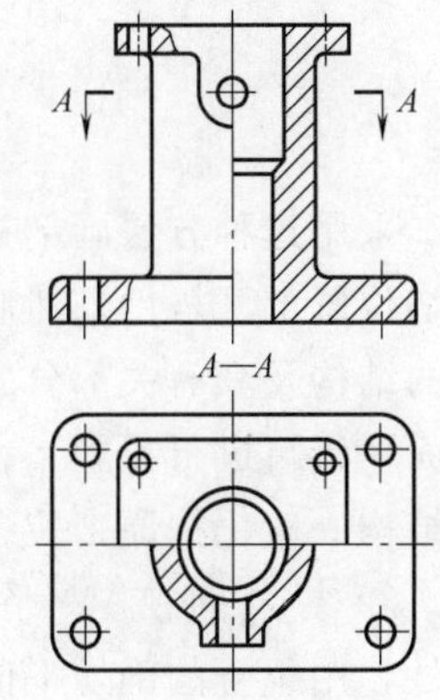

图 1-8　半剖视图

③ 局部剖视图。当机件尚有部分内部结构形状未表达，但又没有必要作全剖视图或不适合半剖视图时，可用剖切平面局部地剖开机件，所得的剖视图称为局部剖视图，如图 1-7（a）中 A—A、图 1-7（b）中 B—B 所示。其中，图 1-7（b）中 B—B 为采用柱面剖切机件，其剖视图应按展开绘制。

局部剖视图用波浪线分界，波浪线不应和图样上其他图线重合。

④ 阶梯剖视图。用几个平行的剖切平面剖开机件的方法称为阶梯剖。

采用这种方法画剖视图时，在图形内不应出现不完整的要素，仅当两个要素在图形上具有公共对称中心线或轴线时，可以各画一半，此时应以对称中心线或轴线为界，如图 1-9（b）所示。

阶梯剖视图在剖切平面的起止和转折处应标出相同字母，剖切符号两头用箭头表示投影

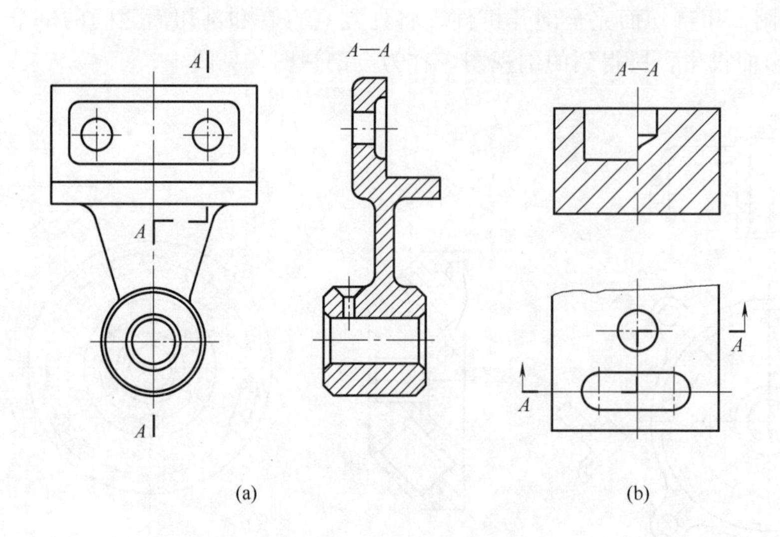

图 1-9 阶梯剖视图

方向，当剖视图按投影关系配置而中间无其他视图隔开时，可省略标注。

⑤ 旋转剖视图。用两相交的剖切平面（交线垂直于某一基本投影面）剖开机件的方法称为旋转剖视图，如图 1-10 所示。

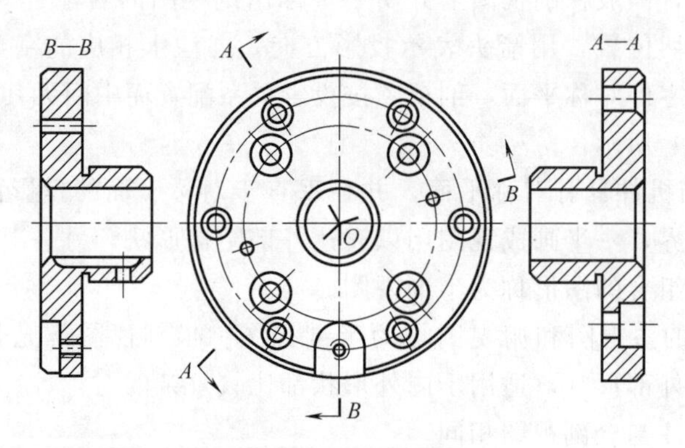

图 1-10 旋转剖视图

采用这种方法画剖视图时，先假想按剖切位置剖开机件，然后将被剖切平面剖开的结构及其有关部分旋转到与选定的投影面平行再进行投影。在剖切平面后的其他结构一般仍按原来位置投影。

⑥ 复合剖视图。除阶梯剖、旋转剖以外，用组合的剖切平面剖开机件的方法称为复合剖。复合剖在机件的内部结构形状较多，用阶梯剖或旋转剖仍不能表达完全时采用。复合剖视图如图 1-11 所示。

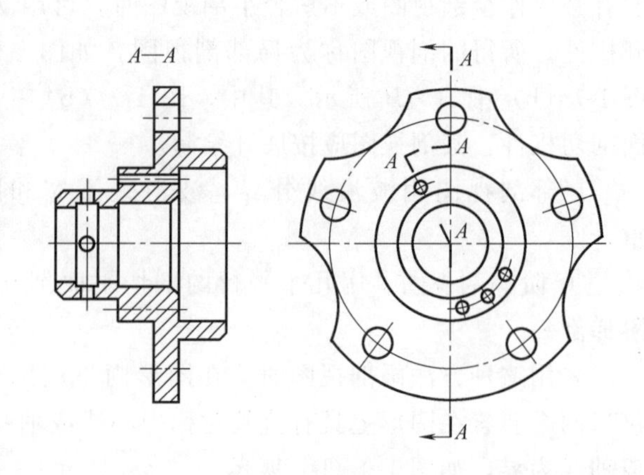

图 1-11 复合剖视图

⑦ 断面图。假想用剖切平面将机件的某处切断，仅画出断面的图形称为断面

图。剖面分为移出剖面［如图1-12（a）、（b）所示］和重合剖面［如图1-12（c）所示］。

移出剖面的轮廓线用粗实线绘制。重合剖面的轮廓线用细实线绘制。当视图中的轮廓线与重合剖面的图形重叠时，视图中的轮廓线仍应连续画出，不可间断，如图1-12（c）所示。

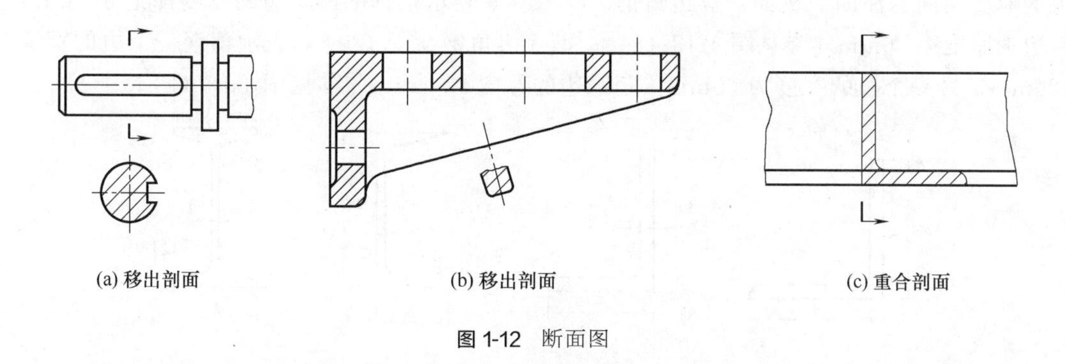

(a) 移出剖面　(b) 移出剖面　(c) 重合剖面

图1-12 断面图

断面图与剖视图不同之处在于，断面图仅画出剖切后机件断面的图形，而剖视图则要求画出剖切以后所能看到的所有部分的投影。

1.1.2 常用型钢的标注方法

金属材料是最常用的钣金加工材料，对于钣金构件来说，其一般大量地采用板料、管料或型材等组装而成，偶尔也会采用非金属材料。钣金加工常用的钢材主要有：板材、型材、管材及线材、棒材（圆钢）等，为便于生产加工，主要是以型号和规格进行标注，其标注方法如下。

(1) 板材

钢板是冷作钣金件制造中使用最广泛的钢材，按其厚度分薄钢板和厚钢板两种。用热轧和冷轧方法生产的厚度在4mm以下的钢板称为薄钢板，按国家标准规定的薄钢板，其厚度为0.2～4mm，宽度为500～1500mm，长度为1000～4000mm。根据不同的用途，薄钢板的材料有普通碳素钢、优质碳素结构钢、合金结构钢、不锈钢、弹簧钢等。

厚钢板按其用途不同，可分为锅炉钢板、压力容器钢板、造船钢板、桥梁钢板和特殊钢板等。

在钣金加工中，根据所使用钢板形状的不同，常用的板材主要有钢板、扁钢、花纹钢板等。板材交货时，其尺寸规格、厚度允许偏差应符合相应的国家标准。

① 钢板。钢板规格是按钢板厚度标注的，如常说的24钢板，就是厚度$t=24$mm的钢板。

② 扁钢。扁钢规格用扁钢的宽度与厚度共同标注。如40×5扁钢，即为宽度为40mm，厚度$t=5$mm的扁钢。

③ 花纹钢板。花纹钢板的标注方法与钢板相同，也是用厚度表示，但是，花纹钢板的厚度不包括花纹的高度。根据材质，有普通碳素结构钢花纹板、不锈钢花纹板和铝及铝合金花纹板等类型；根据花纹钢板表面图案形状的不同，主要有菱形、扁豆形等花纹。

(2) 型材

常用的型材主要有角钢、槽钢及工字钢等。此外，还有特殊轧制的异形钢材，如钢轨、船用球缘角钢、丁字钢、乙字钢等。

型材一般应详细地标注相应的标准，常用型钢的外形尺寸规格及其重心位置在相关标准中均可查阅到。

① 角钢。角钢分为等边角钢和不等边角钢。其规格都是用角钢的两个边的宽度和角钢边的厚度共同标注的。例如：等边角钢 63×63×6 表示角钢的两个边的宽度都是 63mm，角钢边的厚度 $t=6$mm［参见图 1-13（a）］；不等边角钢 90×120×8 表示角钢一个边的宽度为 120mm，另一个边的宽度为 90mm，角钢边的厚度 $t=8$mm［参见图 1-13（b）］。

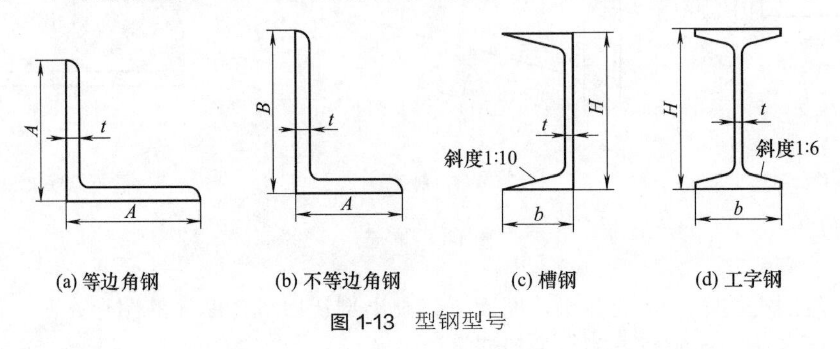

图 1-13 型钢型号

此外，角钢的大小也可用号数表示，号数表示边长的厘米数，例如 4 号角钢，即为边长为 40mm 的等边角钢；2.5/1.6 号不等边角钢，即为长边长为 25mm、短边长为 16mm 的不等边角钢。同一号角钢常有 2～7 种不同边厚，此种不同的型号用小写英文字母标注在角钢号右下角，如“10b 角钢”为 b 型 10 号角钢。

② 槽钢。槽钢的型式标注是用槽钢高 H 的 1/10 数值及腹板厚度的类型共同表示的。例如：槽钢 16a 表示槽钢的高度 $H=160$mm，腹板厚度为普通的，即 a 型槽钢［参见图 1-13（c），腹板的具体厚度可查阅相应的国家标准］。如果是 b 型槽钢，可表示为槽钢 16b，其腹板厚度比 a 型厚 2mm。

③ 工字钢。工字钢规格的标注与槽钢相同，也是用 $H/10$ 的数值标注，例如：工字钢 12.6 表示工字钢的高度为 126mm 的普通工字钢［参见图 1-13（d）］。

(3) 管材

钢管分无缝钢管和有缝钢管两种。根据生产方法的不同，无缝钢管又分热轧管、冷拔管、挤压管等；根据用途不同，有厚壁管和薄壁管。无缝钢管的材料有普通碳素钢、优质碳素钢和合金结构钢。有缝钢管又称焊接钢管，用钢带焊成，有镀锌和不镀锌两种。

钢管的标注方法有法定公制标注方法、沿袭的英制方法和行业习惯的公称直径标注方法三种。

① 公制标注方法。钢管公制标注是用钢管的外径 ϕ × 壁厚 t 表示的。例如：钢管 ϕ159×8 表示钢管外径尺寸为 159mm，壁厚为 8mm［参见图 1-14（a）］。

② 英制标注方法。英制标注方法是按钢管的通径表示的。例如：3/4″钢管表示钢管的有效通径为 3/4″。实际内径 d 因为考虑了管壁对流体的摩擦阻力而大于 3/4″［参见图 1-14（b）］。

③ 公称直径标注方法。公称直径标注方法直接用管材的公称直径标注，用 D 表示［参见图 1-14（c）］。

(4) 线材或棒材

线材或棒材的标注直接用线材或棒材的公称直径表示。

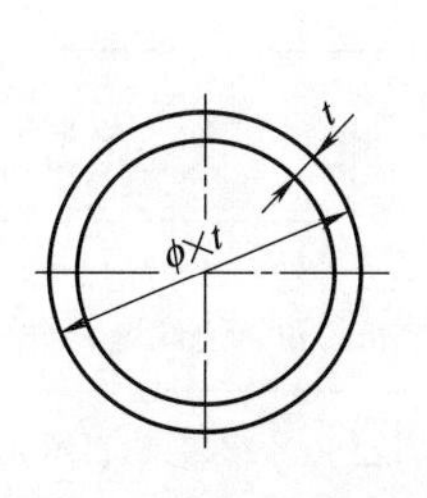

(a) 钢管的公制标注

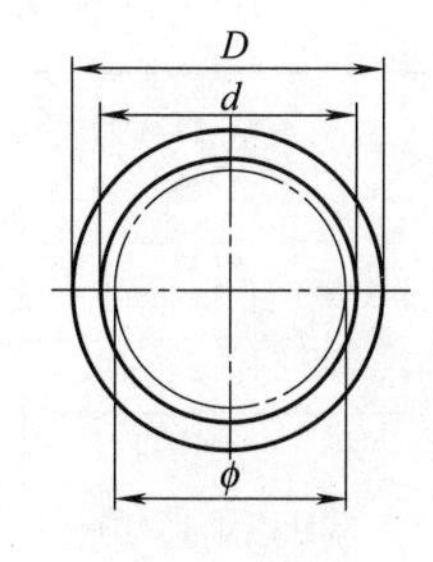

(b) 钢管的英制标注

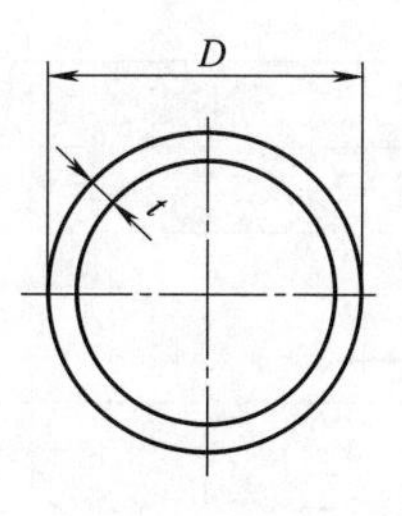

(c) 钢管的公称直径标注

图 1-14　钢管的不同标注方法

在生产加工及工程施工中，为方便型钢的表示，常用表 1-2 所示的型钢标记。

◈ 表 1-2　型钢的标记

名称	标记		尺寸含义	标记示例
	符号	尺寸		
圆钢	ϕ	d	d	ϕ20 表示外径公称尺寸为 20mm 的圆钢
钢管		$d\times t$	d, t	ϕ20×2 表示外径公称尺寸为 20mm，管厚为 2mm 的钢管
方钢	□	b	b	□30 表示外形公称尺寸为 30mm 的方钢
方管		$b\times t$	b, t	□30×2 表示外形公称尺寸为 30mm，管厚为 2mm 的方管
扁钢	▭	$b\times h$	b, h	▭30×10 表示外形公称尺寸分别等于 30mm、10mm 的扁钢
空心扁钢		$b\times h\times t$	b, h, t	▭30×16×2 表示外形公称尺寸分别等于 30mm、16mm，壁厚为 2mm 的空心扁钢
六角钢	⬡	S	S	⬡40 表示相对两边长的距离为 40mm 的六角钢
空心六角钢		$S\times t$	S, t	⬡40×2 表示相对两边长的距离为 40mm、壁厚为 2mm 的空心六角钢

续表

名称	标记		尺寸含义	标记示例
	符号	尺寸		
等边角钢	∟	$A \times t$	参见图 1-13(a)	∟63×63×6 表示两个边的宽度都是63mm，角钢边厚度 $t=6$mm 的等边角钢
不等边角钢	∟	$A \times B \times t$	参见图 1-13(b)	∟90×120×8 表示角钢一个边的宽度为120mm，另一个边的宽度为 90mm，角钢边的厚度 $t=8$mm 的不等边角钢
槽钢	[	$H/10$	参见图 1-13(c)	[16a 表示槽钢的高度 $H=160$mm，腹板厚度为普通的 a 型槽钢
工字钢	I	$H/10$	参见图 1-13(d)	I12.6 表示工字钢的高度为 126mm 的普通工字钢

(5) 钢材理论重量的计算

钣金产品在制造、运输和起重、生产成本控制等方面，还常常需要计算其理论重量。金属材料的理论重量 G 计算方法是：材料的截面积 A 乘以长度 L，再乘以材料的密度 ρ。计算公式为：

$$G=AL\rho/1000$$

式中 G——金属材料的理论重量；kg；

A——金属材料的截面积，mm^2，

L——金属材料的长度，m；

ρ——金属材料的密度，$\mathrm{g/cm}^3$。

在钣金加工中，应用最广、应用量最大的材料是钢板，在计算钢板的重量时，由于 ρ 为 $7.85\mathrm{g/cm}^3$，故将钢板面积 A 代入上述公式，可得钢板重量 G 的计算公式：

$$G=7.85At$$

式中 G——钢板的理论重量，kg；

A——钢板的面积，m^2；

t——钢板的厚度，mm。

1.1.3 常用焊缝符号的标注方法

在钣金加工图样中，常见各种焊缝符号。焊缝符号是指在图样上标注的，用来表示焊接方法、焊缝形式和焊缝尺寸等的符号。焊缝按其结合形式不同，可分为对接焊缝、角接焊缝及塞焊缝等形式；按焊缝断续情况可分为连续焊缝和断续焊缝两种，断续焊缝又可分为交错式焊缝和链状式焊缝。断续焊缝只适用于对强度要求不高，以及不需要密闭的焊接结构。

(1) 焊缝符号的组成

完整的焊缝表示方法除了基本符号、辅助符号、补充符号以外，还包括指引线和一些尺寸符号及数据，并规定基本符号和辅助符号用粗实线绘制。

① 基本符号。基本符号是表示焊缝横剖面形状的符号，采用近似于焊缝横剖面形状的符号来表示。表 1-3 给出了焊缝的基本符号。

◎ 表 1-3 焊缝的基本符号

名 称	示意图	符 号
卷边焊缝（卷边完全熔化）		
I 形焊缝		‖
V 形焊缝		V
单边 V 形焊缝		
带钝边 V 形焊缝		Y
带钝边单边 V 形焊缝		
带钝边 U 形焊缝		
带钝边 J 形焊缝		
封底焊缝		
角焊缝	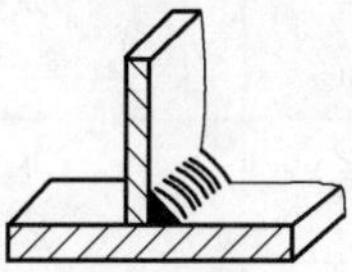	
塞焊缝或槽焊缝	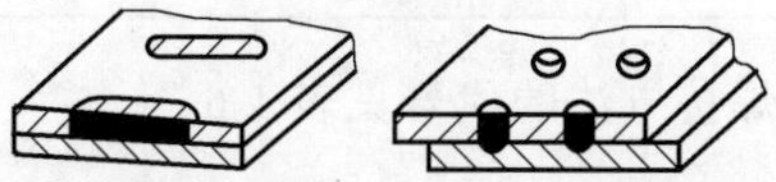	
点焊缝	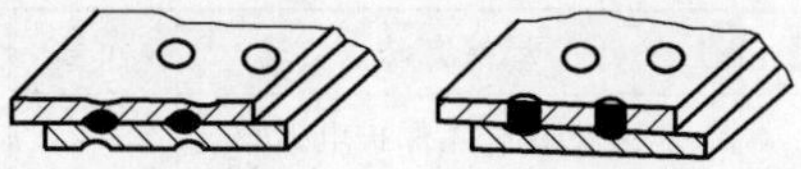	○
缝焊缝	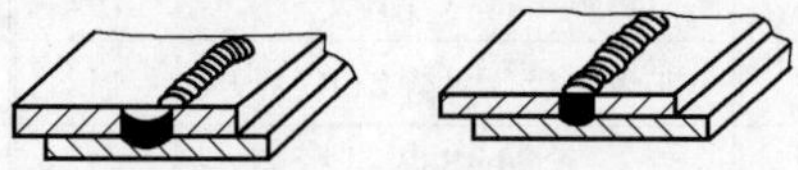	

② 辅助符号。辅助符号是表示焊缝表面形状特征的符号，符号及其应用见表 1-4。如果不需要确切说明焊缝表面形状，可以不用辅助符号。

◎ 表 1-4 辅助符号及应用

名称	示意图	符号	应用示例
平面符号	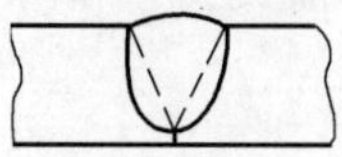 (焊缝表面齐平)	—	 $\overline{\nabla}$

续表

名称	示意图	符号	应用示例
凹面符号	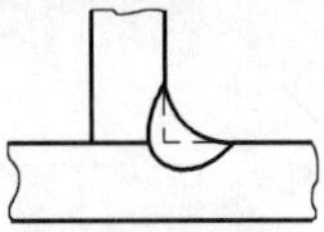 (焊缝表面凹陷)		
凸面符号	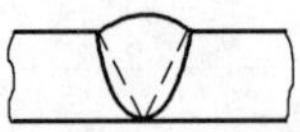 (焊缝表面凸起)		

③ 补充符号。补充符号是为了补充说明焊缝的某些特征而采用的符号，见表 1-5。

◈ 表 1-5 补充符号

名称	示意图	符号	标注方法	含义
带垫板符号	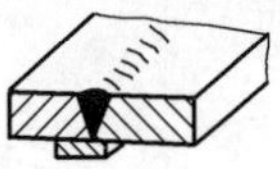		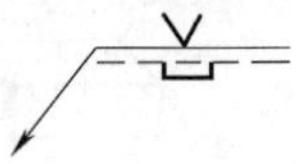	表示 V 形焊缝的背面底部有垫板
三面焊缝符号	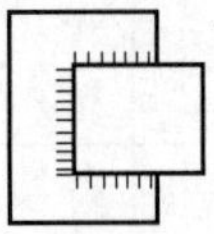		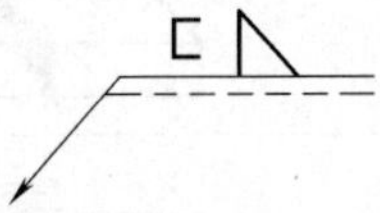	表示三面带有焊缝
周围焊缝符号	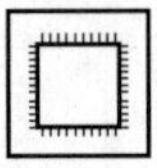		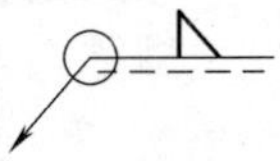	表示环绕工件周围进行焊接
现场符号			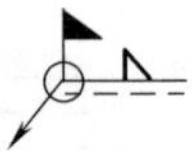	表示现场或工地上进行焊接

④ 焊接方法代号。常用焊接方法的代号见表 1-6。

◈ 表 1-6 常用焊接方法的代号

焊接方法	代号	焊接方法	代号	焊接方法	代号
电弧焊	1	非熔化极气体保护电弧焊	14	氧-丙烷焊	312
焊条电弧焊	111	钨极惰性气体保护焊	141	压焊	4
埋弧焊	12	非熔化极氩弧焊(TIG 焊)	142	超声波焊	41
丝极埋弧焊	121	电阻焊	2	摩擦焊	42
带极埋弧焊	122	点焊	21	锻焊	43
熔化极气体保护电弧焊	13	缝焊	22	钎焊	9
熔化极惰性气体保护焊	131	气焊	3	硬钎焊	91
熔化极非惰性气体保护焊	135	氧-乙炔焊	311	软钎焊	94

⑤ 指引线。指引线一般由带箭头的指引线（简称箭头线）和两条基准线（一条为实线，另一条为虚线）两部分组成，如图 1-15 所示。

(2) 焊缝的标注

① 焊缝尺寸的标注。焊缝尺寸的标注格式如图 1-16 所示。

其中：焊缝尺寸的符号如表 1-7 所示。

在标注焊缝尺寸时，应注意：焊缝横剖面上的尺寸，如钝边高度 p、坡口深度 H、焊脚尺寸 K、焊缝宽度 c 等标在基本符号左侧；焊缝长度方向的尺寸，如焊缝长度 l、焊缝间距 e、相同焊缝段数 n 等标注在基本符号的右侧；坡口角度 α、坡口面角度 β、根部间隙 b 等尺寸标注在基本符号的上侧或下侧；相同焊缝数量 N 标在尾部；常用焊接方法的代号标注参见表 1-6。

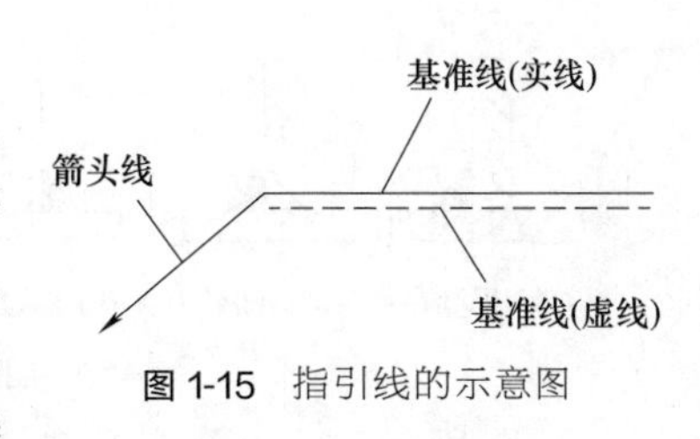

图 1-15　指引线的示意图

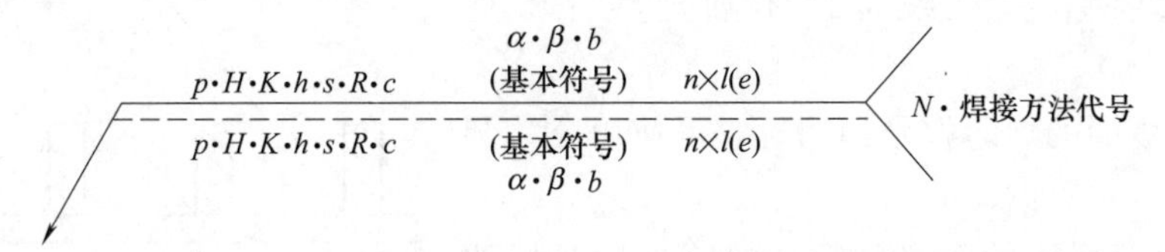

图 1-16　焊缝尺寸的标注格式

◎ 表 1-7　焊缝尺寸符号

符号	名称	示意图	符号	名称	示意图
t	工件厚度		e	焊缝间距	
α	坡口角度		K	焊脚尺寸	
b	根部间隙		d	熔核直径	
p	钝边高度		s	焊缝有效厚度	
c	焊缝宽度		N	相同焊缝数量	N=3
R	根部半径		H	坡口深度	
l	焊缝长度		h	余高	
n	焊缝段数	n=2	β	坡口面角度	

② 焊缝标注的有关规定。如果焊缝在指引线箭头的同一侧，则将基本符号标在基准线的实线侧［参见图 1-17（a）］。如果焊缝不在指引线箭头的同侧，则将基本符号标

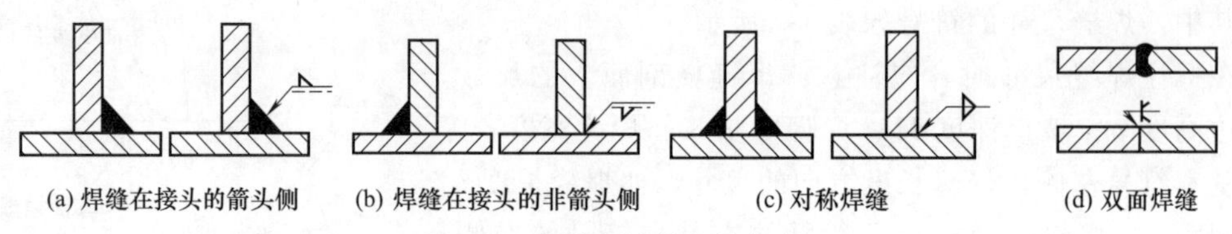

(a) 焊缝在接头的箭头侧　(b) 焊缝在接头的非箭头侧　(c) 对称焊缝　(d) 双面焊缝

图 1-17　焊缝标注的有关规定

在基准线的虚线侧［参见图 1-17（b）］，标对称焊缝及双面焊缝时，基准线可以不加虚线［参见图 1-17（c）、（d）］。

当若干条焊缝的焊缝符号相同时，可使用公共基准线进行标注（参见图 1-18）。

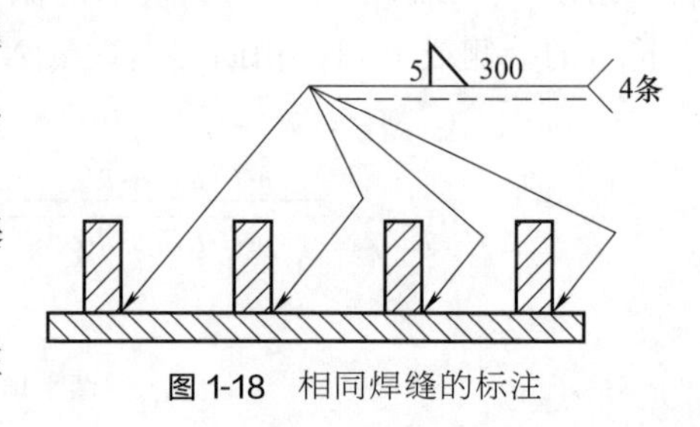

图 1-18　相同焊缝的标注

③ 常见焊缝标注的含义。常见焊缝画法及标注含义参见表 1-8。

◈ 表 1-8　焊缝画法及标注综合实例

焊缝画法及焊缝结构	标注格式	标注实例	标注的含义
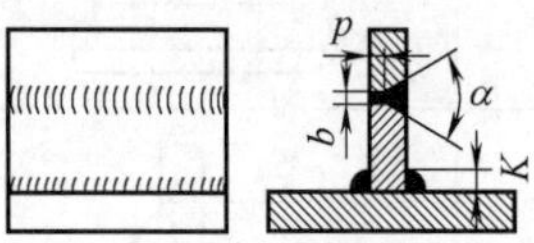	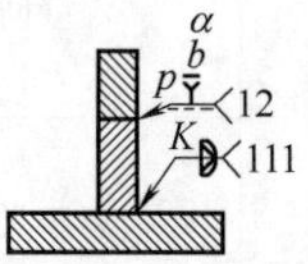	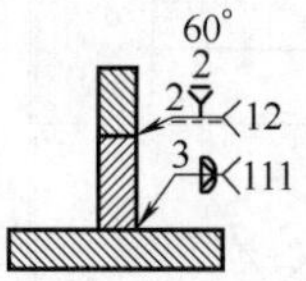	①用电弧焊形成的带钝边 V 形连续焊缝（表面平齐）在箭头侧。钝边高度 $p=2$mm，根部间隙 $b=2$mm，坡口角度 $\alpha=60°$ ②用焊条电弧焊形成的连续、对称角焊缝（表面凸起），焊脚尺寸 $K=3$mm
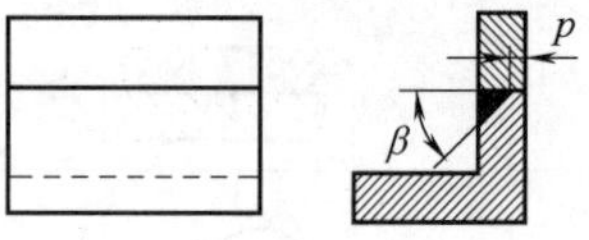	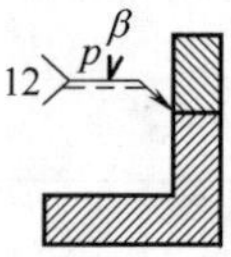	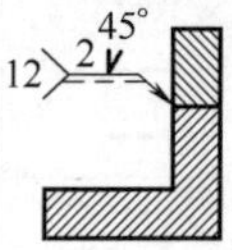	表示用埋弧焊形成的带钝边单边 V 形焊缝在箭头侧。钝边高度 $p=2$mm，坡口面角度 $\beta=45°$，焊缝是连续的
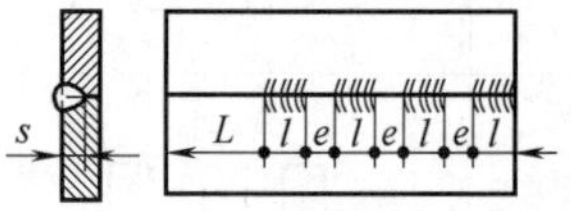	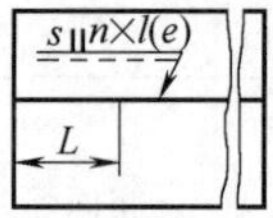	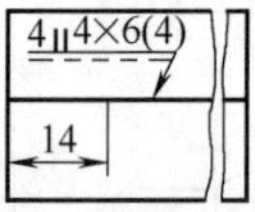	表示断续 I 形焊缝在箭头侧。焊缝段数 $n=4$，每段焊缝长度 $l=6$mm，焊缝间距 $e=4$mm，焊缝有效厚度 $s=4$mm
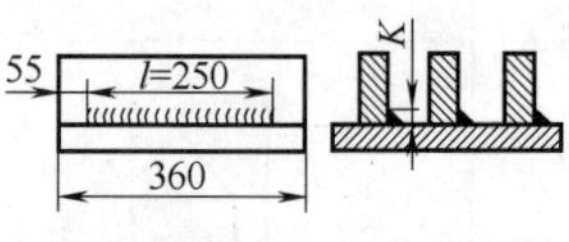	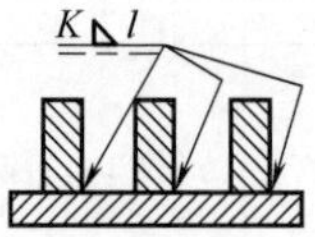	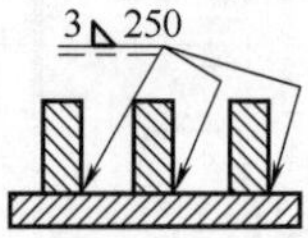	表示 3 条相同的角焊缝在箭头侧，焊缝长度小于整个工件长度。焊脚尺寸 $K=3$mm，焊缝长度 $l=250$mm。箭头线允许折一次

1.1.4　常用螺栓、孔符号的标注方法

钣金构件常需利用铆接或螺栓等连接方式把两个或两个以上的零件或构件，连接成为一个新的整体构件。为完成螺栓及铆钉等方式的连接，必须先在待连接的构件上完成孔的加工。

（1）结构孔的表示方法

表 1-9 列出了孔的形式及表示符号。在垂直于孔轴线的视图中，孔的形式及符号用粗实线绘制，但不可见线条仍为细虚线表示，且中心处不得有圆点；在平行于孔轴线的视图中，采用细实线表示孔的轴线，其余符号均为粗实线。

◈ 表 1-9　孔的形式及表示符号

项目		无沉孔	近侧有沉孔	远侧有沉孔	两侧有沉孔
形式		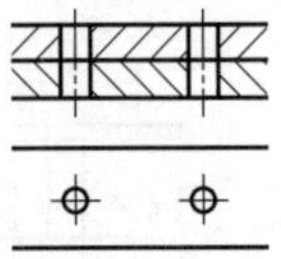	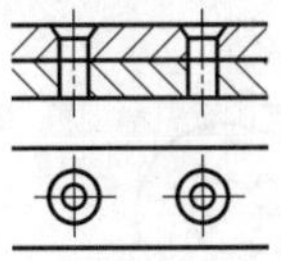	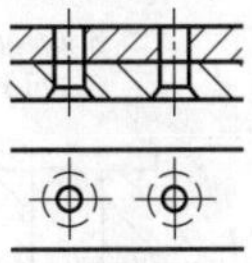	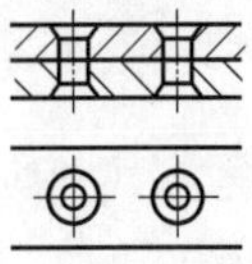
符号	在车间钻孔	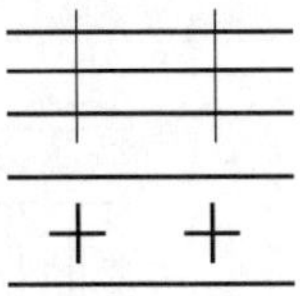	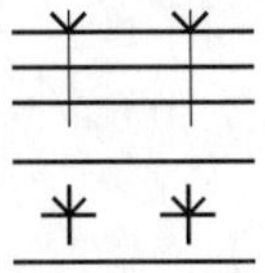	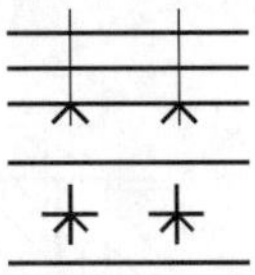	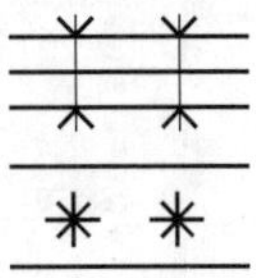
	在工地钻孔	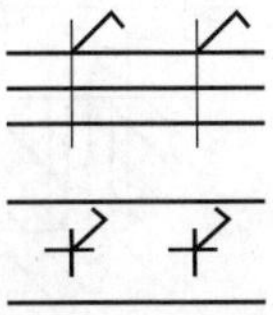	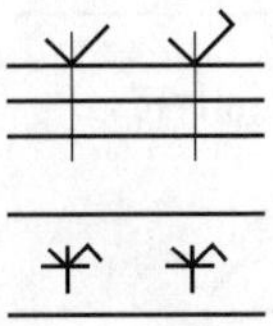	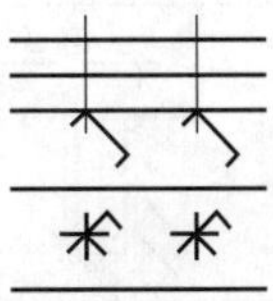	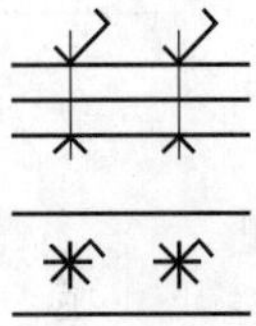

(2) 结构孔的尺寸标注方法

表 1-10 列出了各种形式常见孔的尺寸标注方法。

◈ 表 1-10　各种形式常见孔的尺寸标注

零件结构类型		旁注法	一般注法
光孔	一般孔	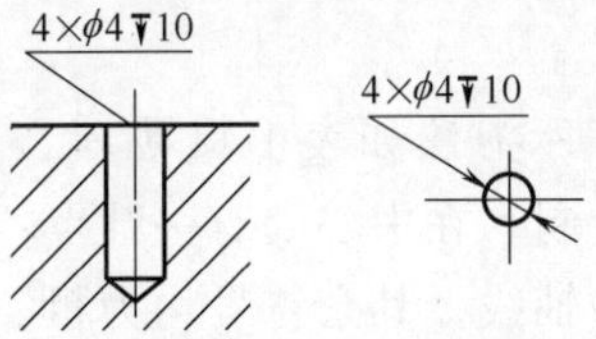 4×ϕ4↧10　4×ϕ4↧10	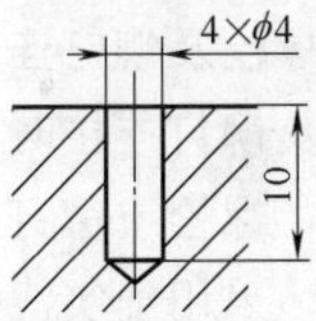 4×ϕ4　10
	精加工孔	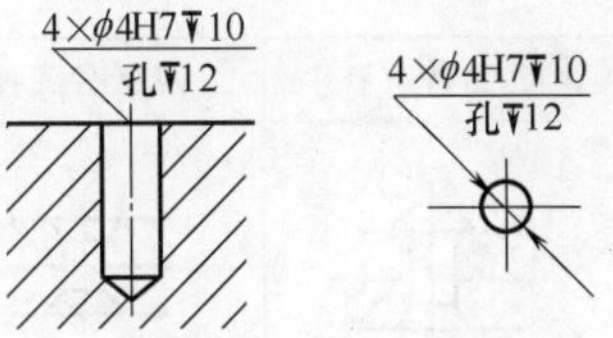 4×ϕ4H7↧10 孔↧12　4×ϕ4H7↧10 孔↧12	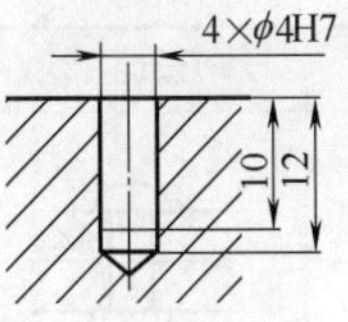 4×ϕ4H7　10　12
沉孔	锥形沉孔	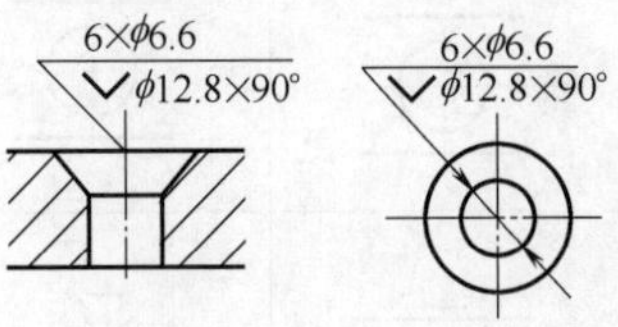 6×ϕ6.6 ⌵ϕ12.8×90°　6×ϕ6.6 ⌵ϕ12.8×90°	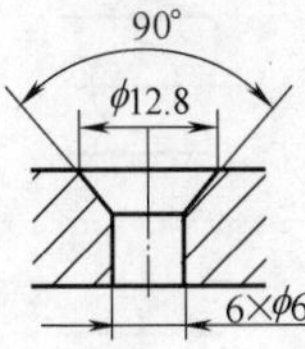 90°　ϕ12.8　6×ϕ6.6
	柱形沉孔	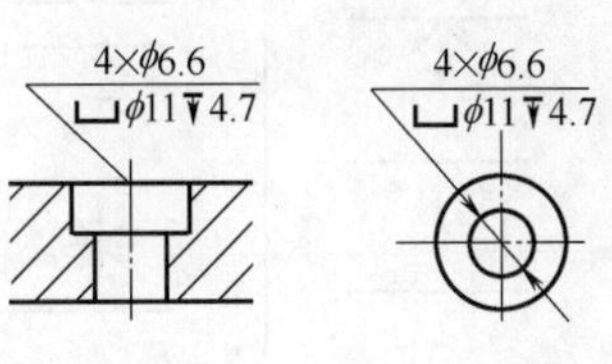 4×ϕ6.6 ⌴ϕ11↧4.7　4×ϕ6.6 ⌴ϕ11↧4.7	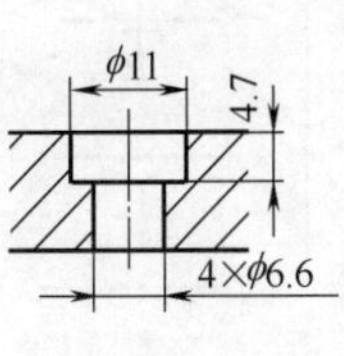 ϕ11　4.7　4×ϕ6.6

续表

零件结构类型		旁注法	一般注法
沉孔	凹坑孔	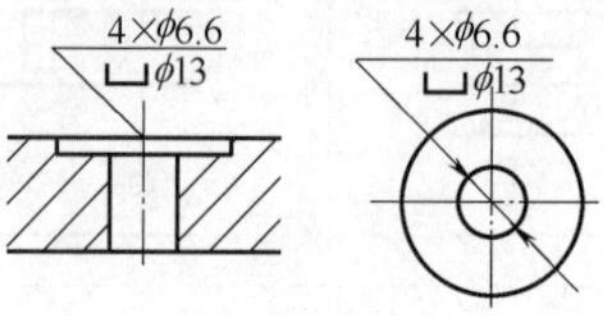 4×ϕ6.6 ⌴ϕ13 4×ϕ6.6 ⌴ϕ13	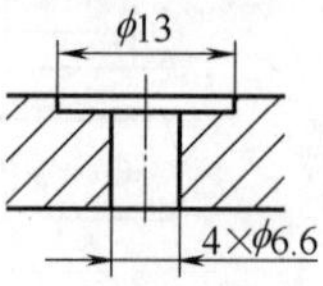 ϕ13 4×ϕ6.6
螺孔	通孔	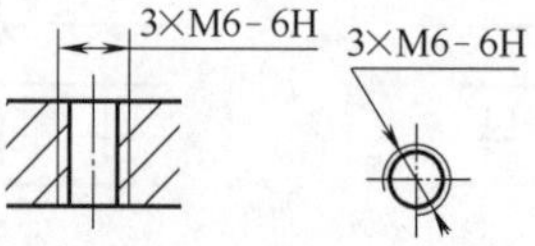 3×M6-6H 3×M6-6H	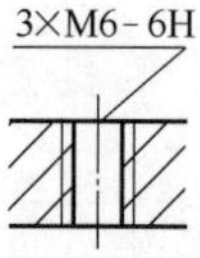 3×M6-6H
	不通孔	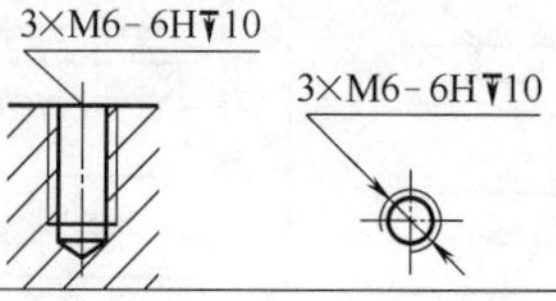 3×M6-6H↧10 3×M6-6H↧10	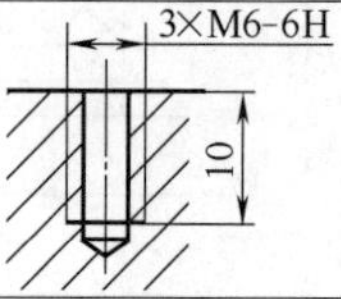 3×M6-6H 10
		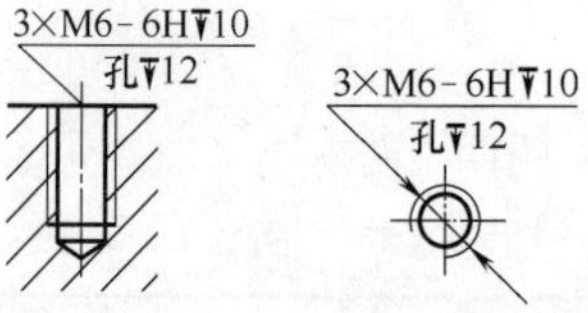 3×M6-6H↧10 孔↧12 3×M6-6H↧10 孔↧12	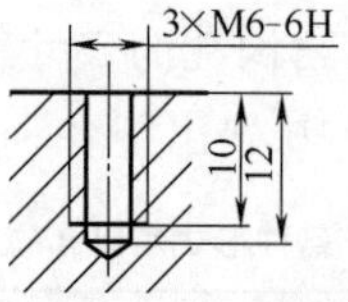 3×M6-6H 10 12

(3) 螺栓及铆钉连接的表示方法

螺栓及铆钉连接时，装配在孔内的表示方法如表 1-11 所示。在垂直于螺栓或铆钉轴线的视图中，螺栓或铆钉的符号用粗实线绘制，在中心处有一圆点；在平行于螺栓或铆钉轴线的视图中，采用细实线表示螺栓或铆钉的轴线，其余符号均为粗实线。

◈ 表 1-11 螺栓或铆钉装配在孔内的表示符号

项目		无沉孔	近侧有沉孔	远侧有沉孔	两侧有沉孔	制定螺母位置的螺栓符号
装配形式		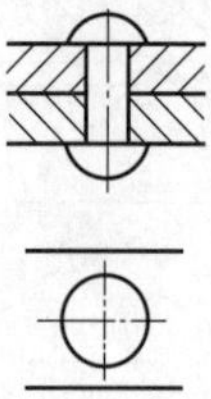	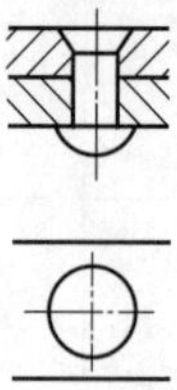	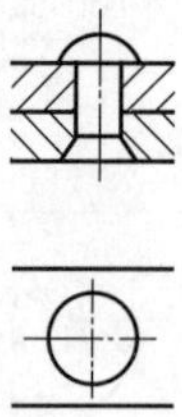	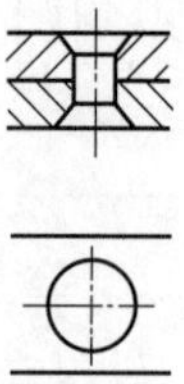	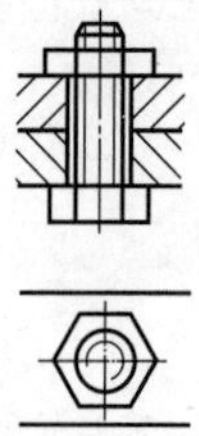
符号	在车间装配	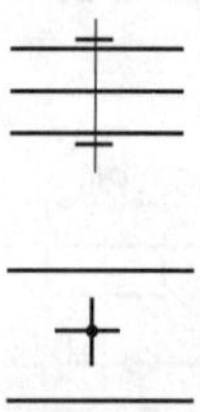	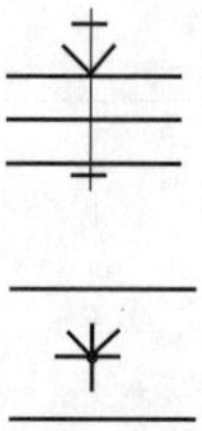	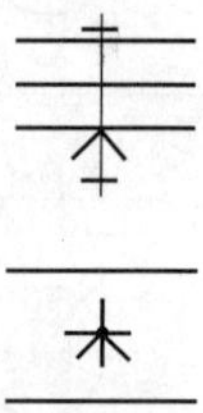	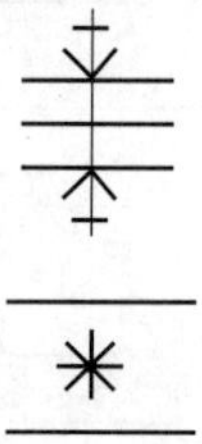	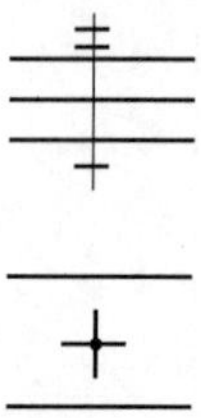

续表

项目		无沉孔	近侧有沉孔	远侧有沉孔	两侧有沉孔	制定螺母位置的螺栓符号
符号	在工地装配	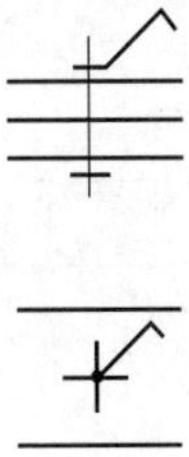	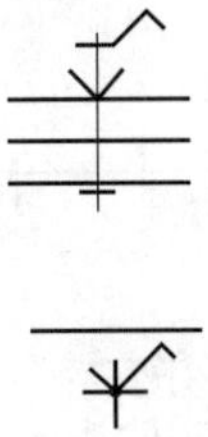	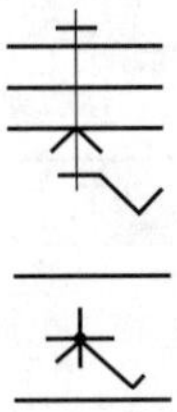	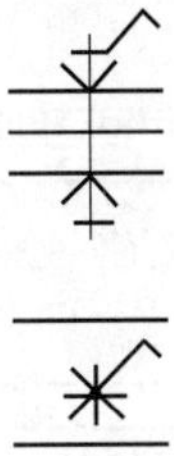	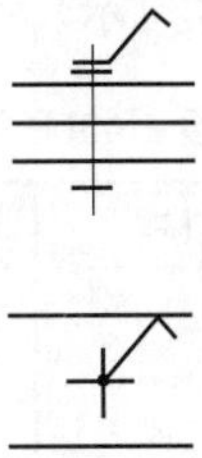
	在工地钻孔及装配	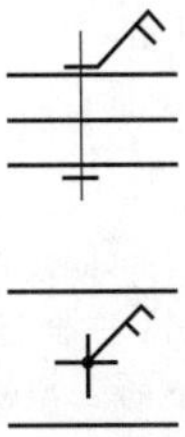	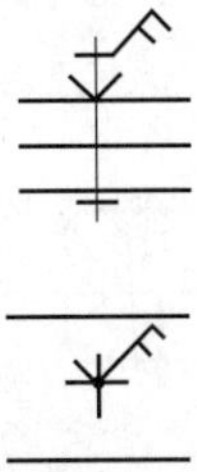	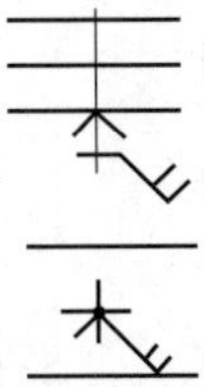	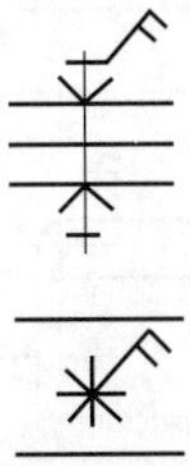	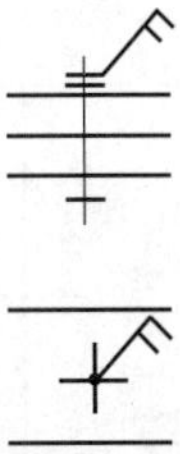

(4) 标准连接件的表示方法

在螺栓或铆钉连接方式中，常需用螺栓、螺钉、螺母及铆钉等连接件，该类连接件种类较多，使用较广。国家对其类型进行了标准化，尺寸进行了系列化，故称为标准件。表示标准件时，除了应标注其主要尺寸特性外，还必须标注其相关的标准号。

如：螺栓 M12×60 GB/T 5782—2016 表示制有粗牙普通螺纹，大径为 12mm，公称长度为 60mm 的六角头螺栓，其尺寸、类型等符合标准 GB/T 5782—2016，其中：GB/T 为国家推荐性标准，5782 为标准编号，2016 为标准制定年号，GB/T 5782—2016 即表示 2016 年制定的 5782 号国家推荐性标准。

又如：铆钉 12×20 GB/T 867—1986 表示：外径 $d=12$mm，长 $L=20$mm，符合标准 GB/T 867—1986 的半圆头铆钉；铆钉 16×100 GB/T 869—1986 表示：外径 $d=16$mm，长 $L=100$mm，符合标准 GB/T 869—1986 的沉头铆钉。

标准不仅有国家标准，也有国外标准。表 1-12 给出了部分国内及国外标准代号。

◎ 表 1-12　部分国内及国外标准代号

代　号	名　称	代　号	名　称
GB	中华人民共和国标准	ISA	国际标准协会标准
JB	原机械电子工业部标准	ISO	国际标准
Q/ZB	机械行业统一标准	NBS	美国国家标准局标准
YB	原冶金部标准	ASA	美国标准协会标准
QB	原轻工部标准	ГОСТ	苏联国家标准
SY(SYB)	原石油工业部标准	BS	英国标准
HG(HGB)	原化学工业部标准	JIS	日本工业标准
KY	中国科学院标准	NF	法国标准
FJ	原纺织工业部标准	SIS	瑞典工业标准
SD	原水利电力部标准	DIN	德国标准

此外在钣金件的连接中，销常用于零件间的连接、定位，有时也起保护作用，同样是标准件。常用的销有圆柱销、圆锥销和开口销。其名称、形式、规定标记和连接画法如表 1-13 所示。

◈ 表 1-13 销的名称、形式、规定标记和连接画法

名称	形　式	连接画法	标记示例
圆柱销	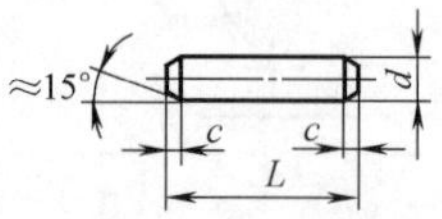 ≈15° d c c L	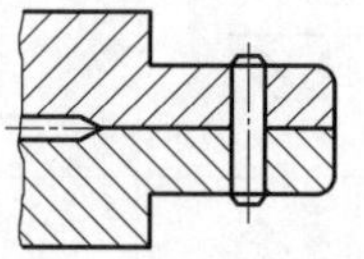	销 B8 × 30 GB 119—1986 表示： 外径 d=8mm，长 L=30mm，符合标准 GB 119—1986 的 B 型圆柱销
圆锥销	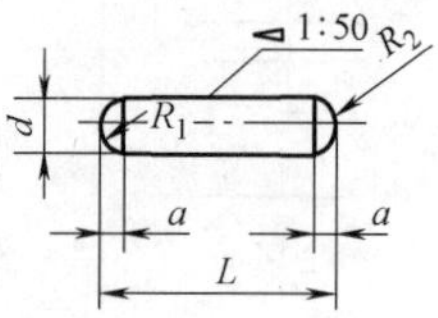 1:50 R_2 R_1 d a a L	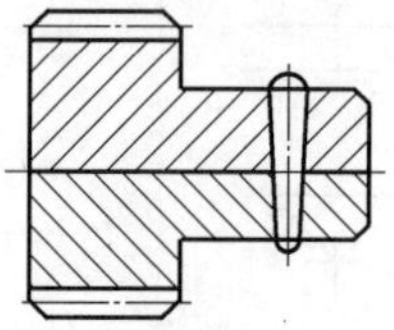	销 A8×30 GB/T 117—2000 表示： 小头外径 d = 8mm，长 L = 30mm 符合标准 GB/T 117—2000 的 A 型圆锥销
开口销	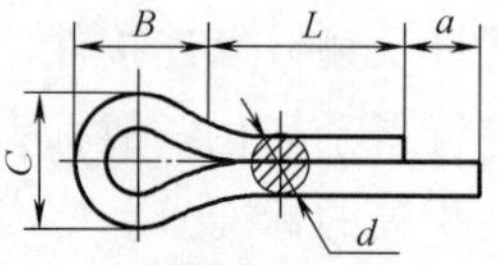 B L a C d	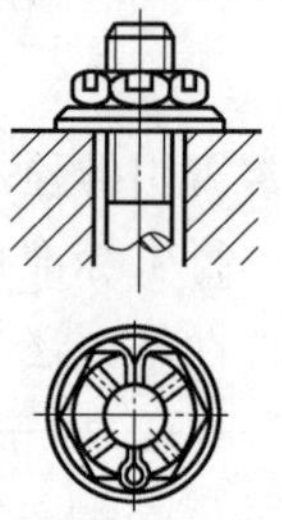	销 12 × 50 GB/T 91—2000 表示： 外径 d = 12mm，长 L = 50mm 符合标准 GB/T 91—2000 的开口销

1.2 识读钣金图的步骤及注意事项

图样的识读就是综合一组机械视图想象出物体的真实形状和结构。各种视图的投影关系可参见图 1-2（b），最常见三视图的识图可按图 1-3（a）所示过程进行，即三视图的正面（垂直面）不动，将水平面和右侧面旋转到三个投影面相互垂直的原始位置，然后由各视图向空间引投影线，由于投影具有可逆性，同点在各视图上各投影点所引的投影线必然相遇于该点。识图时，只需将视图上各点都“旋转归位”后，便可使整个物体的形状在想象中得到复原。

（1）钣金图样的识读步骤

对于形状比较简单的钣金件图，一般只有主视图和左视图，或主视图和俯视图两个视图就能说明问题，而对于形状复杂的钣金零件图，则往往需要多个视图，并配合向视图与剖视图等才能表达清楚。此时，要读懂钣金图样就更应按正确的识读步骤进行，通常钣金图样的识读可按以下步骤进行。

① 把图样正确地面对自己（标题栏在右下角）。

② 首先阅读图样的标题栏，从标题栏可以了解到零件的名称、材料、质量、图样的比例等。从名称可判断该零件属于哪一类零件，从材料可大致了解其加工方法，从比例可估计零件的实际大小。

③ 进行表达方案的分析。开始看图时，必须先找出主题图，然后看用多少个图形和用什么表达方法，以及各视图间的关系，搞清楚表达方案，为进一步看懂图打好基础。

④ 进行形体、结构分析。进行形体、结构分析是为了更好地搞清楚投影关系，以便于综合想象出整个零件的形状。

⑤ 进行尺寸分析。了解零件各部分尺寸，以确定零件的大小及各部分所允许的尺寸偏差。

(2) 识图时应注意的问题

在图样的识读过程中，应注意以下问题。

① 要按三视图间的对应关系进行分析。看图时，必须严格按照“长对正、高平齐、宽相等”的投影关系和“里后外前”等方位关系来分析视图，才能正确想象出物体的形状。

② 注意虚实线的变化。如图1-19中的两组视图，除主视图虚实线不同外，其他均相同，却表示的是两个形状相似而结构不同的物体。

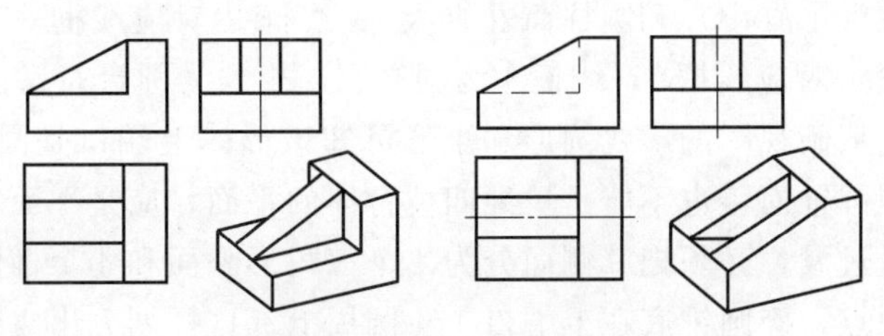

图1-19 分析虚实线的变化

③ 要找出反映特征的视图。同时将几个视图联系起来分析，仅看一个视图，是不能判断物体形状的。

1.3 识读钣金图的几种方法

读钣金构件视图时，除了应按图样识读步骤进行并注意识读要点外，还应考虑到钣金制件的结构特点，如制件壁厚较薄，在视图中往往直接用线表示，而不画出壁厚，此外，管件、接头或漏斗等制件往往有进出口，是不封闭的结构，同时，还应掌握图样识读的一些基本方法，一般，钣金图样的识读主要有以下几种基本方法。

1.3.1 形体分析法

形体分析法是读图的基本方法。形体分析法着眼点是体，它是把视图中的线框分为几部分，再在相邻视图中逐个线框找对应关系，然后逐个想象基本立体形状，并确定其相对位置、组合形式和表面连接关系，从而综合想象整体形状。如图1-20（a）所示集粉筒的主、俯视图，可按如下步骤想象其立体形状。

① 对投影分离线框。视图中凡是有对应关系的封闭线框，一般都表示物体上一个基本形状，所以读图时，应用各视图的投影关系，把视图中线框划分为几个独立线框。如图1-20（a）所示，可把主视图划分为线框1′、2′、3′、4′、5′五个部分。

② 逐个线框想形状。在已分离出的封闭线框中，通过逐个线框与相邻视图对投影关系，找到与其相对应的线框，并以特征形线框为基础，想象每个线框所示基本形体的形状。

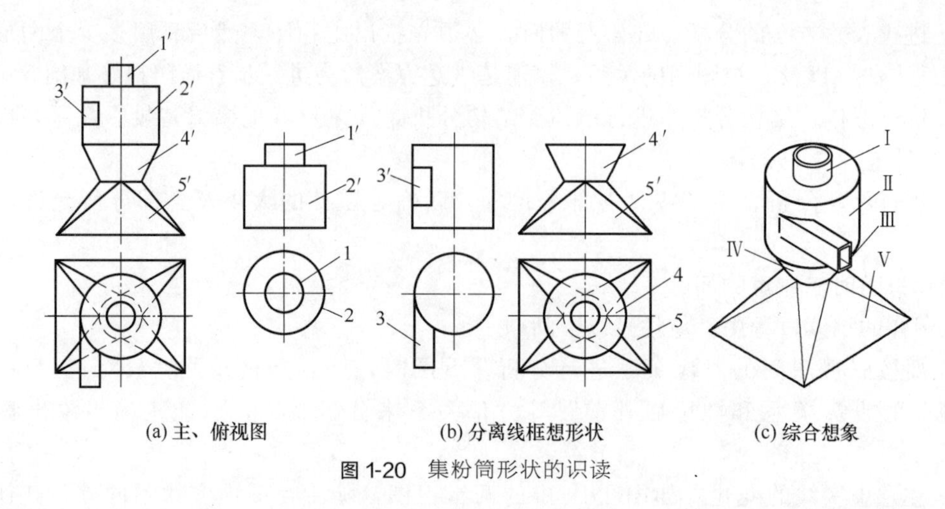

(a) 主、俯视图　(b) 分离线框想形状　(c) 综合想象

图 1-20　集粉筒形状的识读

如图 1-20（b）所示，主视图的线框 1′和 2′对应俯视图中的圆形线框 1 和 2，线框 1 和 2 是圆形，想象为圆柱管Ⅰ（小）和圆柱筒Ⅱ（大）；线框 3′对应线框 3，线框 3′是方形，想象为方体管Ⅲ；线框 4′对应线框 4，线框 4 为同心圆，想象为圆台筒Ⅳ；线框 5′对应线框 5，初步认定台体形状。从俯视图的虚线圆形和矩形可知该形体上端口是圆形，下端口为矩形，其侧面不可能是单纯圆锥面，也不能是单纯四棱台体的平面，应是平面和曲面的综合面。要达到平面和曲面圆滑过渡，必须把其侧面分为 4 个三角形平面和 4 个椭圆锥面。椭圆锥面的锥顶是底面矩形的顶点，椭圆锥底在上端口 1/4 圆周上。这样划分出立体形状才是合理的结构。而图中主、俯视图三角形细边线是平、曲面过渡处的示意线，不是平、曲面相接轮廓线。

③ 综合想象整体形状。由各个独立线框交接和相对位置关系，便可把已想象出的各个基本立体形状综合起来。该零件整体形状如图 1-20（c）所示，除方形管Ⅲ和圆柱管Ⅱ是相交相切外，其他 4 个形状都是同轴相接和叠加所组成的立体。

1.3.2　线面分析法

当视图所表示形体较为不规则或轮廓线投影相重合，应用形体分析法读图难以奏效时，应采用线面分析法。

线面分析法着眼点不是体，而是体上的面（平面或曲面）。它把视图中的线框、线段的投影对应关系想象为表示体上某一面。由于体都是由一些平面或曲面所围成的，所以只要把视图中每个线框、线段空间含义搞清楚，想象其所表示空间线段、平面的形状和相对位置，然后再综合起来想象，并借助于立体概念，便可想象出整体形状。在进行线、面分析法读图时，应根据点、直线、曲线、平面、曲面的投影特性来分析、想象体上面形状和所处空间位置。如图 1-21（a）所示漏斗三视图可按如下步骤想象其立体形状。

① 对投影分离线框。在三视图中对投影关系，把主视图分为线框 1′、2′、3′；左视图分为线框 4″、5″；俯视图分为线框 m、n。

② 逐个线框对投影，想象其形状和空间位置。主视图的线框 1′、2′对应的左视图均无类似的线框，应对应积聚性线段 1″、2″，根据相邻线框 1′、2′表示不同面，所以线框 1′应凹入，即表示漏斗出口的轮廓形状；线框 2′表示面Ⅱ为梯形正平面，是漏斗的前壁；主视图的三角形线框 3′对应左视图的三角形类似形线框 3″，线框 3′表示三角形平面为左侧壁Ⅲ。

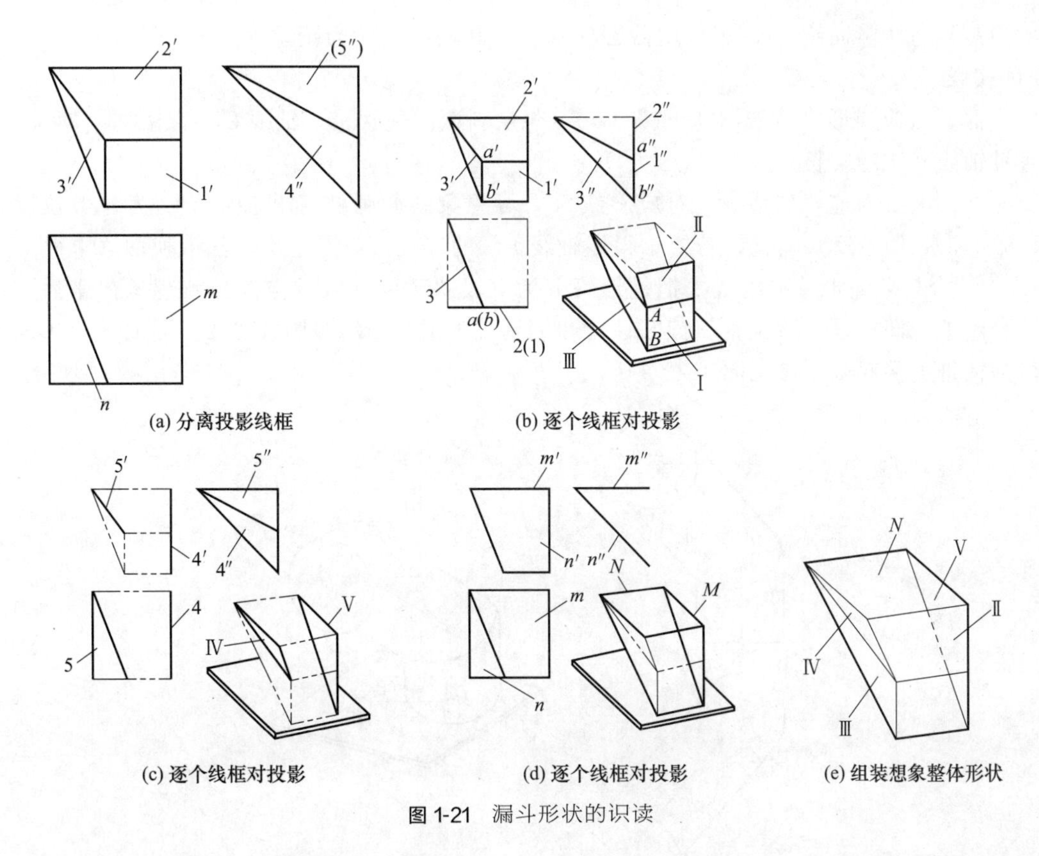

图1-21　漏斗形状的识读

由于$a'b'$对应$a''b''$都是竖向线，三角形一个边$AB \perp H$面，所以侧壁Ⅲ为铅垂面，如图1-21（b）所示。

左视图的线框4″、5″对应主视图为斜线4′和竖向线5′，面Ⅳ和面Ⅴ为直角三角形正垂面和侧平面。面Ⅳ与面Ⅲ相交组成左侧壁，面Ⅴ为右侧壁，如图1-21（c）所示。

俯视图的外形线框为矩形m，对应主、左视图为横向线m'、m''，可以认为矩形M为水平面，表示漏斗的上壁面或是进口的轮廓形状。根据俯视图斜线3为实线和漏斗结构特点，可判断为后者，线框n对应线框n'和斜线n''，线框n表示梯形斜底壁N是侧垂面，如图1-21（d）所示。

③ 组装想象整体形状。把视图中各线框和线段“立体化”后，根据各线框和线段所表示面的形状和空间位置，分前后、左右、上下六个方向进行组装想象，并根据立体所具有的特征和钣金件的结构特点，综合想象出整体形状［参见图1-21（e）］。

1.3.3　线段分解法

读管路投影图时，应采用线段分解法，即把整条管路分解为若干管段，然后逐个管段在投影图中找投影对应关系，并根据点、线投影特性，想象每段管段形状和空间位置，然后综合起来想象整条管路的走向和布局。如图1-22（a）所示的蛇形管主、俯视图可按如下步骤想象其立体形状。

① 对投影分离管段。通过主、俯视图对投影关系，初步把主视图划分为1′、2′、3′三个线框。

② 逐个线框对投影，想象管各段的空间位置。主视图的圆形线框1′对应俯视图线框1，

点 a'（b'）对应竖向线 ab，想象斜截圆柱管Ⅰ，其轴线 AB 为正垂线，ab 线反映管 I 轴线 AB 的实长。

线框 3′对应圆形 3，$c'd'$对应点 c（d），想象斜截圆柱管Ⅲ，轴线 CD 为铅垂线，$c'd'$反映管Ⅲ轴线 CD 的实长。

线框 2′与 2 对应，斜线 $b'c'$对应斜线 bc，可想象斜截圆柱管Ⅱ轴线 BC 为一般位置直线，$b'c'$和 bc 均不反映实长。若要求得该轴线 BC 的实长，应通过旋转法或换面法求得。

③ 综合想象蛇形管的组成。把蛇形管分为三段斜截圆柱管的空间位置想象出来后，进行综合想象，即通过一般位置斜截圆柱管Ⅱ把垂直于正面的斜截圆柱管Ⅰ及垂直于水平面的斜截圆柱Ⅲ连接起来［参见图 1-22（b）］。

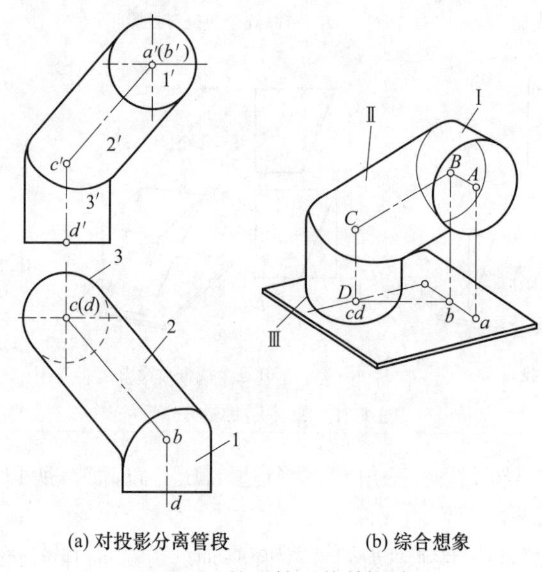

(a) 对投影分离管段　　(b) 综合想象

图 1-22　蛇形管形状的识读

1.4 钣金几何作图

任何复杂的物体，都是由圆柱、圆锥、棱锥、球等基本几何圆体组成的，而这些几何体又都是由直线、圆弧、圆以及封闭的或开口的曲线等线条组成的。当我们用图样来表示各种不同形状零件的轮廓时，就是用这些线条组合连接而成的。

为了能在图样上精确地作出零件轮廓的图形，就必须要懂得各种不同线条的作图知识和它们连接的规则，对于钣金的展开下料来讲，钣金的几何作图又是放样、划线（号料）等操作的基础。

1.4.1 基本线条的画法

任何复杂的图形都是由基本线条构成的，熟练掌握基本线条的画法是划线的基础。基本线条主要包括直线、平行线、垂直线、角度线等。

(1) 直线的画法

应先以工件端面为基准用钢直尺分别确定出直线两端的尺寸位置并用划针划出一小段线条，然后将两端的小段线条用直角尺或钢直尺连接成一条直线，如图 1-23 所示。

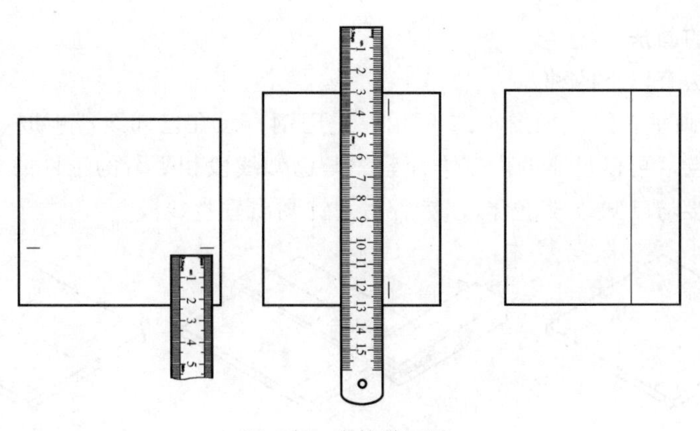

图1-23　直线的画法

(2) 平行线的画法

平行线的画法有以下三种。

① 用钢直尺或直角尺画平行线。用钢直尺或直角尺画平行线的方法与画直线的方法基本相同。在画平行线时，要以已画出的线条为基准用钢直尺分别确定出平行线两端的尺寸位置并用划针划出一小段线条，然后将两端的小段线条用直角尺或钢直尺连接成一条平行线，如图1-24所示。

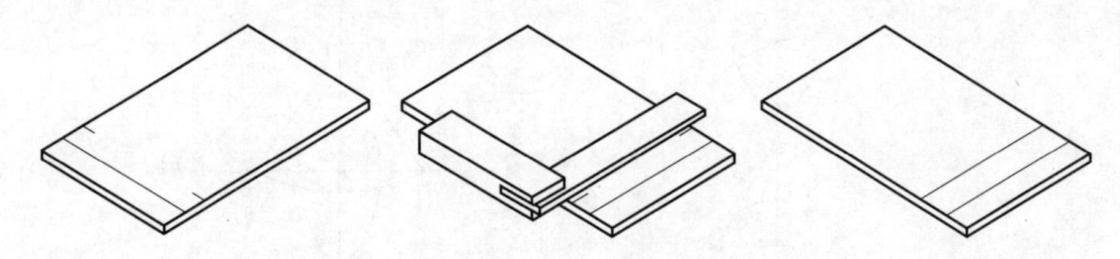

图1-24　用钢直尺或直角尺画平行线

② 用划规画平行线。如图1-25所示，在已知直线上取 A、B 两点，打上冲点，用划规在钢直尺上度量出线间距 L 作为圆弧半径 R，再以 A、B 两点为圆心，分别画出两段圆弧，然后用钢直尺或直角尺和划针作两段圆弧的切线即可。

③ 用高度游标卡尺画平行线。如图1-26所示，在平板上将工件靠在方箱或角铁的垂直工作面上（必要时可用G形夹进行固定），然后用高度游标卡尺画出所需的平行线。

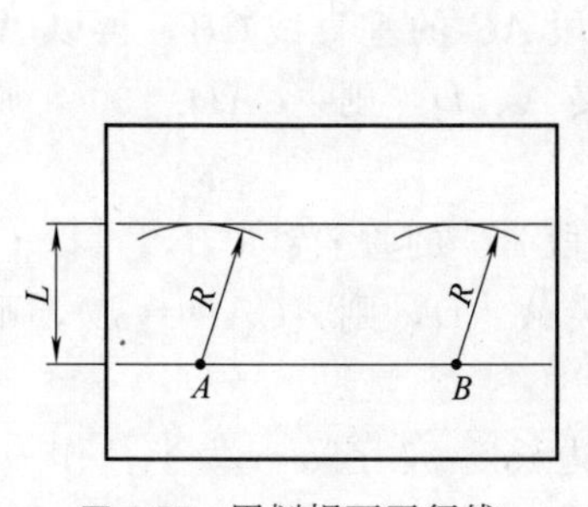

图1-25　用划规画平行线

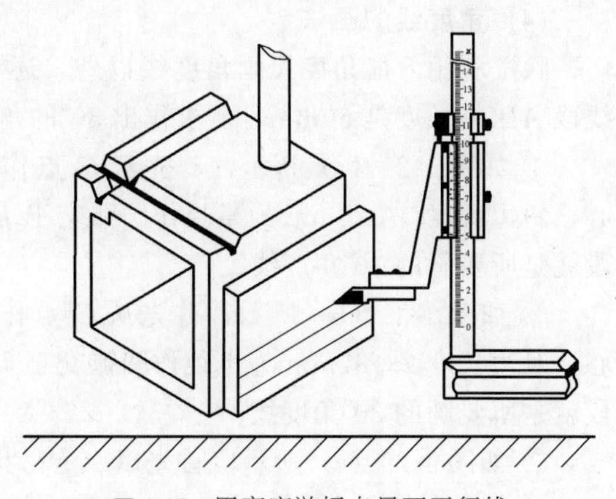

图1-26　用高度游标卡尺画平行线

(3) 垂直线的画法

垂直线的画法有以下两种。

① 用直角尺画垂直线。如图 1-27 所示，先用钢直尺在已知线段上取一与其相垂直线段的起点，打上冲点，再以尺座的内基准面紧靠与已知线段相平行的工件的端面（或以尺座的内、外基准面直接与已知线段重合），然后用划针画出垂直线段。

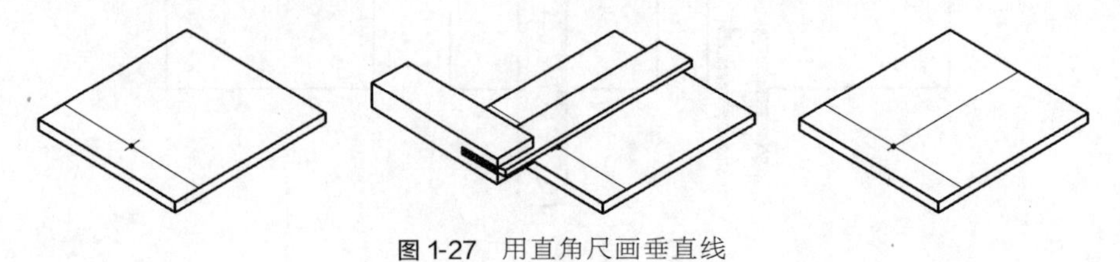

图 1-27　用直角尺画垂直线

② 用作图法画垂直线。已知线段 AB 上的一点 C，画出线段 AB 的垂直线的作法一般有两种。

第一种：如图 1-28（a）所示，以 C 点为圆心，取任意长度 r 为半径，用划规画圆弧交 AB 线段于 D、E，分别以 D、E 两点为圆心，取大于 r 的长度 R 为半径作圆弧交于 F 点，连接 C、F 两点，则线段 CF 为已知线段 AB 的垂直线。

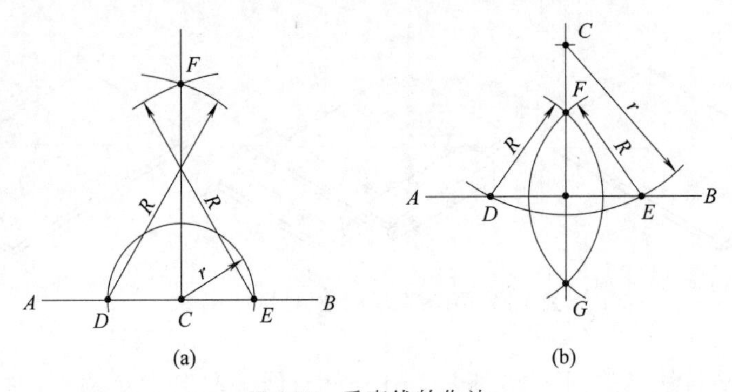

图 1-28　垂直线的作法

第二种：如图 1-28（b）所示，首先以 C 点为圆心，大于 C 点与线段 AB 的垂直距离 r 为半径作圆弧与线段 AB 相交于 D、E 两点，再分别以 D、E 两点为圆心，以适当长度 R 为半径作圆弧交于 F、G 两点，线段 CFG 则为线段 AB 的垂直线。

(4) 角度线的画法

除了利用万能角度尺画角度线以外，还可通过划规来进行划线，如图 1-29 所示。已知线段 AB 的长度是 50mm，要求作出 30°的角度线，具体画法有以下三种情况。

① 如图 1-29（a）所示，首先从 C 点作垂直于线段 AC 的垂直线 CB，再以 A 点为圆心，斜边长度 57.74mm 为半径作圆弧交于 D 点，连接 A、D，则$\angle CAD=30°$，则 AD 线段就是所要画的 30°角度线。

② 如图 1-29（b）所示，首先从 C 点作垂直于线段 AC 的垂直线 CB，再以 C 点为圆心，对边长度 28.87mm 为半径作圆弧交于 D 点，连接 A、D，则$\angle CAD=30°$，则 AD 线段就是所要画的 30°角度线。

③ 如图 1-29（c）所示，首先以 A 点为圆心，斜边长度 57.74mm 为半径作一段圆弧，再以对边长度 28.87mm 为半径作圆弧与上个圆弧交于 D 点，连接 A、D 和 C、D，则

$\angle CAD=30^\circ$，则 AD 线段就是所要画的 30°角度线。

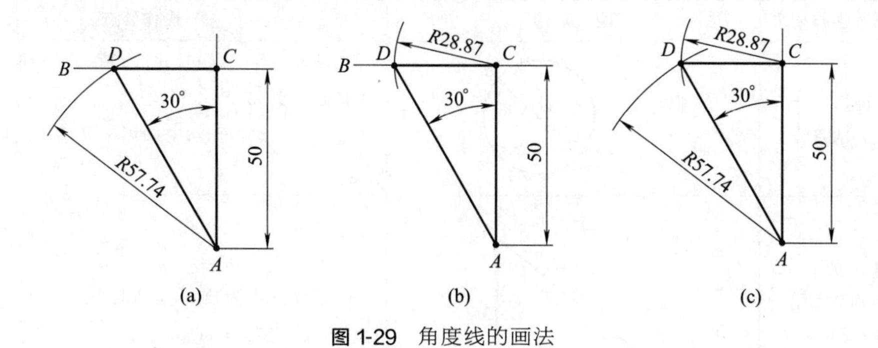

图 1-29　角度线的画法

1.4.2　直线和角的画法

各类直线和角的画法见表 1-14。

◎ 表 1-14　直线和角的画法

名称	作图条件与要求	图　形	操作要点
平行线的画法	作$\overline{ab}$的平行线，相距为 S	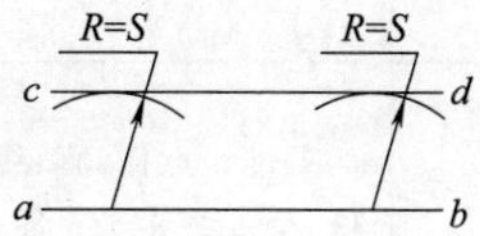	①在 $\overline{ab}$ 线上分别任取两点为圆心，以 S 长为半径，作两圆弧 ②作两圆弧的切线 $\overline{cd}$，则 $\overline{cd}/\!/\overline{ab}$
	过 p 点作$\overline{ab}$的平行线	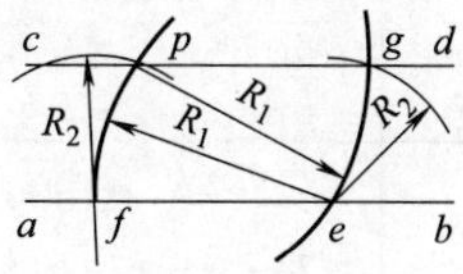	①以已知点 p 为圆心，取 R_1（大于 p 点到 $\overline{ab}$ 的距离）为半径画弧交 $\overline{ab}$ 于 e 点 ②以 e 点为圆心、R_1 为半径画弧交 $\overline{ab}$ 于 f 点 ③以 e 点为圆心，取 $R_2=\overline{fp}$ 为半径画弧交于 g 点，过 p、g 两点作 $\overline{cd}$，则 $\overline{cd}/\!/\overline{ab}$
垂直线的画法	作过$\overline{ab}$上定点 p 的垂线	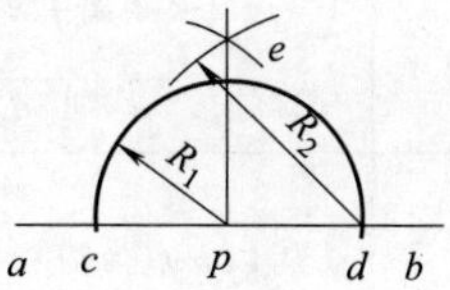	①以 p 点为圆心，任取适当 R_1 为半径画弧，交 $\overline{ab}$ 于 c、d 点 ②分别以 c、d 点为圆心，取 $R_2(>R_1)$为半径画弧得交点 e，连接 $\overline{ep}$，则 $\overline{ep}\perp\overline{ab}$
	作过$\overline{ab}$外任意点 p 的垂线	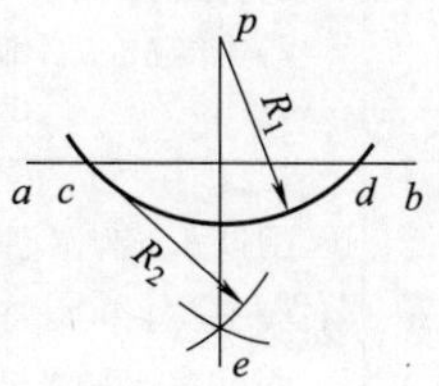	①以 p 点为圆心，任取适当 R_1 为半径画弧，交 $\overline{ab}$ 于 c、d 点 ②分别以 c、d 点为圆心，任取 R_2 为半径画弧得交点 e，连接 $\overline{ep}$，则 $\overline{ep}\perp\overline{ab}$
	作过$\overline{ab}$任意外定点 p 的垂线	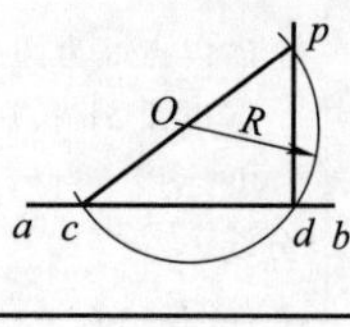	①过 p 点作一倾斜线交 $\overline{ab}$ 于 c 点，取 $\overline{cp}$ 中点为 O 点 ②以 O 点为圆心，取 $R=cO$ 为半径画弧交 $\overline{ab}$ 于 d 点，连接 $\overline{dp}$，则 $\overline{dp}\perp\overline{ab}$

续表

名称	作图条件与要求	图　　形	操作要点
垂直线的画法	作过$\overline{ab}$的端点b的垂线	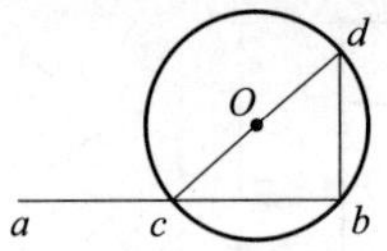	①任取线外一点O，并以O为圆心，取$R=Ob$为半径画圆交$\overline{ab}$于c点 ②连接cO并延长，交圆周于d点，连接$\overline{bd}$，则$\overline{bd}\perp\overline{ab}$
	作过$\overline{ab}$的端点b的垂线（用3∶4∶5比例法）	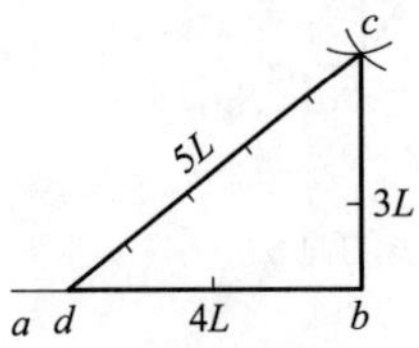	①在$\overline{ab}$上以b点为顶点量取$bd=4L$ ②以d、b点为顶点，分别量取$5L$、$3L$长作半径交弧得c点，连接$\overline{bc}$，则$\overline{bc}\perp\overline{ab}$
线段的等分	作$\overline{ab}$的2等分线	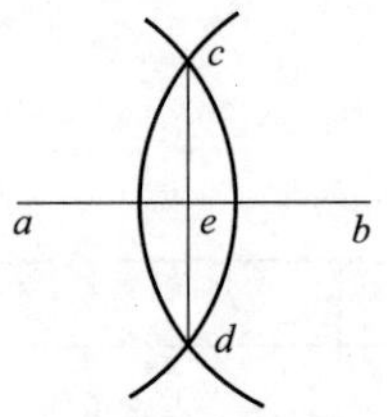	①分别以a、b点为圆心，任取$R\left(>\frac{\overline{ab}}{2}\right)$为半径画弧，得交点$c$、$d$两点 ②连接$\overline{cd}$并与$\overline{ab}$交于$e$点，则$ce=be$，即$\overline{cd}$垂直平分$\overline{ab}$
	作$\overline{ab}$的任意等分线（本例为5等分）	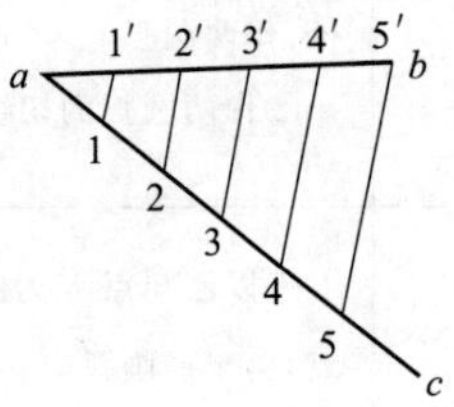	①过a点作倾斜线$\overline{ac}$，以适当长在$\overline{ac}$上截取5等份，得1、2、3、4、5各点 ②连接$b5$两点，过$\overline{ac}$线上4、3、2、1各点，分别作$b5$的平行线交$\overline{ab}$于4′、3′、2′、1′各点，即把ab 5等分
角度的等分	∠abc的2等分	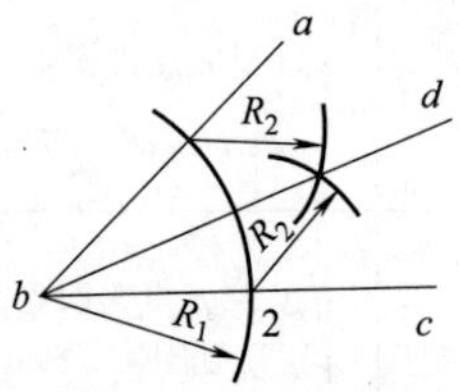	①以b点为圆心，适当长R_1为半径，画弧交角的两边于1、2两点 ②分别以1、2两点为圆心，任意长$R_2$$\left(>\frac{1}{2}\text{1-2距离}\right)$为半径相交于$d$点 ③连接$\overline{bd}$，则$\overline{bd}$即为∠$abc$的角平分线
	∠abc的3等分	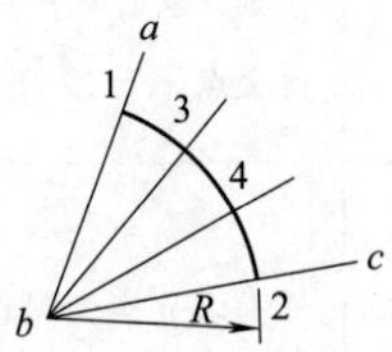	①以b点为圆心，适当长R为半径，画弧交角的两边于1、2两点 ②将弧12用量规量取3等份，交于3、4两点 ③连接$b3$、$b4$，即为∠abc的三等分线
	90°角的5等分	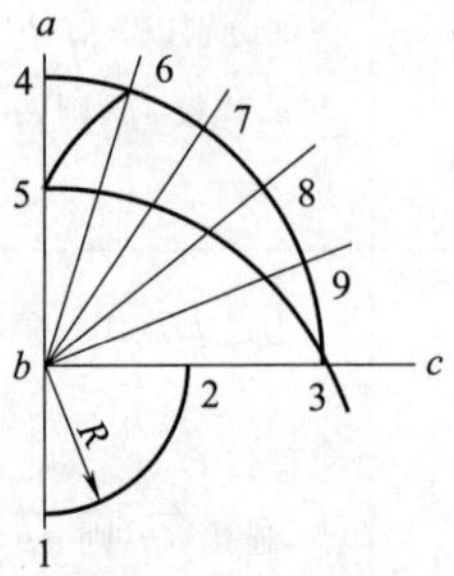	①以b点为圆心，适当长R为半径，画弧交$\overline{ab}$延长线于点1和$\overline{bc}$于点2，量取点3，使$\overline{23}=\overline{b2}$ ②以b点为圆心，$\overline{b3}$为半径画弧交$\overline{ab}$于点4 ③以点1为圆心，$\overline{13}$为半径画弧交$\overline{ab}$于点5 ④以点3为圆心，$\overline{35}$为半径画弧交弧34于点6 ⑤以弧$a6$长在弧34上量取7、8、9各点 ⑥连接$b6$、$b7$、$b8$、$b9$，即为90°角∠abc的5等分线

续表

名称	作图条件与要求	图　形	操作要点
角度的等分	作无顶点角的角平分线	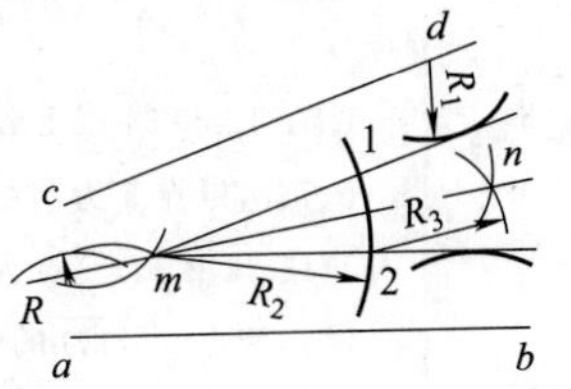	①取适当长 R_1 为半径，作 $\overline{ab}$ 和 $\overline{cd}$ 的平行线交于 m 点 ②以 m 点为圆心，适当长 R_2 为半径画弧交两平行线于 1、2 两点 ③以 1、2 两点为圆心，适当长 R_3 为半径画弧交于 n 点 ④连接 $\overline{mn}$，则 $\overline{mn}$ 即为 $\overline{ab}$ 和 $\overline{cd}$ 两角边的角平分线
作已知角	作$\angle a'b'c'$等于已知角$\angle abc$	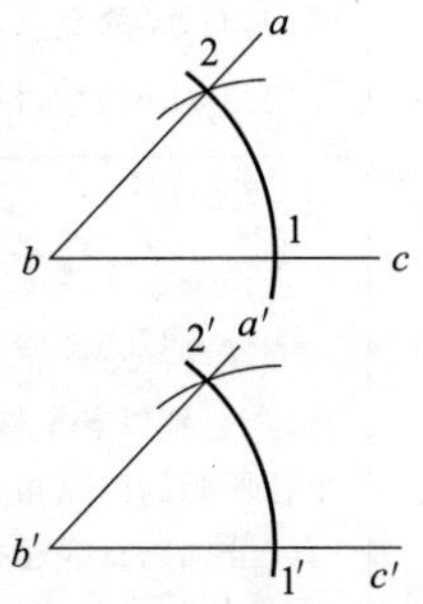	①作一直线 $\overline{b'c'}$ ②分别以$\angle abc$ 的 b 和 $\overline{b'c'}$ 的 b' 为圆心，适当长 R 为半径画弧，交$\angle abc$ 于 1、2 点和 $\overline{b'c'}$ 于点 $1'$ ③以 $1'$ 点为圆心，取 $\overline{12}$ 为半径画弧交于点 $2'$ ④连接 $b'2'$ 并适当延长到 a'，则$\angle a'b'c' = \angle abc$
	用近似法作任意角度（图中为 49°）	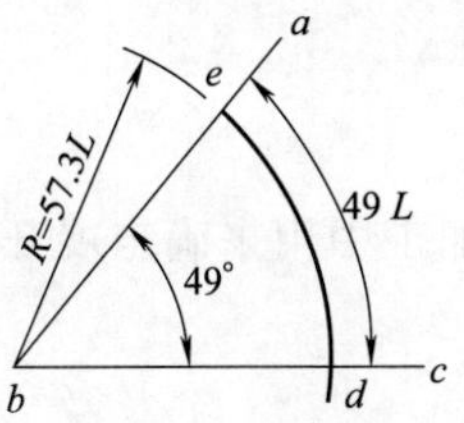	①以 b 点为圆心，取 $R=57.3L$ 长为半径画弧（L 为适当长度）交 $\overline{bc}$ 于 d 点 ②由于作 49°角，可取 $49L$ 的长度，在所作的圆弧上，从 d 点开始用卷尺量取弧长到 e 点 ③连接 be，则$\angle ebd=49°$ ④作任意角度，均可用此方法，只要半径用 $57.3L$，以角度数×L 作为弧长（L 是任意适当数）
	已知三角形三边长为 a、b、c，求作该三角形	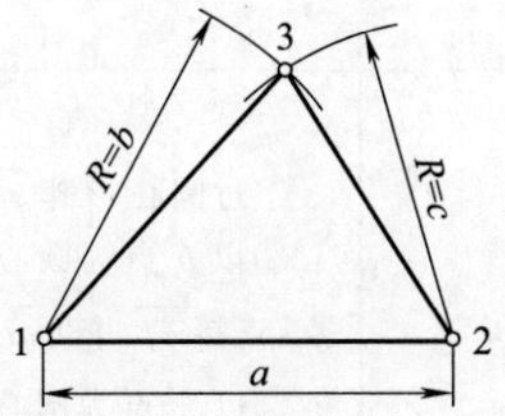	①作直线段 $\overline{12}$ 使其长为 a，分别以 1 和 2 点为圆心，分别以半径 $R=b$ 和 $R=c$ 画弧交于 3 点 ②连接 $\overline{13}$ 和 $\overline{23}$，那么△123 即为所求作的三角形
	作倾斜线（图中斜度为 1∶6）	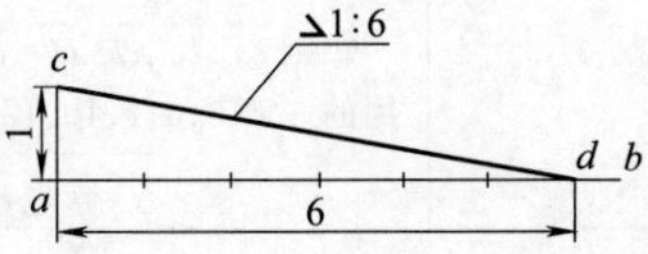	①画直线 ab，再作直角 cad，在垂直线上定出任意长度 ac ②再在 ab 上定出相当于 6 倍 ac 长度的点 d，连接点 d、c 所得的直线，即得到与直线 ac 的斜度为 1∶6 的倾斜线
	已知正方形的边长为 a，用近似法求作该正方形	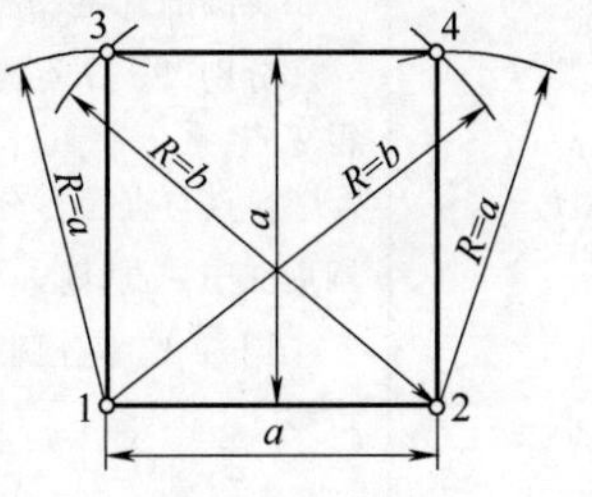	①在 $\overline{ab}$ 线上分别任取两点为圆心，以 S 长为半径，作两圆弧 ②作两圆弧的切线 $\overline{cd}$，则 $\overline{cd}//\overline{ab}$ ③作一水平线，取 $\overline{12}$ 等于已知长度 a，分别以点 1、2 为圆心，已知长度 a 为半径画圆弧，与分别以点 1、2 为圆心，以 $b(b=1.414a)$ 为半径所画的圆弧相交，得交点为 3、4 ④分别以直线连接各点，即得所求正方形

续表

名称	作图条件与要求	图　　形	操作要点
	已知矩形两边长度 a 和 b，求作该矩形	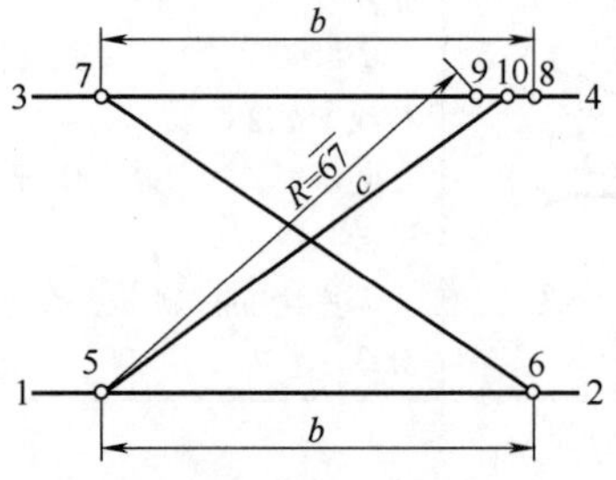	①先画两条平行线 $\overline{12}$ 和 $\overline{34}$，其距离等于已知宽度 a ②在 $\overline{12}$ 和 $\overline{34}$ 线上分别取等于已知长度 b 的点为 5、6、7、8，以点 5 为圆心，$\overline{67}$ 对角线长为半径画圆弧与直线 $\overline{34}$ 相交，交点为 9 ③连接点 5 及 $\overline{89}$ 的中点 10，则 $\overline{510}$ 即为所求对角线长 c ④分别以 5、6 点为圆心，以对角线长 c 为半径画弧，其与 $\overline{34}$ 的交点，即为矩形的另两个顶点，点 5、6 分别与 $\overline{34}$ 的交点相连接便得到所求的矩形
		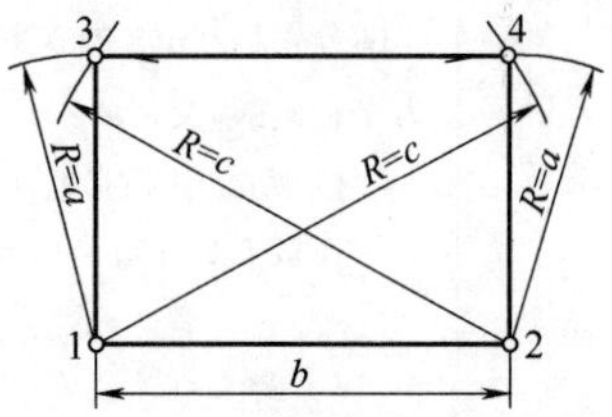	①作一水平线 $\overline{12}$，使其长度等于 b ②分别以点 1、2 为圆心，已知长度 a 为半径画圆弧，与分别以点 1、2 为圆心，以 c（$c=\sqrt{a^2+b^2}$）为半径所画的圆弧相交，得交点为 3、4 ③分别以直线连接各点，即得所求矩形

1.4.3 圆等分的画法

圆的等分是作正多边形的基础，也是钣金加工中用来确定展开料或钻孔点画线位置等常用的方法。其作图方法见表 1-15。

◎ 表 1-15 圆的等分

作图条件与要求	图　　形	操 作 要 点
求圆的 3、4、5、6、7、10、12 等分的长度	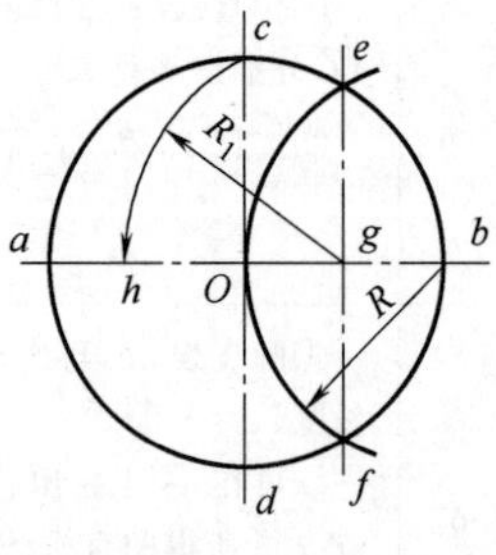	①过圆心 O 作 $\overline{ab}\perp\overline{cd}$ 的两条直径线 ②以 b 点为圆心、R 为半径画弧交圆周于 e、f 点，连接 $\overline{ef}$ 并交 $\overline{ab}$ 于 g 点 ③以 g 点为圆心，$R_1=\overline{cg}$ 为半径画弧交 $\overline{ab}$ 于 h 点 ④则 $\overline{ef}$、$\overline{bc}$、$\overline{ch}$、$\overline{bO}$、$\overline{eg}$、$\overline{hO}$、$\overline{ce}$ 长分别等分该圆周的 3、4、5、6、7、10、12 等分长
作圆 O 的任意等分（图中 7 等分）	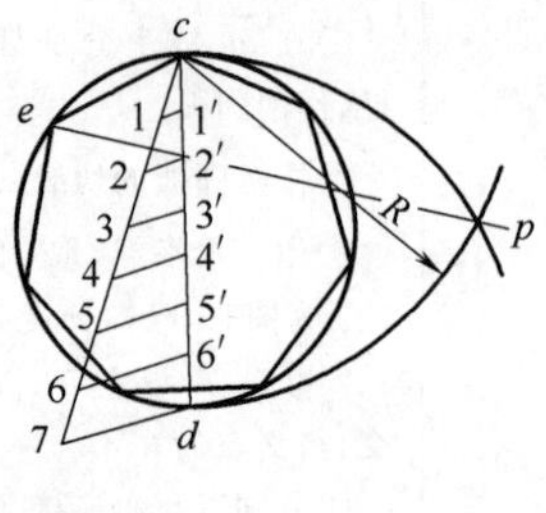	①将圆的直径 $\overline{cd}$7 等分 ②分别以 c、d 点为圆心，取 $R=\overline{cd}$ 为半径画弧得 p 点 ③p 点与直径等分的偶数点 2′连接，并延长与圆周交于 e 点，则 $\overline{ce}$ 即是所求的等分长 ④用 $\overline{ce}$ 长等分圆周，然后连接各点，即为正 7 边形

续表

作图条件与要求	图　形	操作要点
作 ab 半圆弧的任意等分(图中5等分)		①将直径 $\overline{ab}$5 等分 ②分别以 a、b 点为圆心，以 $R=\overline{ab}$ 为半径，画弧得 p 点 ③分别连接 $p1'$、$p2'$、$p3'$、$p4'$，并延长与圆周得交点为 $1''$、$2''$、$3''$、$4''$点，即各点将半圆弧5等分

圆的等分也可以用计算法求得，其计算公式是：

$$s=2R\sin\frac{180^\circ}{n}$$

式中　s——等分圆周的弦长；

R——圆的半径；

n——圆的等分数目。

为计算方便，通常令圆周等分弦长系数 $k=\sin\frac{180^\circ}{n}$，圆周等分弦长系数 k，可查表1-16。因此，等分圆周的弦长 s 也可通过查表，按 $s=2Rk$ 进行计算。

◈ 表1-16　圆周等分弦长系数 k

等分数 n	系数 k	等分数 n	系数 k	等分数 n	系数 k
3	0.86603	13	0.23932	23	0.13617
4	0.70711	14	0.22252	24	0.13053
5	0.58779	15	0.20791	25	0.12533
6	0.50000	16	0.19509	26	0.12054
7	0.43388	17	0.18375	27	0.11609
8	0.38268	18	0.17365	28	0.11197
9	0.34202	19	0.16459	29	0.10812
10	0.30902	20	0.15643	30	0.10453
11	0.28173	21	0.14904	31	0.10117
12	0.25882	22	0.14232	32	0.09801

采用计算法等分圆时，只需先利用上式计算出等分圆周的弦长 s 值，再利用分规直接在圆上截取各点后，直接连接各点便可。如采用计算法6等分圆，可先计算出等分圆周的弦长 $s\left(s=2R\sin\frac{180^\circ}{n}=2R\sin\frac{180^\circ}{6}=R\right)$，然后利用圆规，先以圆上任意点为圆心，以 $s=R$ 长为半径，依次画弧，便可将圆6等分，依次连接各个交点，即形成正六边形，如图1-30所示。

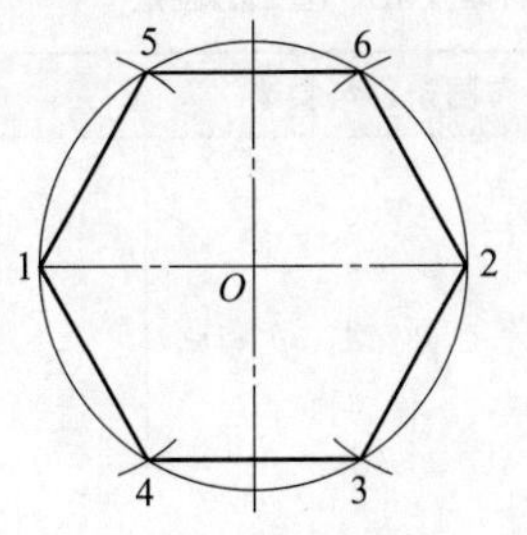

图1-30　圆的六等分

用计算法进行圆的等分虽然方便，但也有一个缺点，就是累计误差比较大，划线时需要多次试划和调整才能达到准确等分。

1.4.4　正多边形的画法

正多边形的画法在几何作图中得到广泛的应用。在圆内作正多边形的方法，也常用来等分圆周。其作图方法见表1-17。

◎ 表1-17 已知边长，作正多边形

作图条件与要求	图 形	操 作 要 点
已知一边长 $\overline{ab}$，作正五边形	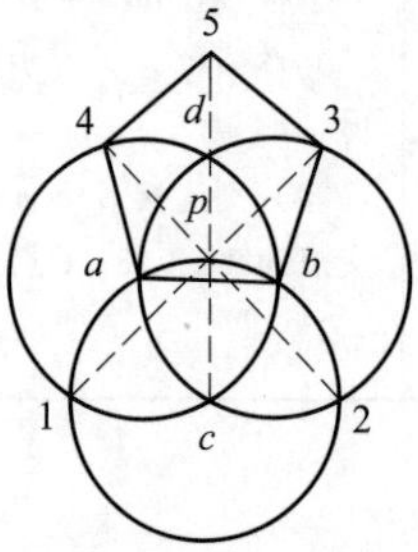	①分别以 a 点和 b 点为圆心，取 $R=\overline{ab}$ 为半径画两圆，并相交于 c、d 两点 ②以 c 点为圆心，取 $R=\overline{ab}$ 为半径画圆，分别交 a 圆于点1、b 圆于点2 ③连接 c、d 交 c 圆于 p 点，分别连接1、p 并延长交 b 圆于点3，连接2、p 并延长交 a 圆于点4 ④分别以点3、4点为圆心，$R=\overline{ab}$ 为半径相交于点5，连接各点即为正五边形
已知一边长 $\overline{ab}$，作正六边形	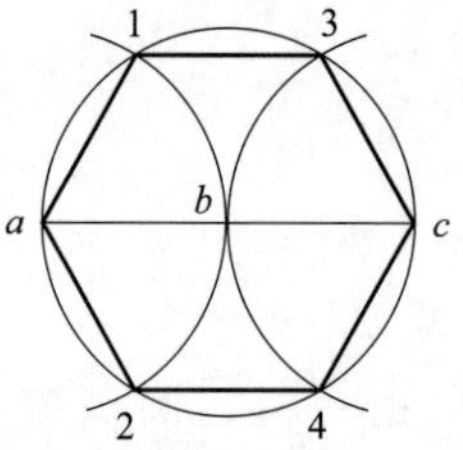	①延长 $\overline{ab}$ 到 c 点，使 $\overline{ab}=\overline{bc}$ ②以 b 点为圆心，取 $R=\overline{ab}$ 为半径画圆 ③分别以 a 点和 c 点为圆心，取 $R=\overline{ab}$ 为半径画圆弧，交圆周于点1、2、3、4，连接各点即为正六边形
已知一边长 $\overline{ab}$，作正七边形	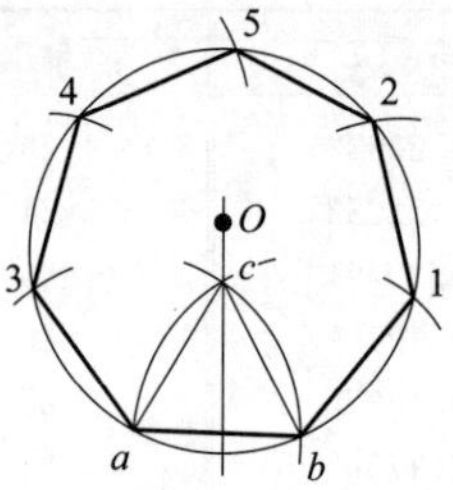	①分别以 a 点、b 点为圆心，取 $R=\overline{ab}$ 为半径画弧交于 c 点 ②过 c 点作 $\overline{ab}$ 的垂线 ③由于作七边形，可以 c 向上取 O 点使 $\overline{cO}=\frac{\overline{ab}}{6}$（若作九边形，应以 c 向上取3倍 $\frac{\overline{ab}}{6}$ 的长，若作五边形，应以 c 向下取 $\frac{\overline{ab}}{6}$ 的长） ④以 O 为圆心，取 $\overline{Oa}$ 为半径画圆 ⑤以 $\overline{ab}$ 为长，在圆周上量取1、2、3、4、5点，则连接各点即为正七边形

1.4.5 圆弧、椭圆的画法

圆弧是构成各种图形的基础，圆弧的画法见表1-18。

椭圆也是钣金件中常见的图形，其画法很多，椭圆的常用画法见表1-19。

◎ 表1-18 圆弧的画法

作图条件与要求	图 形	操 作 要 点
已知弦长 $\overline{ab}$ 和弦高 $\overline{cd}$ 作圆弧	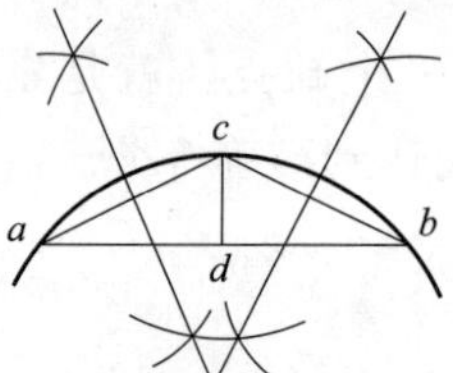	①连接 $\overline{ac}$、$\overline{bc}$，并分别作垂直平分线相交于点 O ②以 O 为圆心，$\overline{aO}$ 长为半径画弧，即为所求圆弧

续表

作图条件与要求	图形	操作要点
已知弦长 $\overline{ab}$ 和弦高 $\overline{cd}$ 作圆弧（近似画法一）	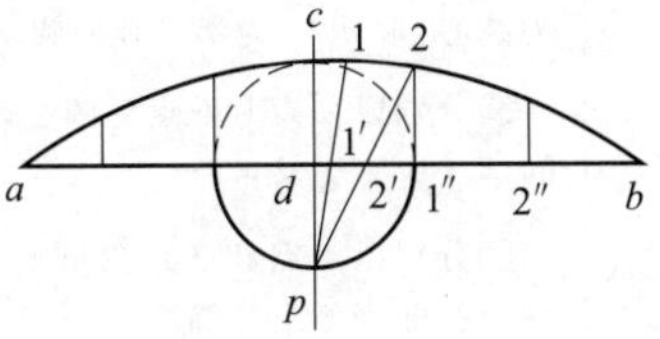	①以 d 点为圆心，$\overline{cd}$ 为半径画圆，并与延长线交于 p 点 ②将 1/4 圆周和 $1/2\overline{ab}$ 作相同等分（图中 3 等分）得 1、2 点和 1″、2″点 ③连接小圆的 $\overline{1p}$、$\overline{2p}$ 与 $\overline{ab}$ 相交于 1′、2′点 ④分别以 11′和 22′长作 $\overline{ab}$ 的 1″、2″点的垂线，各顶点圆滑连接，即为所求的近似圆弧
已知弦长 $\overline{ab}$ 和弦高 $\overline{cd}$ 作圆弧（近似画法二）	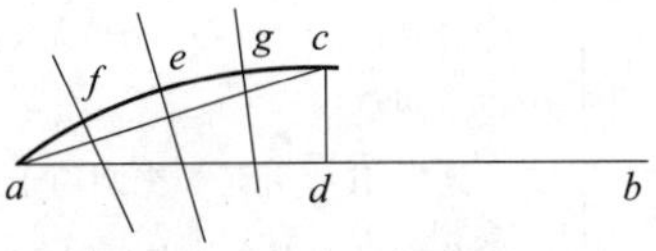	①连接 $\overline{ac}$ 并作垂直平分线，并在其上量取 $\overline{cd}/4$ 得 e 点 ②分别连接 $\overline{ae}$、$\overline{ce}$ 并作垂直平分线，并在其上量取 $\overline{cd}/16$ 长，得 f、g 点 ③同理将弦长作垂直平分线，量取 $\overline{cd}/64$ 长，依次类推得到近似的圆弧（图中画一半）
已知弦长 $\overline{ab}$ 和弦高 $\overline{cd}$ 作圆弧（准确画法）	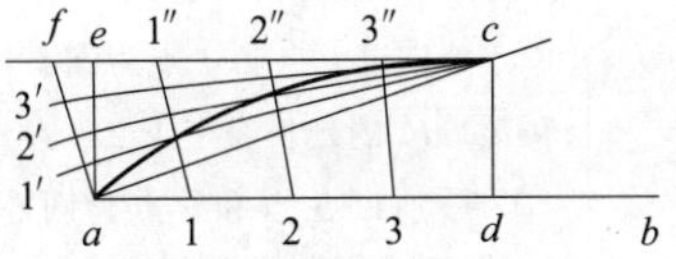	①分别过 a、c 点作 $\overline{cd}$ 和 $\overline{ab}$ 平行线的矩形 $adce$ ②连接 $\overline{ac}$，过 a 点作 $\overline{ac}$ 垂线交 $\overline{ce}$ 延长线于 f 点 ③在 $\overline{ad}$、$\overline{cf}$、$\overline{ae}$ 线上各取相同等份，分别得 1、2、3，1″、2″、3″和 1′、2′、3′点（图中 3 等分） ④分别连接 $\overline{11''}$、$\overline{22''}$、$\overline{33''}$和 $\overline{1'c}$、$\overline{2'c}$、$\overline{3'c}$ 并得对应相交各点，圆滑连接各点，即得所求圆弧（图中画一半）

◎ 表 1-19 椭圆的画法

作图条件与要求	图形	操作要点
已知长轴 $\overline{ab}$ 和短轴 $\overline{cd}$ 作椭圆（用四心作法）	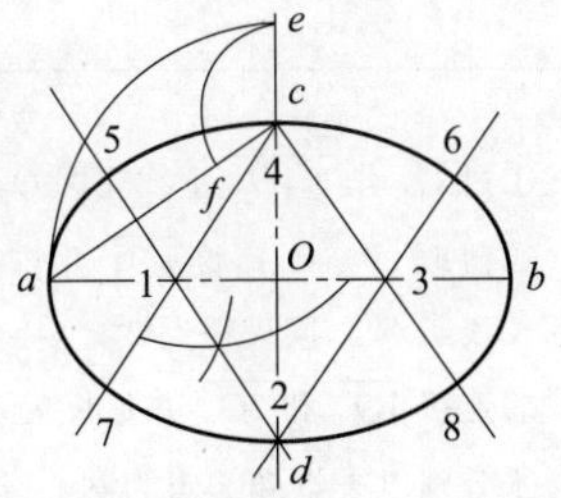	①作 $\overline{cd}$ 垂直平分线 $\overline{ab}$，并交于 O 点 ②连接 $\overline{ac}$，以 O 点为圆心，取 $\overline{aO}$ 为半径画弧交 $\overline{Oc}$ 延长线于 e 点 ③以 c 点为圆心，$\overline{ce}$ 为半径画弧交 $\overline{ac}$ 于 f 点 ④作 $\overline{af}$ 的垂直平分线，并分别交 $\overline{ab}$ 于点 1、$\overline{cd}$ 于点 2 ⑤在 $\overline{Ob}$、$\overline{Oc}$ 线上，分别截取 $\overline{O1}$、$\overline{O2}$ 的长度得 3、4 两点 ⑥分别以点 2、4 为圆心，以 $\overline{c2}$ 为半径画弧得弧 56 和 78。分别以点 1、3 为圆心，以 $\overline{a1}$ 为半径画弧得弧 57 和 68，即完成所作的椭圆
已知长轴 $\overline{ab}$ 和短轴 $\overline{cd}$ 作椭圆（用同心作法）	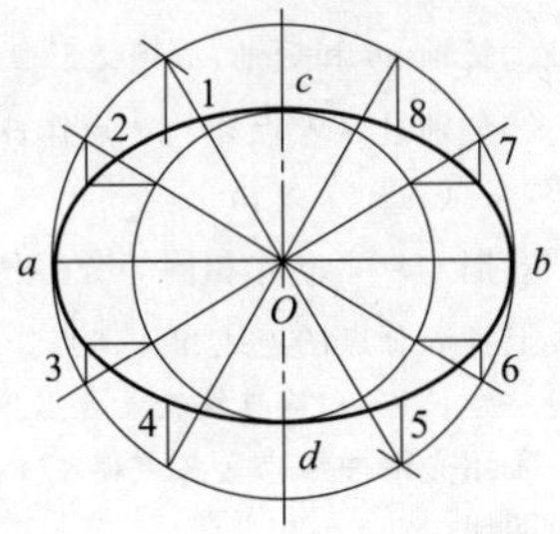	①以 O 为圆心，$\overline{Oa}$ 和 $\overline{Oc}$ 为半径作两个同心圆 ②将大圆等分（图中 12 等分）并作对称连线 ③将大圆上各点分别向 $\overline{ab}$ 作垂线与小圆周上对应各点作 $\overline{ab}$ 的平行线相交 ④用圆滑曲线连接各交点得所求的椭圆

续表

作图条件与要求	图　形	操作要点
已知长轴 $\overline{ab}$ 作椭圆(长轴3等分法)	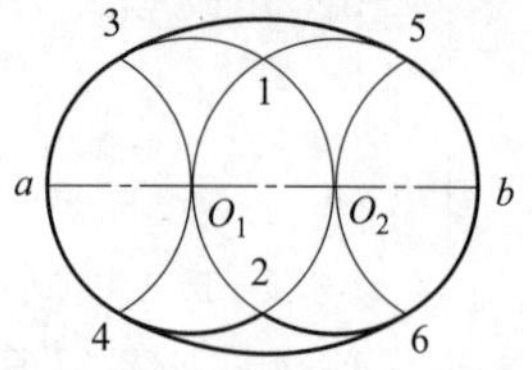	①将 $\overline{ab}$3 等分。等分点为 O_1 和 O_2，分别以 O_1 和 O_2 为圆心，取 $\overline{aO_1}$ 为半径画两圆，且相交于1、2两点 ②分别以 a 点和 b 点为圆心，仍取 $\overline{aO_1}$ 为半径画弧交两圆于3、4、5、6各点 ③分别以1点和2点为圆心，取 $\overline{25}$ 线段长为半径画弧35、46，即为所求的椭圆
已知长轴 $\overline{ab}$ 作椭圆(长轴4等分法)	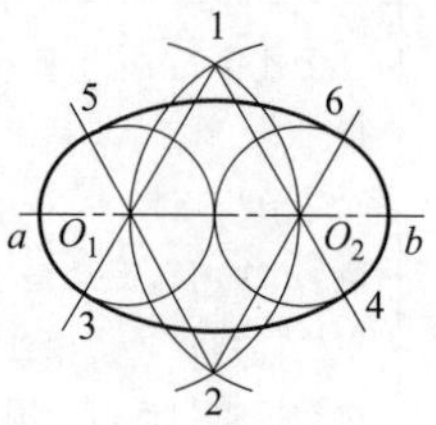	①将 $\overline{ab}$4 等分，并分别以 O_1 和 O_2 为圆心，取 $1/4\overline{ab}$ 长轴为半径，作两圆 ②分别以 O_1 和 O_2 为圆心，取 $\overline{O_1O_2}$ 为半径画弧相交于1、2两点 ③连接 $\overline{1O_1}$ 并延长交圆周于点3，同理求出4、5、6三点 ④分别以1点和2点为圆心，取 $\overline{13}$ 为半径画圆弧34和56，即得所求的椭圆
已知短轴 $\overline{cd}$ 作椭圆	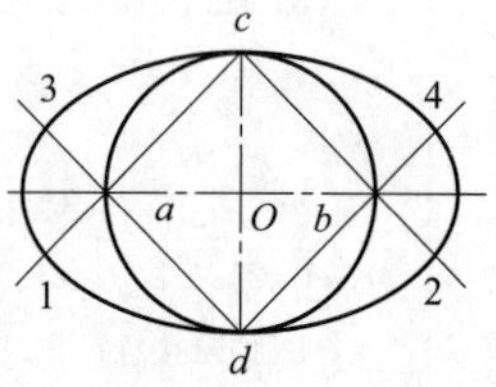	①取 $\overline{cd}$ 的中点为 O，过 O 作 $\overline{cd}$ 的垂线与以 O 为圆心，$\overline{cO}$ 为半径的圆相交于 a、b 两点 ②分别以 c 点和 d 点为圆心，取 $\overline{cd}$ 为半径画弧交 $\overline{ca}$、$\overline{cb}$ 和 $\overline{da}$、$\overline{db}$ 的延长线于1、2、3、4各点 ③分别以 a 点和 b 点为圆心，取 $\overline{a1}$ 为半径画弧13和24，即完成所求的椭圆
已知大、小圆半径为 R、r，作心形圆	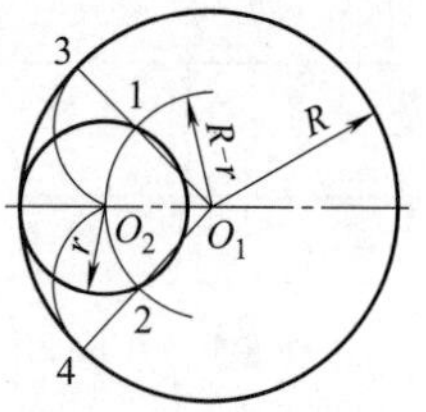	①以 O_1 为圆心，取 $R-r$ 为半径画弧交圆 O_2 于1、2两点 ②连接 O_11 和 O_12 并延长与圆 O_1 交于3、4两点 ③分别以1点和2点为圆心，取 r 为半径画弧 $3O_2$、$4O_2$，即由弧34、弧 $4O_2$、弧 $3O_2$ 组成一个心形圆
已知两圆心距 $\overline{O_1O_2}$，半径 R、r，作蛋形圆	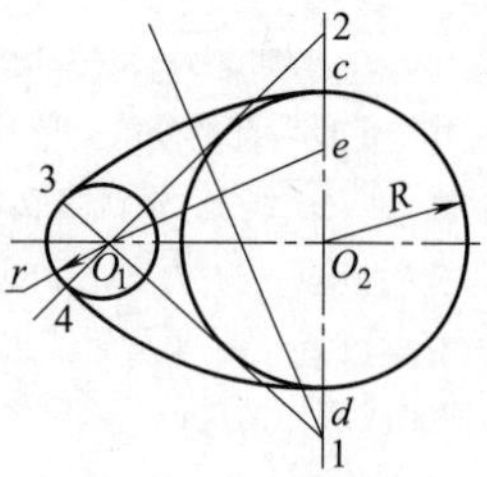	①过 O_2 作 $\overline{O_1O_2}$ 垂线交圆 O_2 圆周于 c、d 两点 ②截取 $\overline{ce}=r$，连接 $\overline{eO_1}$ 并作 $\overline{eO_1}$ 的垂直平分线交 $\overline{cd}$ 延长线于点1，同理得点2 ③连接 $\overline{1O_1}$ 和 $\overline{2O_1}$ 并延长交圆 O_1 于3、4两点 ④分别以1点和2点为圆心，取 $\overline{1c}$ 为半径画弧 $3e$、$4d$，即得所求蛋形圆
已知长轴 $\overline{ab}$ 和短轴 $\overline{cd}$ 作椭圆	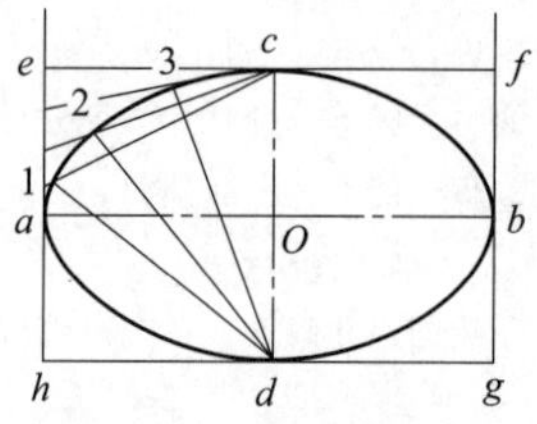	①长轴 $\overline{ab}$ 和短轴 $\overline{cd}$ 相交于 O 点 ②分别过 a、b 点和 c、d 点作 $\overline{cd}$ 和 $\overline{ab}$ 的平行线，交成矩形，交点为 e、f、g、h ③把 $\overline{aO}$ 和 $\overline{ae}$ 作相同等分(图中4等分)并从 c 点作 $\overline{ae}$ 线上各等分点的连线和从 d 点作 $\overline{aO}$ 线上的各等分点的连线并延长，各对应连线交于1、2、3各点 ④用光滑曲线连接各点得1/4的椭圆，同理求出其他三边曲线

1.4.6 其他曲线的画法

除上述曲线外，常见的还有抛物线、双曲线等，其画法见表 1-20。

◎ 表 1-20　其他曲线的画法

名称	已知条件与要求	图形	操作要点
抛物线的画法	已知导线和焦点画抛物线	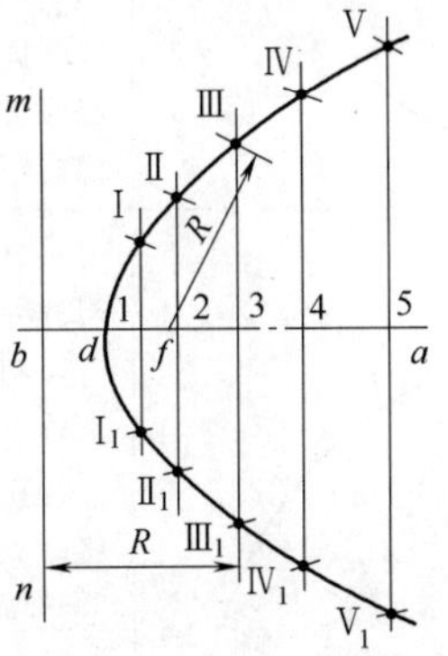	①通过焦点 f 作抛物线的轴，此轴垂直于导线 $\overline{mn}$ 并交于 b 点 ②等分 $\overline{bf}$ 得中点 d，d 点就是抛物线的顶点 ③从 d 点沿焦点方向，取任意数目的、距离渐进的点，如点 1、2、3…，并通过这些点画 $\overline{mn}$ 的平行线 ④以 f 点为圆心，用 $\overline{b1}$、$\overline{b2}$、$\overline{b3}$…作半径，画圆弧，分别交过点 1 的平行线于 Ⅰ、$Ⅰ_1$ 点，过点 2 的平行线于 Ⅱ、$Ⅱ_1$…点 ⑤用曲线板连接所得各点，即为抛物线
	已知任意一角 abc（钝角和锐角）画抛物线	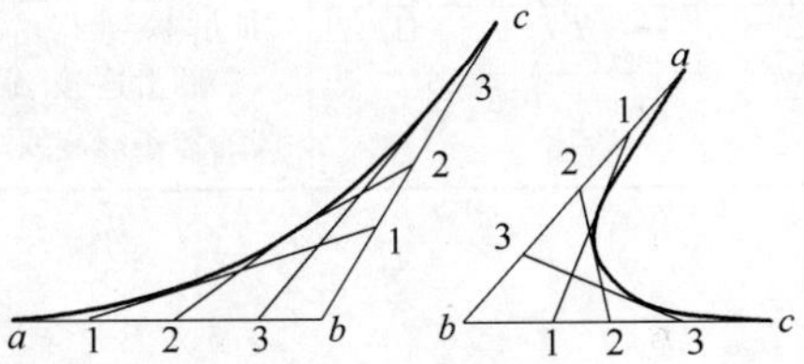	①把这角两边分为相同数量的等份，即点 1、2、3… ②用直线连接同号数的点，即点 11、22、33… ③用曲线板从 a 点到 c 点画曲线，这曲线同所有的直线段相切，即为同角 abc 两边相切于 a、c 两点的抛物线
	已知抛物线的 1/2 跨度为 $\overline{ad}$，拱高为 $\overline{cd}$，作抛物线	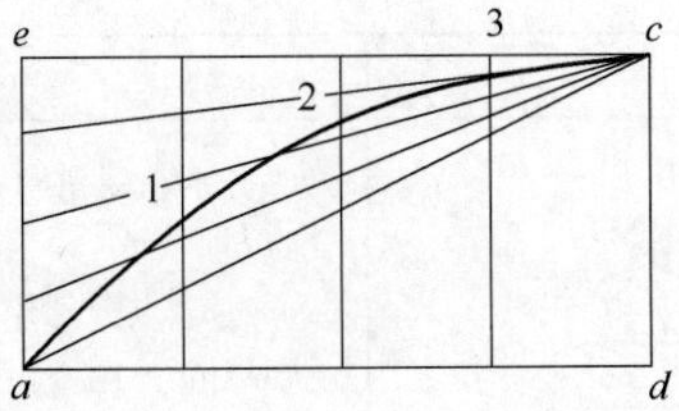	①过 a 和 c 作 $\overline{cd}$ 和 $\overline{ad}$ 平行线得矩形，交点为点 e ②分别将 $\overline{ad}$、$\overline{ce}$ 和 $\overline{ae}$ 作相同等分（图中 4 等分），把 $\overline{ad}$ 和 $\overline{ce}$ 上的等分对应相连和从 c 点与 $\overline{ae}$ 上的等分点的连线对应相交于 1、2、3 各点 ③用曲线圆滑连接 a、1、2、3、c 各点，即得所求抛物线
双曲线的画法	已知双曲线顶点间距离 $\overline{aa_1}$ 和焦点间距离 $\overline{ff_1}$ 画双曲线	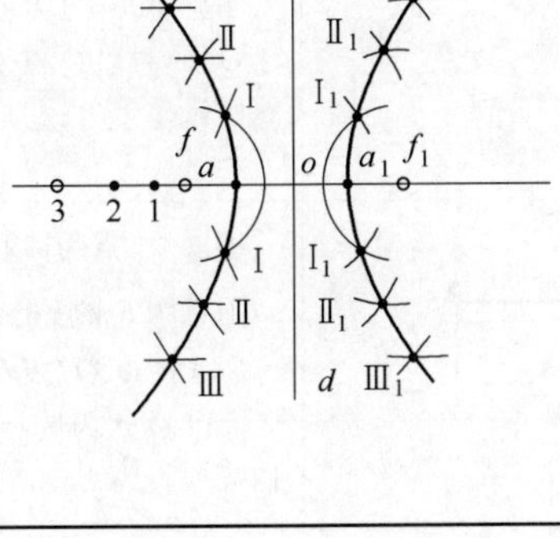	①沿轴线在焦点 f 的左面任意截取 1、2、3…点 ②用焦点 f 和 f_1 做圆心，分别用 $\overline{a1}$ 和 $\overline{a_11}$ 做半径各作两圆弧，得交点 Ⅰ、Ⅰ 和 $Ⅰ_1$、$Ⅰ_1$ ③仍用点 f 和点 f_1 做圆心，分别用 $\overline{a2}$ 和 $\overline{a_12}$ 做半径各作两圆弧，又得交点 Ⅱ、Ⅱ 和 $Ⅱ_1$、$Ⅱ_1$……用同样的方法，得其他各点 ④用曲线圆滑连接各点，即画成双曲线

续表

名称	已知条件与要求	图形	操 作 要 点
渐开螺旋线的画法	已知正方形 $abcd$ 画渐开线	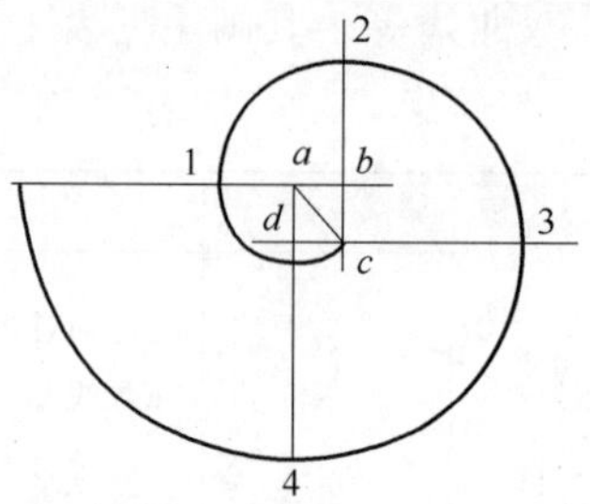	①分别作 $\overline{ab}$、$\overline{bc}$、$\overline{cd}$ 和 $\overline{ad}$ 的延长线，以 a 为圆心，取 $\overline{ac}$ 为半径，自 c 点起作圆弧得点 1 ②以点 b 为圆心，取 $\overline{b1}$ 为半径画弧交 $\overline{cb}$ 延长线于点 2 ③同理以点 c、d 为圆心，取 $\overline{c2}$、$\overline{d3}$ 为半径画弧得 3、4 点，依次类推得所求的渐开螺旋线
等距螺旋线的画法	已知圆 O 画渐开线	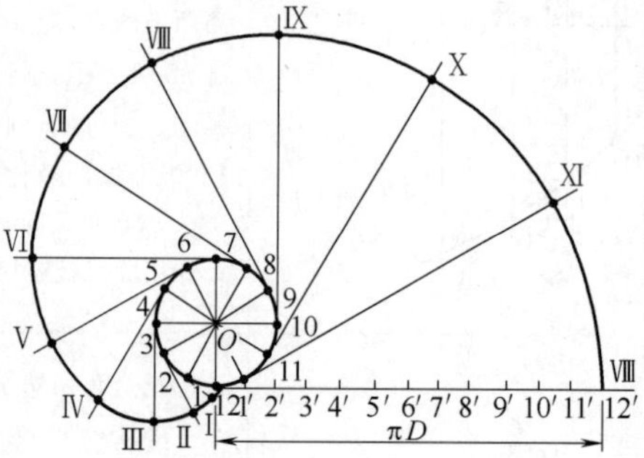	①分圆周为若干等份(图中作 12 等分)，得各等分点 1、2、3、…、12 ②画出各等分点与圆心 O 的连线，过圆上各点作圆的切线 ③在点 12 的切线上取 $\overline{A12'}$＝圆周长，并将此线段分成 12 等份，得各分点 1′、2′、3′…、12′ ④在圆周各点的切线上分别截取线段，使其长度分别为 $\overline{1Ⅰ}=\overline{A1'}$、$\overline{2Ⅱ}=\overline{A2'}$、$\overline{3Ⅲ}=\overline{A3'}$、…、$\overline{11Ⅺ}=\overline{A11'}$ ⑤圆滑连接 A、Ⅰ、Ⅱ、…、Ⅻ 各点，即得圆的等距螺旋线

1.4.7 圆弧连接的画法

各种圆弧连接是形成一些较复杂形状连接的基础，各种圆弧连接的画法见表 1-21。

◈ 表 1-21 各种圆弧连接的画法

已知条件与要求	图 形	操 作 要 点
用已知半径 R 连接锐角两边	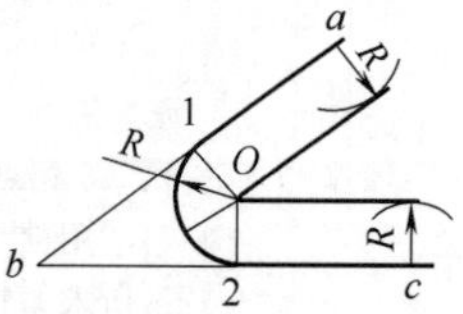	①分别在锐角两边内侧作二平行线，相距 R 得交点 O ②过 O 点分别作两锐角边的垂线交于 1、2 两点 ③以 O 为圆心，用已知 R 为半径画弧 12，即所得连接圆弧
用半径尺连接 90° 角两边	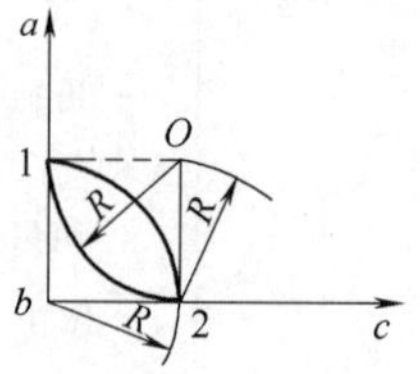	①以 b 为圆心，用已知 R 为半径画弧交 $\overline{ab}$、$\overline{bc}$ 于 1、2 两点 ②分别以点 1 和点 2 为圆心，同样 R 为半径交于 O 点，再以 O 点为圆心，同样 R 画弧 12，即得连接圆弧
用半径 R 连接 R_1 圆弧和 $\overline{ab}$ 直线	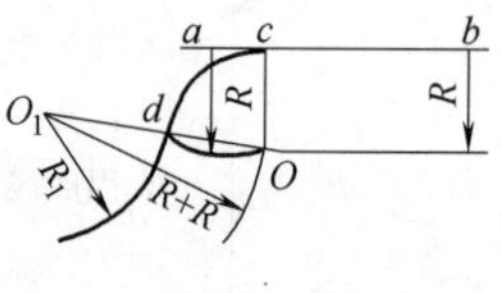	①以 O_1 点为圆心，用 R_1+R 为半径画弧与距 $\overline{ab}$ 直线为 R 的平行线相交于 O 点 ②连接 O、O_1 点和过 O 点作 $\overline{ab}$ 垂线得 d、c 点 ③以 O 点为圆心，R 为半径圆弧 cd，即得连接圆弧

续表

已知条件与要求	图　形	操作要点
用半径 R 连接两已知 R_1 和 R_2 的圆弧	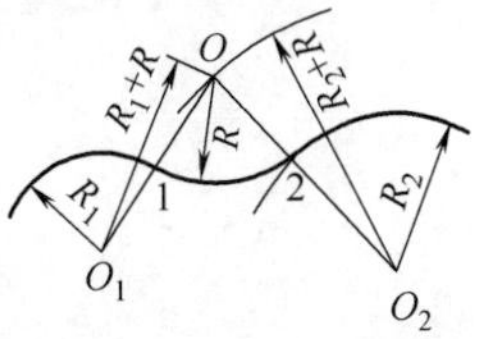	①分别以 O_1 和 O_2 点为圆心，以 R_1+R 和 R_2+R 为半径域弧交于点 O，分别连接 O、O_1 点和 O、O_2 点得 1、2 两交点 ②以 O 点为圆心，R 为半径画弧 12，即得连接圆弧
用半径 R 连接两已知 R_1 和 R_2 的圆弧（内外弧连接）	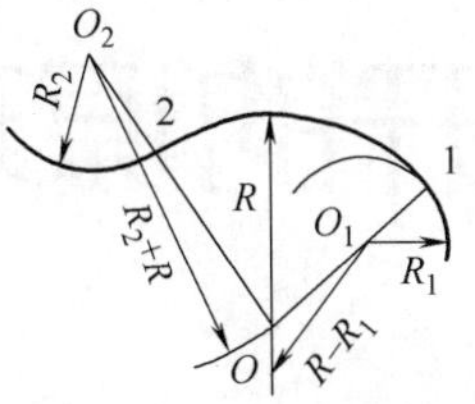	①分别以 O_1 和 O_2 点为圆心，以 $R-R_1$ 和 R_2+R 为半径画弧交于 O 点，连接 O、O_1 点和 O、O_2 点得 1、2 两交点 ②以 O 点为圆心，R 为半径画弧 12，即得连接圆弧
用半径 R 连接两已知 R_1 和 R_2 的圆弧（两弧连接）	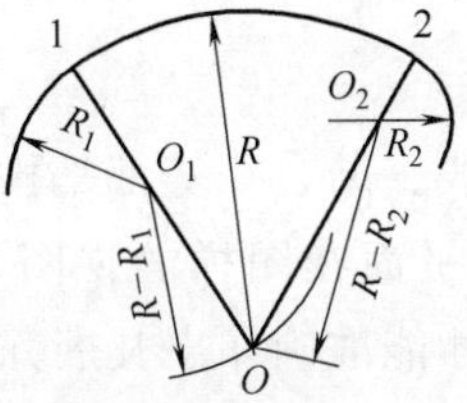	①分别以 O_1 点和 O_2 点为圆心，以 $R-R_1$ 和 $R-R_2$ 为半径画弧交于 O 点，分别连接 O、O_1 点和 O、O_2 点并延长与弧交于 1、2 点 ②以 O 点为圆心，以 R 为半径画弧 12，即得连接圆弧
从圆外一点 p 作圆的切线	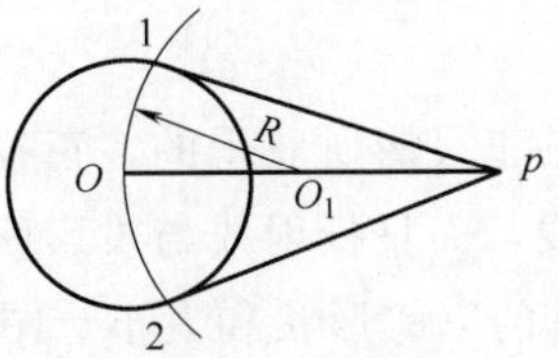	①连接 $\overline{Op}$，并取中点为 O_1 ②以 O_1 点为圆心，取 $R=\frac{\overline{Op}}{2}$ 为半径画弧交圆 O 于 1、2 两点 ③连接 $\overline{p1}$、$\overline{p2}$，即为相切线
O_1 圆和 O_2 圆作两圆的切线	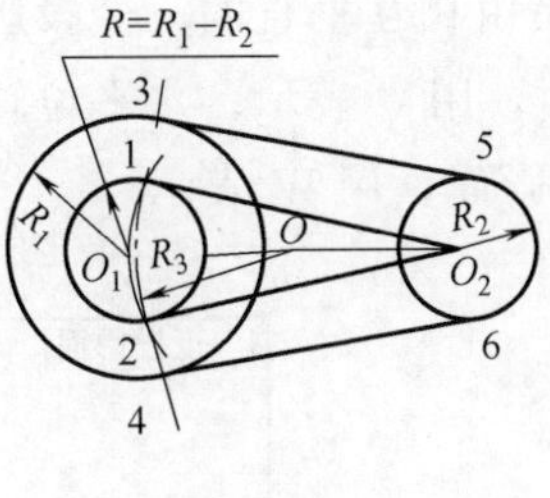	①以圆 O_1 为圆心，取 $R=R_1-R_2$ 为半径画圆 ②连接 O_1、O_2 并取中点 O，并以 O 点为圆心取 $R_3=\frac{\overline{O_1O_2}}{2}$ 为半径画弧得 1、2 两交点 ③分别连接 $\overline{1O_2}$ 和 $\overline{2O_2}$，并延长到圆 O_1 上得 3、4 两点 ④分别过 3、4 两点作 $\overline{1O_2}$ 和 $\overline{2O_2}$ 平行线 $\overline{35}$、$\overline{46}$，即为所求切线
	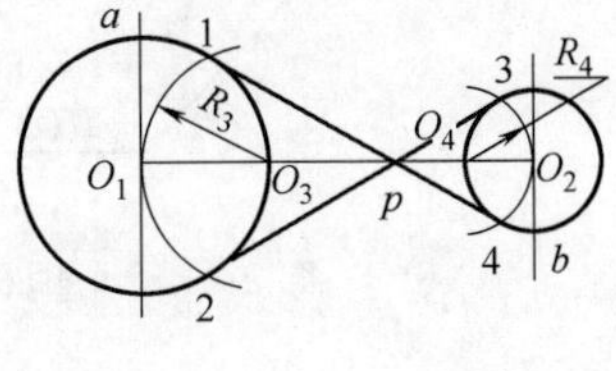	①连接 $\overline{O_1O_2}$，分别过 O_1 点和 O_2 点作 $\overline{O_1O_2}$ 垂线交 O_1 圆和 O_2 圆于 a、b 点 ②连接 $\overline{ab}$ 交 $\overline{O_1O_2}$ 于 p 点 ③分别取 $\overline{pO_1}$ 和 $\overline{pO_2}$ 的中点，得 O_3 和 O_4 两点，并分别以 O_3 和 O_4 点为圆心，取 $R_3=\frac{\overline{pO_1}}{2}$ 和 $R_4=\frac{\overline{pO_2}}{2}$ 为半径画弧，分别交于 1、2、3、4 各点 ④连接 $\overline{23}$、$\overline{14}$ 即为所求切线

钣金展开的原理与方法

2.1 钣金展开基础

在钣金构件的展开图上，所有轮廓线、棱线、结合线等都是构件表面上对应线段的实线长。然而，并非构件上所有线段及线段组成的平面在图样的视图中都反映实长及实形，因此，展开时，必须先判断并求出线段实长等，才能准确作出其展开图。

2.1.1 线、面的投影特性

机械制图中的视图是通过平行投影法中的正投影所获得的，正投影法是机械制图国标规定采用的基本投影法。当投射线采用平行光线，而且投射线与投影面垂直时，得到的投影为正投影，如图 2-1 所示。正投影具有反映物体的真实形状和大小、图形度量性好、便于标注尺寸、作图方便等优点。

根据机械制图国标可知：三视图的形成是由相互垂直的三个投影面建立的投影体系，如图 2-2 所示。正立位置的投影面称为正投影面，用 V 表示；水平位置的投影面称为水平投影面，用 H 表示；侧立位置的投影面称为侧投影面，用 W 表示。

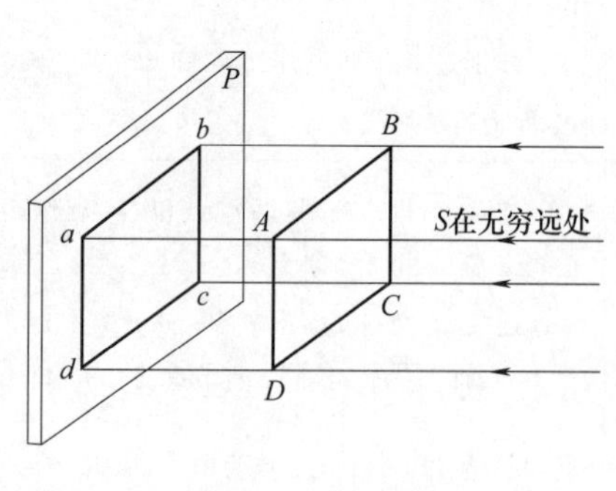

图 2-1　正投影法

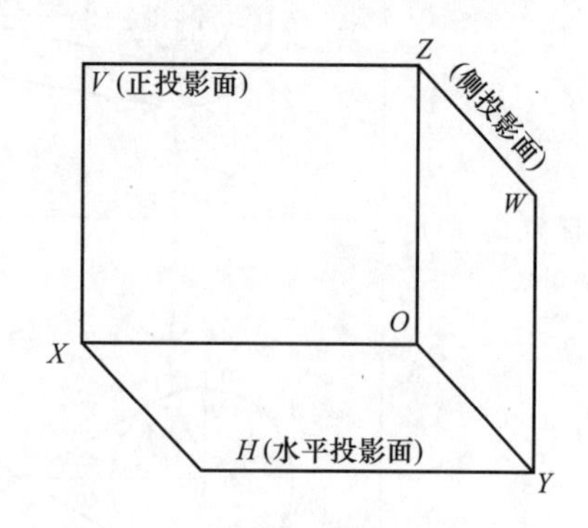

图 2-2　三个相互垂直的投影面

两投影面的交线称为投影轴。V 面与 H 面的交线称为 X 轴；H 面与 W 面的交线称为 Y 轴；V 面与 W 面的交线称为 Z 轴。X、Y、Z 三轴的交点称为原点，用 O 表示。

(1) 点的投影

点的投影仍为点。S 点为正三棱锥上三棱线的交点，如图 2-3（a）所示。自 S 点分别向三个投影面作垂线，得到三个垂足 S、S'和 S''，分别表示 S 点在 H 面、V 面、W 面的三个投影。

从图 2-3 可知：S 点到 W 面距离为 X 坐标；S 点到 V 面的距离为 Y 坐标；S 点到 H 面的距离为 Z 坐标。若用点的坐标值确定其空间位置可表示为：S（X_S、Y_S、Z_S）或 S（S_X、S_Y、S_Z）。

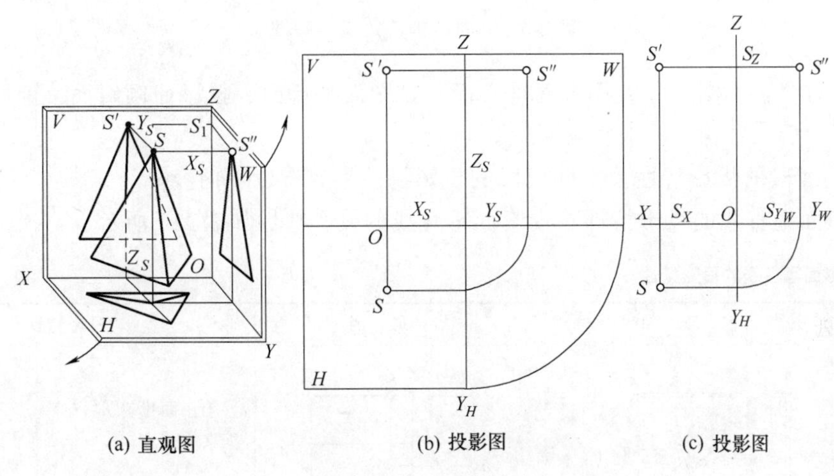

(a) 直观图　　(b) 投影图　　(c) 投影图

图 2-3　点的三面投影图

(2) 线、面投影的基本特征

空间一条直线或一平面相对投影面而言有平行、垂直和倾斜三种位置，用正投影法得到的投影分别具有以下特性。

① 真实性。当图形平面（或直线段）平行投影面时，其投影反映实形（或实长），如图 2-4（a）和图 2-5（a）所示。

② 积聚性。当图形平面（或直线段）垂直投影面时，其投影积聚成一线段（或一点），如图 2-4（b）和图 2-5（b）所示。

③ 收缩性。当图形平面（或直线段）倾斜投影面时，其投影为一缩小的类似形（或缩短的线段），如图 2-4（c）和图 2-5（c）所示。

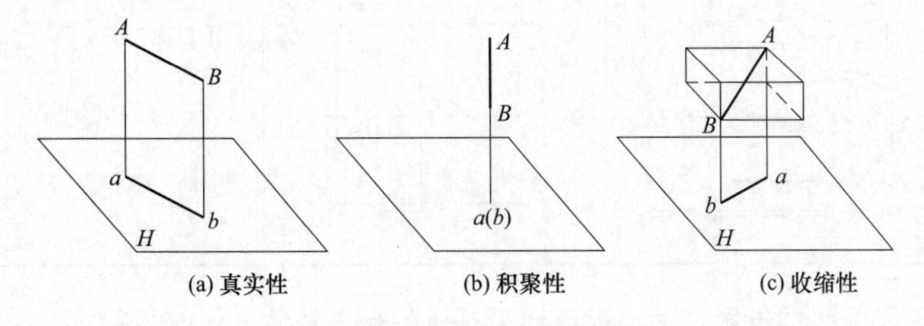

(a) 真实性　　(b) 积聚性　　(c) 收缩性

图 2-4　直线段各种位置投影特性

(3) 线、面的投影特性

空间线段因三个投影面相对位置不同，可分为投影面垂直线、投影面平行线、投影面倾斜线。前两种直线称为特殊位置直线，后一种直线称为一般位置直线。空间平面图形对三个

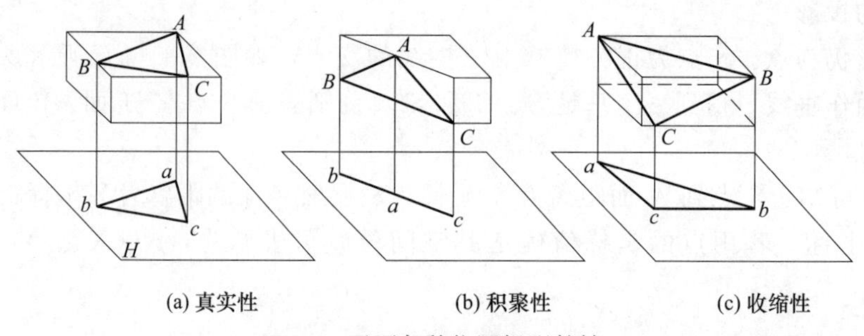

(a) 真实性　　(b) 积聚性　　(c) 收缩性

图 2-5　平面各种位置投影特性

投影面的相对位置不同，分为投影面垂直面、投影面平行面、投影面倾斜面。前两种称为特殊位置平面，后一种称为一般位置平面。

① 空间线段的投影特性。空间线段的投影特性主要有以下内容。

a. 投影面垂直线的投影特性。投影面垂直线的投影特性如表 2-1 所示。

◇ 表 2-1　投影面垂直线的投影特性

名称	直　观　图	投　影　图	投影特性	
正垂线（直线段垂直于 V 面）			①正面投影 $a'(b')$ 积聚为一点 ② $Ab\perp OX$ 轴，$a''b''\perp OZ$ 轴，$ab=a''b''=AB$	①在所垂直的投影面上的投影积聚为一点 ②另外两面投影分别垂直于直线所垂直的那个投影面上的两根投影轴，且反映实长
铅垂线（直线段垂直于 H 面）			①水平投影 $c(d)$ 积聚为一点 ② $c'd'\perp OX$ 轴，$c''d''\perp OY_W$ 轴，$c'd'=c''d''=CD$	
侧垂线（直线段垂直于 W 面）			①侧面投影 $e''(f'')$ 积聚为一点 ② $e'f'\perp OZ$ 轴，$ef\perp OY_H$ 轴，$e'f'=e''f''=EF$	

b. 投影面平行线的投影特性。投影面平行线的投影特性，如表 2-2 所示。

c. 一般位置直线的投影特性。图 2-6 所示为一般位置直线，即对三个投影面都倾斜的直线的投影特性。很显然直线段的三个投影都小于线段的实长。

② 空间平面的投影特性。空间平面的投影特性主要有以下内容。

a. 投影面垂直面的投影特性。投影面垂直面的投影特性如表 2-3 所示。

◈ 表 2-2　投影面平行线的投影特性

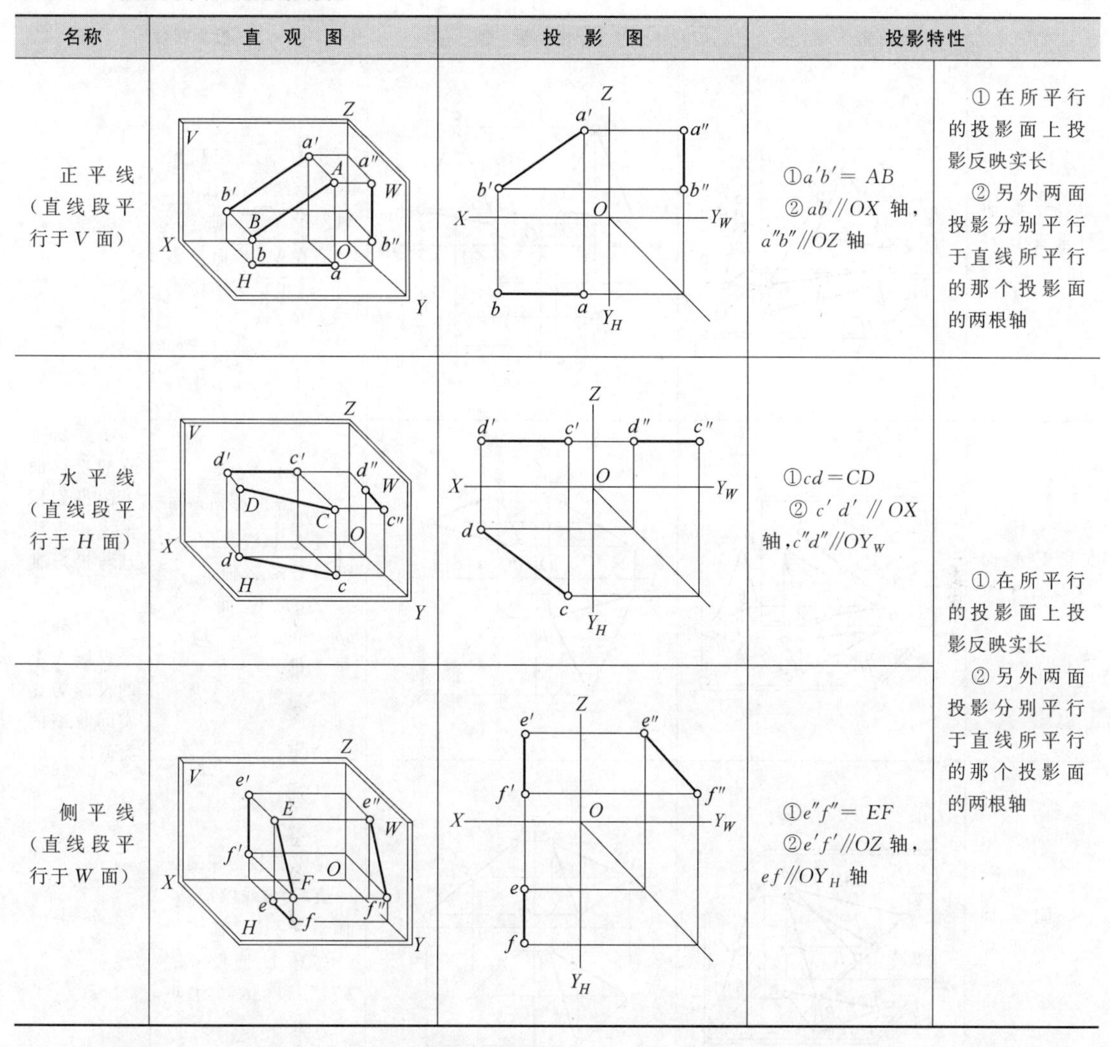

名称	直观图	投影图	投影特性	
正平线（直线段平行于 V 面）			①$a'b'=AB$ ②ab//OX 轴，$a''b''$//OZ 轴	①在所平行的投影面上投影反映实长 ②另外两面投影分别平行于直线所平行的那个投影面的两根轴
水平线（直线段平行于 H 面）			①$cd=CD$ ②$c'd'$//OX 轴，$c''d''$//OY_W	①在所平行的投影面上投影反映实长 ②另外两面投影分别平行于直线所平行的那个投影面的两根轴
侧平线（直线段平行于 W 面）			①$e''f''=EF$ ②$e'f'$//OZ 轴，ef//OY_H 轴	

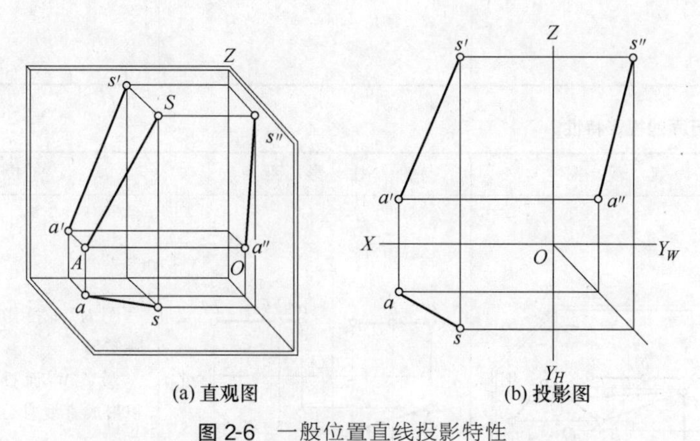

图 2-6　一般位置直线投影特性

b. 投影面平行面的投影特性。投影面平行面的投影特性如表 2-4 所示。

c. 一般位置平面的投影特性。与三个投影面均处于倾斜位置的平面称为一般位置平面，其投影均为比实物缩小的类似形投影，如图 2-7 所示。

◎ 表 2-3　投影面垂直面的投影特性

名称	直观图	投影图	投影特性	
铅垂面（垂直于 H 面）	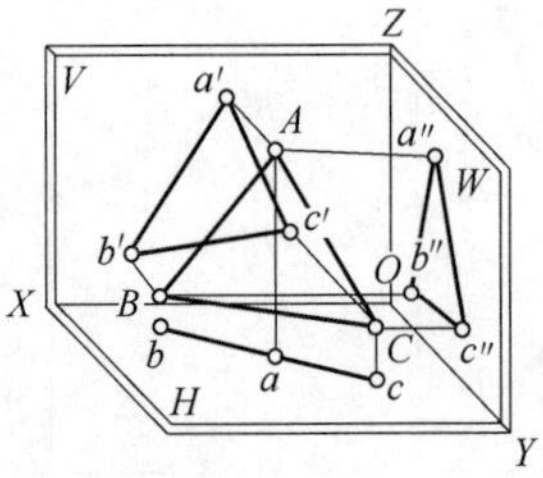	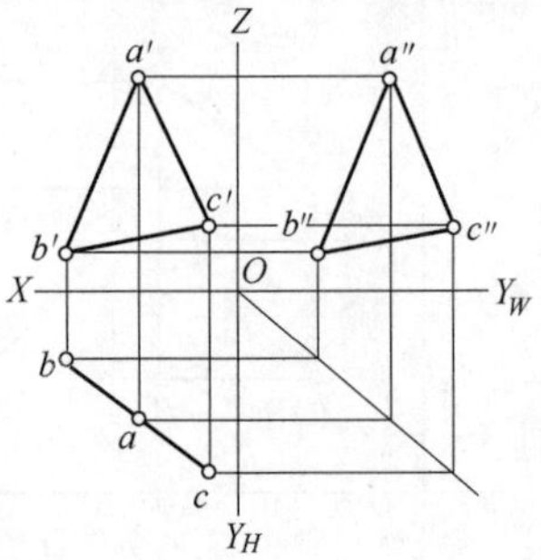	① H 面投影积聚成一直线，该线段 bac 倾斜于 X、Y_H 轴 ②在 V、W 面投影 $a'b'c'$ 和 $a''b''c''$ 均小于 ABC	①在所垂直的投影面上的投影积聚成一直线且与投影轴倾斜 ②另外两个投影面上的投影为比实际收缩的类似形
正垂面（垂直于 V 面）	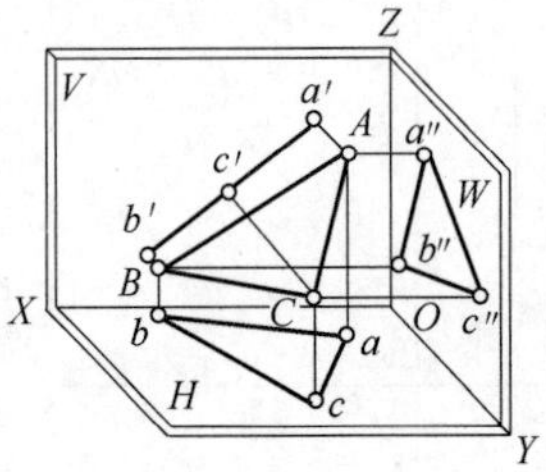	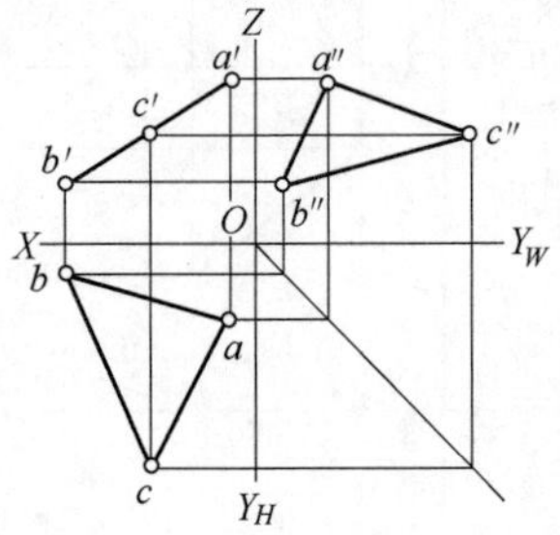	① V 面投影积聚成一直线，该线段 $a'b'c'$ 倾斜于 X、Z 轴 ② H、W 面投影 abc' 和 $a''b''c''$ 均小于 ABC	
侧垂面（垂直于 W 面）	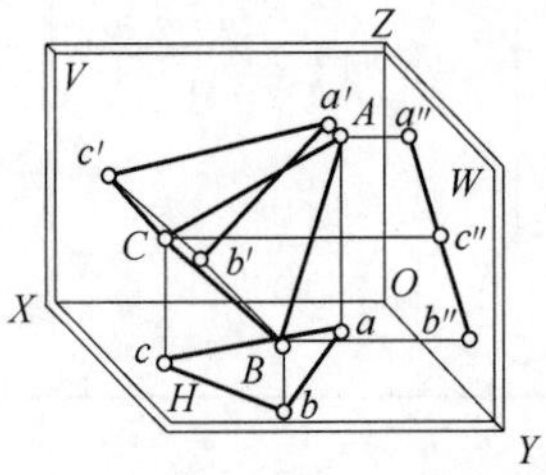	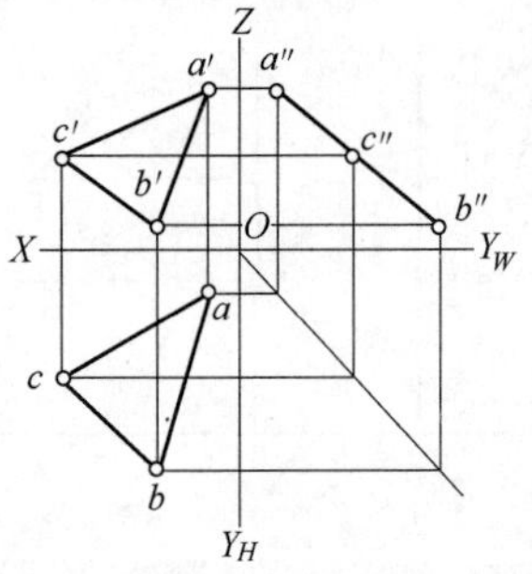	① W 面投影积聚成一直线，该线段 $a''b''c''$ 倾斜于 Z、Y_W 轴 ② V、H 面投影 $a'b'c'$ 和 abc 均小于 ABC	

◎ 表 2-4　投影面平行面的投影特性

名称	直观图	投影图	投影特性	
水平面（平行于 H 面）	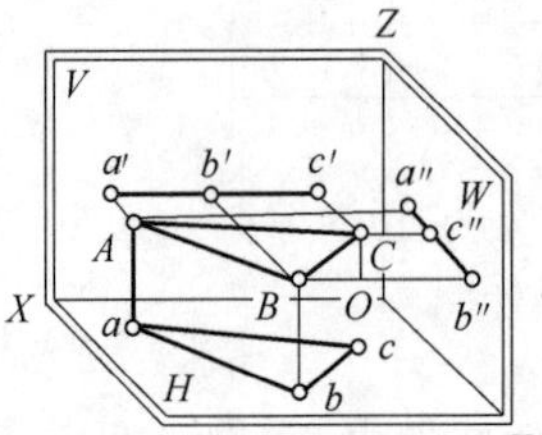	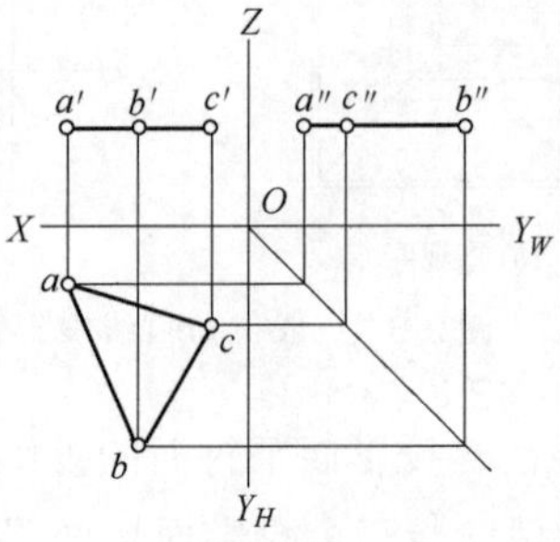	① H 面投影反映实形 ② V、W 面投影积聚成直线且分别平行于 OX、OY_W 轴	①在所平行的投影面上反映实形 ②另外两面投影分别积聚成平行于不同投影轴的线段

续表

名称	直　观　图	投　影　图	投影特性	
正平面（垂直于 V 面）	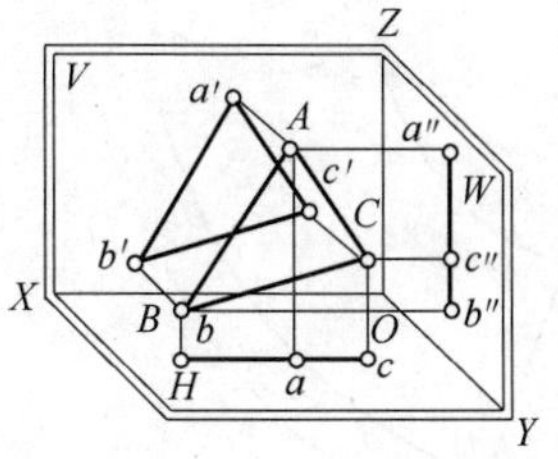	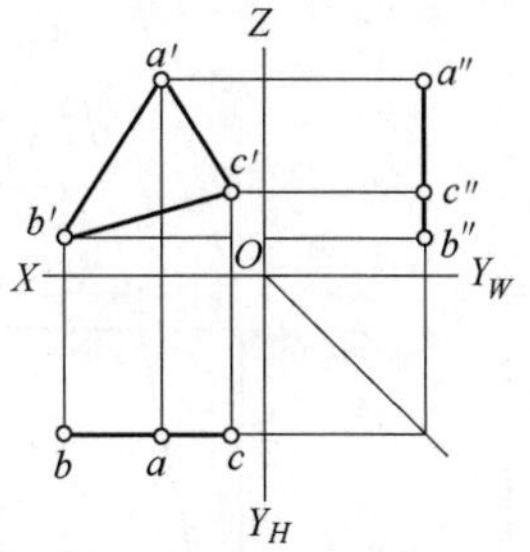	①V 面投影反映实形 ②H、W 面投影积聚成直线且分别平行于 OX、OZ 轴	①在所平行的投影面上反映实形 ②另外两面投影分别积聚成平行于不同投影轴的线段
侧平面（平行于 W 面）	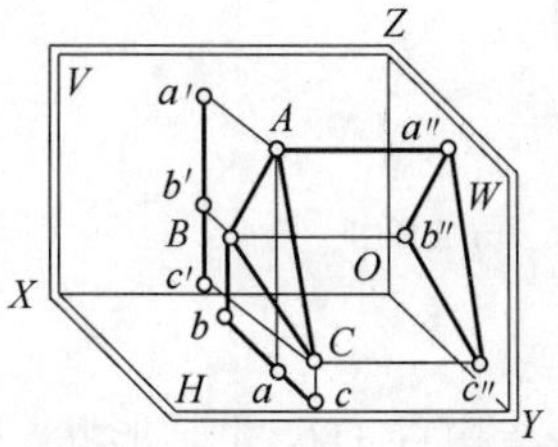	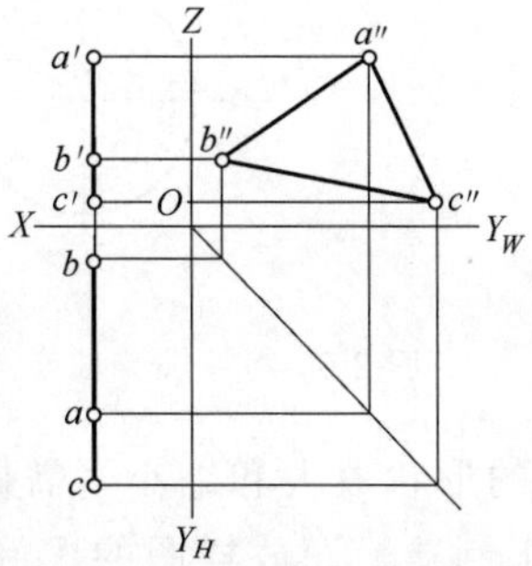	①W 面投影反映实形 ②V、H 面投影积聚成直线，且分别平行于 OZ、OY_H 轴	

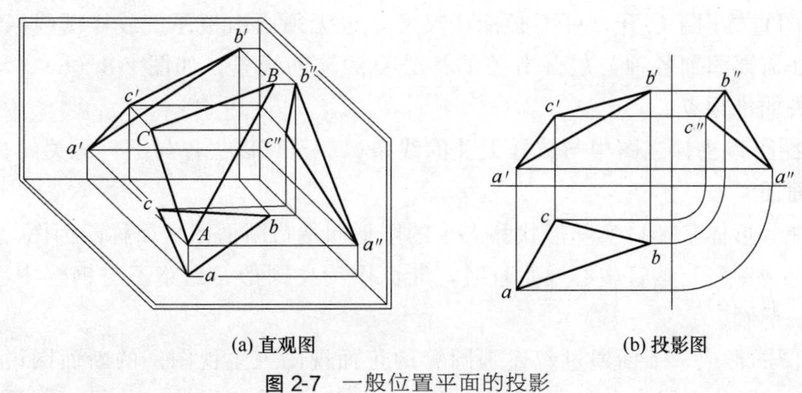

(a) 直观图　　(b) 投影图

图 2-7　一般位置平面的投影

2.1.2　放样图和断面图

把构件的立体表面按实际形状和大小，依次摊平在一个平面上，称为立体表面的展开，展开后获得的平面图形，称为构件的展开图。而在构件的展开下料过程中，又需经常运用到断面图及放样图，断面图是放样图的重要组成部分，在整个展开下料过程中起着重要的甚至关键的作用，因而在叙述作展开图的方法之前必须讨论清楚。

(1) 放样图

下料的第一步工序就是放样。放样又称为放大样。依照零件图的要求（或构件的立体形状），按正投影原理，把构件图样画到纸板或钢板上，这个图称为放样图。画放样图的过程就叫作放样。

放样图和构件的零件（又称施工图）都是构件的视图，两者之间有着密切的联系，但又有一定的区别。如图 2-8（a）所示为一圆锥管接头的零件图，图 2-8（b）所示为其放样图。对这两个图进行比较，可以看出零件图和放样图的主要区别。

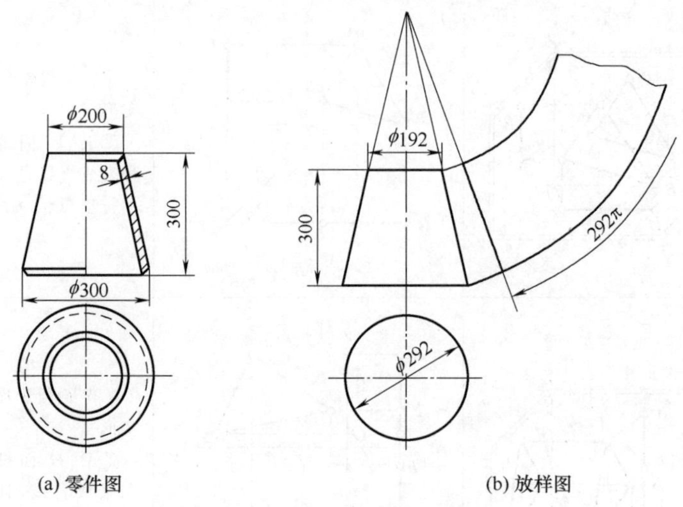

图 2-8 零件图与放样图

① 零件图的比例可按立体的形状放大和缩小，需标注构件的尺寸、形状、粗糙度、标题栏和有关技术说明，才能加工制造。而放样图的比例为 1∶1，应能精确地反映实物的尺寸和形状。

② 放样图直接用于展开，可不必标注尺寸，也无须画出板厚。放样图线条的粗细无关紧要，但往往需要添加各种与展开有关的、必要的辅助线条。如图 2-8（b）所示放样图上画出锥管接头的锥顶点。

③ 放样图可以去掉视图中与放样无关的线条，甚至可以去掉与下料无关的视图。

（2）断面图

反映构件（形体）端口实际形状和大小的图形叫端口断面图，简称断面图。例如，用锯床切断钢管，当锯路与钢管中心线垂直时，断面图为一圆形，锯路不与钢管中心线垂直时，断面图则为一椭圆。

① 断面图的形成。下面通过叙述画圆管的正面视图（主视图）的断面图说明断面图的形成。如图 2-9 所示，用一个与圆管轴线垂直的切面 Q 截切形体，获得一圆形切口。将该圆随切面 Q 向离开形体的方向转动，一直转动到圆形切口能反映实形为止，这样就形成了断面图，如图 2-10 所示。

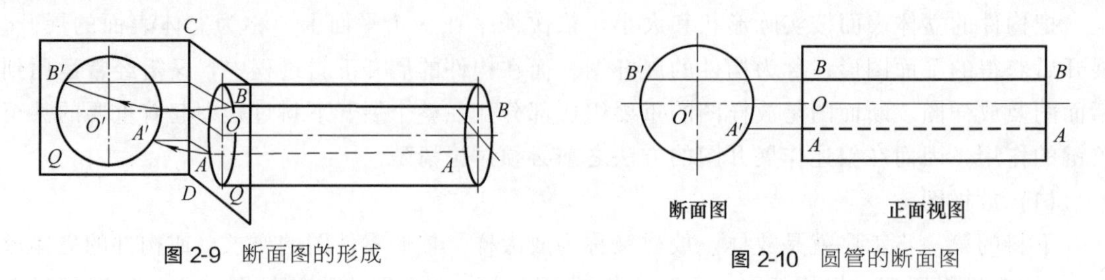

图 2-9 断面图的形成

图 2-10 圆管的断面图

在图 2-10 中，圆管外表面（圆柱面）的 B-B 素线是可见的，它与切面 Q 交于 B 点，随着切面 Q 的转动，B 点在转动后形成了断面图的 B' 点。同样，圆柱面上的不可见素线 A-A

与切面 Q 交于 A 点，随切面 Q 的转动，A 点在转动后形成了断面图上的 A' 点。由上述可见，断面图上的点与圆柱体的素线有着一一对应的关系。这个关系反映了断面图的基本性质。可概括为：形体上的可见素线，对应着断面图上离形体视图较远的点；不可见素线对应着断面图上离形体视图较近的点。反之，凡在断面图上离形体视图较远的点，必对应着形体视图上可见的素线；凡断面图上离形体视图较近的点，必对应着形体视图上不可见的素线。

② 断面图的作用。断面图有很多用途，这里仅就和钣金下料有关的作用叙述如下。

a. 用断面图上的点确定形体素线的位置。如图 2-11 所示，已知圆锥体下端口正面视图的断面图的 $1'$ 和 $2'$ 点，画出正面视图上两点对应的素线 A-1 和 A-2。

作图步骤如下。

• 过 $1'$ 点作铅垂线交 BC 于 1 点，因 $1'$ 点为离视图较近的点，因而 1 点与 A 点的连线为不可见素线 A-1 的正面投影，所以用虚线连接。

• 过 $2'$ 点作铅垂线交 BC 于 2 点，因 $2'$ 点为离视图较远的点，因而 2 点与 A 点的连线为可见素线 A-2 在正面视图的投影，所以用实线画出。

b. 用断面图来确定形体的形状。构件形体形状确定后，则它的断面图的形状及大小也就确定了。反之，对于某些特定的构件，如果预先确定了断面图的大小和形状，则形体的形状也就确定了。如图 2-12 所示构件的上口断面图为圆，下口断面图为椭圆，那么构件的形体就确定了。

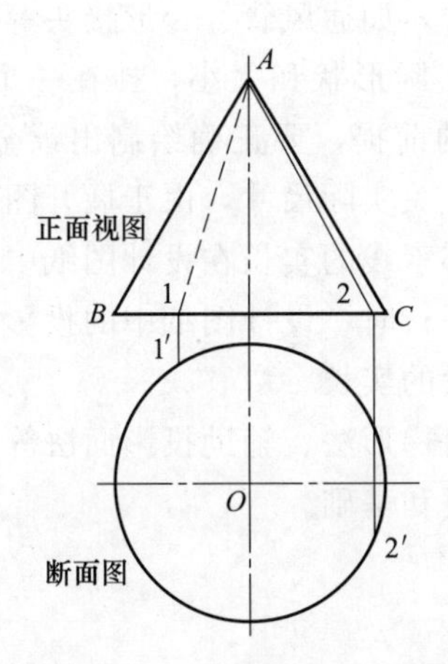

图 2-11 断面图上的点确定形体素线的位置

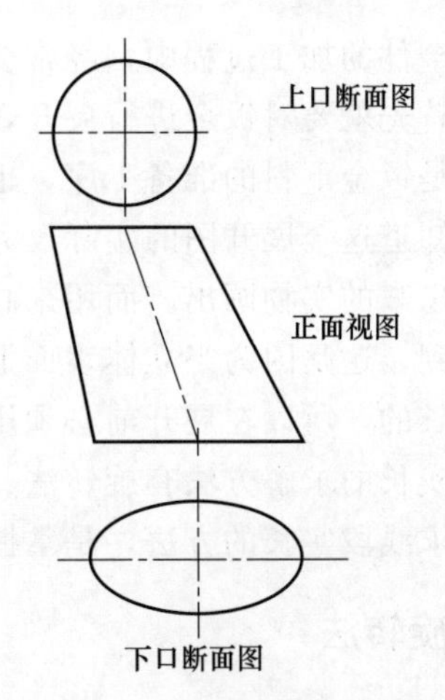

图 2-12 断面图确定形体的形状

c. 用断面图确定形体截面的周长、面积及任意两条素线间的径向弧长。如图 2-13 所示，由正面视图和断面图可知构件为一圆管。由于断面图为圆形，圆管端口断面周长为 πD，面积为 $\frac{\pi}{4}D^2$。在正面视图上有两条素线 $1'$-$1'$、$2'$-$2'$（$2'$-$2'$为不可见的素线），如何求出这两条素线所夹的径向圆弧的长度呢？可在断面图上找出 $1'$-$1'$、$2'$-$2'$素线的对应点 1 和 2，于是 1 和 2 两点之间的圆弧 1-A-2 即为这两条素线所夹的径向弧长。如果断面形状不是圆而是椭圆，也可以求出该形体截面的周长、面积及任意两条素线所夹的径向弧长。

d. 断面图可以减少放样图的数量。如图 2-14 所示为一个等径两节任意角度的圆管弯头。如果不采用断面图，至少要画出两个视图才能表达清楚弯头的形状；即使用视图表达得比较清楚了，但只凭视图而没有断面图的配合，还是不能展开的。如图 2-14 中只画出圆管弯头的正面视图及其端口的断面图，不再画出水平面视图，也可以清楚地表达出弯头的形状，同时还给之后的展开提供了便利的条件。

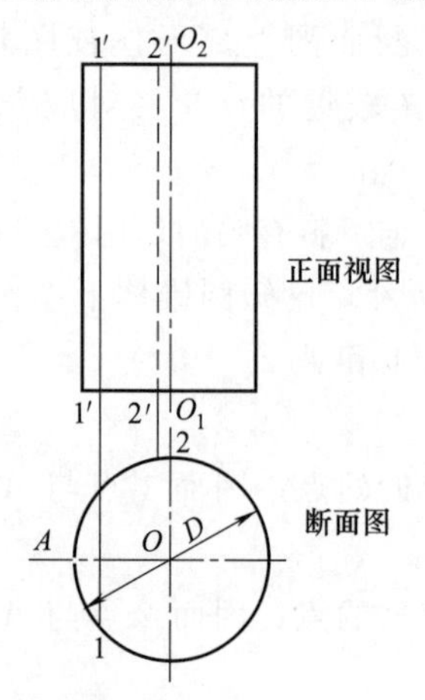

图 2-13 断面图确定形体截面的周长、面积、弧长

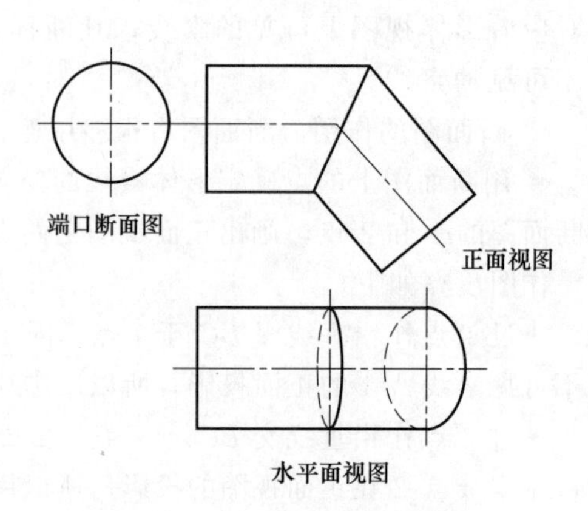

图 2-14 等径两节任意角度的弯头

2.2 求构件实长的方法

在钣金件的加工过程中，经常会遇到各种形状的工件，如通风管、变形接头等，要完成其加工，首先就要对钣金进行展开，即将物体表面按其实际形状和大小，摊在一个平面上。钣金展开是钣金下料的准备工序，也是钣金件正确加工的前提，要正确绘制出钣金展开图，就必须先知道这个展开图的实际尺寸或构成展开图的各有关实际尺寸，由于展开图不能依照尚未制造出来的实物画出，而用来画展开图所需要的全部素线的实长在设计图纸中又往往不能直接得到，这是因为当立体表面上的素线与投影面不平行时，设计图纸中的投影图是不反映它的实长的，所以在展开前必须用作图方法，求出线段的实长。

线段实长的求解方法有旋转法、直角三角形法、直角梯形法、辅助投影面法等。掌握和运用这些求线段实长的方法，是掌握钣金展开技能的前提和基础。

2.2.1 旋转法

旋转法就是将倾斜线环绕垂直于某投影面的轴线，旋转到与另一投影面平行的位置，则在该投影面上的投影线段，即为倾斜线的实长。为了作图方便，轴线一般过倾斜线的一个端点，也就是以该端点为圆心，以倾斜线为半径进行旋转。

旋转法适用于角锥、斜圆锥及其组成构件实长的求解。

(1) 旋转法求实长的原理

图 2-15 所示是旋转法求实长的原理。AB 是一般位置线段，它倾斜于任一投影面。AB 在 V 面的投影 $a'b'$ 和在 H 面的投影 ab，都比实长缩短。假设过 AB 的一端点 A 作垂直于 H 面的轴 AO，当 AB 线绕 AO 轴线旋转到与 V 面平行的位置 AB_1 时，它在 V 面上的投影 $a'b'$（图中以虚线表示实长）便反映其实长。

(2) 旋转法求实长的作图方法

图 2-16 是运用旋转法求实长的具体作图方法。其中：图 2-16（a）是将水平投影 ab 进

行旋转，使之与正立投影面相平行，得出点 a_1、b_1，连接 a_1b' 或 $a'b_1$，就是线段 AB 的实长；图 2-16（b）是将正立投影 $a'b'$ 进行旋转，使之与水平投影面相平行，得出 a_1、b_1，连接 a_1b 或 ab_1 就是所求 AB 线段的实长。

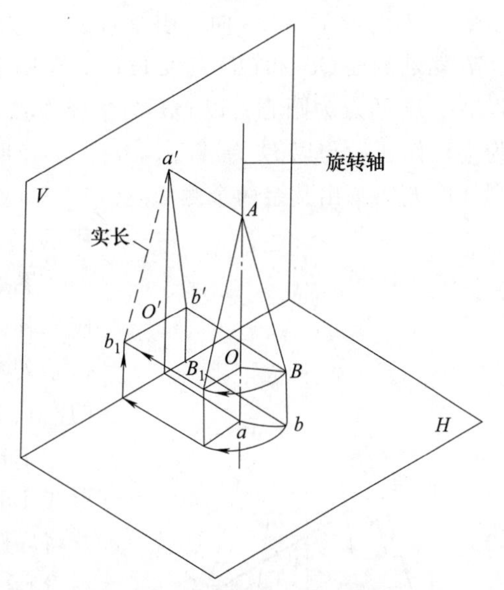

图 2-15　旋转法求实长的原理

(3) 实例

图 2-17 为用旋转法求斜棱锥棱线实长示意图。从投影图中可以看出，斜棱锥的底面平行于水平面，它的水平投影反映其实形和实长。其余的四个面（侧面）是二组三角形，其投影都不反映实形，要求得二组三角形的实形，必须求出其棱线的实长。由于形体前后对称，故只需求出两条侧棱的实长，便可画出展开图。

作展开图的具体步骤：①用旋转法求侧棱 Oc、Od 的实长。如图 2-17（a）所示，以 O 为圆心，分别以 Oc、Od 为半径作旋转，交水平线

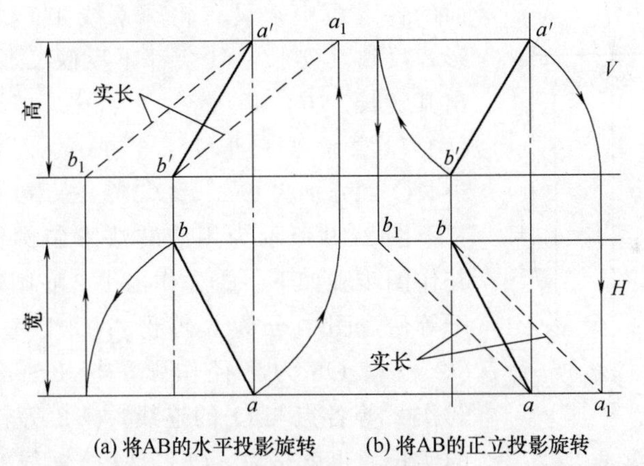

(a) 将AB的水平投影旋转　(b) 将AB的正立投影旋转

图 2-16　用旋转法找实长

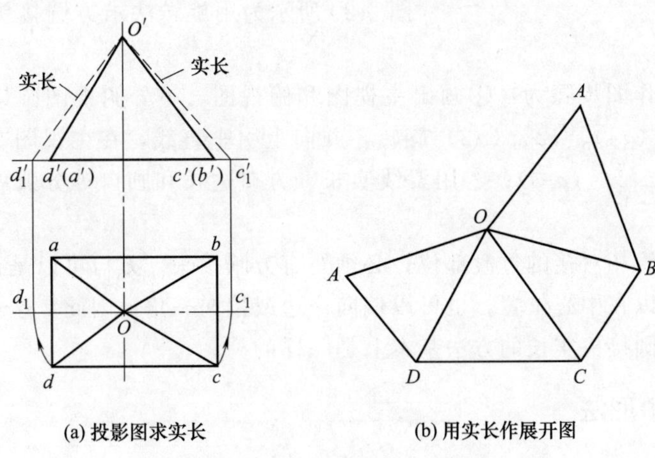

(a) 投影图求实长　(b) 用实长作展开图

图 2-17　旋转法求斜棱锥棱线的实长

于 c_1、d_1。从 c_1、d_1 向上引垂直线，与正立投影 $c'd'$ 的延长线交于 c'_1、d'_1，连接 $O'c'_1$、$O'd'$ 就是侧棱 QC 和 OD 的实长；②在图上适当位置作一线段 AD 使长度等于 ad，再分别以 A、D 两点为圆心，以 Od' 为半径作弧，交于 O 点，画出△AOD；再以 O 为圆心，Oc'_1 为半径作弧，与以 D 为圆心，dc 为半径所作的弧交于 C 点，连接 OC、DC 得△DOC。用同样的方法画出其余两个侧面△COB 和△BOA，即得三棱锥侧面的展开图，如图 2-17（b）所示。

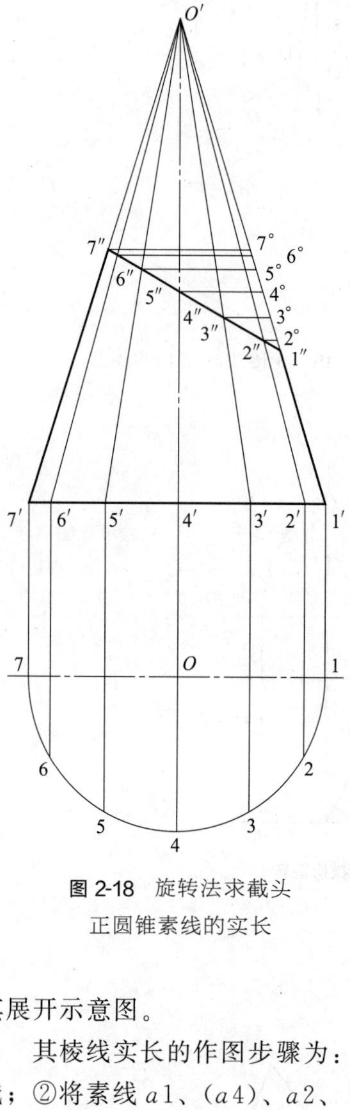

图 2-18 所示为截头正圆锥，求素线实长和展开时，应先补画出锥顶，成为完整的圆锥，然后在锥面上作出一系列素线，并用旋转法求出这些素线被截去部分素线的实长（也可用留下部分素线的实长），就可作出展开图。

求被截去部分素线实长的作图步骤如下：①延长外形线 $1'1''$ 和 $7'7''$ 相交于锥顶 O' 点；②作出锥底的底圆，并将底圆圆周分成若干等份（这里把 1/2 底圆圆周分为 6 等份），得等分点 1、2、…、7，从各等分点向主视图作垂直引线，与底圆正立投影相交于 $1'$、$2'$、…、$7'$ 各点，再由各点与锥顶 O' 作连线，得圆锥面各素线；③在圆锥面的各素线中，只有轮廓素线 $1''1'$、$7''7'$ 平行于正立投影，反映其实长，其余都不反映实长，必须用旋转法求出其实长。方法是从 $7''$、$6''$、…、$2''$ 作 $7'1'$ 的平行线，与 $O'1'$ 轮廓素线交于 $7°$、$6°$、…、$2°$ 各点，$O'6°$、$O'5°$、…、$O'2°$ 分别为 $O'6''$、$O'5''$、…、$O'2''$ 的实长。

图 2-18 旋转法求截头正圆锥素线的实长

图 2-19 所示为用旋转法求斜圆锥素线实长示意图。其作图步骤如下：①先作出 1/2 底圆，将底圆圆周分为若干等份（图中分为 6 等份）；②以垂足 O 为圆心，$O1$、$O2$、…、$O6$ 为半径作弧，与 1～7 线交于 $2''$ 等各点；③作 $2''$ 等各点与 O' 的连线，$O'2''$ 等就是过等分点各素线的实长。也就是说，$O'2'$ 是 $O2$ 素线的正立投影线，$O'2''$ 是 $O2$ 素线的实长。

图 2-20 所示为用旋转法求方圆接头棱线的实长并将其展开示意图。

其棱线实长的作图步骤为：①画出主视图和俯视图，等分俯视图圆口，连接相应的素线；②将素线 $a1$、($a4$)、$a2$、($a3$) 旋转，并向上引垂直线，在主视图右方得出它们的实长 a-1、(a-4) 和 a-2、(a-3)；③用素线实长、方口边长和圆口等分弧展开长，依次画出 1/4 展开图。

凡属方管与圆管相对接的过渡部位，必须要有方圆接头。方口可以是正方形口，也可以是矩形口，圆口可以在中心位置，也可以偏向一边或偏向一角，因此，这类接头的形式可以多种多样，但求方圆接头实长的方法基本上是一样的。

2.2.2 直角三角形法

直角三角形法是一种常用的求实长方法，它是根据线段在视图之间的投影关系，通过构

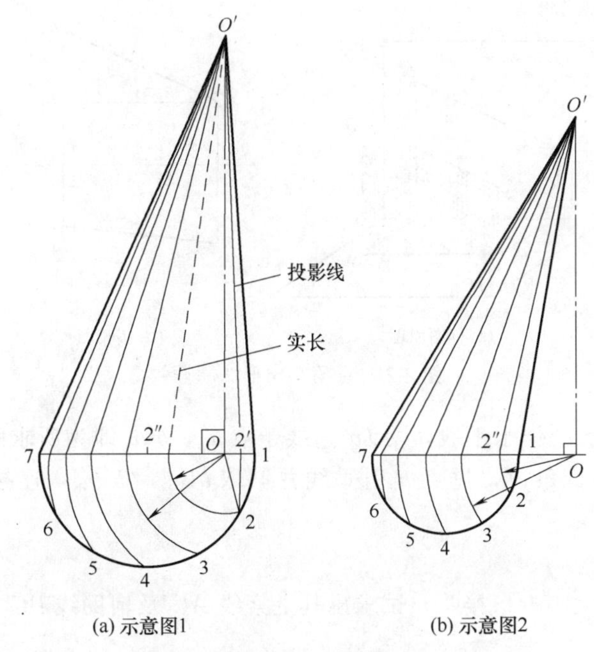

图 2-19　旋转法求斜圆锥素线实长

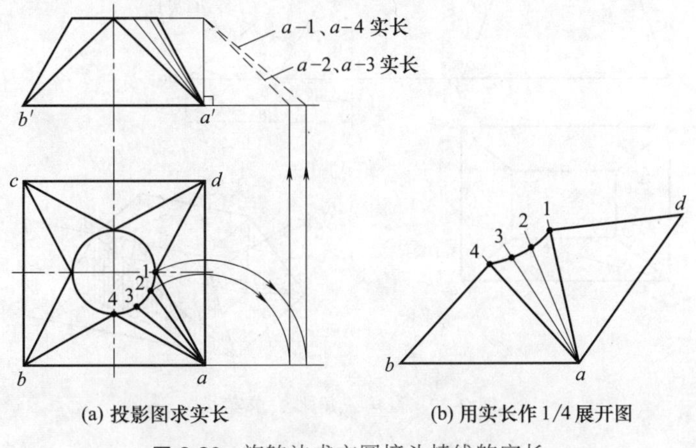

图 2-20　旋转法求方圆接头棱线的实长

建直角三角形而求出线段实长的方法。采用直角三角形法求作实长时，至少需画出构件的两面视图。直角三角形法多用于各种罩类、变径、变向连接管及方圆过渡接头等上、下底平行或不平行构件实长的求解，求实长时一般至少需画出构件的两面视图。

(1) 直角三角形法求实长的原理及作图方法

如图 2-21（a）所示为直角三角形法求实长的原理图。线段 AB 与投影面不平行，其投影 ab 及 $a'b'$ 不反映实长。在 $ABba$ 平面内，过 A 点作一直线平行于 ab，并与 Bb 相交于点 B_1，则得直角三角形 ABB_1。在这个三角形中，只要知道两直角边 AB_1 和 BB_1 的长度，则直角三角形的斜边 AB 的实长即可求出。而 AB_1 和 BB_1 的长度在投影图上是可以求得的，即 $AB_1=ab$，$BB_1=b'b_1'$，或 $BB_1=b'b_x-a'a_x$。知道这样两个直角边就可以唯一地画出所求的直角三角形。

图 2-21（b）是运用直角三角形法求实长的方法。已知 AB 直线的投影为 ab 及 $a'b'$，欲

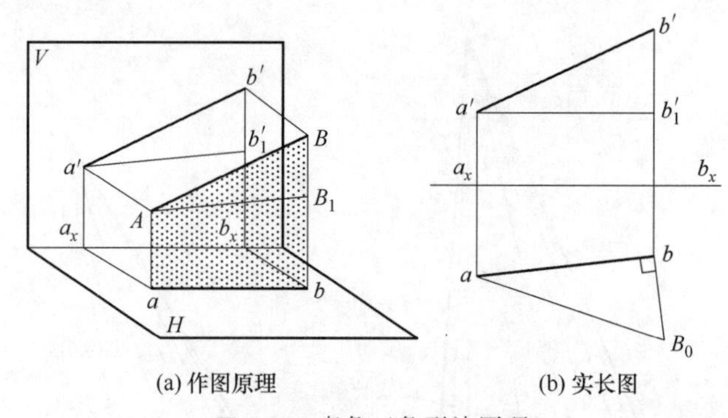

(a) 作图原理 (b) 实长图

图 2-21 直角三角形法原理

求 AB 实长，可先过点 a' 作水平线，交 bb' 连线于点 b_1'，$b'b_1'$ 即为所求的一个直角边长。再以俯视图中 ab 为另一直角边，过点 b 引垂线并截取 $bB_0=b'b_1'$，连接 aB_0，即为该线段实长。

(2) 实例

图 2-22 所示为一大小方口接头，试求出其上素线 AC 及辅助线 BC 的实长。

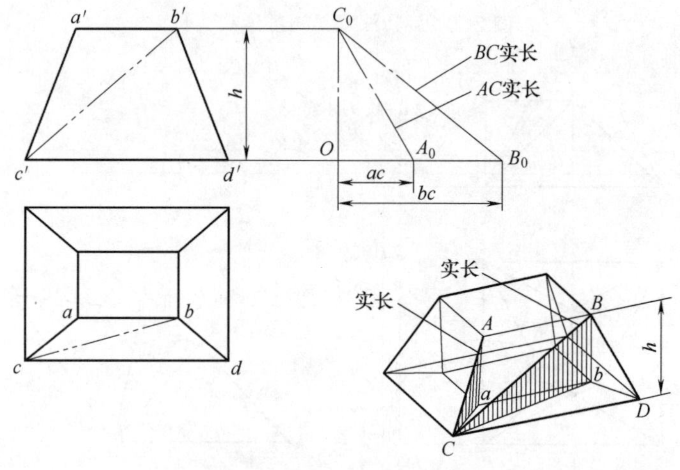

图 2-22 直角三角形法求实长

从图 2-22 中可看出，实长 AC 可以在以 aC 和 Aa 为两直角边的直角三角形中求得，而实长 BC 可以在直角三角形 BbC 中求得。在这两个三角形中，$Aa=Bb=h$，即等于接头的高度。另外两个直角边 aC 和 bC 分别等于 AC 和 BC 在俯视图中的投影 ac、bc。这样，AC 和 BC 的实长就可以按下列步骤求得。

① 作一直角 B_0OC_0；

② 在该直角的水平边上分别截取 OA_0、OB_0 等于俯视图中的 ac、bc，在垂直边上截取 OC_0，等于主视图高度 h；

③ 连接 C_0A_0 和 C_0B_0，则斜边 C_0A_0 和 C_0B_0 即为所求 AC 和 BC 的实长。

2.2.3 直角梯形法

直角梯形法也是一种常用的求实长方法。其求构件实长的原理与直角三角形法本质上相同，因此，也多用于各种罩类、变径、变向连接管及方圆过渡接头等上、下底平行或不平行构件实长的求解。

(1) 直角梯形法求实长的原理及作图方法

图 2-23 所示为利用直角梯形法求实长的原理图。图中一般位置线段 AB 在 V 面和 H 面上都不能反映实长，但线段 AB 的两个端点与 V 面之间的距离可以在 H 面上得到，即 Aa 和 Bb，同样，A、B 两点与 H 面之间的距离也可以在 V 面上得到，即 Aa' 和 Bb'。根据这一原理，用直角梯形法就可以求出线段 AB 的实长。具体求实长的作图方法有以下两种。

一是利用正立投影求线段 AB 的实长。将 AB 的正立投影 $a'b'$ 作为直角梯形的底边，由 a'、b' 两点分别向上引垂直线，截取长度为 Aa'、Bb'，连接 AB 即为所求。

二是利用水平投影求线段 AB 的实长。将 AB 的水平投影 ab 作为直角梯形的底边，由 a、b 两点分别向上引垂直线，截取长度为 Aa、Bb，连接 AB 即为所求。

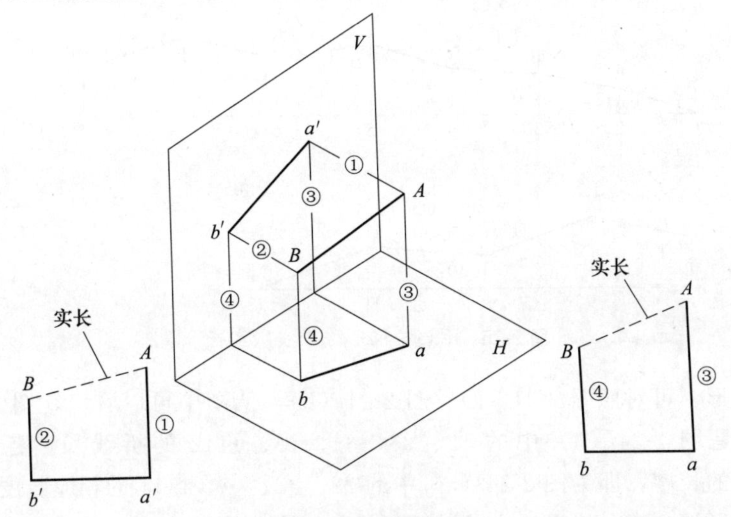

(a)利用主视图投影求实长　　(b)利用俯视图投影求实长

图 2-23　利用直角梯形法求实长的原理

(2) 实例

图 2-24 所示为马蹄形变形接头，其上、下口都是圆，但两圆不平行且直径不相等，试用直角梯形法作出其实线长及展开图。

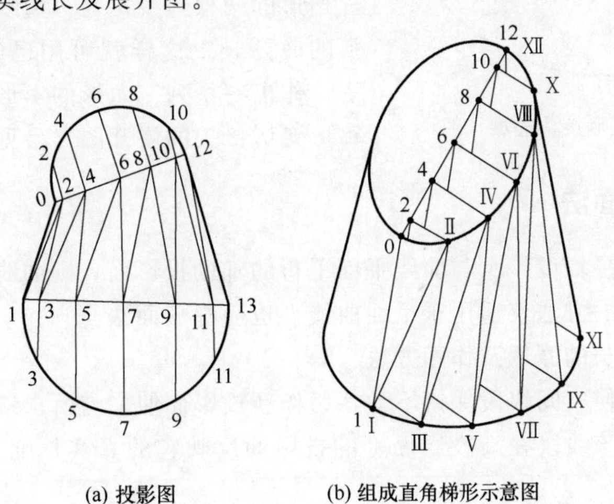

(a) 投影图　　(b) 组成直角梯形示意图

图 2-24　马蹄形变形接头组成直角梯形示意图

从图 2-24（a）可以看出，由于它的表面不是一个圆锥面，为了作出它的展开图，只能用来回线将表面分成若干个三角形，且逐个求出这些三角形的实形。具体作图步骤如下：①将上、下口各作 12 等分，按图所示将表面分成 24 个三角形；②求ⅠⅡ、ⅡⅢ、…、ⅥⅦ各线段的实长，由此再作出这一系列三角形的实形。

如此类实例，若采用旋转法或直角三角形法求实长，均必须作出线段在俯视图上的投影。由于马蹄形变形接头的顶面与水平投影面倾斜，因此顶面在俯视图上反映为一椭圆，显然，这两种方法作展开图都比较麻烦，此时，宜采用直角梯形法。

如将图 2-24（b）中的Ⅰ1-Ⅱ2-Ⅲ3-…-Ⅻ12 折叠面伸展摊平成图 2-25 所示，则图上面的折线Ⅰ-Ⅱ-Ⅲ-…-Ⅻ，即为实长ⅠⅡ、ⅡⅢ、…、ⅥⅦ等的连线。这种求实长的方法就是直角梯形法。

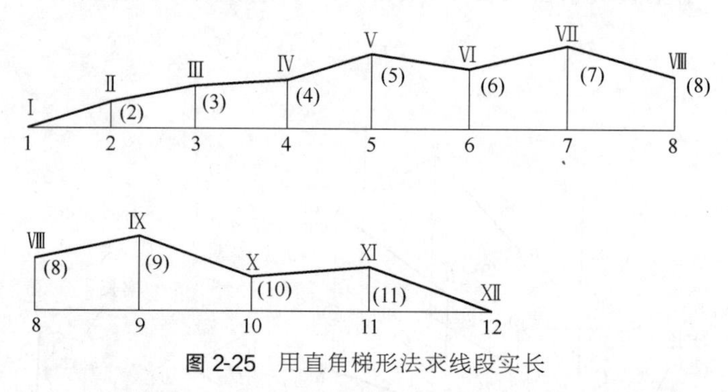

图 2-25　用直角梯形法求线段实长

为了求出梯形，可对照图 2-24（a）、图 2-24（b），从图中可以看出，图 2-25 中水平线 1-2-3-…-12，就是图 2-24（a）中的 12、23、34、…、1112 的折线长。各垂直线（2）、（3）、…、（11）的长度，即为图 2-24（a）中的 22、33、…、1111 的相应长度。

从作图方法可知，直角梯形法也是以倾斜线的一个投影为底边，以倾斜线两端点距同一投影面的距离为两直角边，组成直角梯形后，则该直角梯形的斜边，即为所求线段的实长。其中直角三角形可以看作直角梯形法中一直角边的长度等于零的特殊情况。

采用以上方法求得马蹄形变形接头表面上各个三角形的两根边线，另一边线即为上、下圆口等分弧的展开长。这样就可用已知三边作三角形的方法，作出一系列三角形的实形，依次排列，即得马蹄形变形接头的展开图（参见图 2-26）。

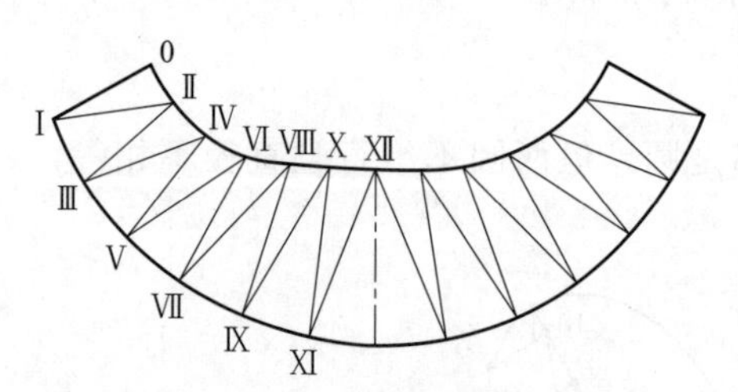

图 2-26　马蹄形变形接头的展开图

2.2.4　辅助投影面法

辅助投影面法是另增设一个与曲线平面平行的辅助投影面，则曲线在该面上的投影反映实长，这种求实长线的方法仅适用于平面曲线，也简称换面法。

（1）换面法求实长的原理及作图方法

换面法的原理是使空间线段保持不动，另作新投影面使之与所求线段平行，并与原来的一个投影面垂直，则该线段在新投影面上的投影便反映它的真实长度。图 2-27 为换面法求作实长的原理图。

由图 2-27（a）可知，直线段 AB 与 H 和 V 两投影面都不平行，其投影都不能反映实

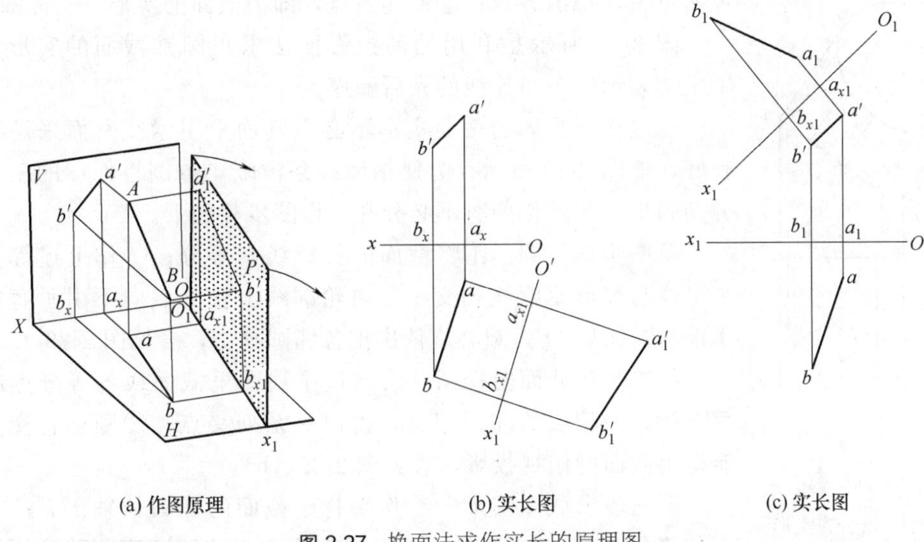

(a) 作图原理　(b) 实长图　(c) 实长图

图 2-27　换面法求作实长的原理图

长。这时可以作一新投影面 P，使之与 AB 平行，并与平面 H 垂直，则新投影 $a_1'b_1'$反映 AB 的实长。对图 2-27（a）所示空间作进一步分析，可以看出换面法的几个投影关系。

① 由于新投影面 P 平行于 AB 并垂直于 H 面，那么反映在 H 面投影上，新投影面 P 与 H 面的交线 O_1x_1（称为新投影轴），必然与直线 AB 的 H 面投影 ab 平行，即 $O_1x_1 // ab$。

② 因为 P 面与 V 面同时垂直于 H 面，故 P 面投影 $a_1'b_1'$到 O_1x_1 的距离和 V 面投影 $a'b'$到 Ox 的距离，必然同时反映了空间直线两端点 A、B 到 H 面的垂直距离，而且它们彼此相等，即 $a_1'b_{x1}=a_1'a_x=Aa$ 和 $b_1'b_{x1}=Bb$。为了便于称呼，我们把新作的与 AB 平行的反映实长的投影 $a_1'b_1'$叫作新投影，把原来不反映实长的投影 $a'b'$叫作旧投影或替换的投影，并把与它们同时垂直的 H 面投影叫作不变投影。这样，换面法的这个投影关系可以表达为新投影到新轴的距离等于旧投影到旧轴的距离。

③ 因为 P 面和 V 面都垂直 H 面，所以展开后，直线上任一点的 P 面投影与 H 面投影的连接必须垂直于新投影轴 O_1x_1，即不变投影与新旧两个投影的连线分别垂直于新旧两个投影轴。

按照换面法的上述投影关系，其作图步骤应该是：

① 如图 2-27（b）所示，作一新投影轴 O_1x_1 平行于 ab。

② 过 a、b 两点向 O_1x_1 轴引垂直线，并交 O_1x_1 于 O_{x1}、b_{x1} 两点。

③ 将 V 面投影 a'、b'到 Ox 轴的距离搬到新投影面上，即在垂线上量取 $a_{x1}a_1'= a_xa'$，$b_{x1}b_1'= b_xb'$。

④ 连接 a_1'、b_1'两点，即为 AB 直线的新投影 $a_1'b_1'$，它反映 AB 的实长。

(2) 实例

图 2-28 所示是利用辅助投影面法求圆柱截面的实形。

作图步骤如下：①作出主视图和俯视图，将俯视图的 1/2 圆周进行 6 等分；②过等分点向上引垂直线，得出素线在主视图里的位置；③从等分点向下引垂直线，与底中心线相交，即截面各素线的宽度；④过截面斜口上各素线的交点向平行于截面斜口的长轴引垂直线，然后按照“宽相等”的规则，把俯视图里各等分点与底圆中心线的距离，依次相对应地画到辅

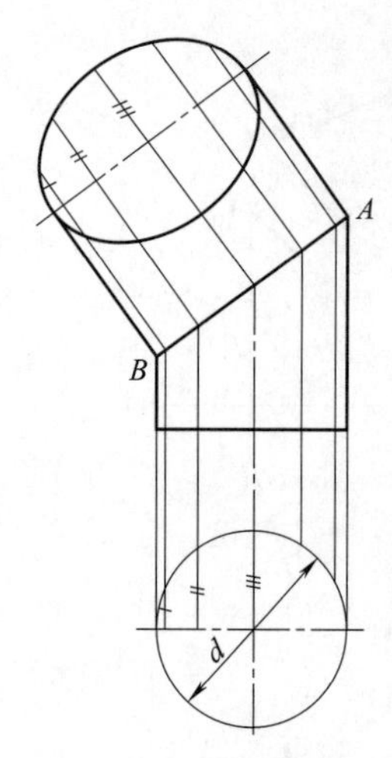

图 2-28 用辅助投影面法求圆柱截面的实形

视图里去，得出各点；⑤顺连各点，即为截面的实形——椭圆。

图 2-29 所示是利用辅助投影面法求正圆锥截面的实形。图中①～⑦表示作图与连线的先后顺序。

一般作圆锥体的截面实形不必在锥面上引素线，而采用纬圆法较好，如图 2-29 所示。为使图面线条清晰，本例将作图的三个步骤分别画出，实际作图时不必分开。作图步骤如下。

第一步作纬圆。①将截面的投影线 6 等分；②作上述等分点的水平线与外形轮廓线相交；③由轮廓线上各交点向下引垂直线，交于锥底；④以 O 为圆心，依次把各纬圆画出，参见图 2-29（a）。

第二步作截面俯视图。①通过主视图里截面线各等分点向下引垂直线，与相应的纬圆相交，得出一系列交点；②顺连各交点，就能得出截面的俯视投影，参见图 2-29（b）。

第三步求截面实形。①作平行于截面的椭圆长轴 $1''7''$；②由截面各等分点 1～7 向长轴 $1''7''$引垂直线；③按照宽度相等的原则，把截面在俯视图里一系列的宽度 a、b、c、d、e 依次画到辅助投影图里去，得出 $2''$、$3''$、$4''$、$5''$、$6''$各点；④顺连各点，即为所求正圆锥截面的实形，参见图 2-29（c）。

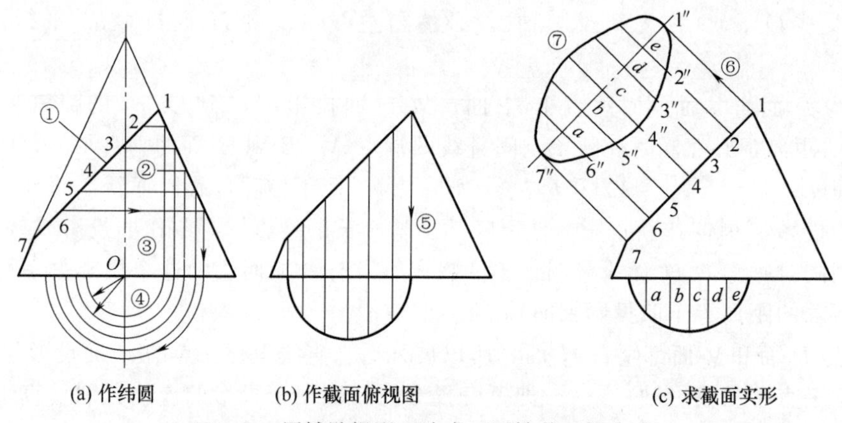

(a) 作纬圆　(b) 作截面俯视图　(c) 求截面实形

图 2-29 用辅助投影面法求正圆锥截面的实形

图 2-30 所示是利用辅助投影面法求斜圆锥截面的实形。

用辅助视图作斜圆锥截面的实形，类似于正圆锥截面实形的作法。但是斜圆锥有一个特点，就是锥顶偏向一边，其轴线也是倾斜的，使得它一系列纬圆的圆心不在一条轴线的同一点上。因此，作纬圆时，不是作同心圆，而是一个纬圆一个圆心。掌握了这一特点，就可仿照前述三个步骤把截面实形的辅助视图画出来。

具体作图步骤如下，图 2-30 中①～⑦表示作图与连线的先后顺序。

第一步作纬圆。①将截面线 4 等分；②作等分点的水平线，与轮廓线相交；③由轮廓线上各点向下引垂直线，与底圆相交；④等分点水平线与轴线相交各点为纬圆的圆心，把圆心引向底图；⑤分别以纬圆的圆心和相应半径作纬圆。

第二步作截面的俯视图，方法参照图 2-30。

第三步作截面实形。根据俯视图里所求得的截面形状的宽度，作 1/2 辅助视图，就能画

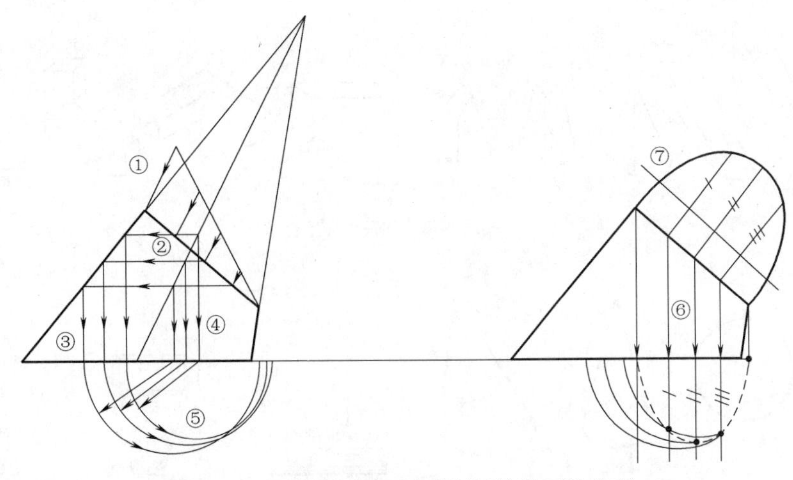

图 2-30　用辅助投影面法求斜圆锥截面的实形

出该斜圆锥截面的 1/2 实形。

2.3　四种求实长线方法的比较

根据上述四种求实长线方法的分析、介绍，可对以上四种求实长线方法的求实长原理作一个简单的比较，并可总结如下。

旋转法是通过改变空间图形的位置，而不改变投影面的位置进行实长线求解的。

换面法则是通过改变投影面的位置，而不改变空间图形的位置来进行实长线的求解的。

直角三角形法及直角梯形法（直角三角形法可看成是直角梯形法的特例）求解实长线时，则既不改变空间图形的位置，也不改变投影面的位置。

2.4　钣金构件的展开

在钣金件的加工过程中，经常会遇到各种形状的工件，如通风管、变形接头等，要完成其加工，首先就要对钣金进行展开，即将物体表面按其实际形状和大小，摊在一个平面上。钣金展开是钣金下料的准备工序，也是保证钣金件加工正确的前提。

2.4.1　可展和不可展表面的判断

生产加工中，钣金构件的形状是复杂多样的，尽管如此，但大多均由基本几何体及其组合体构成。其中，基本几何体可分为平面立体及曲面立体两种。常见的平面立体（主要有四棱柱、截头棱柱、斜平行面体、四棱锥等）及其平面组合体参见图 2-31（a），常见的曲面立体（主要有圆柱体、球体、正圆锥、斜圆锥等）及其曲面组合体参见图 2-31（b）。

由图 2-31（b）所示的基本曲面立体钣金构件可以看出，有一种是由一条母线（素线——直线或曲线）绕一固定轴线旋转形成的旋转体。旋转体外侧的表面，称旋转面。圆柱、球、正圆锥……都是旋转体，其表面都是旋转面，而斜圆锥体及不规则的曲面体等就不是旋转体。显然，圆柱体是一条直线（母线）围绕着另一条直线始终保持平行和等距旋转而成的。正圆锥体是一条直线（母线）与轴线交于一点，始终保持一定夹角旋转而成的。球体

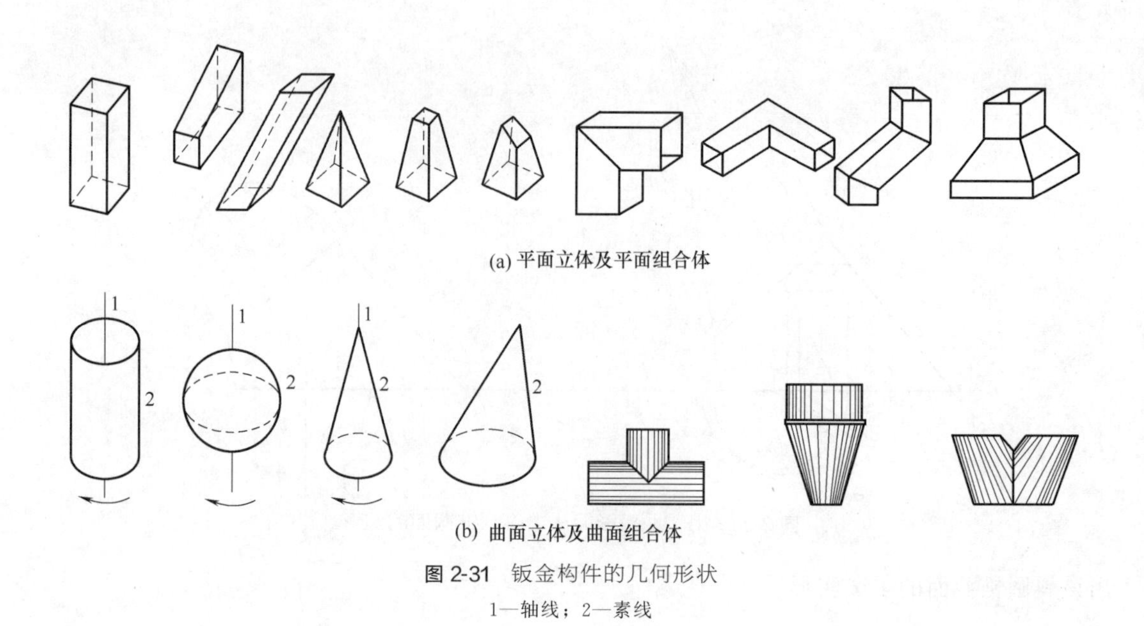

(a) 平面立体及平面组合体

(b) 曲面立体及曲面组合体

图 2-31 钣金构件的几何形状

1—轴线；2—素线

的母线是一条半圆弧，以直径为轴线旋转而成。

形体表面分可展表面和不可展表面两种。要判断一个曲面或曲面的一部分是否可展，可用一根直尺靠在物体上，旋转尺子，看尺子能不能在某个方向上和物体表面全部靠合，如果能靠合，记下这一位置，再在附近任一点选定一个新的靠合位置，如果每当靠合后的尺子所在直线都互相平行，或者都相交于一点（或延长后交于一点），那么该物体的被测量部位的表面就是可展的。也就是说：凡表面上相邻两条直线（素线）能构成一个平面（即两条直线平行或相交），均可展开。属于这类表面的有平面立体、柱面、锥面等；凡母线是曲线或相邻两素线是交叉线的表面，都是不可展表面，如圆球、圆环、螺旋面及其他不规则的曲面等。对于不可展表面，只能作近似展开。

2.4.2 可展表面的三种展开方法

可展表面的展开方法主要有三种，即平行线法、放射线法及三角形法。其展开操作的方法如下。

(1) 平行线法

按照棱柱体的棱线或圆柱体的素线，将棱柱面或圆柱面划分成若干四边形，然后依次摊平，作出展开图，这种方法就叫平行线法。

平行线法展开的原理是：由于形体表面由一组无数条彼此平行的直素线构成，所以我们可将相邻的两条素线及其上下两端夹口线所围成的微小面积，看成近似的平面梯形（或长方形），当分成的微小面积无限多的时候，则各小平面面积的和，就等于形体的表面积；当我们把所有微小平面面积按照原来的先后顺序和上下相对位置，不遗漏地、不重叠地铺平开来的时候，截体的表面就被展开了。当然，我们不可能把截体表面分成无限多部分小平面，但是我们却可以分成几块乃至几十块小平面。

凡属素线或棱线互相平行的几何体，如矩形管、圆管等，都可用平行线法进行表面展开。图 2-32 所示为棱柱面的展开。

作展开图的步骤如下：①作出主视图和俯视图；②作展开图的基准线，即主视图中

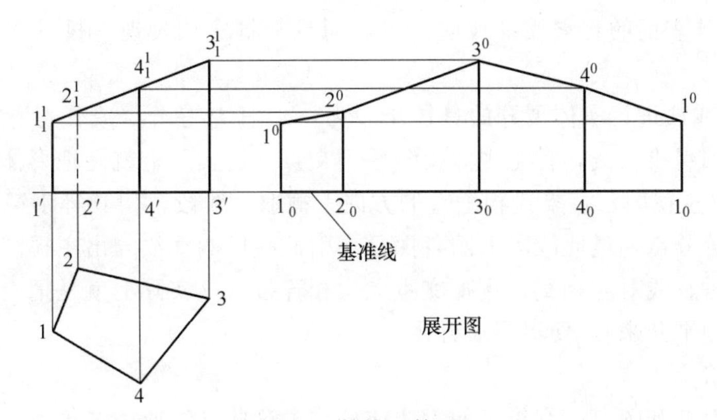

图 2-32　棱柱面的展开

1′-4′的延长线；③从俯视图中照录各棱线的垂直距离 1-2、2-3、3-4、4-1，将其移至基准线上，得 1_0、2_0、3_0、4_0、1_0 各点，并通过这些点画垂直线；④从主视图中 1_1^1、2_1^1、3_1^1、4_1^1 各点向右引平行线，与相应的垂直线相交，得出 1^0、2^0、3^0、4^0、1^0 各点；⑤用直线连接各点，即得展开图。

图 2-33 所示为斜截圆柱体的展开。

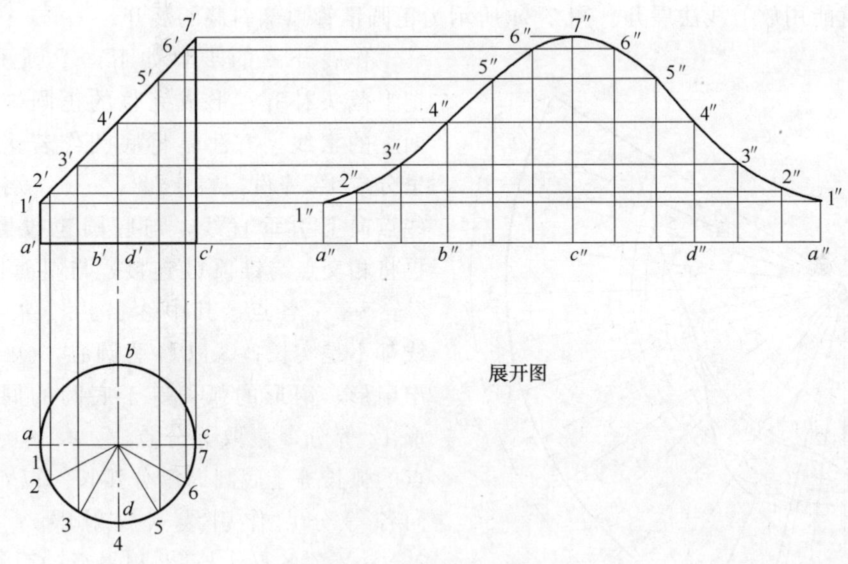

图 2-33　斜截圆柱体的展开

作展开图的步骤如下：①作出斜截圆柱体的主视图和俯视图；②将水平投影分成若干等份，这里分为 12 等份，半圆为 6 等份，由各等分点向上引垂直线，在主视图上得出相应的素线，并交斜截面圆周线于 1′、…、7′各点；③将圆柱底圆展开成一条直线（可用 πD 计算其长度），作为基准线，将直线分成 12 等份，截取相应的等分点（如 a''、b''等）；④自等分点向上引垂线，即圆柱体表面上的素线；⑤从主视图上的 1′、2′、…、7′分别引平行线，与相应的素线交于 1″、2″、…、7″，即展开面上素线的端点；⑥将所有素线的端点连成光滑曲线，就能得出斜截圆柱体 1/2 的展开图。再以同样的方法画出另一半的展开图，即得所求的展开图。

由此，可以清楚地看出平行线展开法有如下特征。

① 只有当形体表面的直素线都彼此平行，而且都将实长表现于投影图上时，平行线展开法才可应用。

② 采用平行线法进行实体展开的具体步骤为：a. 任意等分（或任意分割）俯视图，由各等分点向主视图引投射线，在主视图得一系列交点（这实际上就是把形体表面分成若干小部分）；b. 在与（主视图）直素线相垂直的方向上截取一线段，使其等于截面（周）长，且照录俯视图上各等分点，过此线段上的各照录点引此线段的垂线与由主视图中第一步所得交点所引的素线的垂直线对应相交，再把交点顺次相连接（这实际上就是把由第1步所分成的若干小部分依次铺平开来），便可得展开图。

（2）放射线法

在锥体的表面展开图上，有集束的素线或棱线，这些素线或棱线集中在锥顶一点，利用锥顶和放射素线或棱线画展开图的方法，称为放射线法。

放射线法展开的原理是：把形体任意相邻的两条素线及其所夹的底边线，看成一个近似的小平面三角形，当各小三角形底边无限短、小三角形无限多的时候，那么各小三角形面积的和与原来的截体侧面面积就相等，又当把所有小三角形不遗漏、不重叠、不折皱地按原先左右上下相对顺序和位置铺平开来的时候，则原形体表面也就被展开了。

放射线法是各种锥体的表面展开法，不论是正圆锥、斜圆锥还是棱锥，只要有一个共同的锥顶，就能用放射线法展开。图2-34所示为正圆锥管顶部斜截的展开。

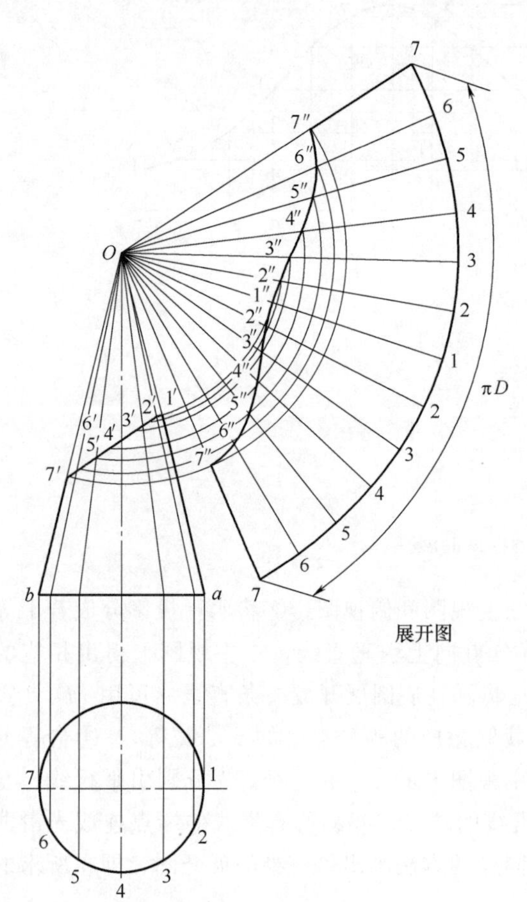

图2-34 正圆锥管顶部斜截的展开

作展开图的步骤如下：①画出主视图，把上截头补齐，形成完整的正圆锥；②作锥面上的素线，方法是将底圆作若干等分，这里分成12等份，得1、2、…、7各点，从这些点向上引垂直线，与底圆正投影线相交，再将相交点与锥顶O连接，与斜面相交于$1'$、$2'$、…、$7'$各点。其中$2'$、$3'$、…、$6'$几条素线都不是实长；③以O为圆心，Oa为半径画出扇形，扇形的弧长等于底圆的周长。将扇形12等分，截取等分点1、2、…、7，等分点的弧长等于底圆周等分弧长。以O为圆心，向各等分点作引线（放射线）；④从$2'$、$3'$、…、$7'$各点作与ab相平行的引线，与Oa相交，即为$O2'$、$O3'$、…、$O7'$的实长；⑤以O为圆心，O至Oa各相交点的垂直距离为半径作圆弧，与$O1$、$O2$、…、$O7$等对应素线相交，得交点$1''$、$2''$、…、$7''$各点；⑥用光滑曲线连接各点，即得正圆锥管顶部斜截的展开图。

放射线法是很重要的展开方法，它适用于所有锥体及锥截体构件的展开问题。尽管所展开的锥体或截体千形百态，但其展开方法却大同小异，方法可归纳如下。

① 在二视图中（或只在某视图中）通过延长边线（棱线）等手续完成整个锥体的放样图，当然对于带有顶点的截体是无须这一步的。

② 通过等分（或不等分而任意分割）俯视图周长的方法，作出各等分点所对应的过锥顶的素线（包括棱锥的侧棱和侧面上过顶点的直线），这一步的意义在于分割锥体或截体表面成若干小部分。

③ 应用求实长线的方法（以旋转法为常用），把所有的不反映实长的素线、棱线，以及与作展开图有关的直线一一不漏地求出实长来。

④ 以实长线为准，作出整个锥体侧表面的展开图，同时作出所有放射线。

⑤ 在整个锥体侧面展开图的基础上，以实长线为准，再画出截体的展开图。

(3) 三角形法

根据钣金制品形体的特点和复杂程度，将钣金制品表面分成若干组三角形，然后求出每组三角形的实形，并将它们依次毗连排列，画出展开图，这种作展开图的方法叫三角形法。

三角形法展开的原理是：把形体（构件）表面分割成很多小三角形，然后把这些小三角形按原先的左右相互位置和顺序，一个挨一个铺平开来，这样形体（构件）表面也就被展开了。

尽管放射线法也是将钣金制品表面分成若干三角形来展开的，但它和三角形法不同的地方主要是三角形的排列方式不一样。放射线法是将一系列三角形围绕一个共同的中心（锥顶）拼成扇形来作展开图的；而三角形法是根据钣金制品的特征来划分三角形的，这些三角形不一定围绕一个共同的中心来进行排列，很多情况下是按 w 形来排列的。另外，放射线法只适用于锥体，而三角形法可适用于任何形体。

三角形法虽然适用于任何形体，但由于此法比较烦琐，所以只有在必要时才采用。如当制件表面无平行的素线或棱线，不能用平行线法展开，又无集中所有素线或棱线的顶点，不能用放射线法展开时，才采用三角形法作表面展开图。图 2-35 所示为凸五角星的展开。

用三角形法作展开图的步骤如下：①用圆内作正五边形的方法画出凸五角星的俯视图；②画出凸五角星的主视图，图中 $O'A'$、$O'B'$ 即 OA、OB 线的实长，CE 为凸五角星底边的实长；③以 $O''A''$ 为大半径 R，$O''B''$ 为小半径 r，作出展开图的同心圆；④以 m 的长度在大小圆弧上依次度量 10 次，分别在大小圆上得到 A''… 和 B''… 等 10 个交点；⑤连接这 10 个交点，得出 10 个小三角形（如图中 $\triangle A''O''C''$），这就是凸五角星的展开图。

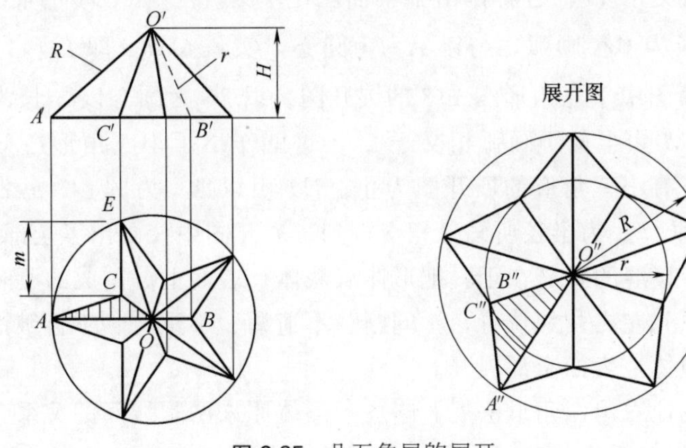

图 2-35　凸五角星的展开

图 2-36 所示为“天圆地方”构件，可以看作是由四个锥体的部分表面和四个平面三角形组合而成的。这类构件的展开，如果应用平行线法或放射线法，是可以的，但是作起来都比较麻烦，为了简便易行，可以使用三角形法展开。

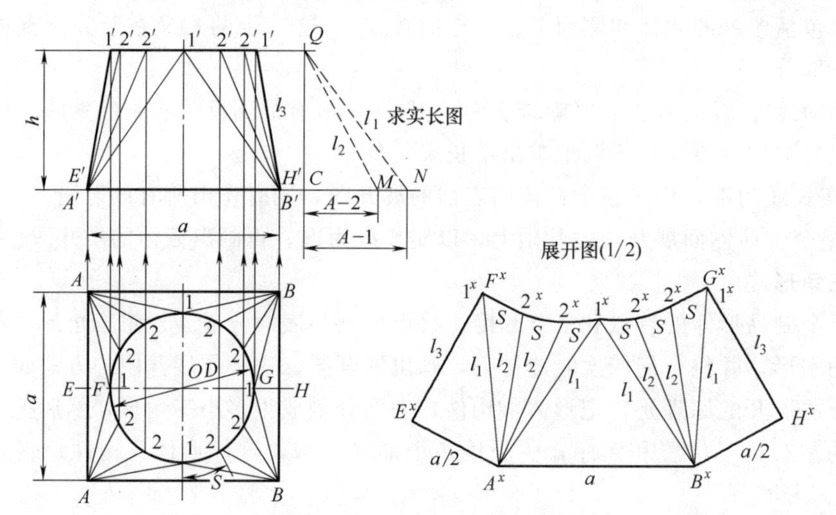

图 2-36 “天圆地方”构件的展开

用三角形法作展开图的步骤如下。

① 将平面图中圆周 12 等分，将等分点 1、2、2、1 和相近的角点 A 或 B 相连接，再由等分点向上作垂线交主视图上口于 $1'$、$2'$、$2'$、$1'$各点，而后再与 A'或 B'相连接。这一步的意义在于：把“天圆地方”的侧表面分割成若干小三角形，本例分成了十六个小三角形。

② 由二视图前后左右对称关系来看，平面图右下角的 1/4，与其余三部分相同，上口和下口在平面图中反映实形和实长，GH 由于是水平线，因而在主视图中相应线段投影 $1'H'$ 就反映实长；而 $B1$、$B2$ 却在任一投影图中都不反映实长，这就必须应用求实长线的方法求出实长来，这里采用了直角三角形法（注：$A1$ 等于 $B1$，$A2$ 等于 $B2$）。在主视图旁，作两个直角三角形，使一直角边 CQ 等于 h，另一直角边为 A-2 和 A-1，则斜边 QM、QN 即实长线。这一步的意义在于找出所有小三角形边线长，进而分析各边线的投影是否反映实长，倘若不反映实长，则必须用求实长的方法一一不漏地求出实长。

③ 作展开图。作线段 A^xB^x 使其等于 a，以 A^x 和 B^x 分别为圆心，实长线 QN（即 l_1）为半径分别画弧交于 1^x，这就作出了平面图中小三角形△$AB1$ 的展开图；以 1^x 为圆心，平面图中 S 弧长为半径画弧，与以 A^x 为圆心，实长 QM（即 l_2）为半径画弧相交于 2^x，这就作出了平面图中小三角形△$A12$ 的展开图。以 2^x 为圆心以 S 长为半径画弧，与以 A^x 为圆心，实长 QM 为半径所画弧相交于 2^x，这就作出了小三角形△$A22$ 的展开图，依此类推，一直作出所有小三角形的展开图为止。E^x 由以 A^x 为圆心，$a/2$ 为半径，以及以 1^x 为圆心，$1'B'$（即 l_3）为半径所画弧相交得到。展开图中仅画出了全部展开图的一半。

本例选择 FE 为接缝的意义在于：把形体（截体）表面上分割成的所有小三角形，以它们的实际大小，按原先左右相邻位置，不间断、不遗漏、不重叠、不折皱地铺平在同一平面上，从而把形体（截体）表面全部展开。

由此，可以清楚地看出三角形法展开略去了形体原来两素线间的关系（平行、相交、异面），而用新的三角形关系来代替，因而它是一种近似的展开方法，三角形法展开的具体步骤如下。

① 正确地将钣金构件表面分割成若干小三角形，正确地分割形体表面是三角形法展开的关键，一般来说，具备下列四个条件的划分才是正确的划分，否则就是错误的划分：a. 所有小三角形的全部顶点都必须位于构件的上下口边缘上；b. 所有小三角形的边线不得穿越构件内部空间，而只能附着在构件表面上；c. 所有相邻的两个小三角形都有而且只能有一条公共的边；d. 中间相隔一个小三角形的两个小三角形，只能有一个公共顶点；e. 中间间隔两个或两个以上小三角形的两个小三角形，或者有一个公共顶点或者没有公共顶点。

② 考虑所有小三角形的各边，看哪些反映了实长，哪些不反映实长，凡不能反映实长的必须根据求实长的方法一一求出实长。

③ 以图中各小三角形的相邻位置为依据，用已知的或求出的实长为半径，依次把所有小三角形都画出来，最后再把所有的交点，视构件具体形状用曲线或用折线连接起来，由此得展开图。

(4) 三种展开方法的比较

根据上述分析，可对三种展开方法进行以下分析、比较及总结。

三角形展开法能够展开一切可展形体的表面，而放射线法仅限于展开素线交汇于一点的构件，平行线法也只限于展开素线彼此平行的构件。放射线法与平行线法可看成是三角形法的特例，从作图的简便性来看，三角形法展开步骤较为烦琐。一般说来，三种展开方法按以下条件选用。

① 如果构件的某一平面或曲面（不管其截面封闭与否）上所有的素线在一投影面上的投影，都表现为彼此平行的实长线，而在另一投影面上的投影，只表现为一条直线或曲线，那么这时可以应用平行线法展开。

② 如果一锥体（或锥体的一部分）在某投影面上的投影，其轴线反映实长，而锥体的底面又垂直于该投影面，这时具备应用放射线展开法的最有利条件（“最有利条件”并不是指必要条件，因为放射线展开法中有求实长步骤，所以不论锥体处于何种投影位置，总可以求出所有必要素线实长，进而展开锥体侧面）。

③ 当构件的某一平面或某一曲面在三视图中均表现为多边形，也就是说，当某一个平面或某一个曲面既不平行又不垂直于任一投影面时，应用三角形法展开。特别是作不规则形体展开图时，三角形法展开的功效更为显著。

2.4.3　不可展表面的近似展开

根据上述的可展表面和不可展表面判断条件可知：如果一个形体的表面无法不遗漏、不重叠、不折皱地全部铺平在同一个平面上，那么它就是不可展表面，按照它们形成机理的不同，可分为不可展旋转面、直纹不可展曲面两种。不可展旋转面是由曲线所构成的母线（素线）绕定轴旋转而成的旋转体表面，图 2-37（a）所示的球面及图 2-37（b）所示的抛物面等便属于不可展旋转面。形成旋转面的母线习惯上又称为经线，母线 AB 上任意一点 C 随着母线旋转所形成的平面曲线就叫作旋转面的纬线，旋转一周形成的圆叫纬圆，参见图 2-37（c）；直纹不可展曲面是指这样的曲面，即过曲面上的任何一点都可以至少作一条直线，这些直线既不平行又不相交（即使延长也永不相交），而呈空间异面状态，如图 2-37（d）所示的直纹锥状面和图 2-37（e）所示的直纹柱状面等便属于直纹不可展曲面。

尽管不可展曲面不能百分之百精确地展开来，但是却可以近似地展开来。例如，一个乒

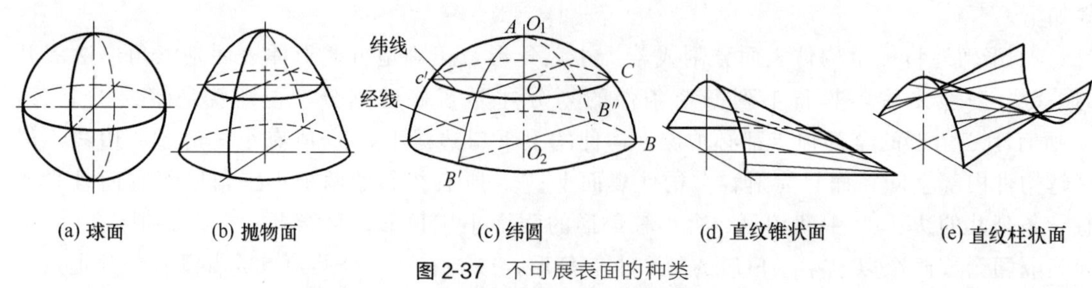

图 2-37 不可展表面的种类

乓球，可以把它的表面撕成很多小块，然后把每一小块都看成是一小块平面，然后把这些被认定的小平面铺到同一个平面上，这样，乒乓球表面就被近似地展开了。根据这一设想，就可得到不可展曲面近似展开的原理：根据被展曲面的大小和形状，将其表面按某种规则分割成若干部分，再假定所分成的每一小部分都是可展的曲面，最后，再应用适当的展开方法，把所认定的每一小块可展曲面一一展开，从而得到不可展曲面的近似展开图。

(1) 不可展旋转面的近似展开

按将不可展旋转表面分割成若干小部分所用规则的不同，不可展旋转面所采用的方法分经线分割法、纬线分割法、经线纬线联合分割法几种，其展开操作的方法如下。

① 经线分割法。经线分割法的展开原理是顺着经线的方向把不可展旋转面分成若干部分，然后把每两相邻经线之间的不可展曲面，看成是沿经线方向单向弯曲的可展曲面，这样就可以用平行线法展开每一小块曲面。图 2-38 所示为半球面的经线分割法展开。

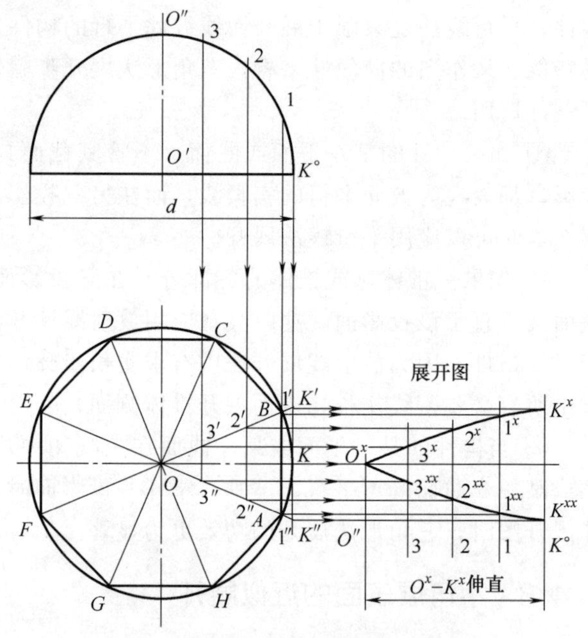

图 2-38 半球面的经线分割法展开

用经线分割法展开的步骤如下。

a. 用经线分割法分割形体表面。将平面图外圆周 8 等分点 A、B、C、… 与圆心 O 连接，于是在平面图中就把旋转面分成了 8 块相等的部分。

b. 假定相邻两经线之间的不可展曲面被沿经线方向单向弯曲的曲面代替，或者说，把相邻经线之间的不可展曲面看成是沿经线方向弯曲的可展曲面。

c. 用平行线法作出每一小块的展开图，现以 OAB 部分为例说明如下：首先添加一组平行素线，过主视图 $O''K°$ 上任意点 1、2、3 及 $K°$ 引铅垂线交平面图中 OB 于 $1'$、$2'$、$3'$、K'，交 OA 于 $1''$、$2''$、$3''$、K''，于是 $1'1''$、$2'2''$、$3'3''$、$K'K''$ 就是一组互相平行，且在平面图中反映实长的可展曲面的素线，然后在 $K'K''$ 的垂线方向上，将主视图中的 $K°O''$ 伸直并照录其上 1、2、3 各点，过照录点引 $K'K''$ 平行线，与由平面图 O、$1'$、$1''$、$2'$、$2''$、…、K'、K'' 各点所引 $K'K''$ 的垂线同名对应相交，把交点用平滑曲线顺次相连，于是就得到不可展旋转面的八分之一近似展开图。

② 纬线分割法。纬线分割法的展开原理是在旋转面上画了若干条纬线；再假定位于相邻两纬线之间的不可展旋转面，近似为以相邻纬线为上下底的正圆锥台的侧表面，然后把各个正圆锥台的侧表面全部展开，从而得到不可展旋转面的近似展开图。图 2-39 所示为半球面的纬线分割法展开。

用纬线分割法展开的步骤如下。

a. 用纬线分割法分割形体表面。在主视图中任作三条纬线（就是三条水平线），于是就把旋转面分成四部分。

b. 把第Ⅰ、Ⅱ、Ⅲ部分看作是三个大小不同的正圆锥台的侧面，把第Ⅳ部分看作是平面圆形。

c. 利用扇形展开法作每一部分的展开图。现以图中第Ⅱ小部分的展开为例，说明如下：首先延长 AB、EF，与旋转轴线交于 $O_{Ⅱ}$，$O_{Ⅱ}$ 就是展开图的圆心；然后量出 AF 的尺寸，AF 就是小圆锥台Ⅱ的下底直径 d；以 $O_{Ⅱ}$ 为圆心，以 $O_{Ⅱ}A$、$O_{Ⅱ}B$ 分别为半径画弧，在外弧上截取 $A'A''$ 长等于 πd，然后连接 $O_{Ⅱ}A'$、$O_{Ⅱ}A''$，于是 $A'B'B''A''A'$ 就是第Ⅱ小部分的展开图，其他各块也用同法展开后，就得到不可展旋转面的近似展开图。

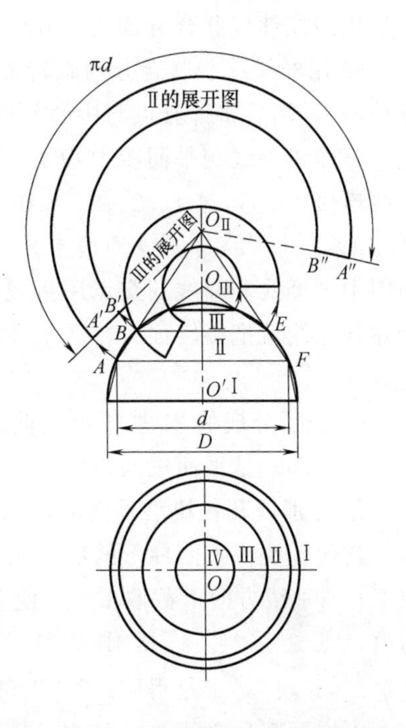

图 2-39　半球面的纬线分割法展开

③ 经线纬线联合分割法。经线纬线联合分割法就是在一个构件的展开中同时采用了经线分割法及纬线分割法，经线纬线联合分割法适用于大型的旋转面的近似展开，像直径十几米乃至几十米的房盖、大油罐等。如图 2-40 所示为大尺寸半圆弧球面的经线纬线联合分割法展开。

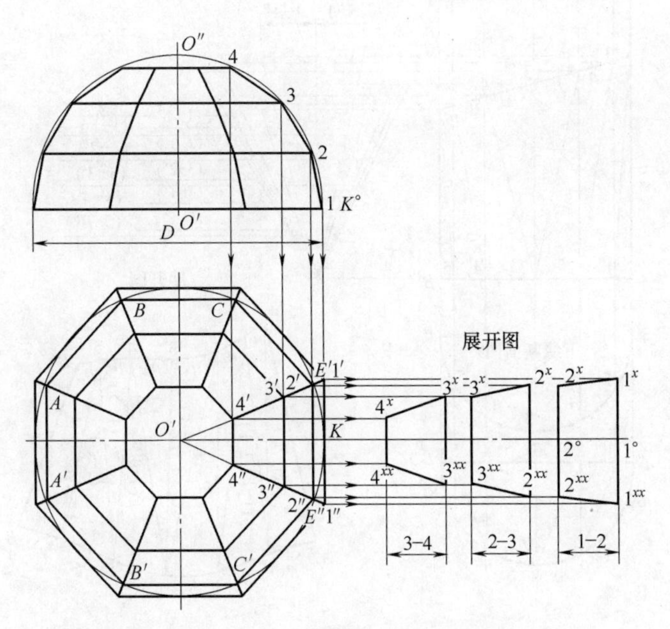

图 2-40　大尺寸半球面的经线纬线联合分割法展开

用经线纬线联合分割法展开的步骤如下。

a. 用经线纬线联合分割旋转面成若干部分，把平面图外圆周八等分（等分数目越多就越精确），然后将等分点与中心 O' 相连接（这是经线分割）；过主视图 $O''K^{\circ}$ 上任意点 1、2、3、4，作铅垂线交平面图中 $O'E$ 于 $1'$、$2'$、$3'$、$4'$ 各点，交 $O'E'$ 于 $1''$、$2''$、$3''$、$4''$ 各点，用折线连接 1234，过 1、2、3、4 作水平线。然后，以 O' 为圆心，以 $O'1'$（$O'1''$）、$O'2'$（$O'2''$）、$O'3'$（$O'3''$）、$O'4'$（$O'4''$）分别为半径画圆，于是把旋转面用纬线法分割完毕；在平面图中把经线和纬线的交点用折线依次连接起来；如果把中心的八边形当成一块下料，那么上述各连线就把旋转面分割为 25 个小块，例如 $1'2'2''1''1'$、$2'3'3''2''2'$、$3'4'4''3''3'$ 就是其中的 3 块。

b. 把所分成的 25 块不可展曲面都看作是平面，也就是其中的 24 块为平面小梯形，另一块（顶部）是平面正八边形。

c. 分别展开各块小平面。很明显，顶部那块料的展开图就是平面图中心部位的正八边形，其他各块小平面梯形的展开图均可用平行线法得出，现以展开 $1'2'2''1''1'$ 为例说明如下：在 $1'1''$ 的垂线方向上截取 $1^{\circ}2^{\circ}$，使 $1^{\circ}2^{\circ}$ 等于主视图中相应弧长 12，过 1°、2° 作 $1'1''$ 的平行线，与由 $1'$、$2'$、$2''$、$1''$ 所作的 $1'1''$ 垂线同名对应相交于 1^{x}、2^{x}、2^{xx} 和 1^{xx}，连接 $1^{x}2^{x}2^{xx}1^{xx}1^{x}$，于是得 $1'2'2''1''1'$ 部分的展开图。再从主视图上来看，由下到上，每一层的八个小梯形都是全等的，因此，只要分别画出每层中的一块展开料，其他各块展开料也就成为已知的了。

(2) 不可展直纹曲面的近似展开

直纹不可展曲面的近似展开，可采用三角形展开法，它的表面分割的规则与三角形展开法中的分割规则完全相同，即不可展直纹曲面的分割法是用三角形法。如图 2-41 所示为不

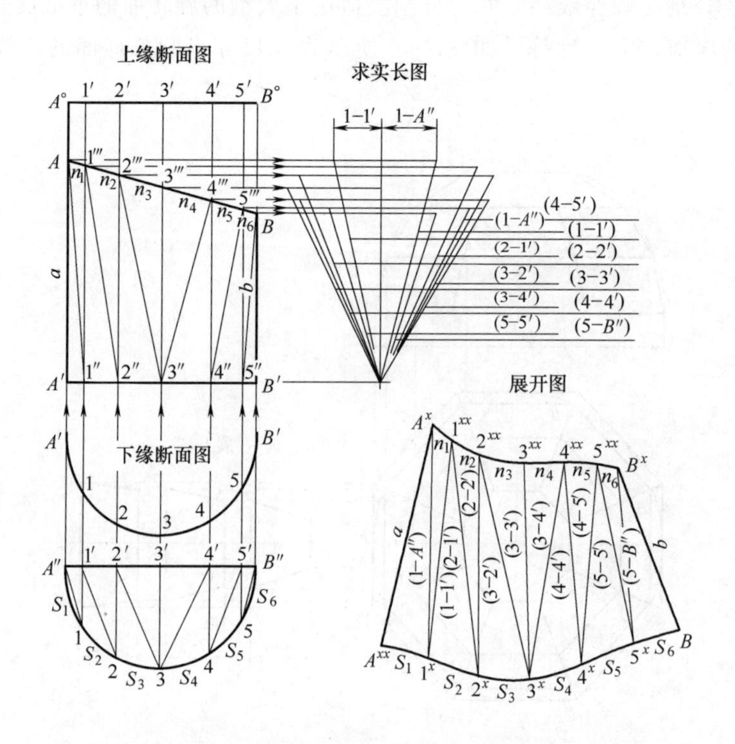

图 2-41 不可展直纹锥状面的三角形法展开

可展直纹锥状面的三角形法展开。

用三角形法展开的步骤如下。

① 分割形体表面成若干小三角形。将平面图中 $A''B''$六等分，过各等分点引铅垂线交 $A''B''$于 $1'$、$2'$、$3'$、…、$5'$，交主视图中 AB 和 $A'B'$于 $1'''$～$5'''$、$1''$～$5''$各点，而后如图中所表示的那样，连成 12 个小三角形。

② 求实长。本构件上缘反映实长，下缘在平面图中反映实长，左右边线在主视图中反映实长；唯有 11 条连线不能反映实长，这可用直三角形法求出实长来，在求实长图上，我们只标出了直角边长 1-1′和 1-A''，其他未标，凡实长均用括号表示，如 1-A''的实长用（1-A''）表示。

③ 按上节所示的三角形法展开方法进行展开，便可得到不可展直纹锥状面的近似展开图。

2.5　求作相贯体交线的方法

对于由不同几何形体所组成的钣金制品，在互相组合的部位就会产生交线，这些交线是几何形体彼此之间的分界线，也叫结合线、相贯线。交线上的每一个点，必然是两形体共有的点。

绘制钣金制品的展开图时，必须在投影图上找出交线，否则，要作出此类构件的展开图，几乎是不可能的。由此可见，作交线是展开由两个或两个以上的形体交接而成的钣金件的重要步骤和前提条件。

一般情况下，平面立体上的截交线和相贯线是比较容易作出的，如棱柱与圆柱相贯，其相贯线在主视图里反映为直线，作图比较简单，而对于曲面立体上的截交线和曲面立体与曲面立体相贯的相贯线就较复杂，因此，有必要研究此类交线的作法。

作交线的方法很多，有时一种工件可以用不同的方法作出它的交线。常用的方法有素线法、纬圆法、辅助平面法及辅助球面法几种。

2.5.1　素线法

素线法也称辅助线法，是一种在曲面上找点的方法，是根据曲面体自身的特点产生的，如圆柱面和圆锥面可以看作是由许多素线围聚而成的，而素线法求作交线就是通过在曲面上作辅助线，使曲面上的各点投影具有相应的位置，然后，根据投影的“三等”关系，便可把交线上各点的位置从其他视图里找出来。

素线法主要用于作圆柱体、圆锥体上的相贯线。图 2-42 所示是素线法在圆柱面和圆锥面上找点的原理图。

图 2-42（a）所示是在圆柱面上找点。可以把圆柱看成是由许多直线沿着圆周密集排列而成，这些直线就是素线。圆柱面上任意一点 A 一定在过该点的素线 BC 上，因此只要求出该素线的投影，就能求出该点的投影。

图 2-42（b）所示是在圆锥面上找点。可以设想圆锥面是由许多素线组成的，圆锥面上任意一点 A，必在过 A 点的素线 BC 上，只要求出该素线的投影，即可求出该点的投影。

图 2-43 所示圆柱直交于圆锥面右侧的中间位置，其相贯线的可见部分和不可见部分是完全对称的，圆锥面上的交线可以用素线法作出。

具体作图步骤如下：①在俯视图里等分圆管，由 O 点过圆管的等分点 2、3、…、7 等

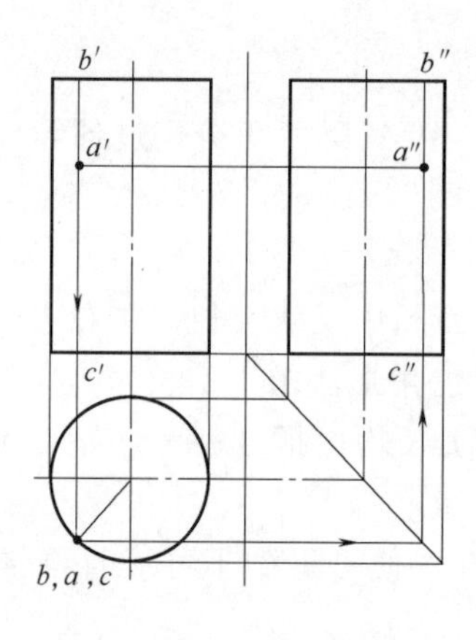

(a) 用素线法在圆柱面上找点

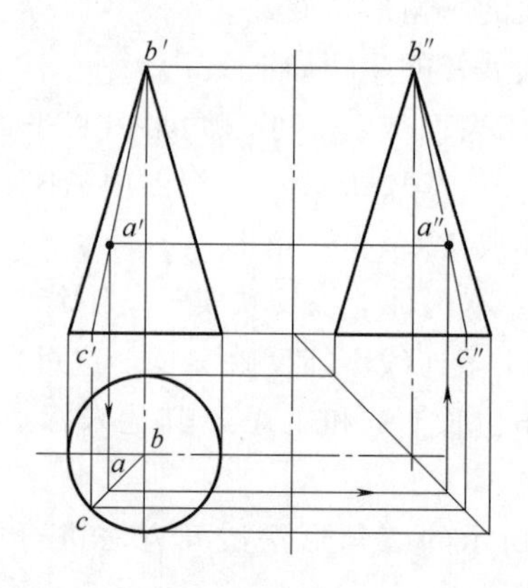

(b) 用素线法在圆锥面上找点

图 2-42 用素线法在圆柱面和圆锥面上找点

引素线，与底圆圆周相交，向上引垂直线，与底圆投影线相交；②由与底圆投影线相交的各点，向锥顶 O' 引一系列素线；③过圆管等分点 2、3、…、6 向主视图引垂直线，与主视图里相应的素线相交，得出 2′、3′、…、6′各点，即相贯点。用光滑曲线顺连 1′、2′、…、7′，即得所求的相贯线。

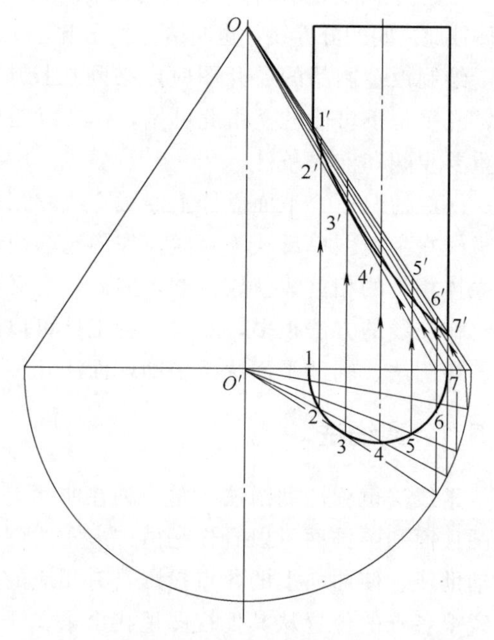

图 2-43 用素线法作圆柱与圆锥直交的交线

2.5.2 纬圆法

纬圆法主要用于作圆锥体、球体上的相贯线，且多用在球面上交线的求作。纬圆法实际上是辅助平面法之一，每一个纬圆就是一个辅助平面。纬圆上一点的投影，必在该纬圆的投影上。

图 2-44 所示为用纬圆法在锥面上找点的原理。设想将锥面沿水平方向切成许多圆，每个圆都平行于 H 面，称为纬圆。锥面上任意一点必然在与其高度相同的纬圆上，因此只要求出过该点的纬圆投影，就可求出该点的投影。从图中可以看出，纬圆在俯视图里反映为圆，而在主视图和侧视图上均积聚为一条与底圆相平行的直线。

图 2-45 所示为用纬圆法在球面上找点的原理。设想将球面沿水平方向切成许多圆，即纬圆。球面上任意一点必然在与其高度相同的某一纬圆上，因此只要求出过该点的纬圆投影，就能求出该点的投影。

具体运用纬圆法作相贯线时，可以先在工件的主视图里作纬圆，也可以先在工件的俯视图里作纬圆，应根据工件形状的特点去选择最合适的作图步骤。图 2-46 所示为用纬圆法作圆柱与圆锥直交的交线。与图 2-43 不同的是圆柱与圆锥为偏交，圆柱的一小部分偏出锥底

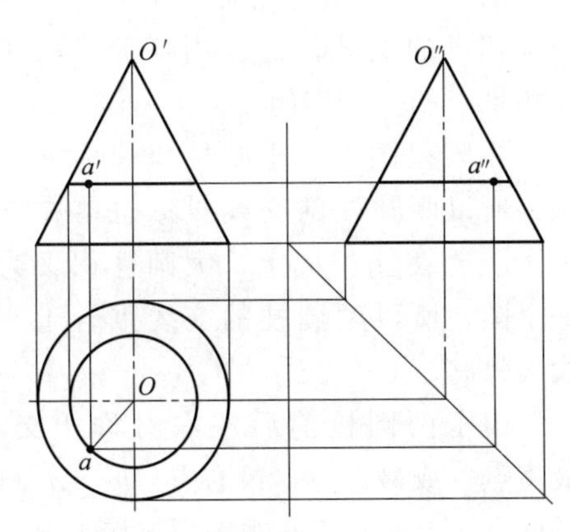

图 2-44　用纬圆法在锥面上找点

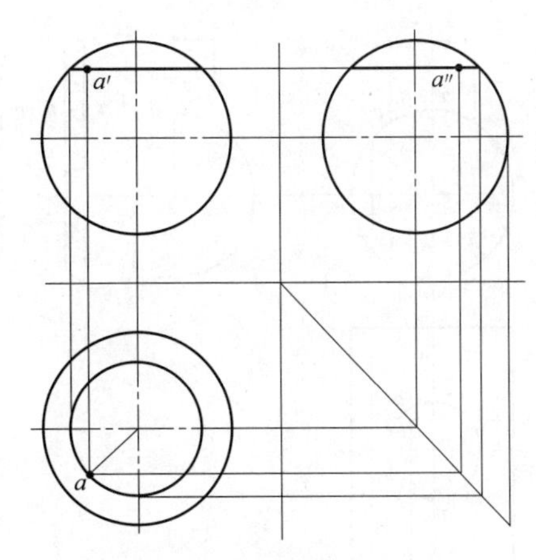

图 2-45　用纬圆法在球面上找点

之外。

从图中可以看出，该制品的相贯线也不能在俯视图里反映出来，因为与圆柱的水平投影相重合。根据这一特点，如果先在主视图里作纬圆，难以判断特殊点（最高相交点）的位置，而最高点的位置，最好从俯视图里圆管与圆锥的纬圆切点 4 得到，因此，这样的钣金制品应先从俯视图里作纬圆为好。

具体作图步骤如下。

① 先在俯视图里找出特殊点 1、4、7 三点。将圆管与圆锥体相贯的圆弧分成若干等份（图中分为 6 等份），得 2、3…等分点，过这些等分点作纬圆。

② 按照用纬圆法找点的投影规则，把俯视图里画好的三个纬圆画到主视图里去，即 P_1V、P_2V、P_3V。

③ 从俯视图 1、2、3、4…各等分点向上引垂直线，与纬圆 P_1V、P_2V、P_3V 等相交得 1′、2′、…、7′各点，用圆滑曲线连接各点，即圆柱与圆锥直交的交线。

当然，在实际工作中，可以把圆柱移至与 V 面平行的中心线上，作展开图时比较方便。只有在特殊情况下，才用本例的方法作交线。

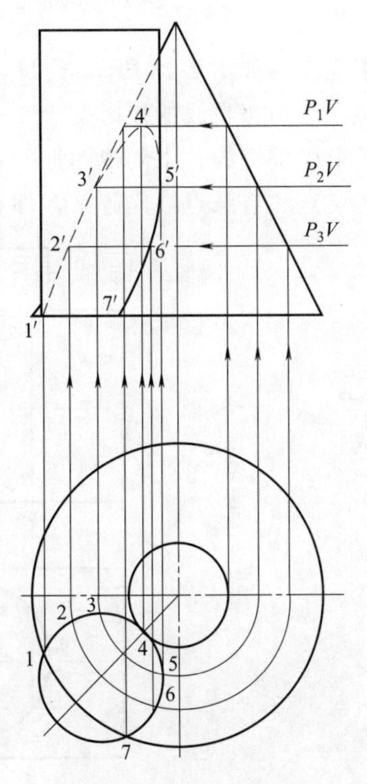

图 2-46　用纬圆法作圆柱与圆锥直交的交线

2.5.3　辅助平面法

辅助平面法就是在相贯体上选取适当的辅助平面，使辅助平面与两个相贯的几何体相交，这样，在两个形体上都会产生截交线，两条截交线的交点就是相贯点。辅助平面法主要用于求作曲面立体上的相贯线，一般，在求作曲面立体相贯线上的交点（结合点）最常用的辅助平面主要采用以下三种：①过某形体素线又垂直于水平投影面的平面；②过某形体素线又垂直于正立投影面的切面；③同时截切二形体的水平切面。

图 2-47 所示为两个圆柱相贯体，选取了四个平行于侧视图的辅助平面，分别与这两个圆柱体相交，得到 a、b…、e 等相贯点。

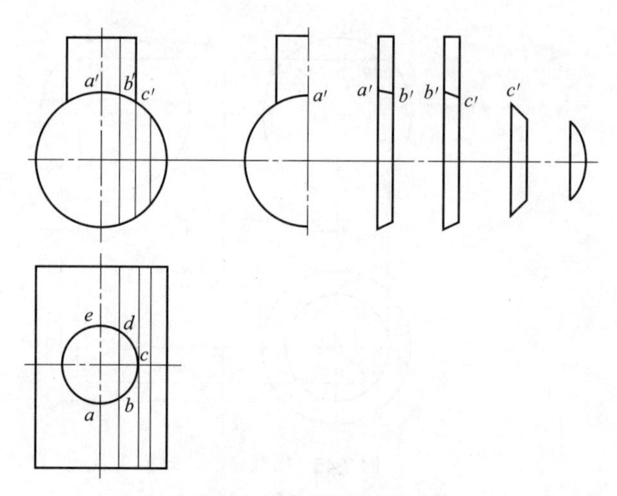

图 2-47 辅助平面法原理图

图 2-48 所示是用辅助平面法作两圆柱相贯的交线，是应用辅助平面法找相贯点的一个实例。

在俯视图上，小圆柱积聚为一个圆，所以两圆柱的交线投影也落在这个圆上。在侧视图上，大圆柱积聚为一个圆，所以两圆柱的交线重合于一段圆弧 $a''c''$ 上。

由于两圆柱前后左右对称相交，最高点（或最左点、最右点）b'、d' 和最低点 a'（c'）可在视图中直接求出。

其余作图步骤如下：①选取辅助平面 P_1、P_2、…、P_n，使之平行于正立面（如图 2-48 所示 P_1H，P_2H），在俯视图里与相贯线的投影交于 1、2…各点，在侧视图上与相贯线的投影交于 1″、2″…各点；②用辅助平面法的原理，由俯视图里的 1、2…向上引垂直线，由侧视图上的 1″、2″…向左引水平线，得交点 1′、2′…各点；③用光滑曲线将交点和特殊点顺连起来，即为所求。

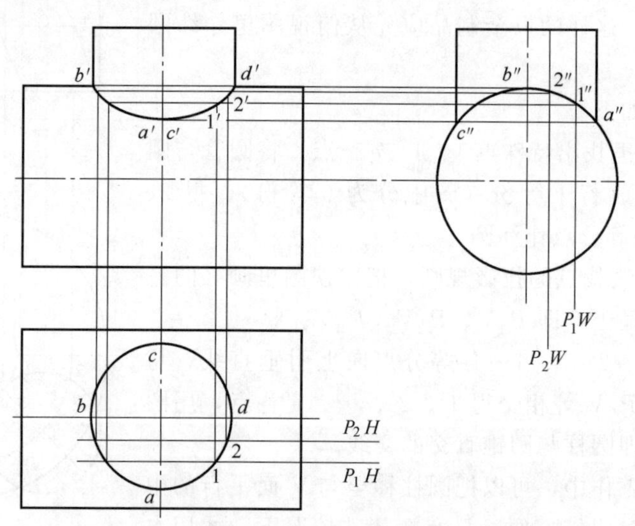

图 2-48 用辅助平面法作两圆柱相贯的交线

在实际工作中，对上述圆管一类制品，都是先等分圆管的截交面——圆，以此来确定辅助平面的位置，对作展开图比较有利。

因为通过对圆管的等分，可以用计算的圆周长对等分弧线进行准确展开。另外，也不一定要作三面视图，一般只作两面视图就够了，如图 2-49 所示。

图 2-49 所示为小圆管与大圆管斜贯。用辅助平面法作相贯线的具体步骤如下：①在主视图和侧视图上，作斜管的正截面图，并作若干等分（图中为 8 等分）；②过各等分点作斜圆管的素线，在侧视图上素线与大圆管的积聚投影相交，得交点 3″、4″…就是相贯点的侧立投影；③分别由各相贯点的侧立投影向正投影作投影连线，与相应的斜圆管素线相交，交点就是相贯点的正立投影；④把各点顺序用圆滑曲线连接起来，即相贯线的正立投影。

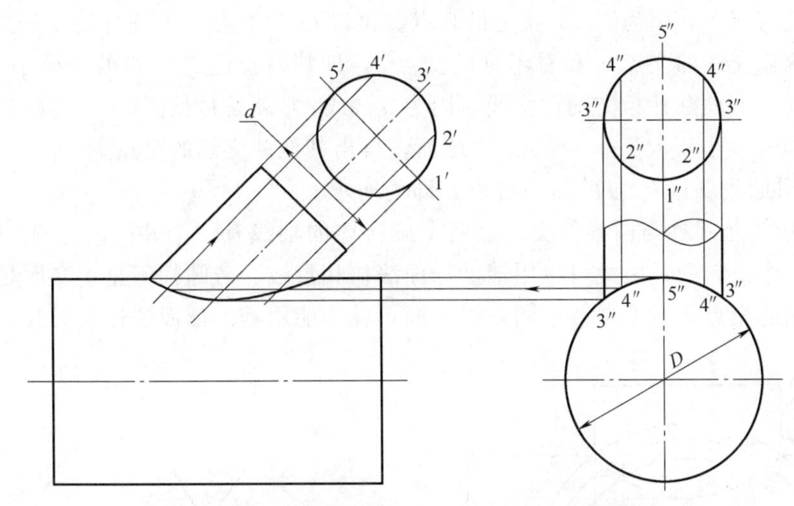

图 2-49　用辅助平面法作小圆管与大圆管斜贯的交线

通过上述实例，可以归纳出采用辅助平面法求作任何相交形体交线的作图步骤：

① 在某一视图中确定切面的位置（也就是画出一组或几组平行线）；

② 应用素线法或纬圆法，把切面在甲形体上的截交线投到另一视图中，再把切面在乙形体上的截交线也投到这一视图中；

③ 找出同一切面上的两条截交线的交点，然后将交点用描点法连接起来，就得到结合线在该视图上的投影；

④ 应用素线法或纬圆法（一般利用第 2 步中的素线或纬线而无须重画），把各结合点投到最初确定切面位置的视图中，然后用描点法画出结合线。

2.5.4　辅助球面法

若两旋转体相贯，两轴线相交且平行于同一投影面，用辅助球面法求其相贯的交点比较方便。

辅助球面法是应用旋转体与球体相交时，若轴线通过球心，它们的相贯线是一个圆的原理来作图的，也就是说，以球心在旋转体轴线上的球面截旋转体，则球面与旋转曲面的截交线是一个圆。辅助球面法主要用于求作曲面立体上的相贯线。

图 2-50 所示为辅助球面法的原理图。图中两圆柱体相贯组合，它们的轴线相交于 O 点，以 O 点为球心，以适当的长度为半径作球面，同时交于两圆柱体，得出两圆截交线，这截交线相交于 A、B 两点，这两点是两圆柱面的共有点，也就是两圆柱相贯线中的相贯点。

图 2-51 所示是用辅助球面法作不等径圆管三通的相贯线。

具体作图步骤如下。

① 作出特殊点 a、b、c、d。以轴线交点 O 为球心，以 O 至 d 的距离 R_1 为半径作球面，所得两截交线的交点 b、d，即特殊点之一。如果所作的球超过了 b、d，则这

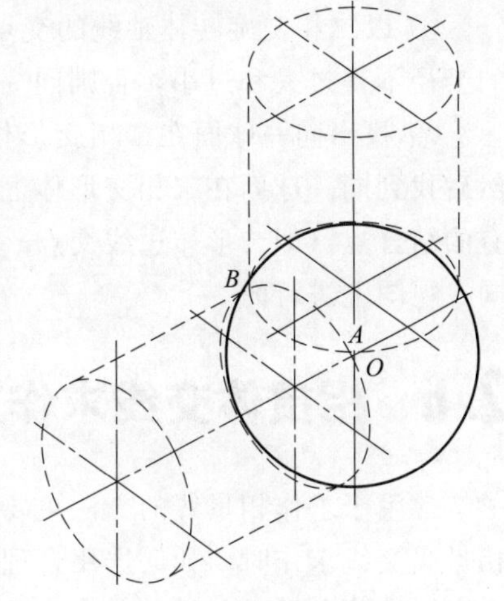

图 2-50　辅助球面法的原理图

两截交线就没有交点，因为 b、d 就是最高点。再以 O 为圆心，大圆柱的半径 R_3 为半径作球面，所得两截交线的交点 a 和看不见的交点 c，即特殊点之二。如果半径小于 R_3，所作的球面就得不到与大圆柱相交的截交线，因为 a（或 c）就是最低点。

② 以大于 R_3 小于 R_1 的半径 R_2 作球面，得出其他截交线的交点 H 等。

③ 以圆滑曲线顺连 b、H、a…各点，即为所求。

图 2-52 所示是圆柱与圆锥斜交，这两个旋转体的轴线有一个共同的交点 O，两根轴线又平行于同一个投影面，因此可以用辅助球面法作相贯线。若圆柱不是正交而是偏交，即两轴线没有共同的交点，或不平行于同一投影面，就不能用辅助球面法作相贯线。

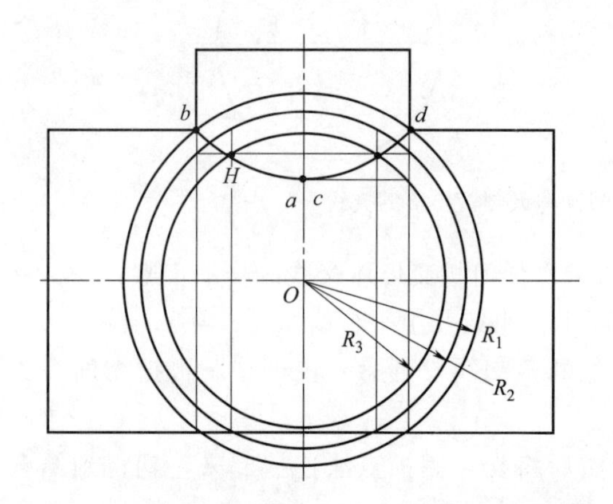

图 2-51 用辅助球面法作不等径圆管三通的截交线

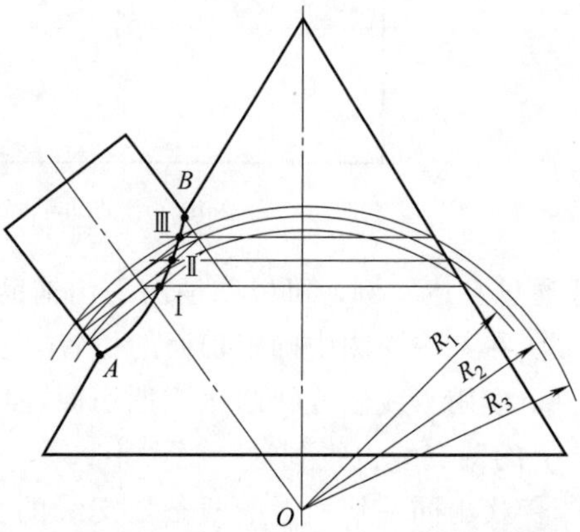

图 2-52 用辅助球面法作圆柱与圆锥斜交的交线

由于两形体是正交，它们的轮廓线的交点 A、B 是相贯线的最低点和最高点，即两个特殊点。要在两点的中间求出一系列的相贯点，才能得到相贯线。

具体作图步骤如下：①运用辅助球面法，以 O 为圆心，在 A、B 两点中间选择若干位置为半径作一系列的圆（图中为清晰起见只作三个圆），这些圆都要通过两形体的轮廓线，从而得出一系列的交点；②过圆柱轮廓线上的交点作圆柱轴线的垂直线，过圆锥轮廓线上的交点作圆锥轴线的垂直线，两组垂直线相交，得到Ⅰ、Ⅱ…一系列的交点，即相贯点；③用圆滑曲线顺连相贯点和特殊点，即得圆柱与圆锥斜交的交线。

通过上述实例，可以归纳出采用辅助球面法求作交线的作图步骤：

① 以二相交旋转体轴线的交点为圆心作一系列辅助球面，也就是作一系列同心圆（圆的半径不得过大和过小，否则同一球面的截交线没有交点）；

② 找出同一球面在二相交形体上的截交线，这只要把圆与形体的交点相应连接即可，然后找到同一球面在二相交形体上的截交线的交点，最后用描点法把上述交点，以及不求自有的结合点（即二形体边线交点）顺序连接起来，得结合线，必须注意，这两个步骤都是在同一视图上进行的。

2.6 相贯体交线求作方法的选择

常用于求作相贯线的方法主要有素线法、纬圆法、辅助平面法和辅助球面法等四种。在相贯线交线求作时，如何选用合理的相贯线求作方法是解决钣金构件相贯线求作的一项重要内容，为此，需对其进行分析、总结。

(1) 四种相贯体交线求作方法的运用分析

从四种相贯体交线的求作方法的作图应用范围来看，其具有以下关系：①素线法和纬圆法是辅助平面法的基础；②素线法和纬圆法的用途远不如辅助平面法广泛；③辅助球面法所能解决的一切问题，辅助平面法均能胜任等。从作图的简便程度来看，素线法和纬圆法最简单，辅助球面法次之，辅助平面法最为复杂。因此，在选择作图方法时，应对求作的交线进行分析，如果能用素线法和纬圆法，那就不用其他方法，如果能用辅助球面法，那就不用辅助平面法。

一般情况下，素线法和纬圆法这两种方法是可以交替使用的，但素线法一般多应用于具有主、俯两视图以及主、左或右视图表达的钣金构件，而纬线法一般只应用于具有主、俯视图表达的钣金构件。

尽管选择素线法和纬圆法求作交线最迅速、最简便，但使用有一共同的条件，即：在二视图或三视图中，相交形体的结合线必须在其中的一个视图上表现出来，也就是说，相交形体的结合线必须在某一视图中是已知的。如果在任何一个视图上都没有已知的结合线，素线法和纬圆法将无法使用，此时，便只能采用辅助平面法求作了。

一般来说，两相交形体中，如果有一个是柱形体（棱柱或圆柱、椭圆柱等），且柱形体垂直于某投影面，那么在这种情况下，柱形体在该投影面上的投影或者就是结合线，或者包含了结合线，由此结合线在投影图中就成为已知的了，因而可以满足素线法和纬圆法的使用条件。

而是否选择辅助球面法求作交线，必须满足以下的使用条件：①二相交形体必须都是旋转体；②二旋转体的轴线必须空间相交，交点就是辅助球面的球心；③二旋转体的轴线必须同时平行于某投影面（一般为正立投影面），即二轴线必须在同一视图上表现为实长，以上三个条件缺一不可。

(2) 求作交线注意事项

在求作交线时应注意以下几点。

① 首先应分析制件的形状特点，然后选择最适宜的方法作交线。

② 相贯线的特殊点（如最高点、最低点），一般需首先求出。

③ 连接相贯点时要注意，两个相贯点位于一个表面的相邻素线上，同时也位于另一个表面的相邻素线上，这两点才可以相连，否则就不能相连。

④ 应分清所求曲线的可见部分和不可见部分。两个表面可见部分的相贯线、点才是可见的，否则是不可见的。有可见部分和不可见部分时，一定要求出可见部分和不可见部分的分界点。

2.7 展开图中的板厚处理

在钣金展开图的正确求作过程中，还需要考虑到加工材料厚度的影响，即进行适当的板厚处理。这是因为任何一个钣金制件，板料必然都有厚度，也就是有里皮、外皮和板厚中心层［参见图 2-53 (a)］，在加工过程中，它们将发生不同的变形。

图 2-53 (b) 所示的金属板弯曲时，里皮因挤压而缩短，外皮因拉伸而伸长，而在某些情况下，板厚中心层也将发生变形，板料中只有某一层的金属变形前后长度不变（板厚中性层），因此，在展开下料时，确定中性层位置，并以中性层作为标准的展开长度就是在展开

图求作中必须考虑的问题，而消除板厚对构件尺寸和形状的影响，保证钣金构件的加工要求所采取的相应措施，这一实施过程就叫板厚处理。

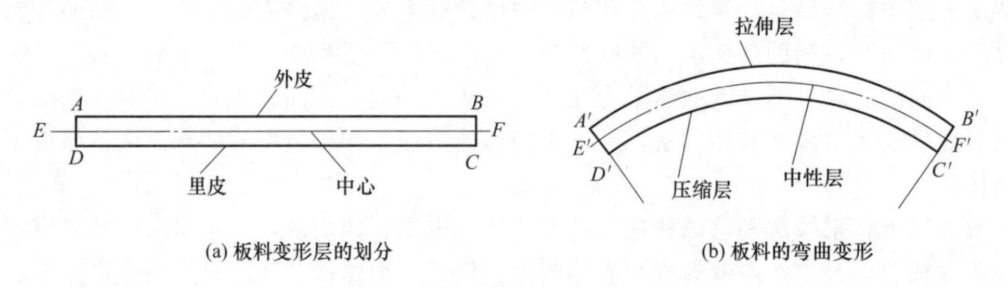

(a) 板料变形层的划分　　(b) 板料的弯曲变形

图 2-53　金属板的弯曲变形

2.7.1　弯曲件的板厚处理

对于图 2-53（b）所示的金属板料弯曲所形成的曲面板构件，由于弯曲时，其里皮因挤压而缩短，外皮因拉伸而伸长，因此，在板厚处理时，其展开长度的计算应以板的中性层尺寸为准进行展开。如图 2-54 所示为厚度为 t 板料弯曲成曲面时，其弯曲中性层位置图。由图可知，板的外皮材料受拉而伸长，里皮材料受压而缩短，只有板厚中间存在一个长度保持不变的纤维层，称为中性层，而板的中心层并不等于板的中性层。只有以中性层作为标准的展开长度才能作为该弯曲件的展开长度。

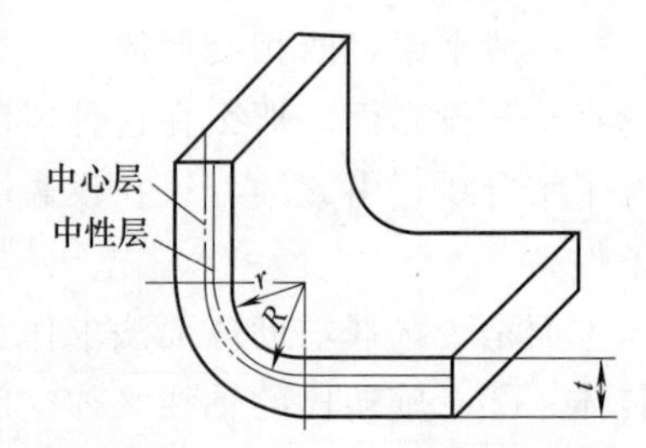

图 2-54　板料弯曲中性层的位置

事实上，除板料的弯曲外，对于板料的卷圆、圆杆的弯曲，型材、类型材等弯曲，由于其弯曲时塑性变形的不同，其各自均存在中性层如何确定的问题，由此可见，弯曲件板厚处理的核心实质上就是确定板料弯曲中性层的位置，这也是板料弯曲展开的核心及关键点。

(1) 板料弯曲时中性层位置的确定

板料弯曲中性层位置与其相对弯曲半径 r/t 有关，当 $r/t>8$ 时，弯曲中性层位于板厚的 1/2 处，即板的中心层就是板的中性层，中性层半径 $R=r+0.5t$；当 $r/t\leqslant 8$ 时，中性层将向弯曲中心移动，则中性层半径 R 由下式计算：

$$R=r+xt$$

式中　R——中性层半径，mm；

r——板料弯曲内角，mm；

t——板料厚度，mm；

x——中性层位移系数，根据相对弯曲半径 r/t 查阅表 2-5。

◈ 表 2-5　中性层位移系数 x 的值

r/t	0.1	0.2	0.3	0.4	0.5	0.6	0.7	0.8	1	1.2
x	0.21	0.22	0.23	0.24	0.25	0.26	0.28	0.3	0.32	0.33
r/t	1.3	1.5	2	2.5	3	4	5	6	7	≥8
x	0.34	0.36	0.38	0.39	0.4	0.42	0.44	0.46	0.48	0.5

(2) 板料卷圆时中性层位置的确定

对于 $r=(0.6\sim3.5)t$ 的铰链式弯曲件，可用卷圆方法进行弯曲，如图 2-55 所示。

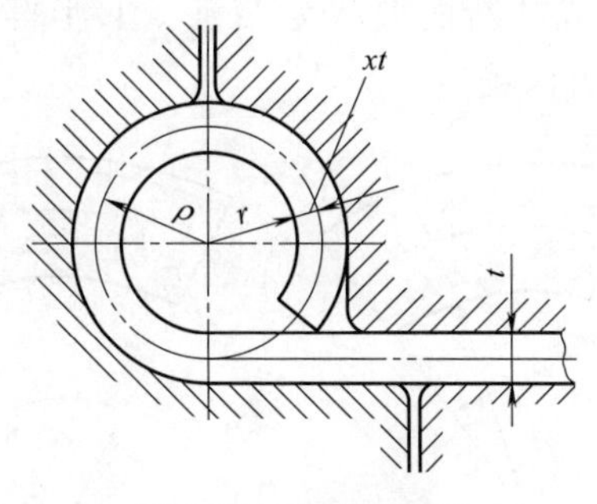

图 2-55　板料的卷圆

铰链卷圆时，凸模对毛坯一端施加的是压力，故产生不同于板料弯曲的塑性变形，材料不是变薄而是增厚了，中性层由板料厚度中间向弯曲外层移动，因此中性层系数大于或等于 0.5（见表 2-6）。

◎ 表 2-6　板料卷圆时中性层系数 x 的值

r/t	0.5	0.6	0.7	0.8	0.9	1.0	1.1	1.2
x	0.77	0.76	0.75	0.73	0.72	0.70	0.69	0.67
r/t	1.3	1.4	1.5	1.6	1.8	2.0	2.5	≥3
x	0.66	0.64	0.62	0.60	0.58	0.54	0.52	0.5

(3) 圆杆弯曲时中性层位置的确定

圆杆类弯曲件包括圆断面杆件、棒料及线材弯曲件，其中性层的位置与板料成形有所不同。当弯曲半径 $r\geqslant1.5d$ 时（d 为弯曲杆料直径），其断面形状弯曲后基本不变，中性层系数近似等于 0.5；当弯曲半径 $r<1.5d$ 时，弯曲后断面发生畸变，中性层向外偏移，其值可从表 2-7 查得。

◎ 表 2-7　圆杆弯曲时中性层系数 x 的值

圆杆弯曲半径/mm	中性层系数 x
$\geqslant1.5d$	0.50
$\leqslant d$	0.51
$\leqslant0.5d$	0.53
$\leqslant0.25d$	0.55

(4) 型材弯曲时中性层位置的确定

热轧、冷轧或冷拉生产的各种不同断面形状的工字钢、槽钢、角钢、方形与矩形管等型材，多在型材弯曲机上进行弯曲。弯曲半径 $r>10h$（h 为型材高度）的大曲率弯制大尺寸弯曲件，其中性层均通过型材的断面重心。弯曲过程中，型材断面上受力不均，中性层位置变化不大。

型材断面的重心可查阅本书“第 5 章 型钢构件的展开计算”的相关表格。

(5) 类型材弯曲时中性层位置的确定

对于板材弯曲成形后，形成的断面形状为 U 形、L 形等类型材的弯曲，参见图 2-56。其弯曲成形时的中性层按以下方法确定。

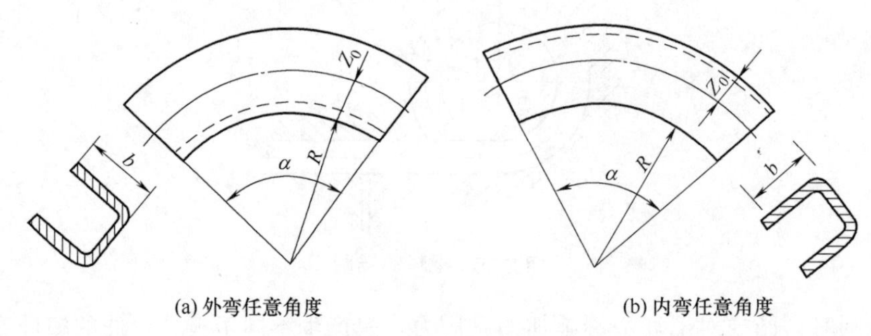

图 2-56 类型材的弯曲

① 当 $R>10b$ 时，其中 R 为弯曲半径，b 为类型材断面径向尺寸。应变中性层与弯曲件横断面的重心轨迹重合。此时，类型材的应变中性层 $Z_0=\frac{b}{2}$。

② 当 $R\leqslant 10b$ 时，应变中性层不通过截面重心，向内侧移动。此时，应变中性层 $Z_0=\frac{b}{2}$。类型材的应变中性层 $Z_0=xb$，x 为中性层系数，见表 2-8。

◈ 表 2-8 类型材弯曲时中性层系数 x 的值

相对弯曲半径 $\frac{R}{b}$	0.1	0.15	0.2	0.25	0.3	0.4	0.5	0.6	0.8	1
中性层位移系数 x	0.3	0.32	0.333	0.35	0.36	0.37	0.38	0.386	0.408	0.42
相对弯曲半径 $\frac{R}{b}$	1.2	1.5	1.8	2	2.5	3	4	5	7	10
中性层位移系数 x	0.43	0.44	0.45	0.455	0.46	0.47	0.476	0.48	0.49	0.5

2.7.2 单件的板厚处理

一般来说，在钣金构件精度要求不高的情况下，对于厚度小于 1.2mm 的板料，可以不考虑厚度问题；如果板料厚度大于 1.2mm，则板料会对工件尺寸和形状产生一定的影响，就必须考虑。

(1) 截面为“曲线”形状构件的板厚处理

由上述分析可知，当板料弯曲时，里皮压缩，外皮拉伸，它们都改变了原来的长度，只有板厚中性层长度不变，但弯曲时长度不变的中性层受多种因素的影响，如材料性能、模具结构、弯曲方式等，因此，弯曲中性层在不同的弯曲方式、不同的弯曲程度下，有不同的位置。对于截面为曲线形状的钣金构件来说，一般认为 $r/t\geqslant 3$（r 为板料弯曲内角，t 为板料厚度）时，弯曲中性层与板厚中心层重合，此时，展开尺寸可以按板厚中心层长度进行计算；而 $r/t<3$ 时，对不同的弯曲方式，弯曲中性层则可能内移也可能外移，具体情况参见

第六章“钣金成形加工”相关内容。

(2) 截面为“折线”形状构件的板厚处理

板料弯折成折线形状时的变形与弯曲成弧状的变形是不同的，如图2-57所示截面为方形的直管，由于板料仅在角点处发生急剧弯折，除里皮长度变化不大外，板厚中心层与外皮都发生了较大的长度变化，所以矩形截面管的展开长度应以里皮的展开长度为准，这一以里皮为展开基准的原则，同样适用于其他呈折线形截面的构件。

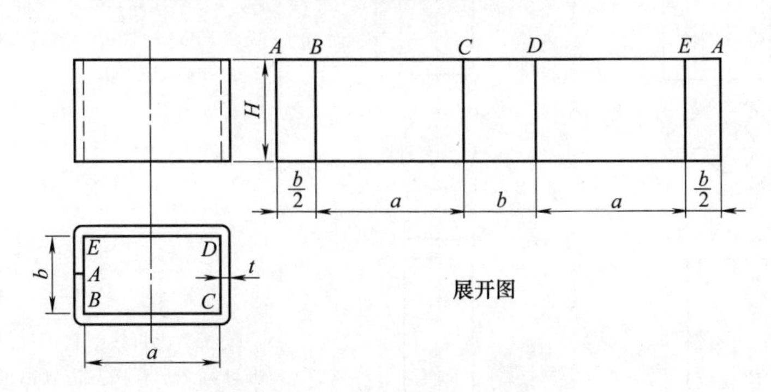

图2-57　方形直管的板厚处理

(3) 锥形构件的板厚处理

对锥形的钣金构件在求作展开图时，一般应以板厚中心层的高度为准。

如图2-58 (a) 所示的“天圆地方”构件，其侧表面均为倾斜状（所有锥体都是如此），因此上下口的边缘也不是平的，上下口都是外皮高里皮低，作展开图时，高度应取上下口板厚中心处的垂直距离 h，倘若板并不很厚，或者将来还要修边加工，那么可取上下边线的总高度；上口为圆形，故按中径为准计算，这里取中径值约等于 $D-t$ 计算展开图，下口为方形，故按里皮展开计算，这里可取边长值约等于 $a-2t$ 画图［参见图2-58 (b)］。

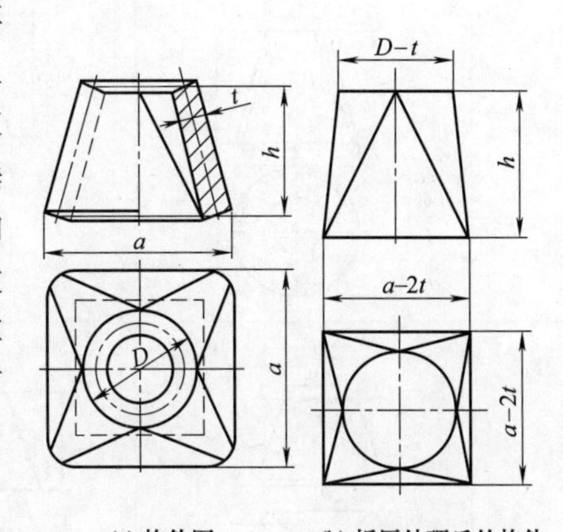

图2-58　锥形构件的板厚处理

(4) 单件板厚处理的原则

综合上述分析可知，单件的料厚处理主要考虑展开长度和工件的高度两项内容。主要应遵循以下原则。

① 凡回转体类构件，即断面为曲线状的构件，其展开长度应以中性层（一般取板料中心部位）作为展开放样和计算的基准。

② 凡柱体、棱锥体类构件，即断面为折线状的构件的展开长度，应以里皮作为展开放样和计算的基准。

③ 断面为曲线状和折线状的构件，如“天圆地方”类构件，应分别按曲线状和折线状的处理原则综合运用。

④ 倾斜的侧表面高度以投影高度作为放样和计算基准。

表2-9列举了常见构件的板厚处理。

◈ 表 2-9 常见构件的板厚处理

类型名称	图形		处理方法
	零件图	放样图	
圆管类	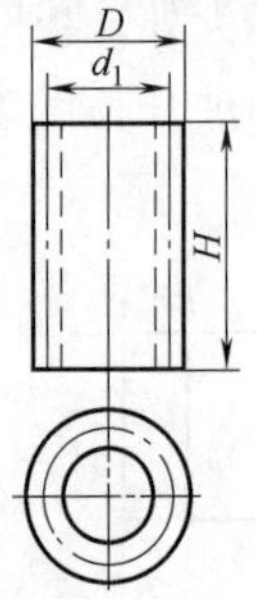	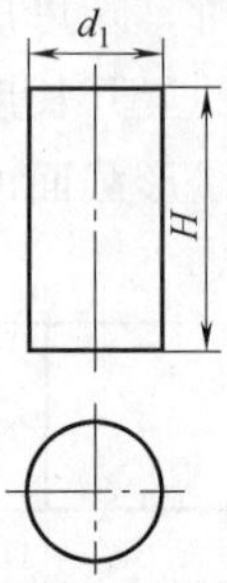	①断面为曲线形状，其展开长度应以中径(d_1)为准计算($R/t<4$除外，式中$R=d_1/2$，t为板料厚度)。放样图只画出中径即可 ②其高度H不变 ③展开长度$L=\pi d_1$
矩形管类	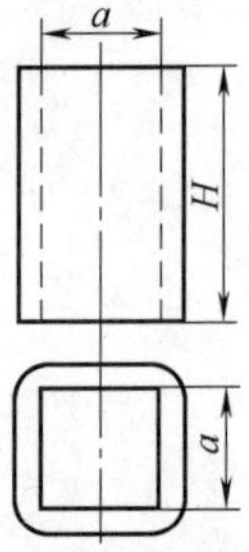	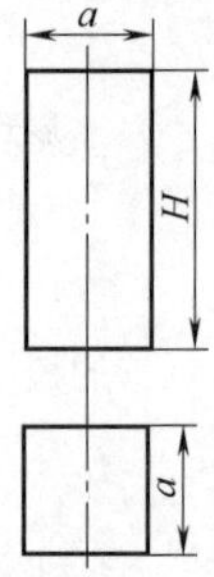	①断面为折线形状，其展开长度以里皮(a)为准计算。放样图只需画出里皮即可 ②其高度H不变
圆锥台类	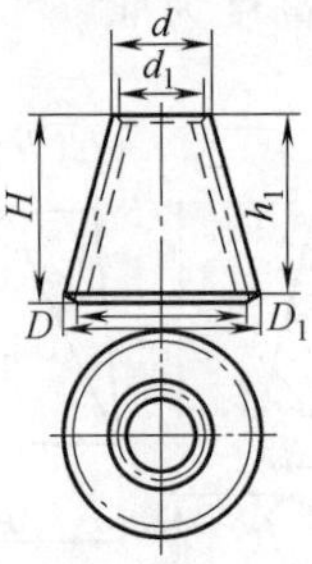	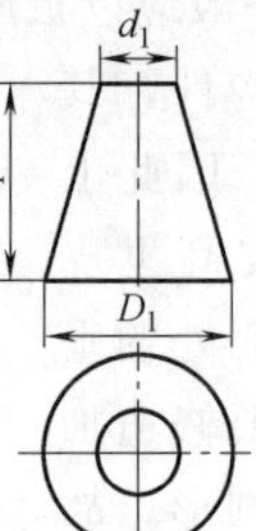	①上、下口断面均为曲线状，其放样图上、下口均以中径(d_1、D_1)为基准 ②因侧表面倾斜，构件高度以h_1为准，作为放样的基准线
棱锥台类	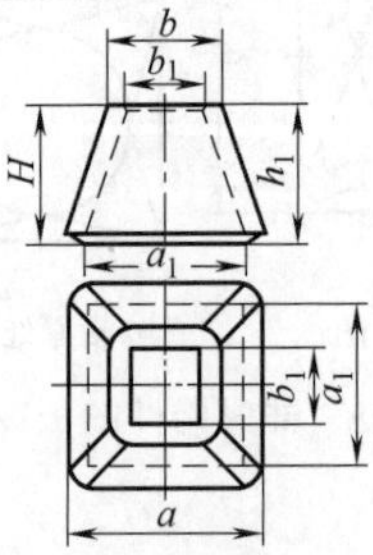	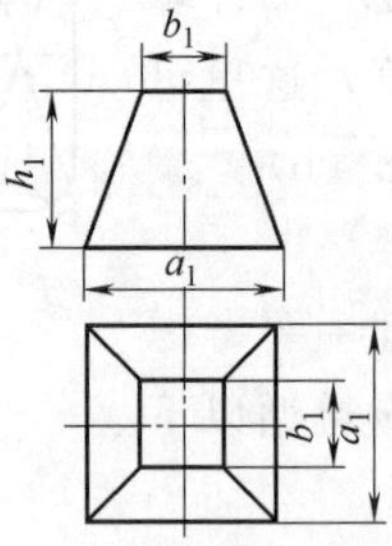	①上、下口断面均为折线状，其放样图上、下口均应以里皮(a_1、b_1)为基准 ②因侧表面倾斜，构件高度应以h_1为准，作为放样的基准线
上圆下方类	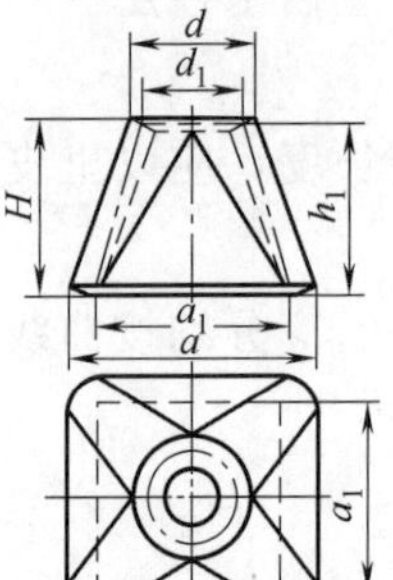	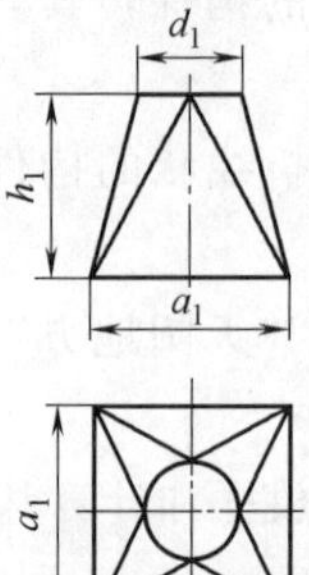	①上口断面为曲线状，放样图应取中径(d_1)为准，下口断面为折线状，故放样图应取里皮(a_1)为准 ②因侧表面倾斜，构件高度应取h_1作为放样的基准线

2.7.3　相贯件的板厚处理

相贯件的料厚处理除了要解决各形体展开尺寸的问题外，还应着重处理好形体相贯的接口线。“接口”指构成构件的不同部分的交接处。接口处的板厚处理可分为两类：一类是不铲坡口；另一类是铲坡口。

相交构件接口处的板厚处理总的指导原则为：相交构件的展开高度，不论铲坡口与否，一般以接触部位尺寸为准，假如里皮接触则以里皮尺寸为准，中心层接触则以中心层尺寸为准等。

(1) 不铲坡口的板厚处理

如图 2-59（a）是焊接等径圆管 90°弯头接口处没有进行板厚处理的情形，很明显，不但弯头的角度不对，而且在接口的中部还有缝隙（俗称缺肉），既影响产品质量又增加焊接难度。

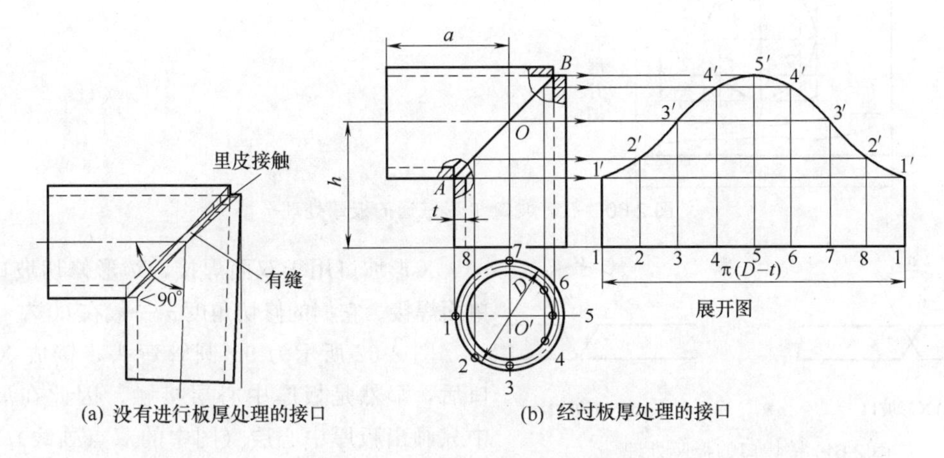

(a) 没有进行板厚处理的接口　　(b) 经过板厚处理的接口

图 2-59　不铲坡口弯头的板厚处理

图 2-59（b）所示为经过板厚处理的接口处情形，由图可知，两个圆管在接口处完全吻合，对弯头内侧，圆管外皮在 A 处接触，而弯头外侧、圆管里皮在四处接触，中间 O 点附近可以看成是圆管中径接触；由板的厚度 t 而形成的自然坡口，A 处坡口在里，四处坡口在外。由上述分析不难得出：圆管的展开高度，A 处以圆管外皮的高度为准，B 处以圆管的里皮高度为准，O 处以圆管的板厚中心层的高度为准。因此得出求作展开图时板厚处理规则：截面图上的等分点 1～8，其中 1、2、8 三点画在外皮上，因为它们离 A 点近，同样 4、5、6 三点要画在里皮上，而 3、7 两点画在中径上。这样画好后才可以用平行线法作展开图。

图 2-60 所示为不铲坡口的 T 形三通构件的板厚处理情形，支管的里皮和主管的外皮相接触，因此，支管展开图中的各处高度，应以里皮为准画出，主管孔的展开图，应以外皮为准画出。只有这样，才能使接口处严密而无缝隙。

(2) 铲坡口的板厚处理

一般说来，只有厚钢板才采用铲坡口加工，铲坡口的目的不仅是便于焊接，提高接口强度，也是取得吻合接口的重要途径。坡口的形式根据板厚和具体施工要求的不同，可以分成 X 形坡口［参见图 2-61（a）］和 V 形坡口［参见图 2-61（b）］两大类。

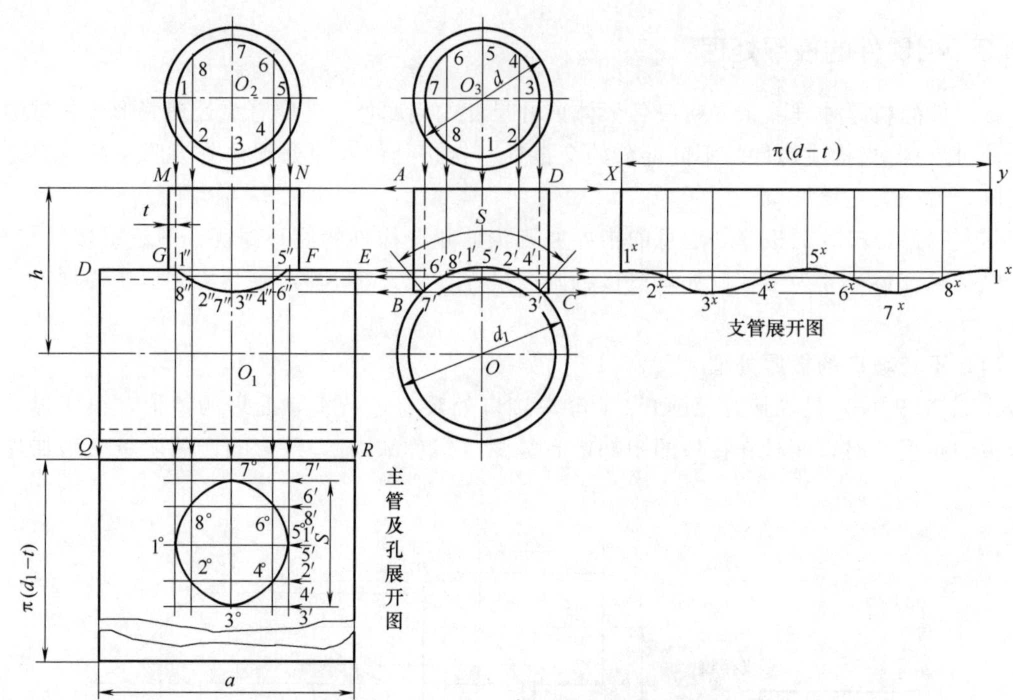

图 2-60 不铲坡口 T 形三通的板厚处理

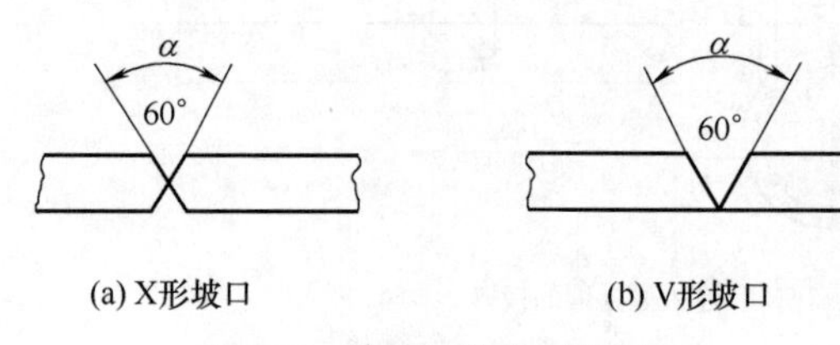

图 2-61 铲坡口的板厚处理

X 形坡口用于双面焊接，V 形修切坡口用于单面焊接。它们的修切角度 α 一般在 60°左右。

图 2-62 所示为 90°圆管弯头，铲成 X 形坡口后，显然是板厚中心层接触，因此在展开图中只画出板厚中心层（图中的双点画线）即可，展开图的高度按板厚中心层处理。

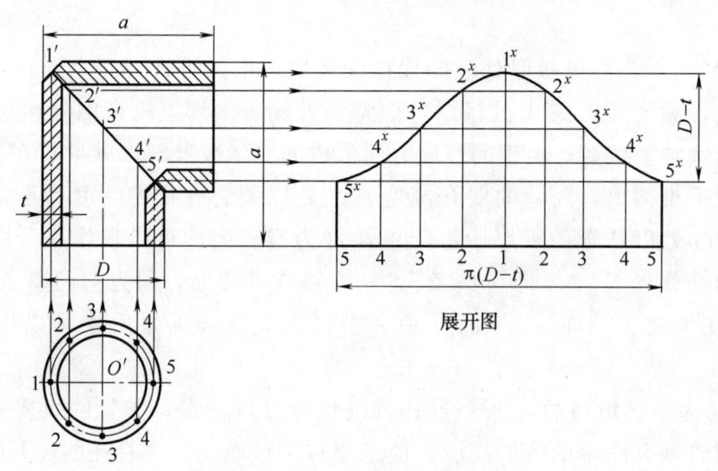

图 2-62 铲坡口弯头的板厚处理

图 2-63 所示为任意角度的方管弯头，板厚处理是 V 形坡口，可以发现接口处里皮接触，因此作展开图时只要画出里皮的尺寸即可。

（3）板厚不等焊接接头的斜度处理

在焊接加工板料厚度不等的钣金构件接口过程中，当较薄板的厚度 $t<10\text{mm}$，且两板

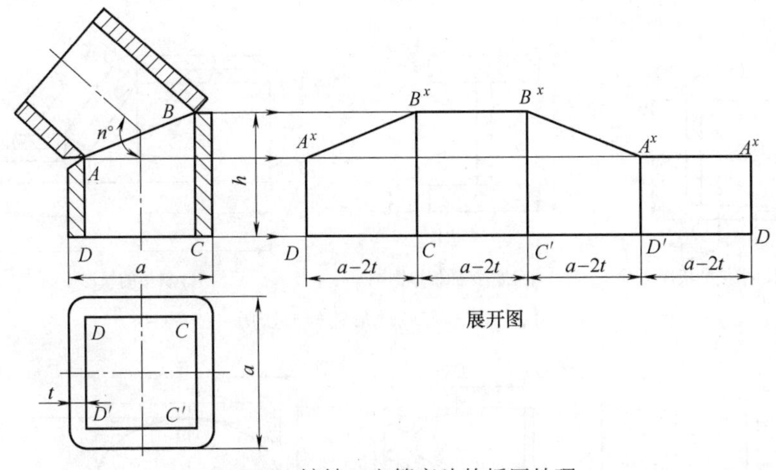

图 2-63　铲坡口方管弯头的板厚处理

厚度差超过 3mm；或当较薄板的厚度 $t>10$mm，但两板厚度差超过薄板厚度的 30%或超过 5mm 时，均应按如图 2-64 所示的要求单面或双面削薄厚板的边缘，或按同样要求采用堆焊方法将薄板边缘焊出斜面。

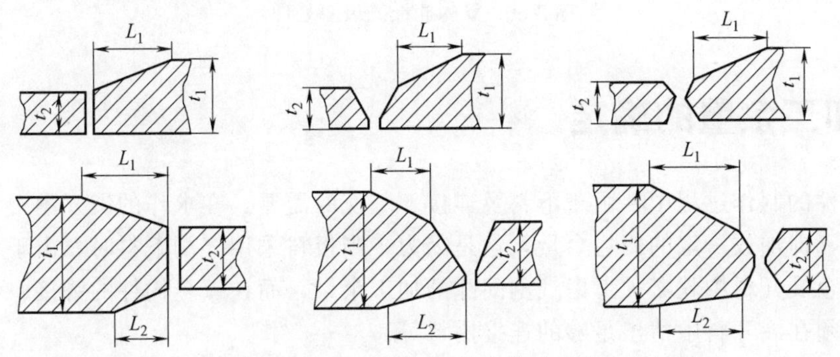

图 2-64　不同板厚焊缝接头的削薄处理

2.7.4　非弯曲成形件的板厚处理

除常见的弯曲、成形、相贯等钣金构件外，生产中，还有一些非弯曲成形件组焊而成的构件，其在组合过程中也存在一些板厚处理问题，常见的板厚处理有如下几种类型。

(1) 厚度占据了构件的有效尺寸

当板料厚度占据了构件的有效尺寸时，那么，其相邻构件的下料尺寸便应相应减小，如图 2-65（a）中件号 1 的下料高度尺寸 h 应等于 $B-t_2$；件号 2 的宽度尺寸 b 应等于 $A-2t_1$；图 2-65（b）件号 2 的宽度尺寸 b 应等于 $H-2t$；图 2-65（c）件号 2 的宽度尺寸应采用 L'，L'可用图解法或计算法求得。

(2) 筒内插板的板厚处理

当在圆筒内倾斜安放未做板厚处理的内插板［参见图 2-66（a）］时，展开为一椭圆，其短轴 $b=D_n$，长轴 $a=D_n\tan\alpha$，当在圆筒内倾斜安放做过板厚处理的内插板［参见图 2-66（b）］时，由于板厚 t 的存在，此时，展开的椭圆短轴 b 仍等于 D_n，但长轴 a'应符合下式计算结果，图 2-66（c）给出了板厚处理与否的内插板长轴、短轴的对比。

$$a'=\frac{D_n}{\cos\alpha}-2t\tan\alpha$$

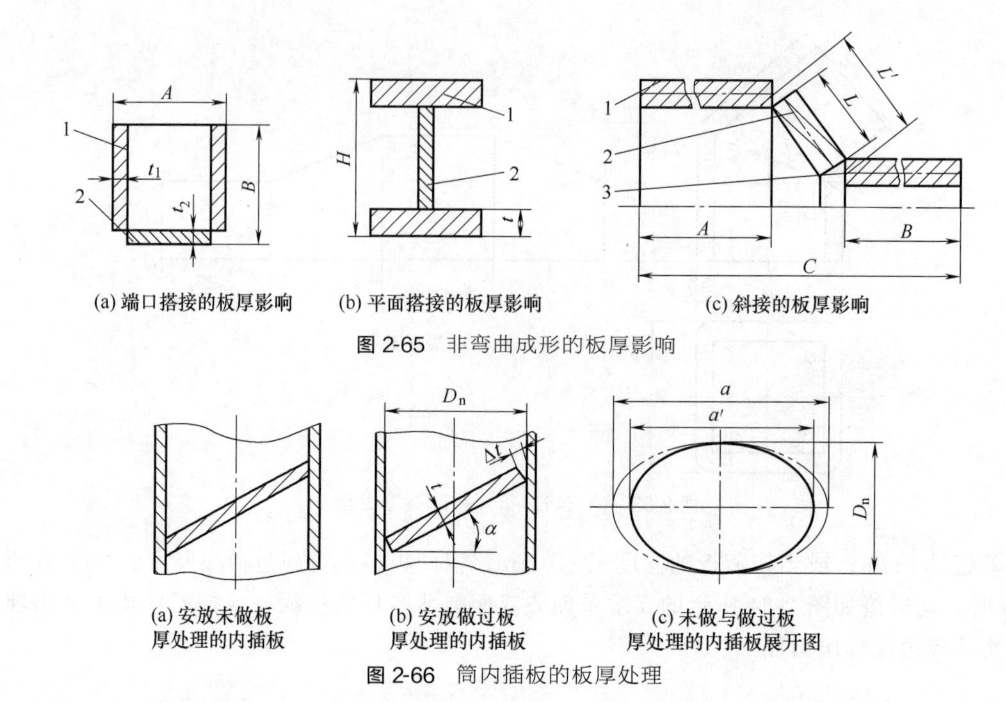

(a) 端口搭接的板厚影响 (b) 平面搭接的板厚影响 (c) 斜接的板厚影响

图 2-65 非弯曲成形的板厚影响

(a) 安放未做板厚处理的内插板 (b) 安放做过板厚处理的内插板 (c) 未做与做过板厚处理的内插板展开图

图 2-66 筒内插板的板厚处理

2.8 加工余量的确定

在钣金件的制作过程中，由于下料及连接、装配的需要，在求作的展开图中，往往要进行工艺处理，即加放一定的修边余量，这是因为，当板料采用气割下料时，由于切割加工的需要，在钣金展开料中就必须考虑气割间隙的加工余量，而在钣金构件的铆接、焊接等连接过程，又必须在展开料中留出足够的连接用料等。

这种在展开料的生产加工中加放的修边余量就叫加工余量，而加放了加工余量的展开图称为展开料，展开料是生产加工中划线、放样的最终依据。加工余量的种类及确定方法主要有以下方面。

(1) 焊接时的加工余量

根据焊接接口方式的不同，焊接的加工余量分别确定如下。

① 对接。如图 2-67 所示，板料Ⅰ、Ⅱ的加工余量 $\delta=0$。

② 搭接。如图 2-68 所示，设 l 为搭接量，如 A 居 l 中点，则板料Ⅰ、Ⅱ的加工余量 $\delta=\frac{l}{2}$。

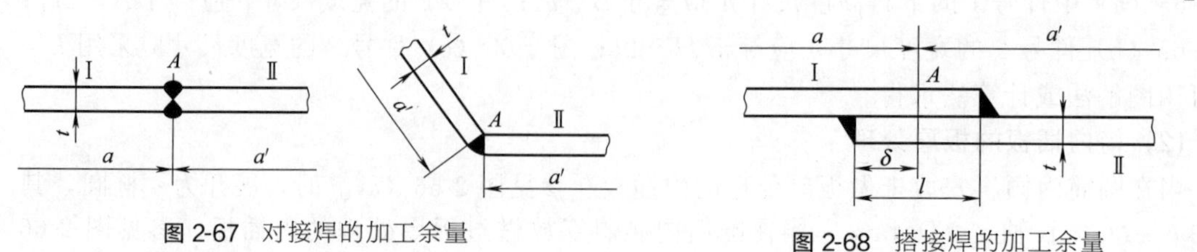

图 2-67 对接焊的加工余量

图 2-68 搭接焊的加工余量

③ 薄钢板（1.2～1.5mm）用气、电焊连接时，当采用图 2-69（a）所示的对接形式时，加工余量 $\delta=0$，采用图 2-69（b）、图 2-69（c）、图 2-69（d）相连接时，加工余量 $\delta=$ 5～12mm。

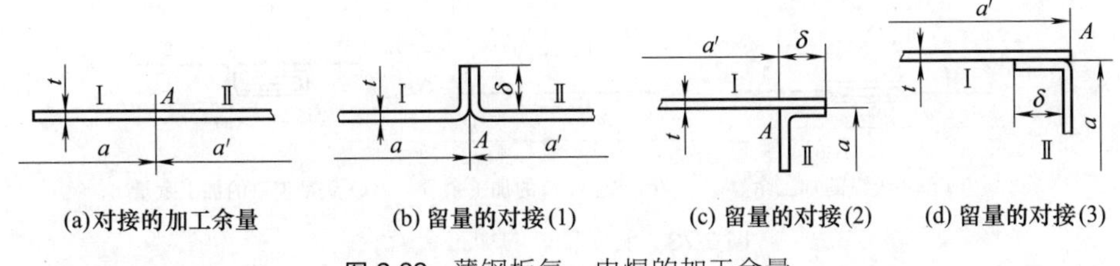

(a)对接的加工余量　(b) 留量的对接(1)　(c) 留量的对接(2)　(d) 留量的对接(3)

图 2-69　薄钢板气、电焊的加工余量

(2) 铆接时的加工余量

根据铆接形式的不同，铆接的加工余量分别确定如下。

① 用夹板对接。如图 2-70 所示，板料Ⅰ、Ⅱ的加工余量 $\delta=0$。

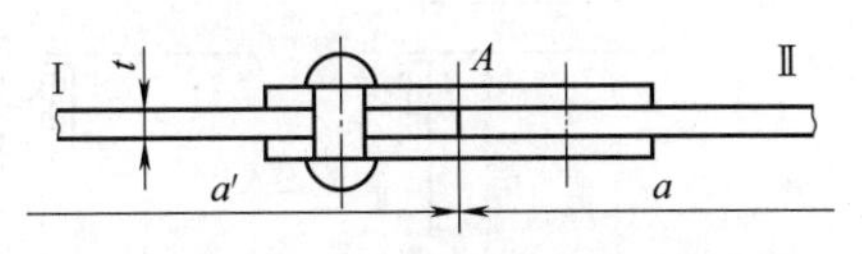

图 2-70　用夹板对接铆的加工余量

② 搭接。如图 2-71 所示，设搭接量为 l，A 在中间，则板料Ⅰ、Ⅱ的加工余量 $\delta=\dfrac{l}{2}$。

③ 角接。如图 2-72 所示，板料Ⅰ的加工余量 $\delta=0$，板料Ⅱ的加工余量 $\delta=1$

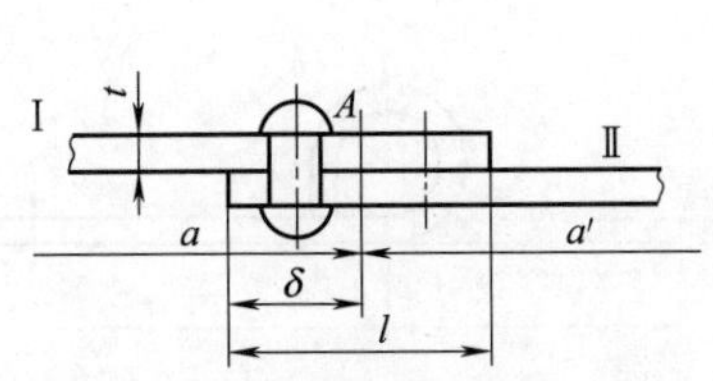

图 2-71　搭接铆的加工余量

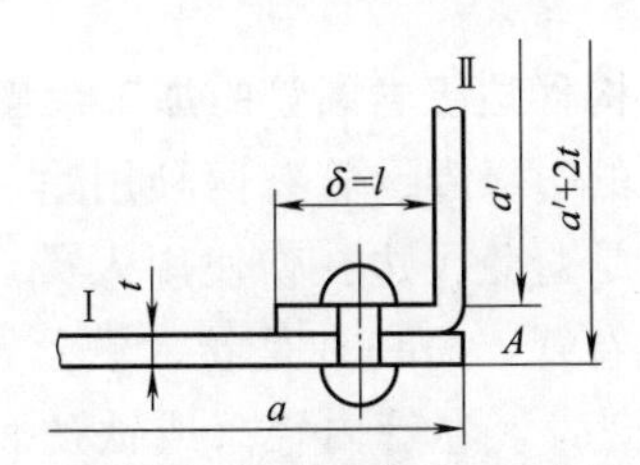

图 2-72　角接铆的加工余量

(3) 咬口时的加工余量

咬口连接方式是将工件两端或两块板料的边缘折边扣合，并彼此压紧，使之成为一体，通常咬口的宽度叫单口量，用 S 表示。咬口余量的大小用咬口宽度 S 的数目来计量。咬口宽度 S 与板厚 t 有关，其关系可用下列经验公式表示：

$$S=(8\sim12)t$$

式中，$t<0.7$mm 时，S 不应小于 6mm。

咬口连接方式主要适用于板厚小于 1.2mm 的普通钢板，厚度小于 1.5mm 的铝板和厚度小于 0.8mm 的不锈钢板。咬口形式不同，加工余量也将不同，常见的咬口形式及加工余量如下。

① 平接咬口。如图 2-73（a）所示叫单平咬口，由于 A 在 S 中间，所以板Ⅰ、板Ⅱ的加工余量相等，$\delta=1.5S$；图 2-73（b）所示也叫单平咬口，由于 A 在 S 的右边，所以板Ⅰ的加工余量 $\delta=S$，板Ⅱ的加工余量 $\delta=2S$；图 2-73（c）所示叫双平咬口，由于 A 点在 S 的右边，所以板Ⅰ的加工余量 $\delta=2S$，板Ⅱ的加工余量 $\delta=3S$。

由图可以看出，A 点的位置对于确定加工余量影响很大，例如图 2-73（a）中，如 A 点不在 S 中间而在 S 右端，则板Ⅰ的加工余量 $\delta=S$，板Ⅱ的加工余量 $\delta=2S$，这与原先的加工余量就不同了。

② 角接咬口。如图 2-74（a）所示叫外单角咬口，板Ⅰ的加工余量 $\delta=2S$，板Ⅱ的加工余量 $\delta=S$；图 2-74（b）所示叫内单角咬口，板Ⅰ的加工余量 $\delta=2S$，板Ⅱ的加工余量 $\delta=S$；图 2-74（c）所示也叫外单角咬口，板Ⅰ的加工余量 $\delta=2S+b$，板Ⅱ的加工余量 $\delta=$

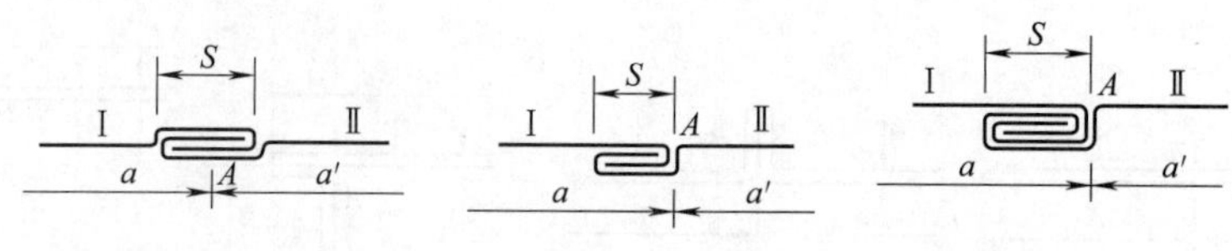

图 2-73 平接咬口的加工余量

$S+b$；图 2-74（d）所示叫联合角咬口，板Ⅰ的加工余量 $\delta=2S+b$，板Ⅱ的加工余量 $\delta=S$，这里 $b=6\sim10$mm。

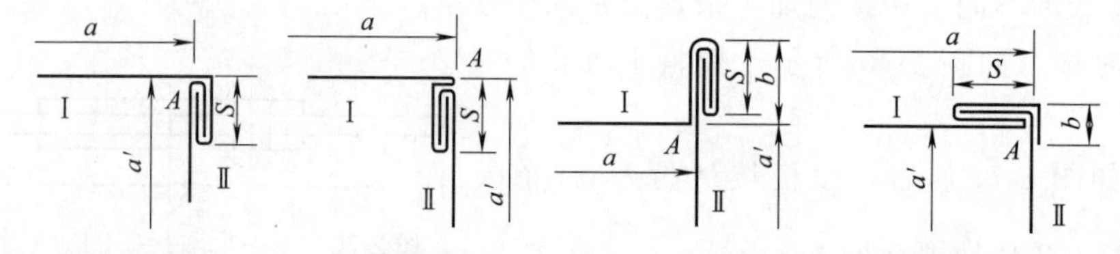

图 2-74 角接咬口的加工余量

（4）构件边缘卷圆管的加工余量

构件的边缘卷圆管有两种用途，一是增加构件的刚度，二是避免飞边扎伤使用人员。卷管分两种：一种是空心卷管，另一种是卷入铁丝，如图 2-75 所示，假设板厚为 t，卷管内径（或铁丝直径）为 d，L 为卷管部分的加工余量，则

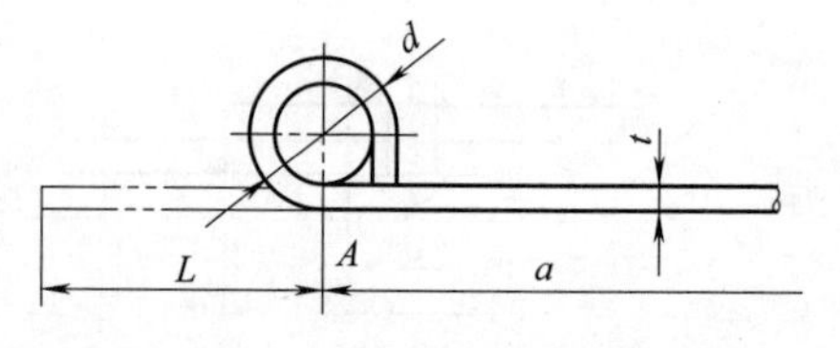

图 2-75 边缘卷圆管的加工余量

$$L=\frac{d}{2}+2.35(d+t)$$

另外，卷圆的直径 D 应该大于板厚 t 的三倍以上。

（5）厚板料或型钢焊接时的加工余量

在厚板料或型钢焊接时，需要预留 1～5mm 的焊缝，这时的加工余量不再是正值而是负值。

（6）切割加工时的加工余量

在坯料的切割下料时，由于切割间隙的影响，坯料将会缩小，因此，下料时要考虑切割间隙，留出加工余量。进行切割下料的加工方法主要有气割、等离子切割等，其切割间隙值参见表 2-10。

◈ 表 2-10 火焰及等离子切割的切割间隙值 单位：mm

材料厚度	火焰切割		等离子切割	
	手工	半自动	手工	半自动
≤10	3	2	9	6
10～30	4	7 3	11	8
30～50	5	4	14	10
50～65	6	4	16	12
65～130	8	5	20	14
130～200	10	6	24	16

常见钣金件的图解展开

3.1 常见棱柱面构件的平行线法展开

按照棱柱体的棱线或圆柱体的素线，将棱柱面或圆柱面划分成若干四边形，然后依次摊平，作出展开图，这种方法就叫平行线法。平行线法是作展开图的基本方法之一，生产中应用广泛。凡属素线或棱线互相平行的几何体，如矩形管、圆管等，都可用平行线法进行表面展开。

用平行线法作展开图的大体步骤如下。

① 画出构件的主视图和断面图，主视图表示构件的高度，断面图表示构件的周围长度。

② 将断面图分成若干等份（如为多边形，以棱线交点），等分点愈多展开图愈精确；当构件断面或表面上遇折线时，须在折点处加画一条辅助平行线。

③ 在平面上画一条水平线，使其等于断面图周围伸直长度并照录各点。

④ 由水平线上各点向上引垂线，取各线长对应等于主视图各素线高度。

⑤ 用直线或光滑曲线连接各点，就得出了构件的展开图。

3.1.1 斜口四棱柱管的展开

图 3-1 所示为一顶口倾斜的四棱柱管，它是由正平面和侧平面组成的，其中前后两面为正平面，正平面投影反映实形；左右两面为侧平面，侧平面投影也反映实形。由于棱柱管各

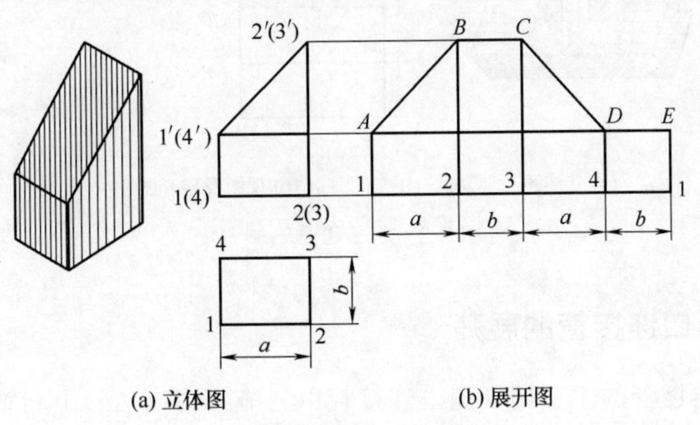

(a) 立体图　　(b) 展开图

图 3-1　棱柱管的展开

棱线相互平行；且其正面投影中各棱线为实长，各棱线间距离可由水平投影求得，故可用平行线法作出其展开图，其作图方法如下。

① 将棱柱底边展开成一直线 1-1，在其上分别量取 1-2=a，2-3=b、3-4=a、4-1=b。

② 通过点 1、2、3、4、1 分别作直线 1-1 的垂线，并依次量取 1-A=4-D=1-E=1-1′，2-B=3-C=2-2′，得到 A、B、C、D、E 各点。

③ 顺次连接这些端点，即得斜口四棱柱管的展开图。

3.1.2 方三通管的展开

图 3-2（a）所示为实物立体图，由于方三通管属于平面立体相交，其结合线为直线可直接画出，故可用平行线法作出其展开图。如图 3-2（b）所示，方三通管展开作图的步骤如下。

① 按已知里皮尺寸先画出主视图、右视图及断面图。

② 上部支管展开作图，在 AB 延长线上截取 1-1 等于里皮断面四边伸长尺寸，并四等分，由等分点向下引垂线与由主视图结合线两端点向右引水平线对应交点顺次连成直线，即得所求展开图。

③ 下部主管展开作图，在 CF、DE 向下延长线上作一矩形，使其长等于里皮断面四边伸长尺寸并四等分，过 6、7、8 三点向右引水平线，与由主视图结合线各点向下引垂线对应交点顺次连成直线，得主管开孔实形 $F'F''E''E'$，即为主管展开图。

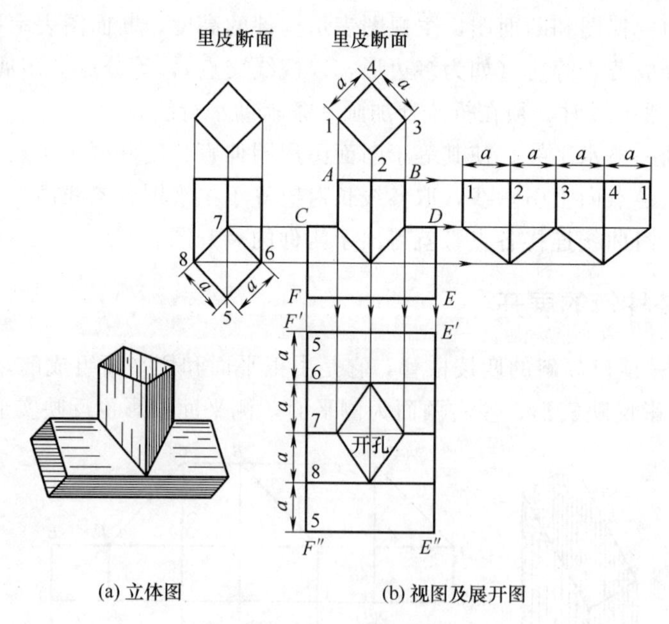

图 3-2 方三通管的展开

3.1.3 三节矩形口连接管的展开

图 3-3 所示为连接管的主、俯视图，连接管由三节管构成，管Ⅰ和管Ⅲ是矩形管，管Ⅱ是棱柱管，三者仍可用平行线法作展开图。其展开图步骤如下。

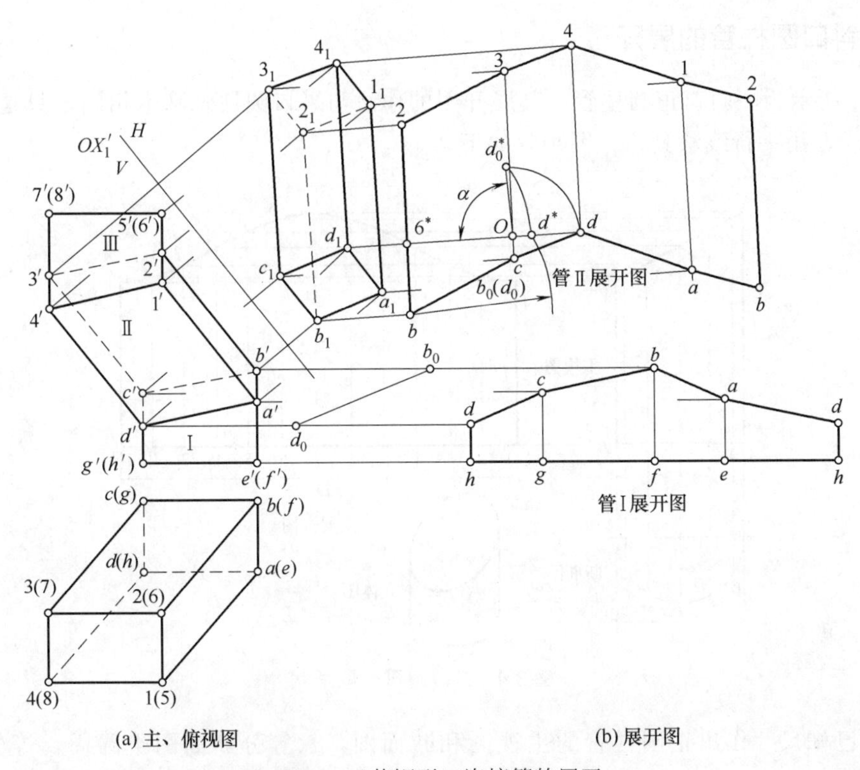

图 3-3　三节矩形口连接管的展开

① 管Ⅰ和管Ⅲ的展开：在主视图下端口投影的延长线上依次取四线段，令其长分别等于下端口各边的实长，即俯视图中的边 ef、fg、gh 和 he。

过线段端点作垂直线，再过主视图中点 a'、b'、c' 和 d' 分别作水平线，垂直和水平两组平行线的对应线相交于点 a、b、c 和 d，用直线依次连接各点即得管Ⅰ的展开图。管Ⅲ的展开图形状与管Ⅰ相同。

② 管Ⅱ的展开：由于管Ⅱ的各条棱线的主、俯视图中投影不显示实长，须采用换面法，用平行棱线的新 OX_1' 作投影轴面，由主视图上 $1'$、$2'$、$3'$、$4'$ 各点和 a'、b'、c'、d' 各点向右引 OX_1 轴面的垂线，并左右对应截取等长得交点 1_1、2_1、3_1、4_1 各点和 a_1、b_1、c_1、d_1 各点。

再从这 8 个交点分别向右作 4 条新棱线［图 3-3（b）］a_1-1_1、b_1-2_1、c_1-3_1、d_1-4_1 的垂直线，在过点 b_1 的垂直线上适当位置取点 b，以 b 为圆心，以管Ⅰ展开图中的线段 bc 为半径画圆弧，与过点 c_1 的垂直线相交于点 c。

同理，再以点 c 为圆心，以管Ⅰ展开图中的线段 cd 为半径画弧，与过点 d_1 的垂直线相交于点 d。依此类推，分别作出点 a 和 b 后，分别过点 a、b、c、d 作棱线 a_1-1_1 等的平行线，分别与过 1_1、2_1、3_1、4_1 的垂直线相交于点 1、2、3、4，用直线依次连接各点得到管Ⅱ的展开图。

3.2　常见圆柱面构件的平行线法展开

平行线法除了常用于棱柱面构件的展开外，还常用于圆柱面构件的展开。

3.2.1 斜口圆柱管的展开

图 3-4 所示为一斜口正圆柱管，其展开图的作法与平口圆柱管基本相同，只是斜口部分展开成曲线，用平行线法具体作图步骤如下。

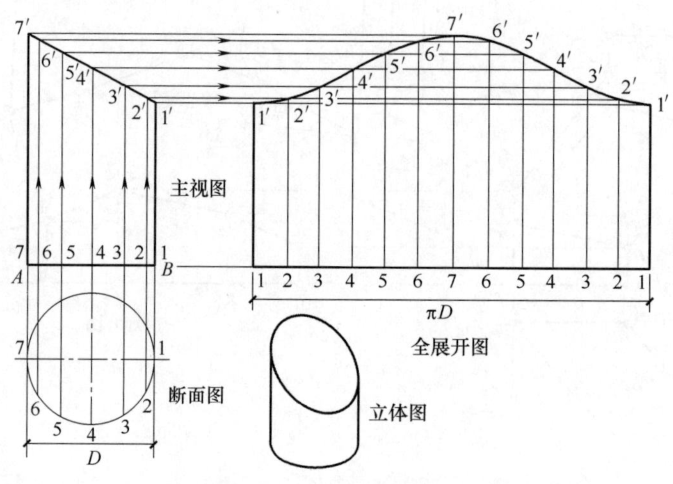

图 3-4 斜口圆管的展开

① 用已知尺寸作出正圆柱管的主视图和断面图，六等分断面图半圆周，等分点为 1、2、…、7，由等分点向上引垂线至主视图，得与结合线 1′-7′的交点。

② 在主视图 AB 的延长线上截取断面图圆周长度作周长直线 1-1，并作 12 等分，过等分点引上垂线，与由主视图结合线各点向右所引水平线对应相交，光滑连接各交点成曲线。

③ 所作曲线与三边直线组成的图形即为所求的展开图。

3.2.2 两节等径直角弯管的展开

图 3-5 两节等径直角弯管是由两相同截体圆管组成的，相贯线为平面曲线，其正面投影为一与水平成 45°的斜线，相当于把两节 45°斜口圆管接起来。因此，作这种弯管的展开，实际上就是作斜口圆管的展开（图 3-4）。

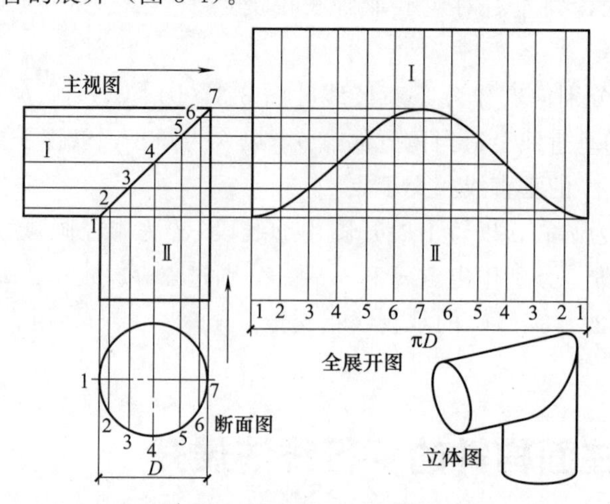

图 3-5 两节等径直角弯管的展开

展开时可分成两个部分，分别与主视图相对应求得，下料时两部分的接口分别处于内侧和外侧，并且当板料厚度大于 1mm 时，应考虑厚度，按平均直径展开。

展开方法可参照图 3-4 进行。

3.2.3 三节等径直角弯管的展开

图 3-6 所示三节等径直角弯管的回转半径为 R，圆管直径为 d，且由两个一端斜切的圆柱管Ⅰ与Ⅲ和一个两端斜切的圆柱管Ⅱ组成，由于Ⅰ与Ⅲ形状相同，展开时只需展开其中一节即可。Ⅰ与Ⅱ采用平行线法，展开步骤如下。

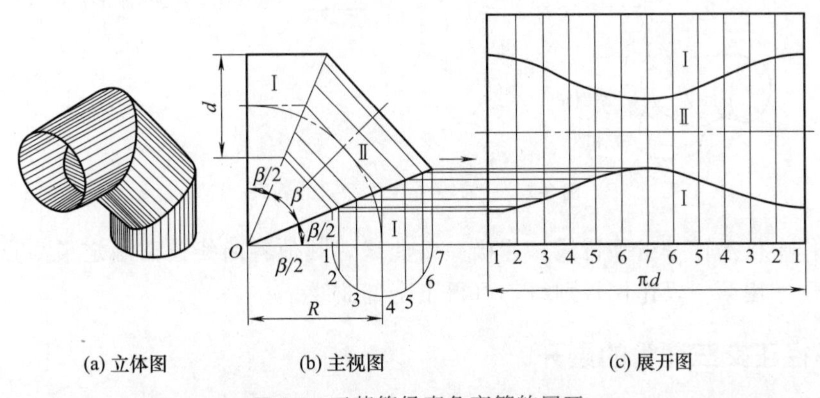

图 3-6 三节等径直角弯管的展开

① 用作图法求分节角，以 R 为半径画 1/4 圆周，并作 4 等分，过等分点向中心 O 连线（端节各占一等份，中节各占二等份）为各节分节线，则各分节角就自然得出。

② 画各节圆管轴线，使端节轴线与弯管端面垂直，且各节轴线与回转圆弧相切；用已知尺寸 d 画出各节轮廓线，完成弯管的主视图。

③ 六等分断面半圆周，等分点为 1、2、…、7，由等分点引上垂线得与结合线的各交点，再由结合线交点向右引与 1-1 平行线。

④ 管Ⅰ展开作图，在主视图 1-7 延长线上截取 1-1 等于断面图圆周长度并 12 等分，由等分点引上垂线与由结合线各点向右所引水平线对应相交，连接各交点成光滑曲线，得管Ⅰ展开图。

⑤ 管Ⅱ展开作图，在管Ⅰ展开图正上方作一矩形，使其长等于 πd，宽等于主视图管Ⅱ中心高，具体展开法与管Ⅰ相同。在制造工艺允许时，为节约用料，可将各节的接缝错开 180°布置，则三节的展开图即可拼画在一起为一矩形。

3.2.4 五节等径直角弯管的展开

五节等径直角弯管是由两个端段Ⅰ和Ⅴ与三个中间段Ⅱ、Ⅲ、Ⅳ组成，其采用平行线法展开作图步骤如图 3-7 所示。

① 用已知尺寸作出主视图和断面图，等分断面图半圆周，等分点为 1、2、…、7。

② 将中间段Ⅱ、Ⅳ绕其轴线旋转 180°，使各段管排成同一个直圆柱管。画出直圆柱管的主视图，使其上角一个管段都必须与原主视图上一一对应，且完全相同。

③ 由新作主视图结合线上各点向右作平行线，与在 1-7 延长线上所作的周长直线 1-1 上各点的上垂线相交，连接各交点即得展开图。

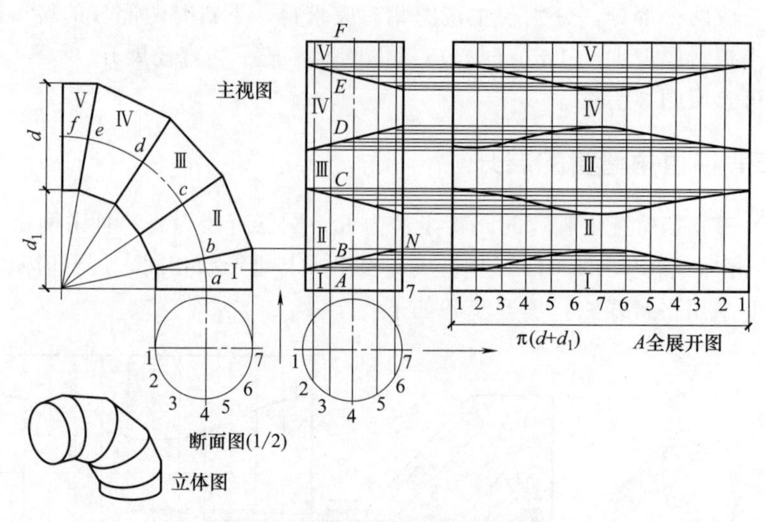

图 3-7　五节等径直角弯管的展开

实际操作中仅需作一组平行线，连接一条曲线，其他各曲线仅需确定最高点和最低点，第一段下料后，用第一段作模板划线，可得出全部曲线。

3.2.5　等径正交三通管的展开

等径正交三通管可采用平行线法展开作图，具体作法如图 3-8 所示。

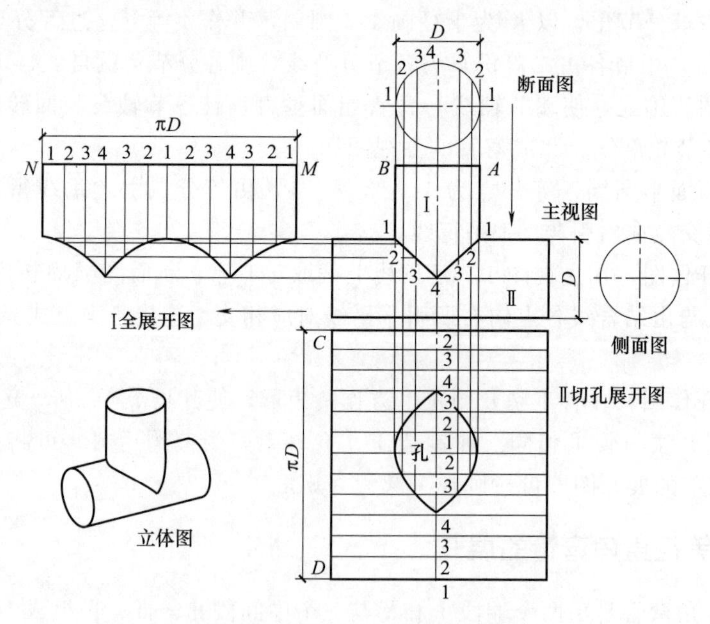

图 3-8　等径正交三通管的展开

① 用已知尺寸作主视图、断面图和侧面图，等分断面图圆周，由各等分点向主视图引垂线，得与结合线相交各点。

② 分别作管Ⅰ、Ⅱ的周长直线，画出与断面图圆周相同的 12 等分点，由等分点向下、向左右引垂线。

③ 由主视图结合线上各点分别向左、向下引垂直线，与二者周长直线的垂线相交得出

各交点，连接各交点即得管Ⅰ和开孔管Ⅱ的展开图。

3.2.6　等径 Y 形管的展开

等径 Y 形弯管如图 3-9 所示，是由一个管Ⅰ、两个管Ⅱ、两个管Ⅲ组成的。其展开步骤如下。

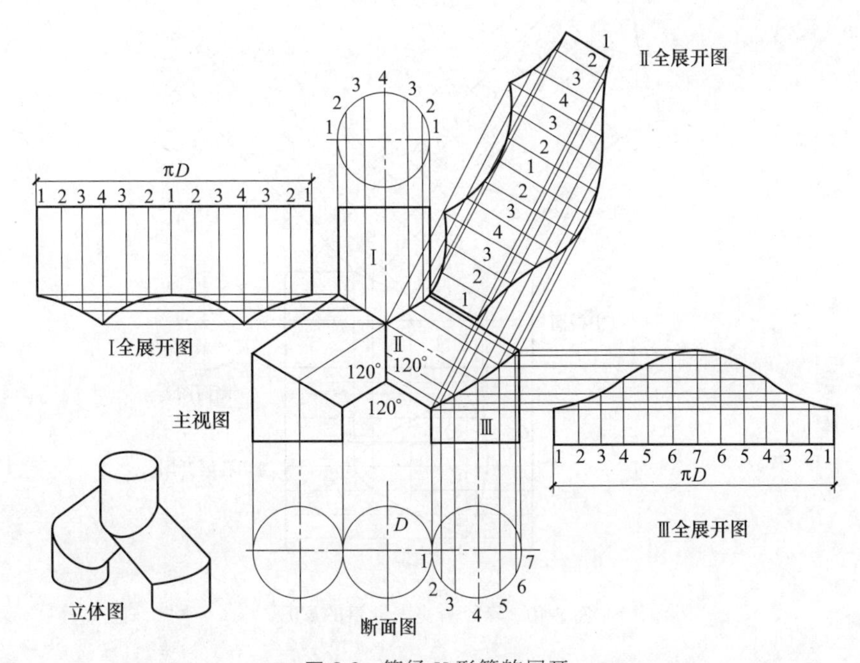

图 3-9　等径 Y 形管的展开

① 作出断面图和主视图，在图 3-9 中两个管Ⅱ的夹角选的是 120°，实际工作时可根据需要选其他角度。

② 用平行线展开法，分别展开Ⅰ、Ⅱ、Ⅲ，所用方法与前几种管件相同。

3.2.7　等径斜交三通管的展开

图 3-10 所示为等径斜交三通管，是由两直径相等、轴线成 45°角的倾斜圆柱管和水平圆柱管构成的。其外皮结合线为平面曲线，正面投影为直线。两圆柱管的展开作图步骤与等径正交三通管相同，可参见图 3-8 所示的步骤。

3.2.8　等径裤形三通管的展开

如图 3-11 所示的实物立体图，裤形管两腿对称、直径相等，上端与竖直管Ⅰ结合，下端向左右叉开成任意角度，其结合线在主视图中为直线可直接画出，其展开可采用平行线法。具体作法如下。

① 用已知尺寸画出主视图和断面图，六等分管Ⅰ与管Ⅱ断面半圆周，由等分点分别引两管素线，交结合线上各点。

② 管Ⅰ展开作图，在其上端口向左的延长线上截取 1-1 等于断面图圆周长度，并分为 12 等份，由等分点向下引垂线，与由结合线各点向左引水平线对应相交得各交点，连接各交点成曲线，得管Ⅰ的展开图。

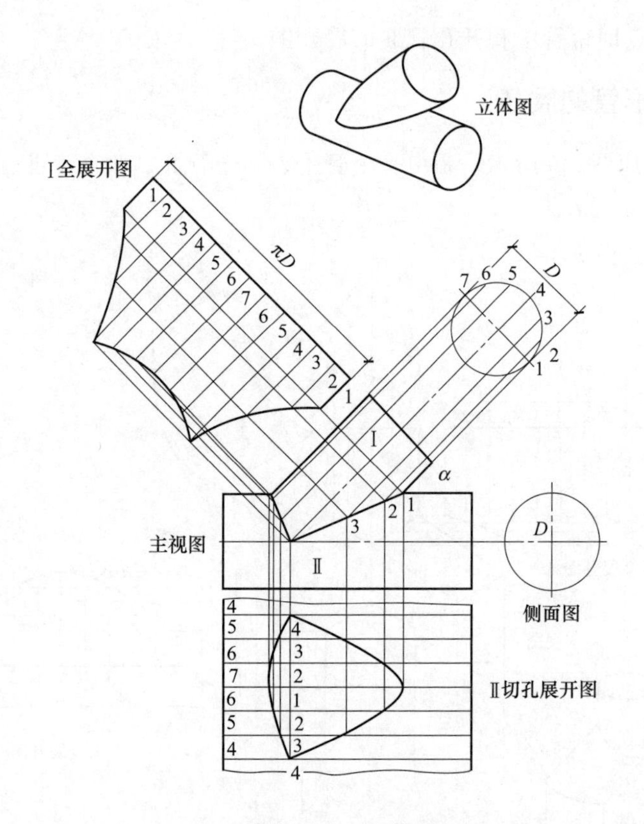

图 3-10　等径斜交三通管的展开

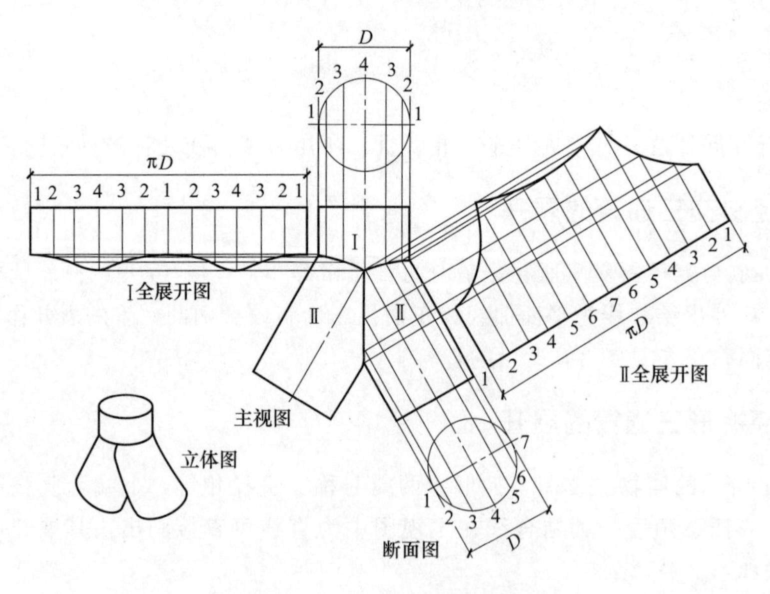

图 3-11　等径裤形三通管的展开

③ 管Ⅱ展开作图，在其下端口向右上的延长线上截取 1-1 等于断面圆周长度，并分为 12 等份，由等分点向上引垂线，取各线长对应等于主视图管Ⅱ各素线长度，得出各点连成曲线即为所求管Ⅱ的展开图。

3.2.9　等径三通补料管的展开

图 3-12 所示补料管是由平面三角形与左右半圆管组成的等径正交三通管，采用左右对称的补料形式，即由两个圆管和两个补料部分组成，而补料部分又由与三通管等径的半圆管和外伸三角形组成。由于主管、补管等径相交且结合线为相交直线，作图时可直接画出，其展开作图可采用如下平行线展开法。

① 用已知尺寸画出主视图和断面图，三等分垂直支管断面 1/4 圆周，等分点为 1、2、3、4，由等分点引下垂线得与垂直支管底线 1′-4′交点；三等分水平支管断面 1/4 圆周，等分点为 1、2、3、4，由等分点引水平垂线得与水平支管结合线 1°-4°交点。

② 补料管展开作图，1′-4′线和 1°-4°线上各点分别向右上角引 4′-4°线的垂线，并在 1′和 4°点所引的垂线上截取 1-1 等于$\frac{\pi d}{2}$，且分为 6 等份，以其间的对称中心（4 的中点）为补料管展开图中心，过等分点引垂线，与以 1′-4′线和 1°-4°线上各点所引 4′-4°线的垂线分别对应相交，连接对应交点成光滑曲线，再在展开图两侧照画主视图 1/2 三角形，即得所求补料管展开图的 1/2。

③ 支管展开作图，由 1′-4′线上 1′、2′、3′、4′点分别引对 1-1′的垂线，在 4-4 的延长线上截取两点（两点的中点为中心）等于$\frac{\pi d}{2}$，并分为 6 等份，过等分点引垂线，与由 1′-4′线上 1′、2′、3′、4′点所引垂线分别对应相交，对应交点连成光滑曲线即为所求支管展开图的 1/2。

④ 主管展开作图，在垂直支管轴线延长线上截取 1-1（以 4 为中点）等于$\frac{\pi d}{2}$，并分为 6 等份。过等分点引水平线，与补料管轮廓线和结合线各点引下垂线对应相交，连接各点成 $1^{\triangle}$-$4^{\triangle}$-$1^{\triangle}$ 曲线。再按对称画出左侧曲线，即得所求主管展开图。

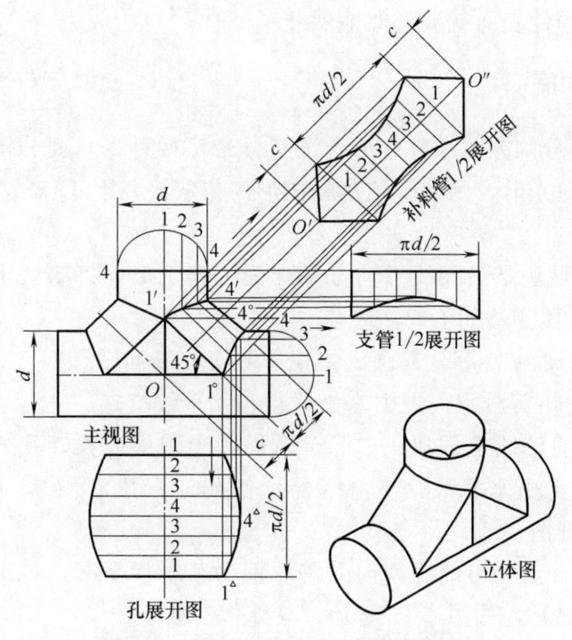

图 3-12　等径正交三通补料管的展开

3.2.10 等径补料Y形管的展开

图3-13为等径补料Y形管，采用平行线法，其展开步骤可按图3-13视图进行。

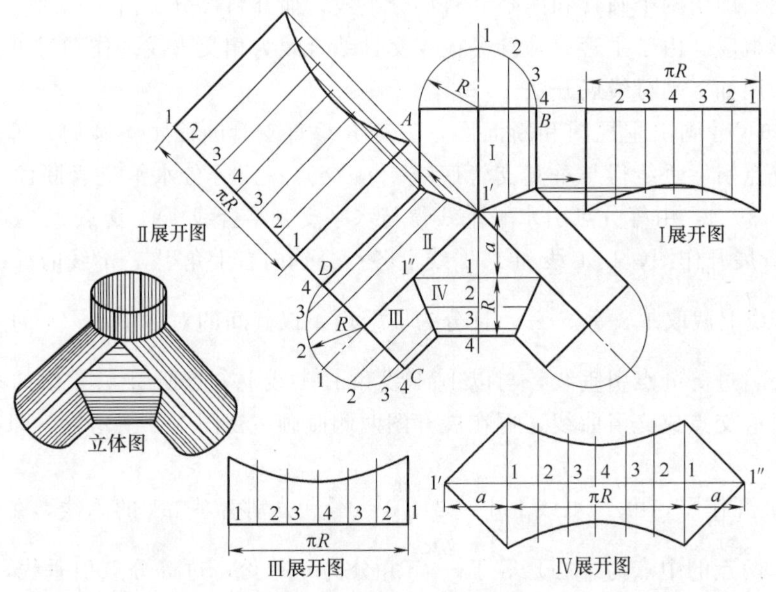

图3-13 等径补料Y形管的展开

3.3 常见球面构件的平行线法展开

球面属于不可展曲面，在现场多用近似方法作其构件的展开图，即假设不可展曲面构件的表面是由许多小块料拼接而成，而这些小块料被认为是可展的，且应用平行线法将小块料的展开图作出，整个构件表面就被近似地展开了。

3.3.1 球形储罐的展开

图3-14（a）球面分割方式通常有分瓣法和分带法两种，球面分割数愈多，分割每块料大小愈一致，拼接后愈光滑，则相应的落料成形工艺愈繁，因此分割数的多少应根据球的直径大小而定。

① 分瓣法展开。此法是沿径线方向分割球面为若干瓣，每瓣大小相同，展开后为柳叶形［图3-14（b）］。具体作法如下。

a. 用已知尺寸和12块料等分数画出主视图和1/4断面图。四等分断面1/4圆周，等分点为1、2、3、4、5，由等分点向左引水平线得与结合线交点。

b. 在向下延长竖直轴线上截取1-1等于断面图半圆周周长，并分为八等份，过等分点2、3、4、5、4、3、2，引水平线，与由结合线各点向下引的垂线对应交点分别连成曲线，即为所求一块板料展开图。

② 分带法展开。此法是沿纬线方向分割球面为若干横带圈，各带圈可近似视为圆柱面或锥面，然后分别作展开，如图3-15所示。具体作法如下。

a. 用已知尺寸画出球面的主视图，十六等分球面圆周，并由等分点引水平线（纬线）

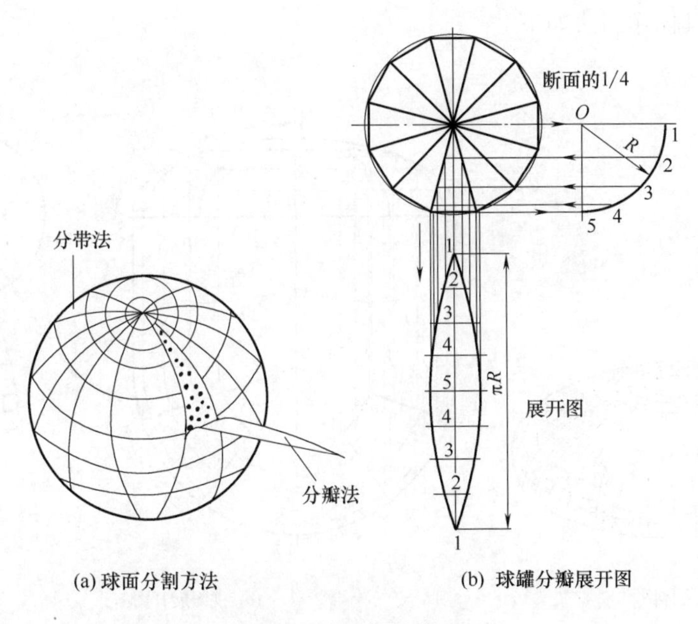

图 3-14　球形储罐的展开

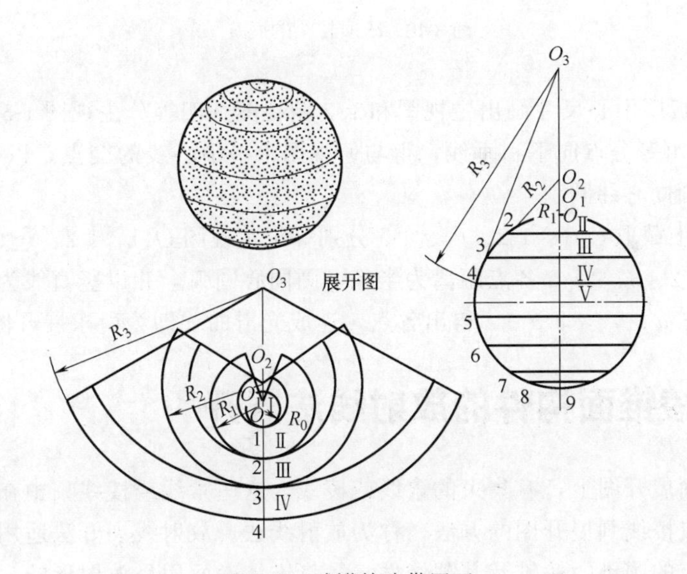

图 3-15　球罐的分带展开

分球面为 2 个极帽、7 个带圈。

b. 球面中间带为圆筒，可用平行线法作出其展开图。

c. 球面其余各带圈为正截头圆锥管，可用随后的放射线法展开，展开半径为 R_1、R_2、R_3，半径的求法是连接主视图圆周上 1-2、2-3、3-4，并向上延长交竖直轴线于 O_1、O_2、O_3，得 R_1、R_2、R_3。

d. 以主视图 O-1 弧线为半径画图，即为极帽的展开图。

3.3.2　球顶封头的展开

图 3-16（a）所示为一球顶封头立体图，它是由 10 块同形板料拼焊而成的，其展开图只

作出一块即可。具体作图法如下。

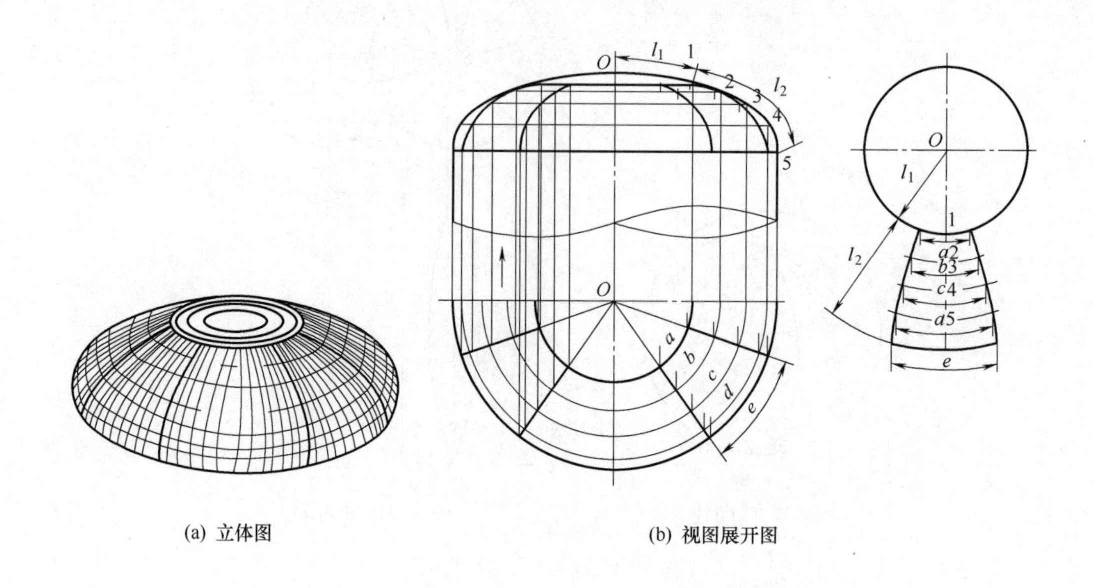

(a) 立体图　　(b) 视图展开图

图 3-16　球顶封头的展开

① 先按已知板厚中心尺寸画出主视图和 1/2 俯视图。四等分主视图 1-5 曲线，等分点为 1、2、3、4、5。由等分点向下引垂线，得与俯视图水平中心线的交点，以 O 为中心、到各交点作半径分别画同心纬圆。

② 在竖直线上截取 O-1、1-2、…、4-5 分别等于主视图 O-1、1-2、…、4-5 弧长。以 O 为中心，以到 1、2、3、4、5 各点距离为半径，画同心圆弧，并以竖直线为对称轴截取各弧长对应等于俯视图 a、b、c、d、e 得出各点，连成光滑曲线即为所求展开图。

3.4 常见棱锥面构件的放射线法展开

在锥体的表面展开图上，有集束的素线或棱线，这些素线或棱线集中在锥顶一点，利用锥顶和放射素线或棱线画展开图的方法，称为放射线法。放射线展开法适用于构件表面素线相交于一个共同点的圆锥、棱锥及其截体件，是将锥体表面用呈放射形的素线分割成共顶的若干三角形小平面。求出其实际大小后，以这些放射形素线为骨架，依次将其画在同一平面上，即得所求锥体表面的展开图。其大致展开步骤如下。

① 画出构件主视图及锥底断面图。

② 将断面图圆周分成若干等份（棱锥取角点），由等分点或角点向主视图底边引垂线，再由垂足向锥顶引素线。

③ 求各素线实长。

④ 以锥顶为中心到锥底实长作半径，画圆弧等于断面周长或周围伸直长度，并将所画圆弧按断面图的等分数划分等分（棱锥取边长），再由等分点向锥顶连放射线。

⑤ 在各射线上，对应截取主视图各素线实长得出各点，通过各点连成光滑曲线或折线，即得所求展开图。

3.4.1　正四棱锥件的展开

图3-17所示为一正四棱锥，由已给投影图可知四条棱线等长，但其投影不反映实长；棱锥的底口为正方形，其水平投影反映实形。四棱锥可用放射线法展开，具体作法如下。

① 用旋转法求出棱线实长 R。

② 以 S' 为圆心，侧棱实长 R 为半径画圆弧，并以底口边长的水平投影长（实长）在圆弧上顺次截取四等份，得1、2、3、4、1点，再以直线连接各点，并将各点与 S' 连接，即得四棱锥的展开图。

3.4.2　正四棱锥筒的展开

图3-18所示为正四棱锥筒的立体图及展开图，其放射线展开作法如下。

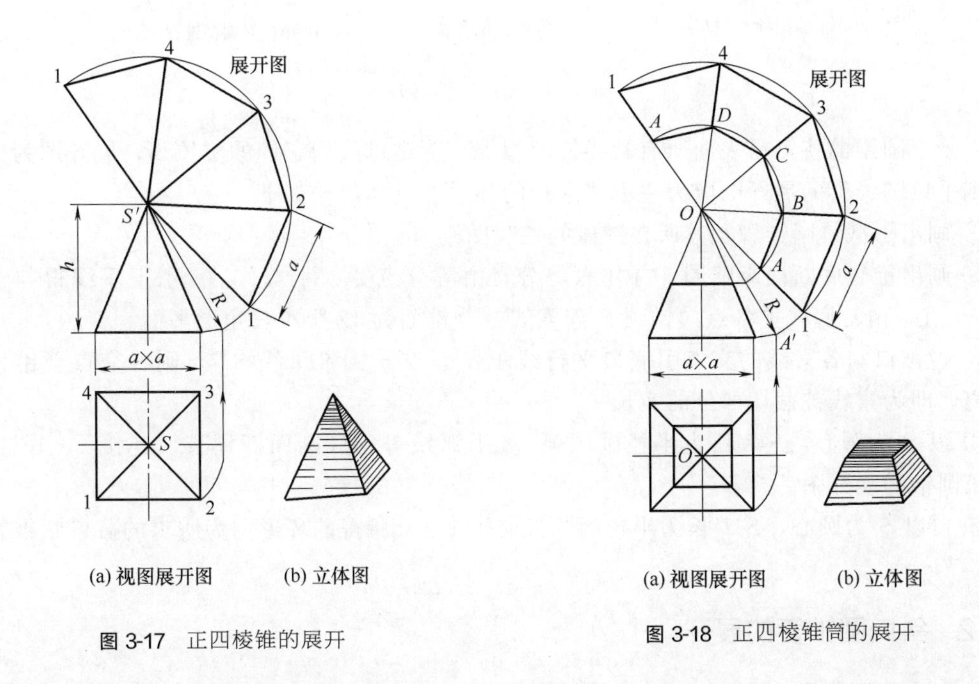

(a) 视图展开图　(b) 立体图

图3-17　正四棱锥的展开

(a) 视图展开图　(b) 立体图

图3-18　正四棱锥筒的展开

① 用已知尺寸画出俯视图和主视图。

② 在主视图上，以 O 为圆心、OA' 为半径画圆弧，以尺寸 a 为弦长顺次截取4等份圆弧，得1、2、3、4、1各点，将1与 O 连接并以 O 为圆心、O-A 为半径画圆弧得 A、B、C、D、A 各点，以直线连接各点即得展开图。

3.5　常见圆锥面构件的放射线法展开

放射线法除了常用于棱柱面构件的展开外，还常用于圆锥面构件的展开。

3.5.1　平口圆锥管的展开

图3-19（b）所示平口圆锥管展开图是由正圆锥被垂直其轴线的截平面截去锥顶而形成的，因此，圆锥管的展开图可在正圆锥展开图［图3-19（a）］中截去锥顶切缺部分后获得。

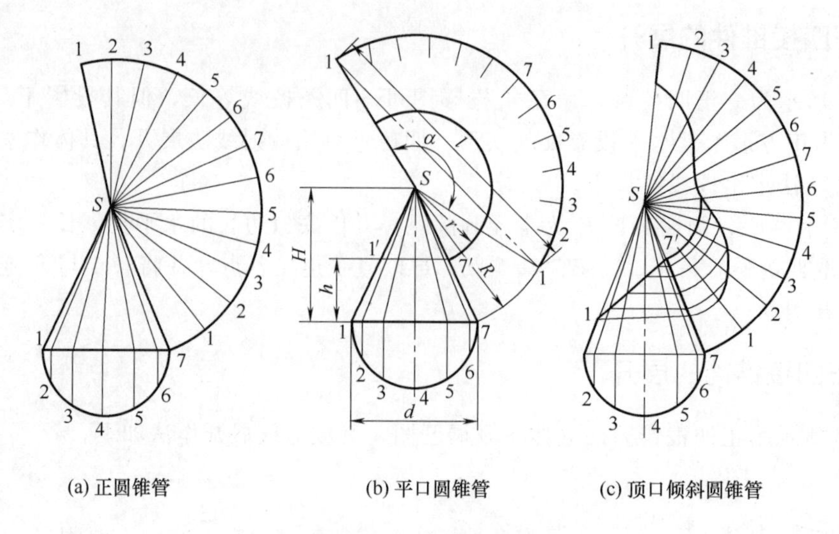

图 3-19 圆锥管的展开

由于正圆锥的特点是表面所有素线长度相等，圆锥母线为它们的实长线，展开图为一扇形，则平口圆锥管的展开图应为一去掉扇角的环形。具体作法如下。

① 画出平截口圆锥管及其所在锥体的主视图。

② 画出锥管底断面半圆周，并作六等分，由等分点 2、3、4、5、6 引上垂线得与锥底 1-7 的交点，由锥底线上各点向锥顶 S 连素线，分锥面为 12 个小三角形平面。

③ 过锥口与各素线的交点引底口平行线 $1'$-$7'$，交于圆锥母线 S-7，则各交点至锥顶的等距离，即为素线被截切部分的实长。

④ 以 S 为圆心，S-7 长为半径画圆弧，1-1 弧线等于底断面圆周长，连接 1、1 与 S，即为正圆锥的展开图。

⑤ 再以 S 为圆心，S-$7'$长为半径画圆弧交于 1-S，所得的环形即为所求的截口圆锥管展开图。

3.5.2 斜口圆锥管的展开

斜口圆锥管可视为圆锥被正垂面截切而成，如图 3-19（c）所示，其展开图仍是在正圆锥展开图中截去切缺部分得出，但是圆锥被斜截后，各素线长度不再相等，用各素线截切部分的实长截切展开图上对应的素线长也不相等。因此，其展开图的形状不再是规则的环形，具体作图法与平口圆锥管的展开相同，具体作法参见图 3-19（c）。

3.5.3 圆锥管正交圆管的展开

由图 3-20 中的立体图可知，该件的展开需先求出圆管与圆锥管的相贯线，再分别求出圆管、圆锥的展开图。具体作法如下。

① 根据圆锥底径 D、高 h 和圆管直径 d 等实际尺寸画出主视图、俯视图和圆管 1/2 断面图。

② 四等分断面半圆周，由等分点向右引水平线得与 OB 交点为 1、2、3、4、5。由 2、3、4 点引下垂线交俯视图水平中心线各点，以 O'为中心、以到各交点的距离作半径画同心圆，与由俯视图圆管断面等分点向右所引水平线对应交点为 $2'$、$3'$、$4'$。再由 $2'$、$3'$、$4'$引

上垂线，与由圆管断面等分点所引水平线对应交点连成曲线（结合线）完成主视图。

③ 圆管的展开。在主视图 1-5 延长线上截取 1-1 等于圆管断面周长，并分为八等份，由等分点向右引 1-1 上各点的垂线，与由主视图结合线各点所引的上垂线对应交点连成曲线，即得圆管的展开图。

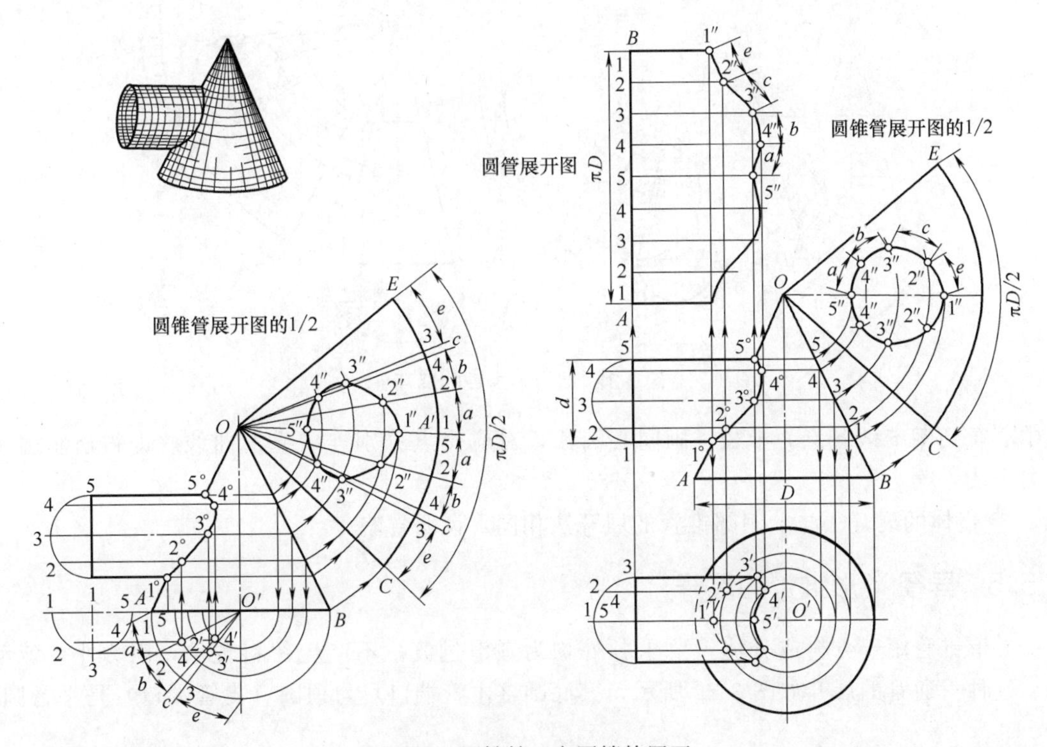

图 3-20　圆锥管正交圆管的展开

④ 圆锥的展开。在以 O 为中心 OB 为半径画的圆弧上，截取 CE 弧线等于圆锥管俯视图 1/2 周长，连接 OC、OE；再以 O 为中心，到 1、2、3、4、5 各点为半径，画同心圆弧得与 OA' 交点。

以 1″为圆心，圆管展开图 1″-2″弧长作半径，上、下画圆弧交 O-2 半径圆弧于 2″点（两个 2″点），以 2″为圆心，圆管展开图 2″-3″弧长作半径，画圆弧交 O-3 半径圆弧于 3″点；再以 5″为圆心，圆管展开图 4″-5″弧长为半径，上、下画弧交 O-4 半径圆弧于 4″点。通过各点连成光滑曲线即为圆锥开孔实形，可得到圆锥管展开图的 1/2。

3.5.4　圆锥体水壶的展开

图 3-21 所示为圆锥体水壶，壶及壶嘴为两个圆锥台的斜侧结合，其中壶体为正圆锥台，壶嘴为斜截圆锥台，两圆锥相贯的结合线求法与上例相同，此处不再详述。具体作法如下。

① 根据已知尺寸画出主视图和壶嘴断面图，画直圆锥 O_2-1-5，并以 1-5 为直径画 1/2 辅助断面。四等分辅助断面半圆周，等分点为 1、2、3、4、5。由 2、4 引上垂线得与 1-5 交点，由 1-5 交点向 O_2 引素线得与 EF 和结合线交点，由各线交点向右引水平线得与 F-5 交点。

② 壶嘴的展开。在以 O_2 为中心、O_2-5 为半径画的圆弧上截取 1-1 弧长等于辅助断面圆周长，并照录等分点 1、2、3、4、5、4、3、2、1，由各等分点向 O_2 连放射线，与以 O_2

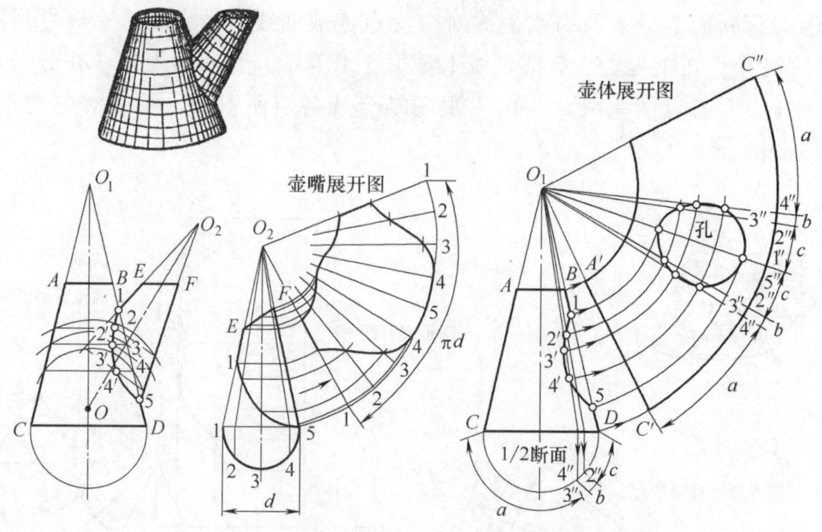

图 3-21 圆锥体水壶的展开

为中心，到 F-5 线各点为半径，画同心圆弧，对应交点分别连成光滑曲线，即得所求壶嘴的展开图。

③ 壶体的展开法与上例圆锥管的展开法相同，说明省略。

3.5.5 异径 Y 形锥管的展开

Y 形锥管用于分料或分流，要求各处均为圆滑过渡，不产生留料现象，阻力小，流动快。这种三通管的展开如图 3-22 所示，其底圆（主管端口）与顶圆（支管端口）是平行圆，

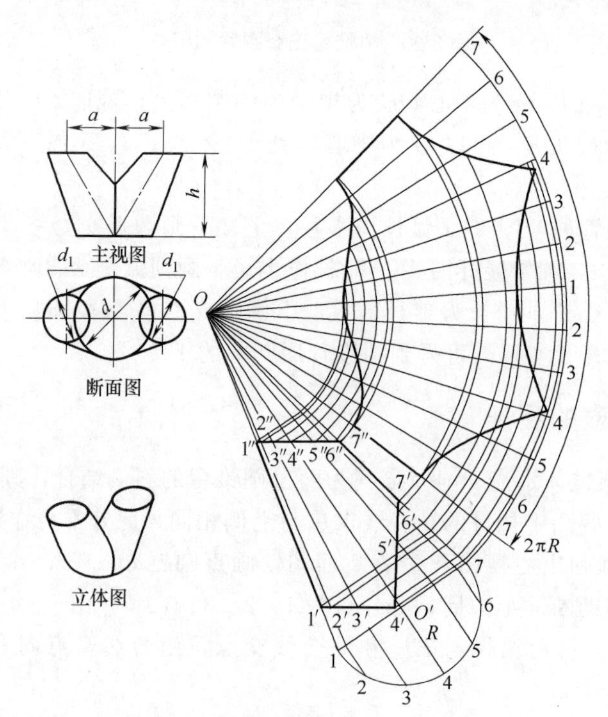

图 3-22 异径 Y 形锥管的展开

组成异径Y形锥管的两支管是相同的斜圆锥台。采用放射线法展开的具体作法如下。

① 根据已知高度 h、底圆与顶圆的中心距 a、底圆与顶圆直径 d 和 d_1，画出主视图和断面图。

② 画支管1/2断面，六等分断面半圆周，等分点为1、2、3、4、5、6、7，由等分点引对1-7的垂线得交点，过交点向 O 连素线交结合线得2′、3′、4′、5′、6′和2″、3″、4″、5″、6″各点。再由结合线各点分别引对 O-O' 垂线至圆锥侧线，得出 O 至各点的实长。

③ 以 O 为圆心，以 O-7为半径，画圆弧7-7（等于断面半圆周长度），并照录十二等分各点。由各点向 O 连放射线，与以 O 为圆心，以到1″-7″线各点为半径，分别画同心圆弧对应交点，分别连成光滑曲线；再与以 O 为圆心，以到1′-4′-7′折线各点为半径，分别画同心圆弧对应交点，分别连成光滑曲线，即得支管展开图。

3.6 常见椭圆锥面构件的放射线法展开

与圆锥面构件的放射线法展开一样，椭圆锥面构件也常用放射线法展开。

3.6.1 铁水包出水嘴的展开

铁水包是圆锥体的一部分（图3-23），可用放射线法展开。展开时，其下部平面平切圆锥为圆，上部可补齐出水嘴部分。具体作法如下。

① 根据尺寸要求画出主视图，并延长两侧线交点为锥顶点 O，补齐截切部分成一个圆锥体，且画出其底断面的1/2。

② 八等分断面图半圆周，等分点为1、2、3、4、5、6、7、8、9，由等分点引对1-9垂线得交点，过交点向 O 连素线交结合线得2′、3′、4′、5′、6′、7′、8′各点，再由结合线各点分别引对各素线的垂线至圆锥侧线 O-9，得出 O 至各点的实长。

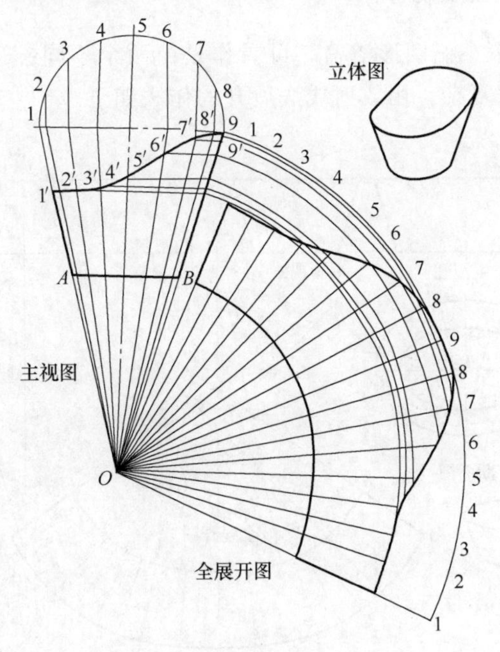

图3-23 铁水包出水嘴的展开

③ 以 O 为圆心，以 O-9 为半径，画圆弧 1-1 等于底断面圆周长度，并照录十六等分各点，由各点向 O 连放射线，再以 O 为圆心，以到 $1'$-$8'$线各点为半径，分别画同心圆弧，对应交点连成光滑曲线，即得出水嘴展开曲线。

④ 以 O 为圆心，以 O-B 为半径，画圆弧至 O-1 线，得出所求铁水包的展开图。

3.6.2 两端半圆锥形敞口盆的展开

图 3-24 所示为两端各为一个半圆锥台，中间为一梯形台，可用放射线法展开两端。具体作法如下。

① 根据已知尺寸画出主视图和断面图，由断面图圆心 O 和 O_1 画出圆锥中心线，并将主视图侧线延长与圆锥中心线相交得圆锥顶点 O' 和 O_1' 以及 O'-O_1' 距离长。

② 分别三等分断面图两端 1/4 圆周，等分点均为 1、2、3、4 各点，由各等分点分别向 O_1、O 引连线得与盆底 B_1、B 弧线各交点，得出 O_1、O 至各点的长，但不反映其实长。

③ 根据 O'-O_1' 距离长，以 O_1'' 和 O'' 为圆心，以 $O_1'A_1$ 和 $O'A$ 及 $O_1'B_1$ 和 $O'B$ 为半径，画圆弧 1-1 和 B_1-B_1，分别等于断面 1/2 圆周长度，并分别照录 1、2、3、4、3、2、1 各等分点，由各等分点向 O_1'' 和 O'' 连放射线，并将断面图中画斜点画线所表示的中心部分两个倾斜平面照搬后，即可得到敞口盆的展开图。

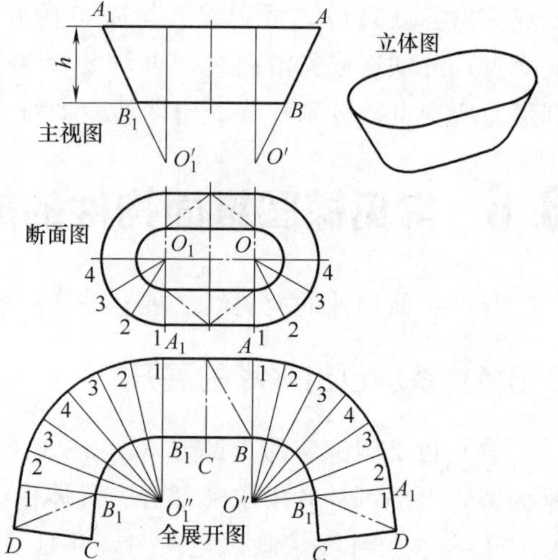

图 3-24 两端半圆锥形敞口盆的展开

3.6.3 倒椭圆锥形浴盆的展开

图 3-25 所示的上大下小椭圆形浴盆，可看作是由两个不同锥顶角的锥台各纵剖一部分拼接而成。因此，展开较复杂，用放射线法展开的作法如下。

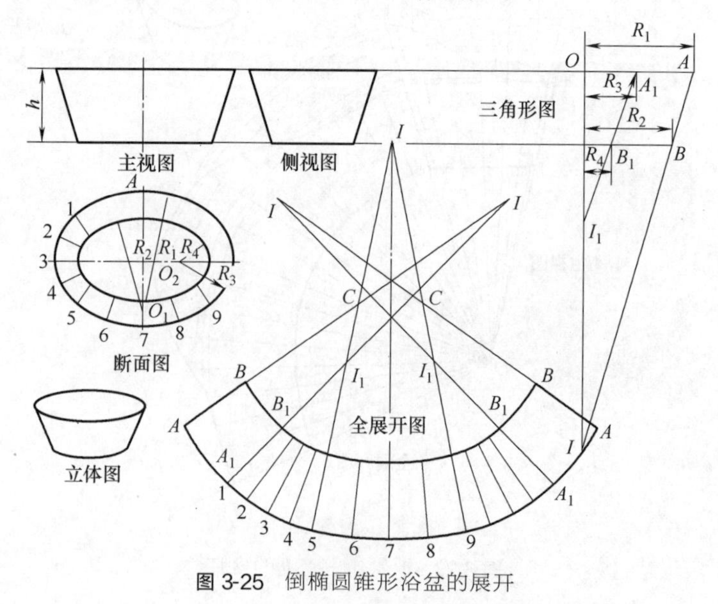

图 3-25 倒椭圆锥形浴盆的展开

① 根据实际尺寸画出主视图、侧视图和断面图，并在断面图上平分半个椭圆，使其长径部分和短径部分各分成四等份。

② 按主视图高度作三角形图，由 R_1、R_2、R_3、R_4 分别确定点 A、B、A_1、B_1，将 AB 连线与 A_1B_1 连线延长，与过 O 点的垂直线相交，交点分别是 I 和 I_1，由此确定展开时圆的半径。

③ 以 I 为圆心，以三角形图上 I-A、I-B 为半径，画圆弧 1-9 分别等于断面图上内、外半个椭圆弧长，并照录 1～9 各等分点。连接 I-5、I-9 线，并分别以 I、5、9 点为圆心，以三角形图上 I_1-A_1 长为半径画弧，分别交 I-5、I-9 线于 I_1 和 C 点。

④ 以 I_1 和 C 点为圆心，I_1-A_1 和 C-A 及 I_1-B_1 和 C-B 为半径，在已展开图两端画圆弧，且分别等于断面图上 1-A 弧线长。将 A、B 两点用直线连接，即得所求浴盆的全展开图。作展开图的这种方法称为四心圆法。

3.7 常见渐变形锥面构件的放射线法展开

与椭圆锥面构件的放射线法展开一样，渐变形锥面构件也常用放射线法展开。

3.7.1 圆筒斜接圆锥的展开

图 3-26 所示可看成由一个斜截圆柱与一个斜截圆锥相连接而成，圆柱可用前述平行线法展开，圆锥可用放射线法展开。具体作法如下。

① 用已知尺寸画出主视图和圆筒 1/2 断面图。六等分 1/2 断面图，得等分点 1、2、3、4、5、6、7，由各等分点引对 1-7 的垂线交结合线 1′-7′于各点。

② 圆筒的展开。在 1-7 延长线上截取 4-4 等于圆筒断面周长，并分为十二等份，由等分点向上引对 4-4 上各点的垂线，与主视图结合线上各点向右所引对 1-7 的平行线对应交点连成曲线，即得圆筒的展开图。

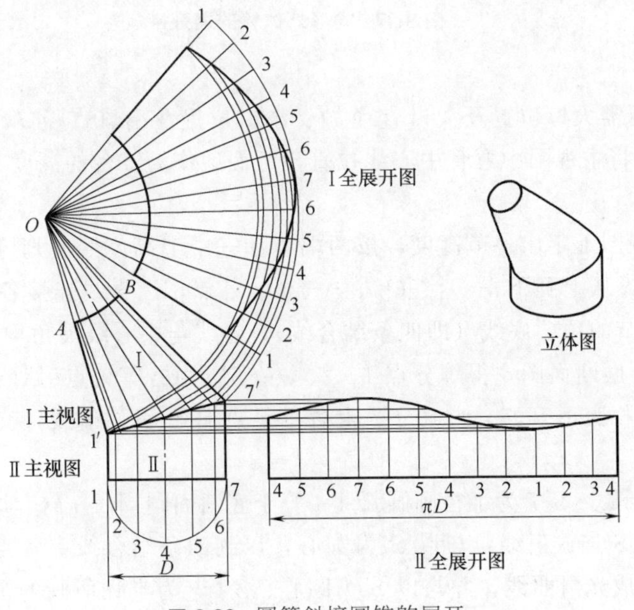

图 3-26　圆筒斜接圆锥的展开

③ 圆锥的展开。将锥体侧线延长至交点（锥顶点）O，并由结合线 $1'$-$7'$上各交点向锥顶 O 引放射线。以 O 点为圆心、O-$7'$为半径画圆弧，1-1 等于底断面圆周长度，并照录十二等分各点，由各点向 O 连放射线。

以 O 为圆心，以 O 到 $1'$-$7'$线各点为半径，分别画同心圆弧，对应交点连成光滑曲线，并与以 O 为圆心、OB 为半径所画的圆弧构成所求圆锥筒的展开图。

3.7.2 筒形虾体管的展开

图 3-27 所示为五节渐缩管径直角弯头，展开时可将筒形虾体各段中的一半旋转 90°接成一个锥台，可按锥台将各节一起展开，下料后再拼接成形。具体作法如下。

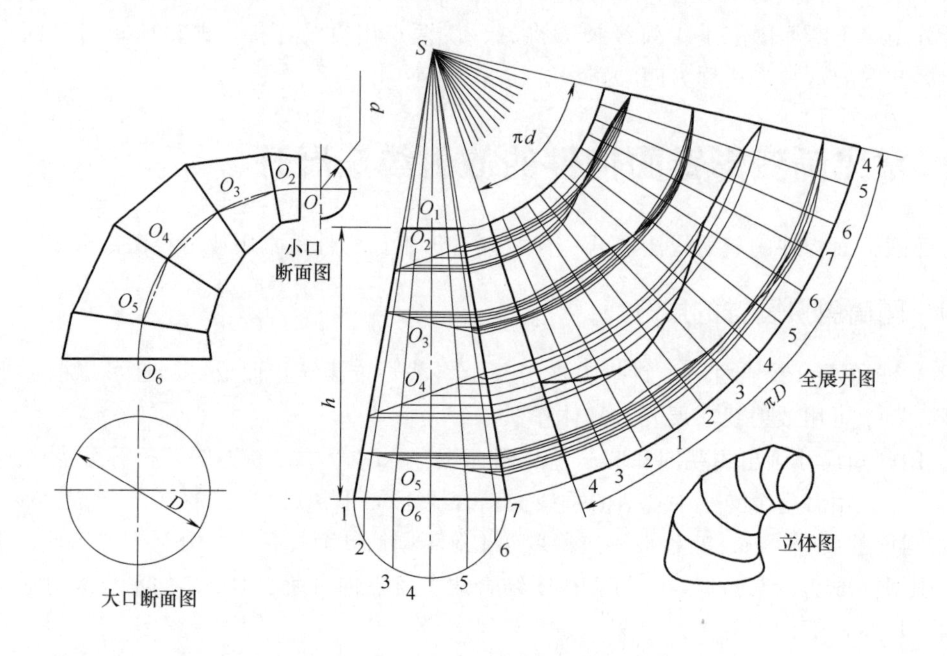

图 3-27 筒形虾体管的展开

① 根据实际所需大口位置及大口直径 D、小口位置及小口直径 d，作出大口和小口断面图和主视图，并将主视图中弯管中心线拉直，近似地作为锥台的高度 h，作出锥台主视图和 1/2 底断面图。

② 在锥台主视图上定出各节高度，按两端节和三中节高度照实划分，两端节高度 h 各等于中间节的 1/2，从上到下得 O_1、O_2、…、O_6 各点，以直线连接各点，并过 O_2、O_3、O_4、O_5 各点作各节的顶、底线（即四条结合线），各线与中心线夹角均为 78°45′。

③ 六等分 1/2 底断面图，得等分点 1、2、…、7，由各等分点引对 1-7 的垂线得各垂足点。延长锥台侧线相交于 S 点，并从 1-7 上各垂足点向 S 引放射线，交各结合线上得出各交点。

④ 以 S 点为圆心、S-7 为半径画圆弧 4-4 等于底断面圆周长 πD，并照原图记录十二等分各点，由各点向 S 连放射线，与以 S 为圆心，以到四条结合线上各点作半径，分别画同心圆弧对应交点连成光滑曲线，并与以 S 为圆心、S-O_1 为半径所画的圆弧构成所求筒形虾体管的展开图。

3.8 常见构件的三角形法展开

三角形法展开是将制件表面分成一组或多组三角形，然后求出各组三角形每边的实长，再把这些三角形依照一定的规律按实形摊平到平面上而得到展开图，这种画展开图的方法称为三角形法。三角形展开法又称三角线法。三角形展开法适用于任何几何形体的展开。生产中，三角形展开法常用于展开平行线法、放射线法所不能展开的表面或复杂形状的构件，其展开法的基本步骤可表述如下。

① 画出构件的主视图、俯视图和其他必要的辅助图。

② 作三角形图，求展开实长线，即求出各棱线或辅助线的实长，若构件表面不反映实形，还需求出实形。

③ 按求出的实长线和断面实形作出展开图，在展开图中将各小三角形按主视图和断面图中的顺序和相邻位置依次画出，并将所有有关的点用曲线或折线光滑连接即得展开图。

3.8.1 正四棱锥管的展开

正四棱锥管常用于通风空调管道中，可用三角形展开法，其展开作图如图 3-28 所示。具体作法如下。

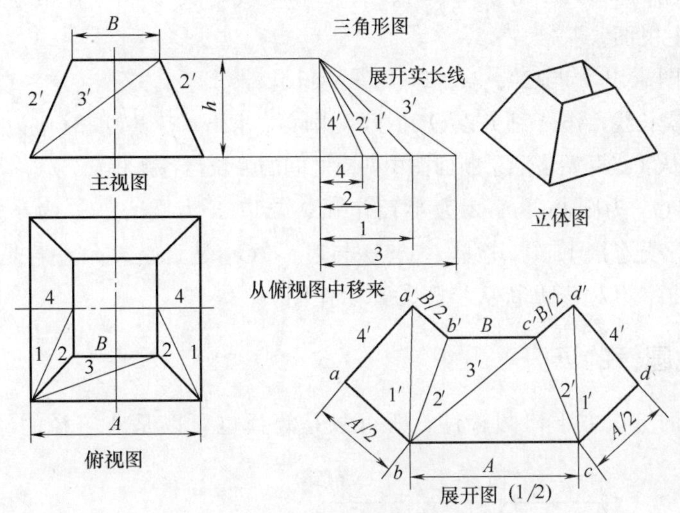

图 3-28　正四棱锥管的展开

① 根据已知的实际尺寸 A、B 和 h 作出主视图和俯视图，作辅助线 1 与 3 将俯视图梯形分成三角形，再加上棱长 2 和斜边高 4，共有 4 条辅助线 1、2、3、4。

② 俯视图上 4 条辅助线为实长线在水平面上的投影，以它们分别为三角形底边。以高度 h 为高作三角形图，各斜边 1′、2′、3′、4′的长度就是实长线长度。

③ 由主视图和俯视图可知下底 A 与上底 B 为实长线。先作边 A，以 A 的两端点为圆心，以 3′和 2′为半径画弧，两弧交于 c'，作出一个三角形。

④ 用同样的方法可找出 b'、a'、a、d'和 d，连接各对应点，即得展开图。

3.8.2 天圆地方管的展开

图 3-29 所示的上口圆下口方管件常在通风工程中用作渐变接管。其展开步骤如下。

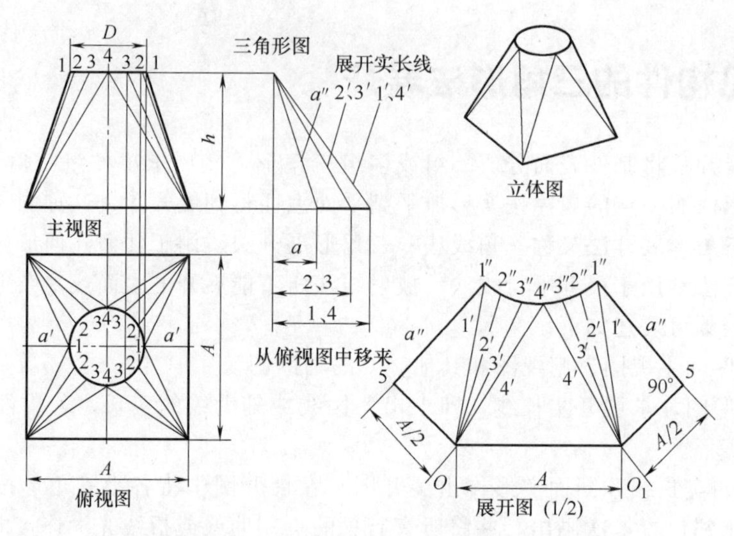

图 3-29 上口圆下口方渐变管件的展开

① 根据工程所要求的底边长 A、圆直径 D 作俯视图，根据底边长 A、圆直径 D 和高度 h，作出主视图和俯视图。

② 等分俯视图圆周为 12 等份，作 1、2、3 和 4 线，其中 1 与 4 相等，2 与 3 相等，并向上引投射线至主视图。

③ 作三角形图求出 a'与 $2'$、$3'$、$1'$、$4'$的实长。

④ 由于A 是实长线，作A 线并以O 和O_1 为圆心，求出$4''$。以O 和O_1 为圆心，以$1'$、$2'$与$3'$线长为半径画弧，从$4''$点开始，照录断面图中两点之间的弧长与各弧相交，找出$3''$、$2''$和$1''$点。

⑤ 再以 O 和 O_1 为圆心，$A/2$ 为半径作弧，与以 $1''$为圆心、a'为半径作弧交于 5 点，光滑连接上口，折线连接下口。检验$\angle 1''5O$ 与$\angle 1''5\ O_1$ 是否是直角，若是，则展开图正确；否则，上口曲线曲率不对，重新从步骤④开始作图。

3.8.3 天方地圆管的展开

图 3-30 所示的上口方下口圆管件，既可以是等径也可以是非等径的管件，常用于通风

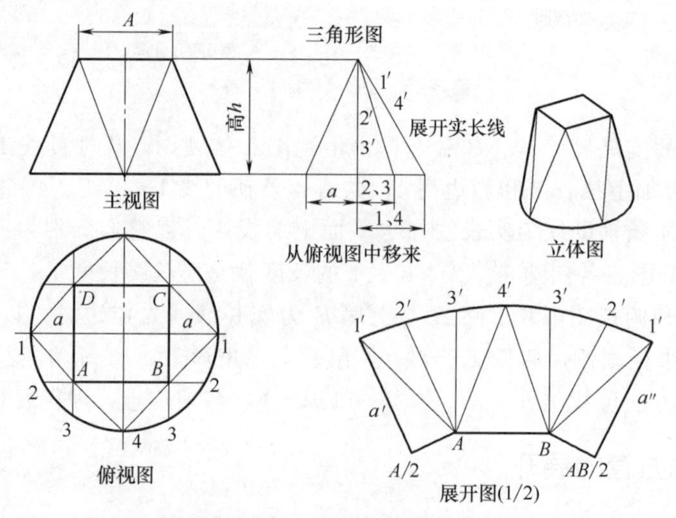

图 3-30 上口方下口圆管件的展开

空调工程上，其展开方法与上口圆下口方管件的展开方法完全相同，可参照其步骤展开。

3.8.4　顶口倾斜上圆下方管的展开

顶口倾斜上圆下方管件的展开比较复杂，但展开的基本方法不变，仍是三角形展开法（图 3-31），其展开步骤如下。

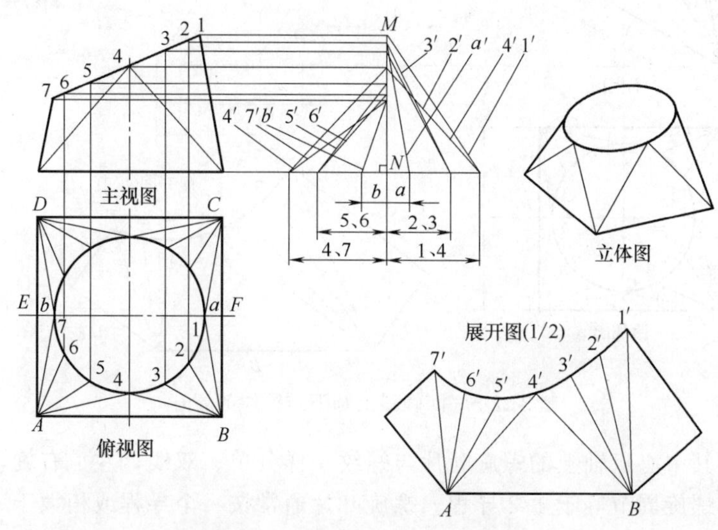

图 3-31　顶口倾斜上圆下方管件的展开

① 作主视图和俯视图。顶圆在俯视图上的投影为一椭圆，可平分顶圆圆周，向主视图引线，找出与顶圆投影线的交点，从而作出主视图和俯视图。

② 作三角形图。作三角形图时，由于每个三角形底边长需由俯视图上等线长对应移去，而高度由主视图上各线高度引平行线得出，所以在三角形图上，各三角形高度并不一致，这是整体管件展开的关键一步。

③ 其他步骤。以下各步骤按照上口圆下口方管件的展开方法进行。由于顶口倾斜上圆下方管件的顶口不一定是圆，工程上较常见的是椭圆，所以展开的各步骤要特别仔细地检查。

3.8.5　底面倾斜上圆下方管的展开

底面倾斜上圆下方管件的展开与上口圆下口方管件相似，仅是底面倾斜。这种管件的底面可以是正方形，也可以是长方形。底面倾斜上圆下方管件的展开图如图 3-32 所示，其展开步骤如下。

① 作视图。根据实际尺寸作主视图，由主视图投影作俯视图，A 与 B 是实长。

② 作辅助线。先等分顶圆圆周，再在主视图和俯视图上作出各辅助线。

③ 作实线长。由主视图的底线上两个顶点作两个三角形图，分别得出实长线。这一步是展开此管件的关键。

以下各步骤与上口圆下口方管件的展开步骤相同，但展开的各步骤要仔细检查。

3.8.6　正螺旋面三角形展开法的近似展开

圆柱形螺旋输送机又名搅龙，可用于输送颗粒状、粉末状等物质，也可以作搅拌机构，

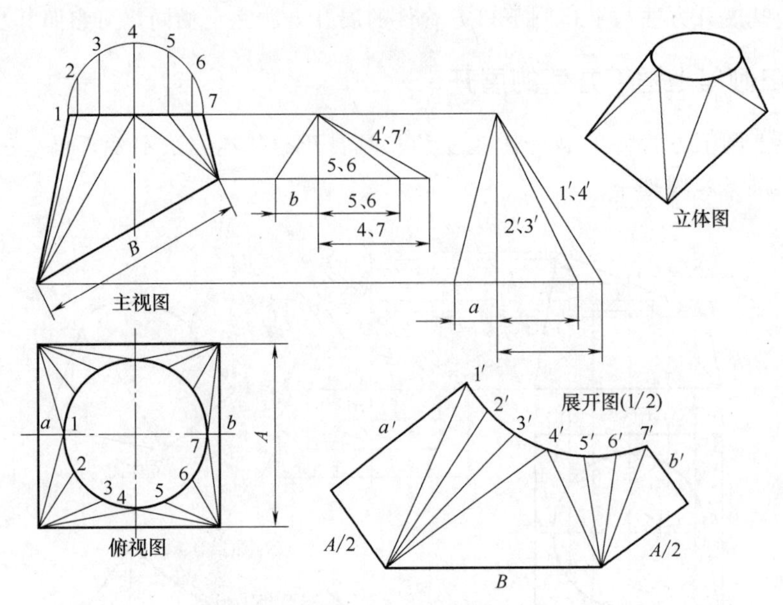

图 3-32 底面倾斜上圆下方管件的展开

用途较广。焊在其中心机轴上的螺旋叶片与螺纹一样分单、双线，左、右旋，单线螺旋周节等于导程，双线螺旋周节等于 1/2 导程。螺旋叶片通常按一个导程或稍大于一个导程的螺旋面展开下料，一个螺旋曲面成形后，再在机轴上拼接成连续的螺旋面。

图 3-33 所示是采用三角形法将螺旋面分成若干三角形面，并将每一个三角形面近似看作平面，求出实形。然后将这些三角形的实形依次拼接在一起，即得到螺旋面展开图。具体作法如下。

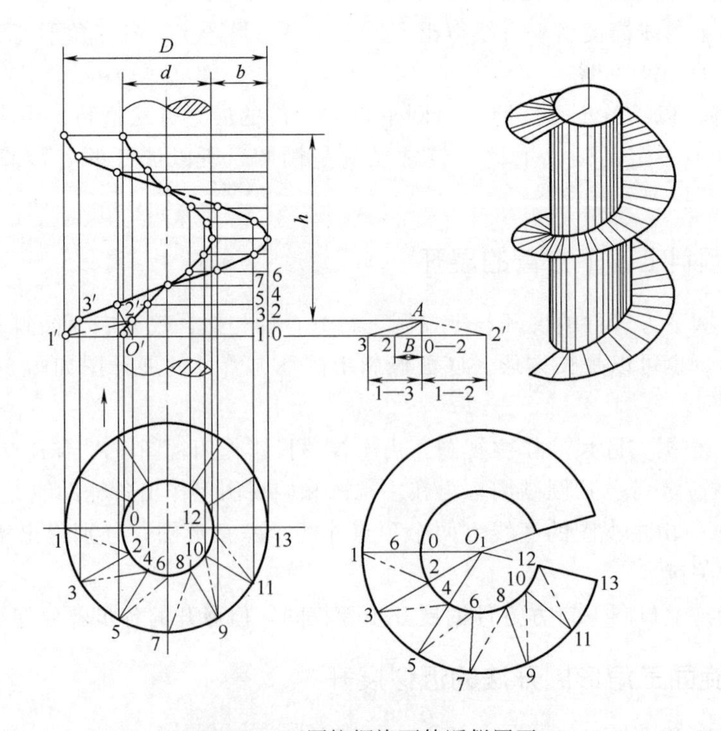

图 3-33 正圆柱螺旋面的近似展开

① 作视图。用螺旋面的内、外直径 d、D 画出俯视图，十二等分俯视图内、外圆周，等分点分别为 0、2、4、…、12 和 1、3、5、…、13，以点画线和细实线交替连接各点，在主视图取 h 等于导程，并作十二等分，由等分点引水平线，与俯视图内、外圆等分点所引上垂线得对应交点，区别内、外圆，将各点连成两条螺旋线，完成主视图。

② 求实长作展开。从主、俯两图上可知，螺旋面上各三角形的细实线边为水平线，其水平投影反映实长，且各线实长相等；各点画线及内、外圆的等分弧为一般位置直线和曲线，投影不反映实长，可用直角三角形法求出（如实长图所示）。求出各线实长后，便可依次作出各三角形实长，完成展开图。

3.8.7　正螺旋面三角形展开法的简便展开

由图 3-33 可知，一个导程的正螺旋面，其展开图为一切口圆环。简便法展开是根据正螺旋面的外径 D、内径 d 和导程 h，通过简便计算和作图，求出螺旋面展开图中切口圆环的内、外径和弧长，从而画出展开图。具体作法如下（参见图 3-34）。

① 求实长。用直角三角形法求出内、外螺旋线的实长 l 及 L [图 3-34（a)]。

② 作梯形。作一直角梯形 $ABCE$，使 $AB=L/2$，$CE=l/2$，$BC=l/2\times(D-d)$，且 $AB /\!/ CE$，$BC \perp AB$。连接 AE、BC，并延长两线相交于 O，参见图 3-34（b)。

③ 作展开。以 O 点为圆心，OB、OC 为半径画同心圆弧，取弧长 $BF=L$，连接 FO 交内圆弧于 G，即得螺旋面的展开图。

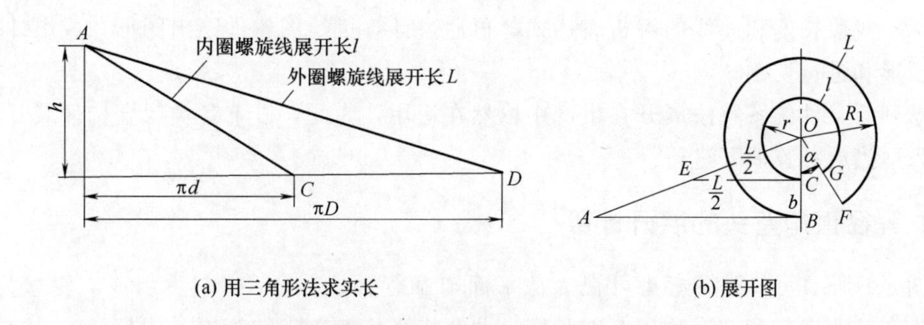

(a) 用三角形法求实长　　(b) 展开图

图 3-34　正圆柱螺旋面的简便展开

常见钣金件的展开计算

4.1 常见圆管构件的展开计算

正确、快速地绘制钣金构件展开图是生产合格钣金件的前提和基础，在实际生产中，为达到这一目的，常在运用上述介绍的各种展开方法的基础上，配合适当的展开计算对钣金件进行计算展开，从而使钣金的展开变得更快捷，且精度更高。

钣金件的计算展开就是用解析计算代替图解法的放样、作图过程，通过计算出展开图中点的坐标、线段长度和曲线的解析表达式，再通过计算机绘图软件绘出图形，或由计算机直接绘出图形和进行切割。

考虑到钣金件的图解法展开在生产中依然在运用，为此，以下各类钣金构件展开图的绘制将融入适当的计算展开进行。

4.1.1 等径直角弯头的展开计算

如图4-1所示两节等径弯头可视为截平面与圆管轴线成45°截割后组成，斜口为椭圆，其展开为正弦曲线。两节对称展开图相同。曲线横坐标值等于圆管展开周长$\pi(d-t)$，各点纵坐标值可通过圆管断面圆周等分角计算得出。计算公式为：

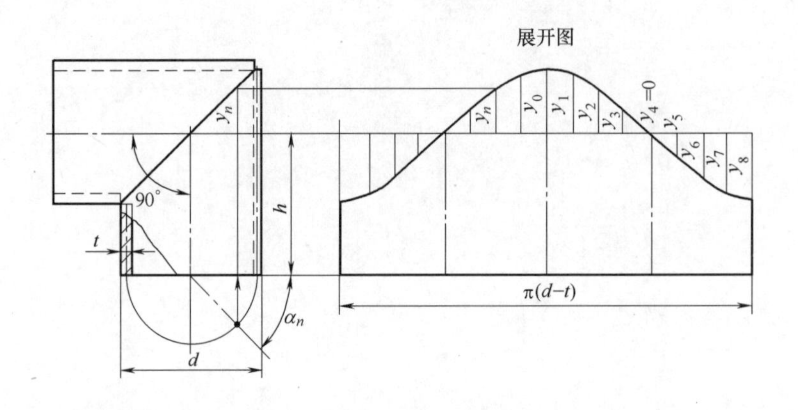

图4-1 等径直角弯头的展开

$$\begin{cases} y_n=\dfrac{1}{2}(d-2t)\cos\alpha_n & (\text{当 } 0\leqslant\alpha\leqslant 90^\circ\text{时}) \\ y_n=\dfrac{1}{2}d\cos\alpha_n & (\text{当 } 90^\circ<\alpha\leqslant 180^\circ\text{时}) \end{cases}$$

式中　y_n——展开周长等分点至曲线坐标值，mm；

d——圆管外径，mm；

t——板厚，mm；

α_n——圆管断面等分角，(°)。

上述计算公式，依据圆周等分数 n 数值的不同而应作相应的变化，假设圆周等分数为 16，则各等分点的计算公式分别为（后续各例所述与此相同，不再重复）：

$\alpha_1=\dfrac{360^\circ}{16}=22.5^\circ$，$\alpha_2=45^\circ$，$\alpha_3=67.5^\circ$，$\alpha_4=90^\circ$，$\alpha_5=112.5^\circ$，$\alpha_6=135^\circ$，$\alpha_7=157.5^\circ$，$\alpha_8=180^\circ$。

$$y_0=\frac{1}{2}(d-2t)\cos0^\circ=0.5(d-2t)$$

$$y_1=\frac{1}{2}(d-2t)\cos22.5^\circ=0.462(d-2t)$$

…

$$y_5=\frac{1}{2}d\cos112.5^\circ=-0.191d$$

$$y_6=\frac{1}{2}d\cos135^\circ=-0.354d$$

$$y_7=\frac{1}{2}d\cos157.5^\circ=-0.462d$$

$$y_8=\frac{1}{2}d\cos180^\circ=-0.5d$$

4.1.2　等径任意角度弯头的展开计算

如图 4-2 所示等径任意角度弯头的展开计算公式为：

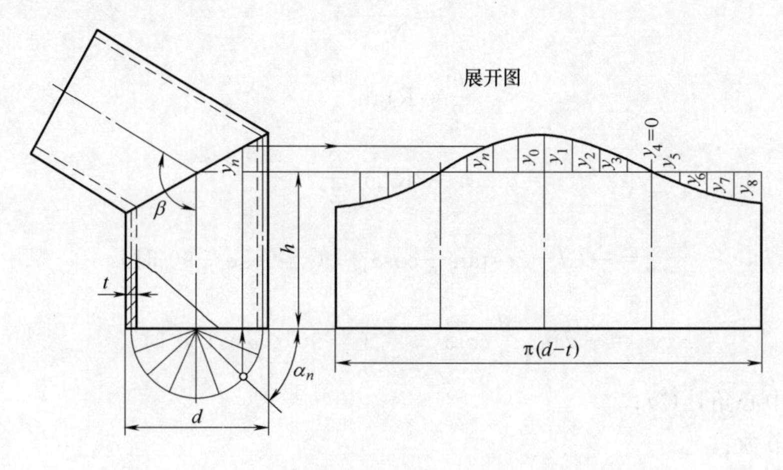

图 4-2　等径任意角度弯头的展开

$$\begin{cases} y_n=\dfrac{1}{2}(d-2t)\cot\dfrac{\beta}{2}\cos\alpha_n & (当\ 0\leqslant\alpha\leqslant 90°时) \\ y_n=\dfrac{1}{2}d\cot\dfrac{\beta}{2}\cos\alpha_n & (当\ 90°<\alpha\leqslant 180°时) \end{cases}$$

式中　y_n——展开周长等分点至曲线坐标值，mm；

d——圆管外径，mm；

t——板厚，mm；

β——两管轴线夹角，(°)；

α_n——圆管断面等分角，(°)。

4.1.3　三节等径直角弯头的展开计算

多节等径直角弯头是由若干截体圆管组合而成的，通常按两端节和多中节组合，且两端节相等，图 4-3 所示为三节等径直角弯头展开图，其展开计算公式为：

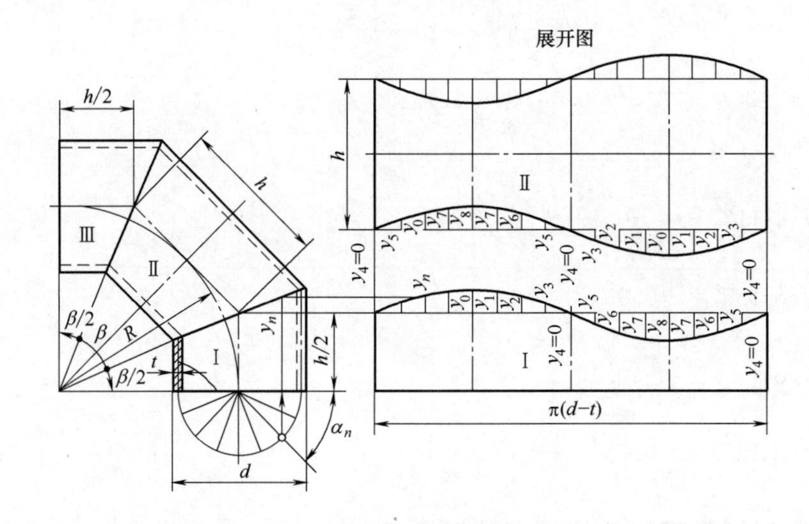

图 4-3　三节等径直角弯头的展开

$$\beta=\frac{90°}{N-1}$$

$$\frac{h}{2}=R\tan\frac{\beta}{2}$$

$$h=2R\tan\frac{\beta}{2}$$

$$y_n=\frac{1}{2}(d-2t)\tan\frac{\beta}{2}\cos\alpha_n \quad (当\ 0\leqslant\alpha\leqslant 90°时)$$

$$y_n=\frac{1}{2}d\tan\frac{\beta}{2}\cos\alpha_n \quad (当\ 90°<\alpha\leqslant 180°时)$$

式中　β——中心角，(°)；

N——节数；

$h/2$，h——端节、中节轴线长度，mm；

R——弯头中心半径，mm；

y_n——展开曲线坐标值，mm；

d——圆管外径，mm；

t——板厚，mm；

α_n——圆管断面等分角，(°)。

4.1.4　三节蛇形管的展开计算

图 4-4 所示的三节蛇形管两端节轴线平行于正投影面，在主视图中反映实长；中节向右、后倾斜，三节在主视图中不反映实形。图中已知尺寸为 H、h_1、h_2、a、d、t 及 φ。

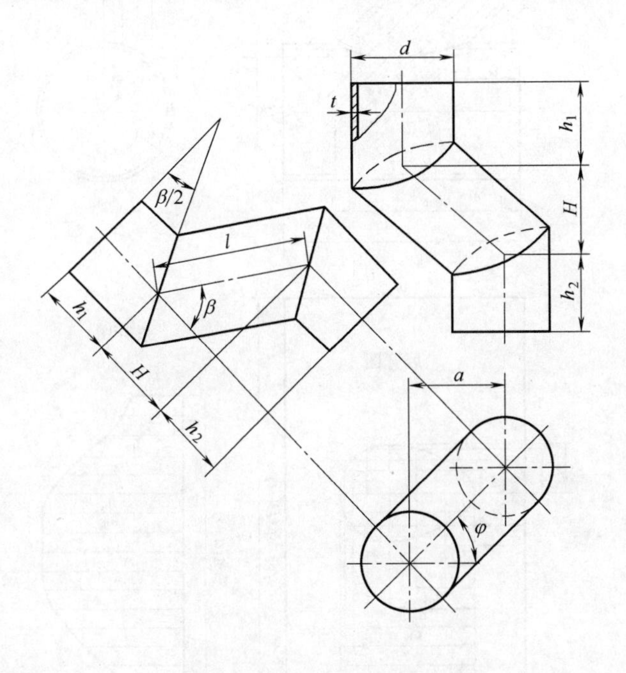

图 4-4　三节蛇形管的展开

其展开计算公式为：

$$y_n=\frac{1}{2}(d-2t)\tan\frac{\beta}{2}\cos\alpha_n \quad (当\ 0<\alpha\leqslant 90°时)$$

$$y_n=\frac{1}{2}d\tan\frac{\beta}{2}\cos\alpha_n \quad (当\ 90°<\alpha\leqslant 180°时)$$

$$l=\sqrt{H^2+(\frac{a}{\cos\varphi})^2}$$

$$\cos\beta=\frac{H}{l}$$

式中　y_n——展开周长等分点至曲线坐标值，mm；

l——中节轴线长度，mm；

α_n——圆管断面等分角，(°)；

$\beta/2$——计算角，(°)。

4.1.5 异径斜交三通管的展开计算

图 4-5 所示为支管与主管成 β 角斜交三通管，已知尺寸为 D、d、h、c、l 及 β。从图中可以看出两管斜交既有里皮接触（支管轴线以右部分）又有外皮接触（支管轴线以左部分）。当板厚不大时，为便于计算，一律用中径进行。

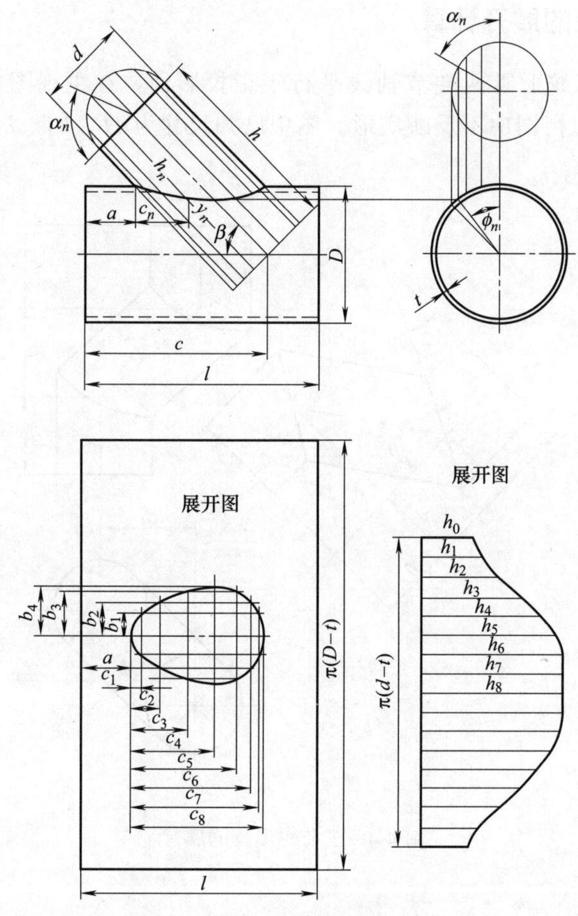

图 4-5 异径斜交三通管的展开

其展开计算公式为：

$$y_n=\frac{1}{\sin\beta}\sqrt{R^2-r^2\sin^2\alpha_n}+\frac{r\cos\alpha_n}{\tan\beta}$$

$$h_n=h-y_n$$

$$a=c-\left(r\sin\beta+\frac{R+r\cos\beta}{\tan\beta}\right)$$

$$c_n=(y_0-y_n)\cos\beta+r\sin\beta(1-\cos\alpha_n)$$

$$\tan\phi_n=\frac{r}{R}\sin\alpha_n$$

$$b_n=\frac{\pi R\phi_n}{180°}$$

式中 R，r——主、支管半径，mm；

y_n——展开周长等分点至曲线坐标值，mm；

h_n——支管展开素线实长；

c_n——孔长，mm；

b_n——孔宽，mm；

α_n——圆管断面等分角，(°)。

4.1.6 等径直交三通补料管的展开计算

图 4-6 所示是由主管Ⅰ、Ⅱ与补料管Ⅲ组合而成的。三管相贯线为平面曲线，成对称性。已知尺寸为 d、H、l、b、t 及 45°。展开曲线坐标值 y_n 计算公式为：

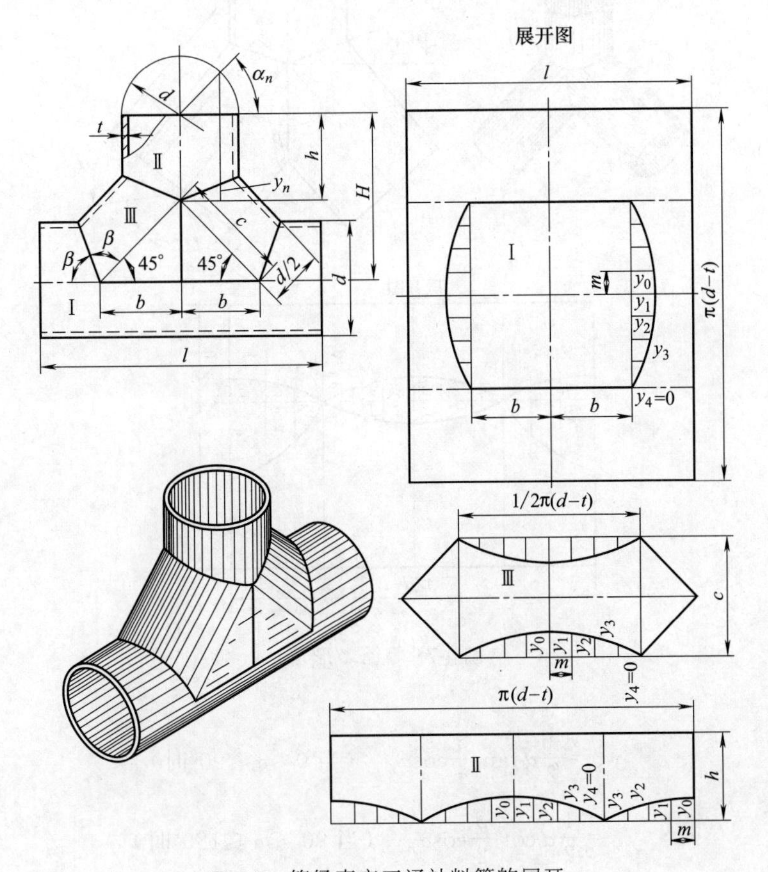

图 4-6 等径直交三通补料管的展开

$$y_n=\frac{1}{2}d\cot\beta\cos\alpha_n$$

由于 $\beta=\frac{1}{2}$（180°−45°）=67.5°，将 β 值代入上式，则得：

$$y_n=\frac{1}{2}d\cot67.5^\circ\cos\alpha_n=0.207d\cos\alpha_n$$

$$c=\sqrt{2}b$$

$$h=H-b$$

式中 d——圆管外径，mm；

α_n——圆管断面等分角，(°)。

4.1.7 等径Y形管的展开计算

图4-7所示等径Y形管也是三通管的一种，其三管相贯线为平面曲线。当各管轴线平行于正投影面时，其相贯线在正面投影为三条汇交于一点的直线，绘图时可直接画出。已知尺寸为d、h、l、t及β。各管展开曲线坐标值y_n计算公式为：

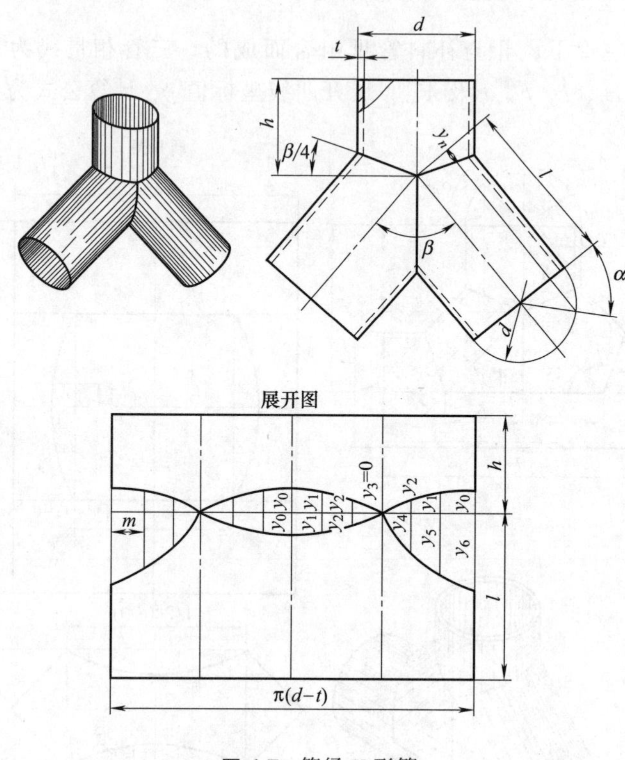

图4-7 等径Y形管

$$y_n=\frac{1}{2}d\tan\frac{\beta}{4}\cos\alpha_n \quad （当0\leqslant\alpha\leqslant90°时）$$

$$y_n=\frac{1}{2}d\cot\frac{\beta}{2}\cos\alpha_n \quad （当90°\leqslant\alpha\leqslant180°时）$$

式中 y_n——圆管展开周长等分点至截口曲线坐标值，mm；

d——圆管外径，mm；

β——两支管轴线交角，(°)；

α_n——圆管断面等分角，(°)。

4.1.8 等径Y形补料管的展开计算

图4-8所示等径Y形补料管是由两节任意角弯头与管Ⅰ和补料管Ⅲ组合而成的。已知尺寸为d、h、a、l、t及β。各管展开曲线坐标值y_n计算公式为：

$$y_n=\frac{1}{2}d\tan\frac{\beta}{4}\cos\alpha_n$$

$$b_n=\frac{1}{2}d\tan\left(45°-\frac{\beta}{4}\right)\cos\alpha_n$$

$$f=2a\tan\frac{\beta}{2}$$

$$c=l-\frac{a}{\cos\frac{\beta}{2}}$$

式中　y_n，b_n——圆管展开周长等分点至曲线坐标值，mm；

d——圆管外径，mm；

β——两支管轴线交角，(°)；

α_n——圆管断面等分角，(°)。

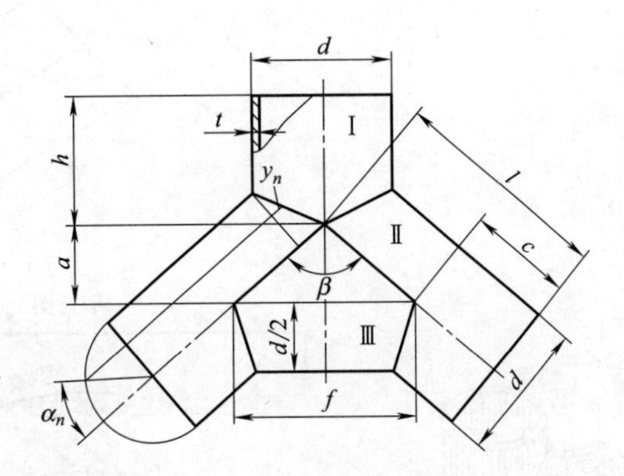

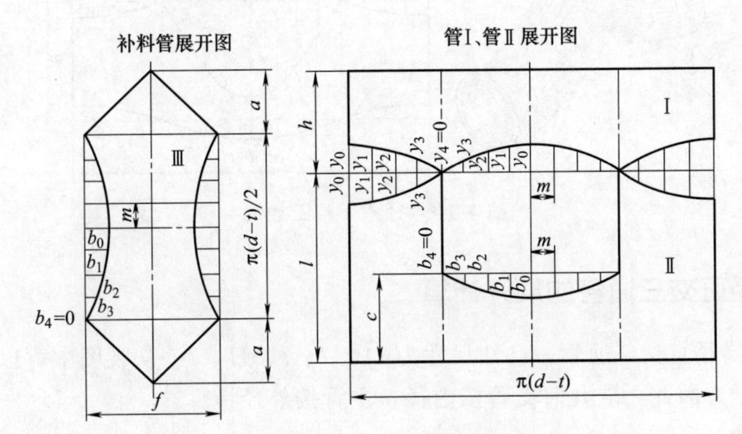

图 4-8　等径 Y 形补料管

4.1.9　等径人字形三通管的展开计算

图 4-9 所示为两组多节等径直角弯头组成的人字形三通管。已知尺寸为弯头中心半径 R、圆管外径 d、板厚 t 及节数 $N(N=4)$。

为避免作图烦琐，应使人字形管只在两节内结合（只切割两节管）。通过计算得出：当由四节等径直角弯头组成的人字形三通管中心半径 $R\geqslant1.336d$ 时，只在两节内结合。

若 R 小于上述比值，则在三节内结合（切割三节管）。为避免切割三节管，设计人字形三通管时，应取 $R\geqslant1.4d$。管Ⅱ切口部分素线长度 b_n 可通过计算得出。

计算公式：

$$b_n=\frac{1}{2}d\cos\alpha_n(\tan15°+\cot30°)=d\cos\alpha_n$$

式中　d——圆管外径，mm；

α_n——圆管断面等分角，(°)。

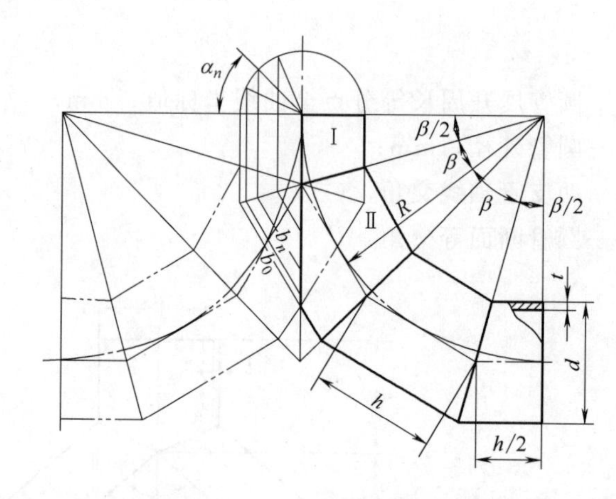

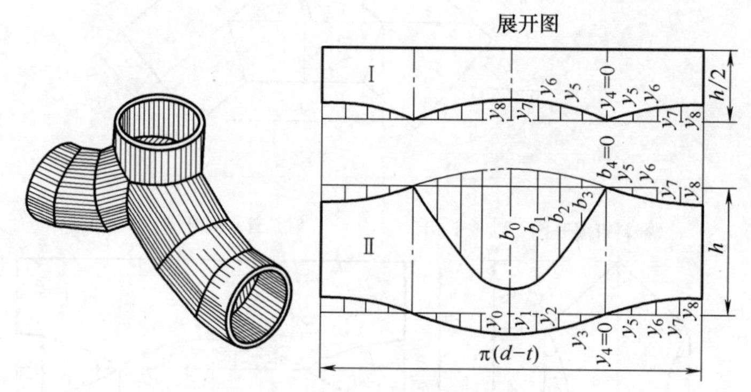

图 4-9　等径人字形三通管

4.1.10　异径直交三通管的展开计算

图 4-10 为异径直交三通管，已知尺寸为 D、d、t、H、l。从视图中可以看出支管里皮与主管外皮接触。因此，展开时支管按内径，主管按外径计算。

计算公式为：

$$h_n=R-\sqrt{R^2-r\sin^2\alpha_n}$$

$$b_n=r\sin\alpha_n$$

$$c_n=\frac{\pi R\beta_n}{180°}$$

$$\sin\beta_n=\frac{r\sin\alpha_n}{R}$$

式中　h_n——支管展开曲线高度，mm；

R——主管外半径，mm；

r——支管内半径，mm；

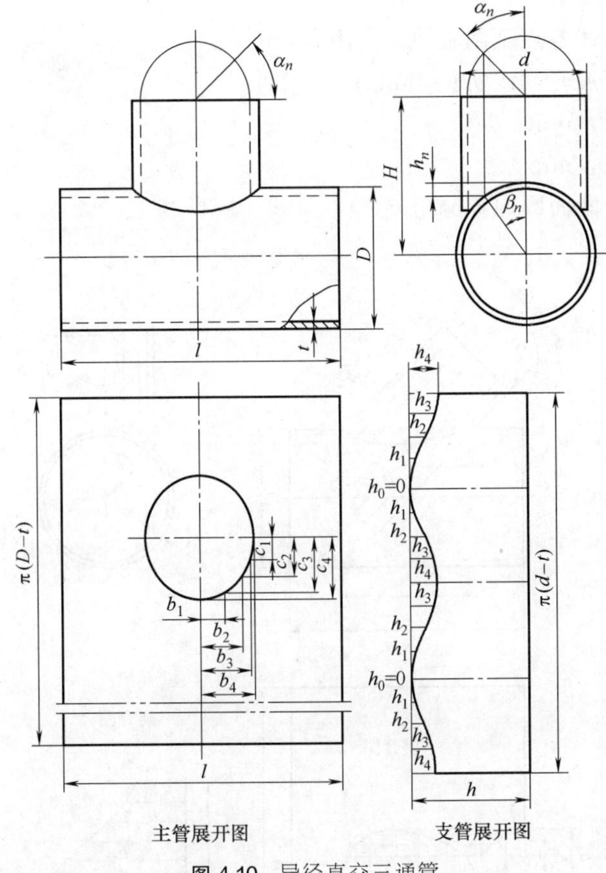

图 4-10　异径直交三通管

b_n，c_n——开孔宽、长度，mm；

α_n——圆周等分角，(°)。

4.1.11　异径斜交三通管的展开计算

图 4-11 所示为支管与主管成 β 角斜交三通管，已知尺寸为 D、d、h、c、l 及 β。从图中可以看出两管斜交既有里皮接触（支管轴线以右部分）又有外皮接触（支管轴线以左部分）。计算展开料时，当板厚不大，用内径或外径所确定的展开图及开孔尺寸，对构件质量影响甚微，可不考虑。为减少计算上的烦琐，这类相贯件一律用外径进行计算。

计算公式：

$$y_n=\frac{1}{\sin\beta}\sqrt{R^2-r^2\sin^2\alpha_n}+\frac{r\cos\alpha_n}{\tan\beta}$$

$$h_n=h-y_n$$

$$a=c-\left(r\sin\beta+\frac{R+r\cos\beta}{\tan\beta}\right)$$

$$c_n=(y_0-y_n)\cos\beta+r\sin\beta(1-\cos\alpha_n)$$

$$\tan\phi_n=\frac{r}{R}\sin\alpha_n$$

$$b_n=\frac{\pi R\phi_n}{180°}$$

式中 R，r——主、支管半径，mm；

y_n——相贯线各点至两轴线交点距离，mm；

h_n——支管展开素线实长，mm；

c_n——孔长，mm；

b_n——孔宽，mm；

α_n——圆管断面圆周等分角，(°)。

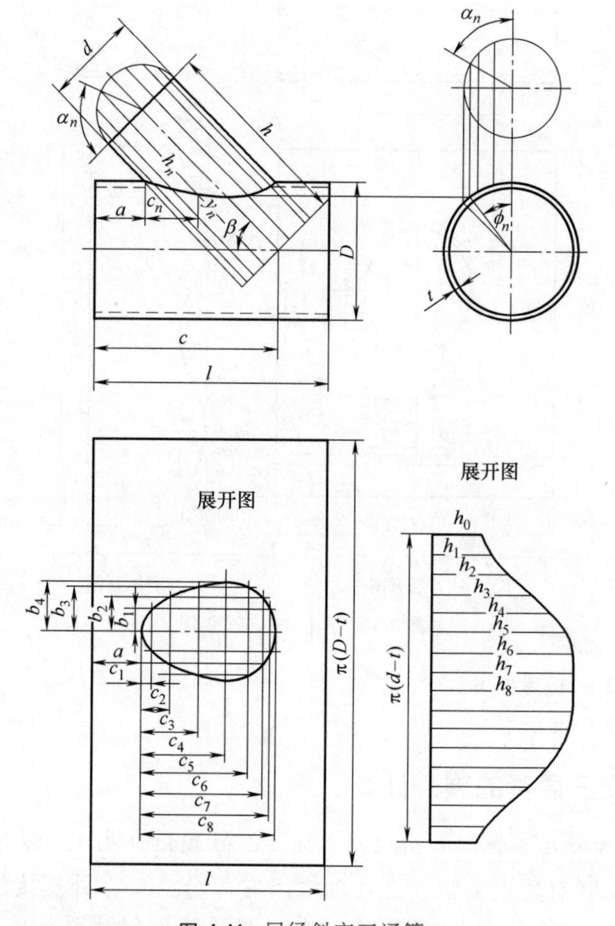

图 4-11 异径斜交三通管

4.1.12 异径偏心直交三通管的展开计算

图 4-12 所示为异径偏心直交三通管，偏心距为 y。已知尺寸为主、支管外径 D、d，板厚 t、l 及 h。

计算公式：

$$h_n = h - \sqrt{R^2 - (r\cos\alpha_n + y)^2}$$

$$c_n = r\sin\alpha_n$$

$$\cos\phi_n = \frac{r\cos\alpha_n + y}{R}$$

$$b_n=\frac{\pi R\phi_n}{180^\circ}$$

式中　R，r——主、支管外半径，mm；

b_n，c_n——孔长、孔宽，mm；

h_n——支管展开素线实长，mm；

α_n——支管断面圆周等分角，(°)；

ϕ_n——计算角，(°)。

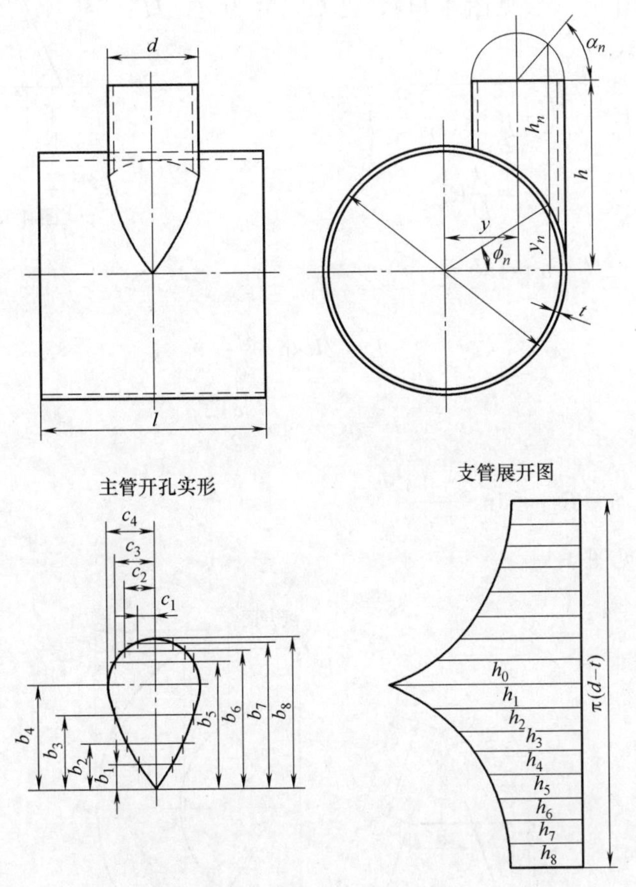

图 4-12　异径偏心直交三通管

4.2 常见圆锥管构件的展开计算

常见的圆锥管构件主要由以下结构件组成，其展开计算如下。

4.2.1 正圆锥的展开计算

图 4-13 所示为正圆锥，其展开图为一段扇形弧，展开计算公式为：

$$R=\frac{1}{2}\sqrt{d^2+4h^2}$$

$$\alpha=180^\circ\frac{d}{R}$$

$$L=2R\sin\frac{\alpha}{2}$$

式中 R——扇形弧半径，mm；

α——扇形角，(°)；

L——扇形弧弦长，mm。

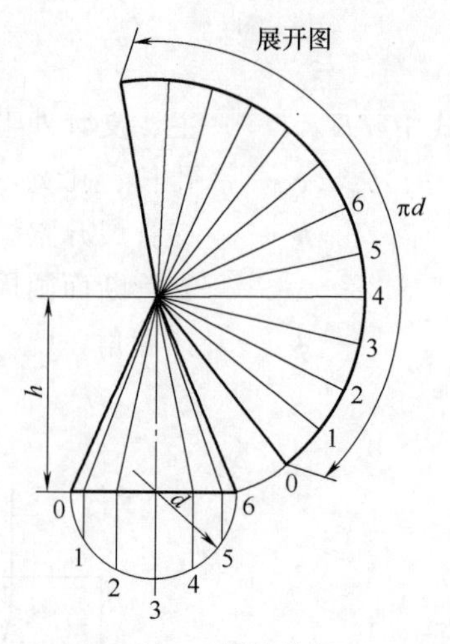

图 4-13 正圆锥的展开

4.2.2 正截头圆锥管的展开计算

当采用薄板制作时（参见图 4-14），已知尺寸为 d、H、D，其展开计算公式为：

$$R=\sqrt{\left(\frac{D}{2}\right)^2+\left(\frac{DH}{D-d}\right)^2}$$

$$r=\frac{d}{D}R$$

$$\alpha=180°\frac{d}{r}$$

$$L=2R\sin\frac{\alpha}{2}$$

$$h=R-r\cos\frac{\alpha}{2}$$

当 $\alpha>180°$时，$h=R+r\sin\frac{\alpha-180°}{2}$

式中各符号参见图 4-14。

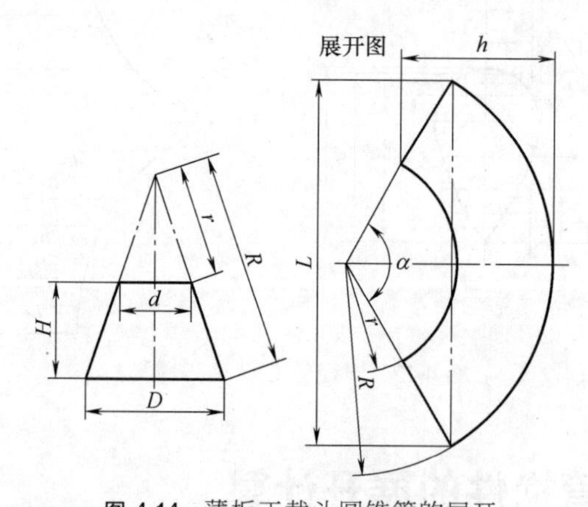

图 4-14 薄板正截头圆锥管的展开

当采用厚板制作时（参见图 4-15），已知尺寸为大小头外径 D_0、d_0、板厚 t、高 H，展开时需进行板厚处理，其展开计算公式为：

$$\tan\beta=\frac{2H}{D_0-d_0}$$

$$d=d_0-t\sin\beta$$

$$D=D_0-t\sin\beta$$

$$r=\frac{d}{2\cos\beta}$$

$$R=\frac{D}{2\cos\beta}$$

$$\alpha=180^{\circ}\frac{d}{r}$$

$$L=2R\sin\frac{\alpha}{2}$$

$$h=R-r\cos\frac{\alpha}{2}$$

当 $\alpha>180^{\circ}$时，$h=R+r\sin\frac{\alpha-180^{\circ}}{2}$

式中各符号参见图 4-15。

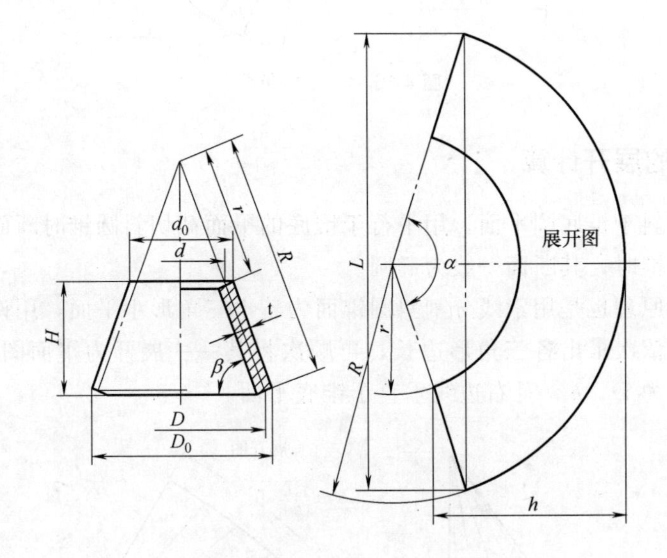

图 4-15　厚板正截头圆锥管的展开

4.2.3　斜切圆锥管的展开计算

图 4-16 所示圆锥管被一与水平成 β 角正垂面切割。展开尺寸为斜切后各素线实长。已知尺寸为 R、H、h 及 β。

计算公式：

$$f=\sqrt{R^{2}+H^{2}}$$

$$\alpha=\frac{360^{\circ}R}{f}$$

$$L=f\sin\frac{\alpha}{2}$$

$$m=D\sin\frac{180^{\circ}}{n}$$

$$\tan\phi_{n}=\frac{H}{R\cos\alpha_{n}}$$

$$A=h\cot\beta$$

$$f_n=\frac{(A-R\cos\alpha_n)\sin\phi_n\sin\beta}{\sin\phi_0\sin(\phi_n\mp\beta)}$$

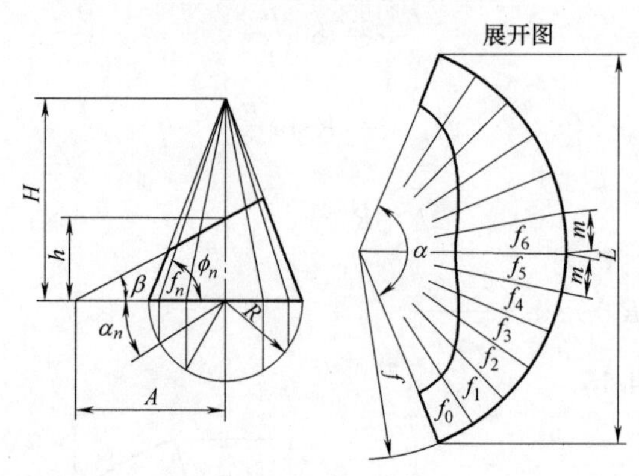

图 4-16　斜切圆锥管

4.2.4　斜圆锥的展开计算

斜圆锥轴线倾斜于锥底圆平面，用平行于锥底的平面截切斜圆锥时断面为圆，用垂直于轴线平面截切斜圆锥时，其断面一般为椭圆。

斜圆锥的展开原理也是用素线分割斜圆锥面为若干三角形小平面，用许多三角形平面去逼近斜圆锥面，并依次求出各三角形边长，再顺次将其一一展开为平面图形，如图 4-17 所示，图中已知尺寸为 D、h，且右边线垂直于锥底平面。

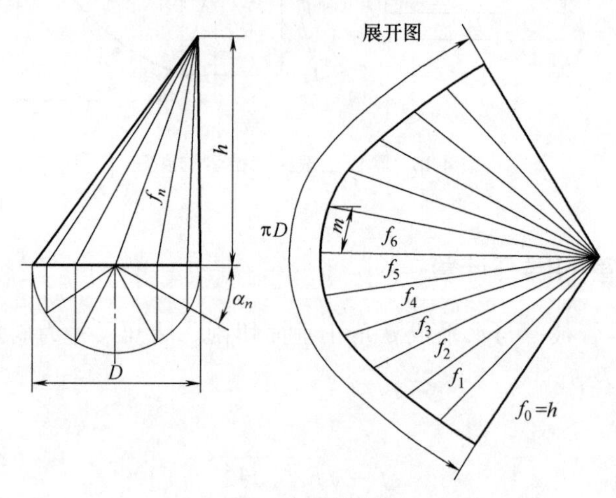

图 4-17　斜圆锥

计算公式：

$$f_n=\sqrt{2R^2(1-\cos\alpha_n)+h^2}$$

$$m=\sin\frac{180°}{n}$$

式中　f_n——素线实长，mm；

m——等分弧弦长，mm；

n——圆周等分数。

4.2.5　斜圆锥管的展开计算

图 4-18 为厚板制作的斜圆锥管，展开时需以板厚中心线所确定的斜圆锥管为准进行展开计算，已知尺寸为大小口外径 D_1、d_1、板厚 t、中心高度 h 及偏心距 l。

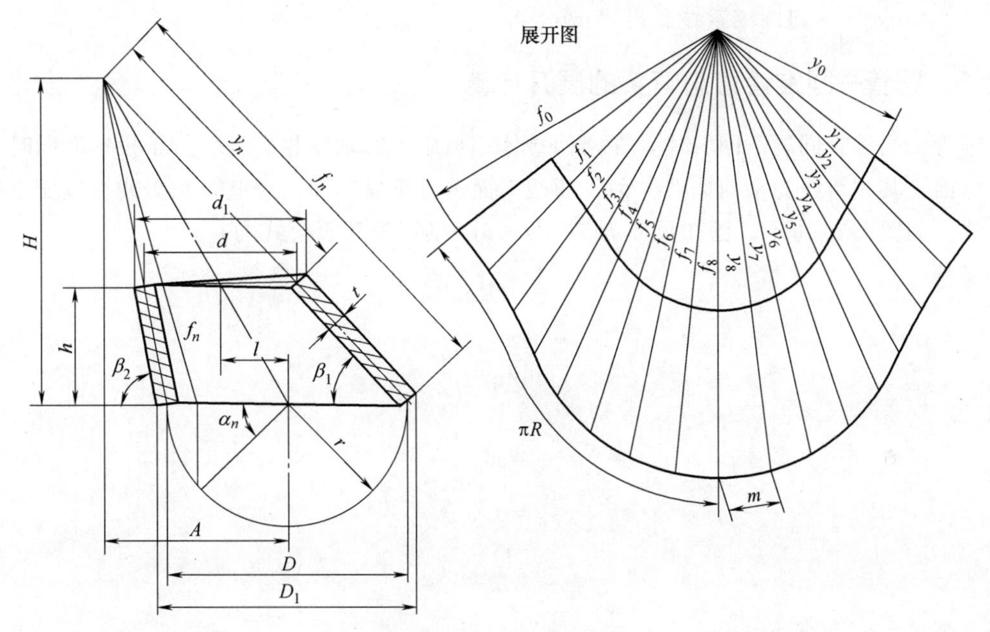

图 4-18　斜圆锥管的展开

其展开计算公式为：

$$\tan\beta_1=\frac{h}{\frac{1}{2}(D_1-d_1)+l}$$

$$\tan\beta_2=\frac{h}{\frac{1}{2}(d_1-D_1)+l}$$

$$D=D_1-\frac{t}{2}(\sin\beta_1+\sin\beta_2)$$

$$d=d_1-\frac{t}{2}(\sin\beta_1+\sin\beta_2)$$

$$A=\frac{Dl}{D-d}$$

$$H=\frac{Ah}{l}$$

$$f_n=\sqrt{\left(A-\frac{D}{2}\cos\alpha_n\right)^2+\left(\frac{D}{2}\right)^2\sin^2\alpha_n+H^2}$$

$$y_n=f_n\left(1-\frac{h}{H}\right)$$

$$m=D\sin\frac{180°}{n}$$

式中 D_1，d_1——大小口外径，mm；

D，d——大小口中心直径，mm；

h——中心高度，mm；

l——偏心距离，mm；

f_n，y_n——斜圆锥素线长度，mm。

4.2.6 圆管—圆锥管直角弯头的展开计算

圆管、圆锥管同属于回转体，在两回转体相贯中，若轴线相交且平行于投影面同时又共切于球面，其相贯线为平面曲线。由于曲线平面垂直于投影面，因此，相贯线在该面上投影为直线。如图 4-19 所示，已知尺寸为 D、d、h。其展开计算公式为：

$$c=\frac{1}{2}\sqrt{D^2+4h^2}$$

$$\tan\theta_1=\frac{2h}{D}$$

$$\sin\theta_2=\frac{r}{c}$$

$$\phi_0=\theta_1+\theta_2$$

$$H=\frac{D}{2}\tan\phi_0$$

$$R_1=\frac{H-h+r}{\tan\phi_0}$$

$$R_2=\frac{H-h-r}{\tan\phi_0}$$

$$h_1=h+r\cos\phi_0$$

$$A=h_1\cot\beta$$

$$\tan\beta=\frac{d}{R_1+R_2}$$

$$\tan\phi_n=\frac{2H}{D\cos\alpha_n}$$

$$f_n=\frac{\left(A-\frac{D}{2}\cos\alpha_n\right)\sin\phi_n\sin\beta}{\sin\phi_0\sin(\phi_n\mp\beta)}$$

$$f=\sqrt{R+H^2}$$

$$\alpha=\frac{360°R}{f}$$

$$L=2f\sin\frac{\alpha}{2}$$

$$m=D\sin\frac{180°}{n}$$

$$y_n=\frac{d}{2}\tan(90°-\beta)\cos\alpha_n$$

$$b' = b + R_2 - \frac{d}{2}\cot\beta$$

式中 f_n——圆锥管素线实长，mm；

y_n——圆管展开曲线坐标值，mm。

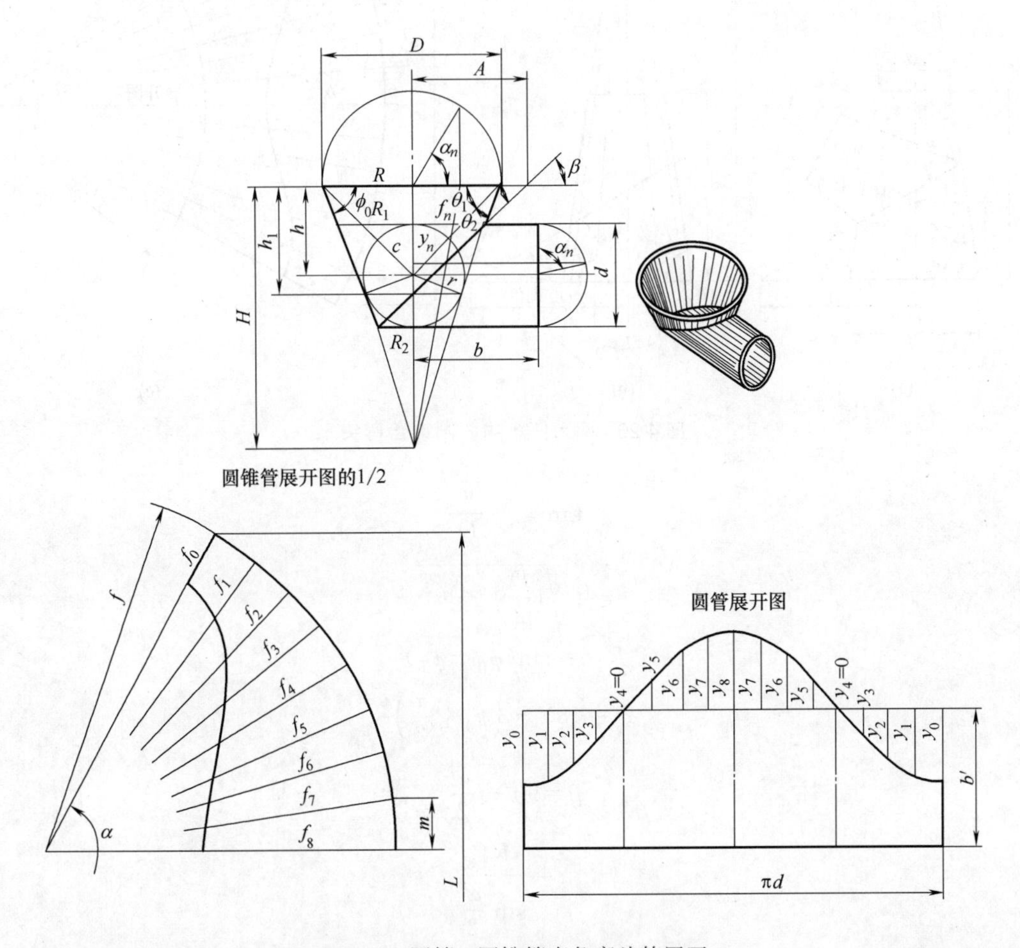

图 4-19 圆管—圆锥管直角弯头的展开

4.2.7 两节任意角度圆锥管的展开计算

图 4-20 所示为两节任意角度圆锥管弯头，已知尺寸为 D、d、h_1、h_2 及 α 角。从图中可以看出，如果将管Ⅰ掉转 180°便可与管Ⅱ构成一正截头圆锥台。于是，圆锥管弯头展开图便可通过圆锥台展开图求得。也就是说，首先按已知尺寸计算并作出圆锥台管展开图，然后再按“4.2.3 斜切圆锥管的展开计算”求出第Ⅱ节斜切后各素线 f_n 实长，并从圆锥台管展开图中依次截取所求线长，便可得出两管展开图。

(1) 有关参数计算［图 4-20 (a)］：

$$h = h_1 + h_2$$

$$\tan\phi_0 = \frac{2h}{D-d}$$

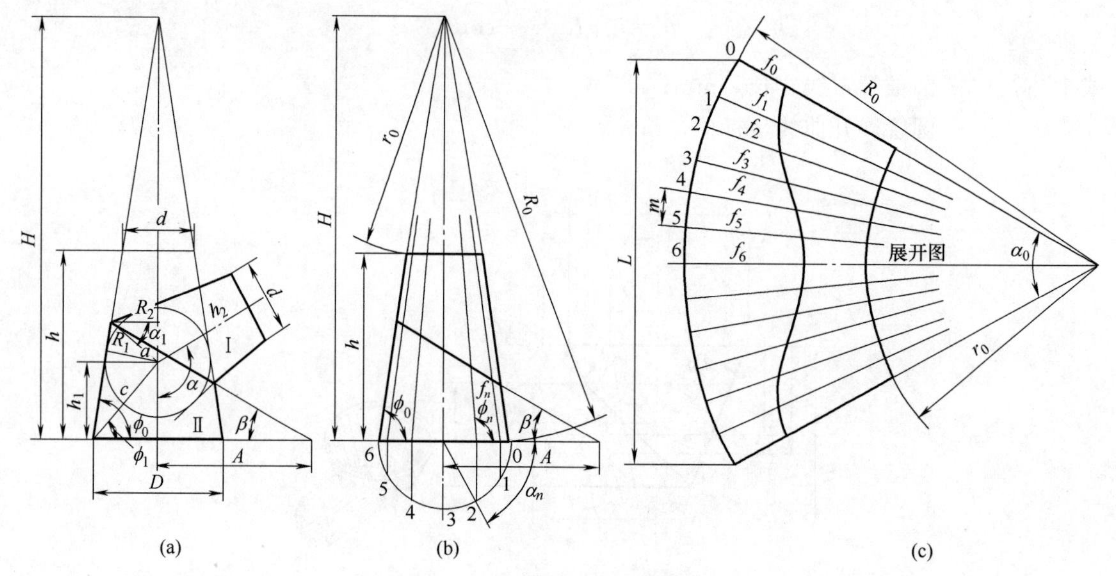

(a) (b) (c)

图 4-20 两节任意角度圆锥管弯头

$$\tan\phi_1=\frac{2h_1}{D}$$

$$c=\sqrt{\left(\frac{D}{2}\right)^2+h^2}$$

$$R_1=c\sin(\phi_0-\phi_1)$$

$$\alpha_1=180°-\left(\phi_0+\frac{\alpha}{2}\right)$$

$$\beta=90°-\frac{\alpha}{2}$$

$$a=\frac{R_1}{\sin\dfrac{\alpha}{2}}$$

$$R_2=a\cos\alpha_1$$

$$A=(h_1+a\sin\alpha_1)\cot\beta-R_2$$

$$H=\frac{Dh}{D-d}$$

（2）圆锥管展开尺寸计算［图 4-20（b）］：

$$\tan\phi_n=\frac{2H}{D\cos\alpha_n}$$

$$f_n=\frac{\sin\phi_0\sin\beta\left(A-\dfrac{D}{2}\cos\alpha_n\right)}{\sin\phi_n\sin(\phi_n\mp\beta)}$$

$$R_0=\sqrt{\left(\frac{D}{2}\right)^2+H^2}$$

$$r_0=\sqrt{\left(\frac{d}{2}\right)^2+(H-h)^2}$$

$$\alpha_0 = 180°\frac{D}{R_0}$$

$$L = 2R_0 \sin\frac{\alpha_0}{2}$$

$$m = D\sin\frac{180°}{n}$$

式中各符号意义参见图 4-20。

4.2.8　裤形管的展开计算

图 4-21 所示裤形三通管是由大小相同的斜圆锥管组合而成的，已知尺寸为 D、d、A 及 β。

计算公式：

$$B = \frac{Ad}{2(D-d)}$$

$$H = \left(\frac{A}{2} + B\right)\cot\frac{\beta}{2}$$

$$h = \frac{A}{2}\cot\frac{\beta}{2}$$

$$\tan\phi_n = \frac{H}{A + \frac{D}{2}\cos\alpha_n}$$

$$\tan\beta_n = \frac{D\sin\alpha_n}{2A + D\cos\alpha_n}$$

$$y_n = \frac{D\cos\alpha_n}{2\cos\beta_n}\sqrt{\cos^2\beta_n \tan^2\phi_n + 1}$$

$$i_n = \sqrt{B^2 + Bd\cos\alpha_n + \left(\frac{d}{2}\right)^2 + (H-h)^2}$$

当 $0° \leqslant \alpha \leqslant 90°$ 时；$f_n = \sqrt{A^2 + AD\cos\alpha_n + \left(\frac{D}{2}\right)^2 + H^2} - (y_n + i_n)$

当 $90° < \alpha \leqslant 180°$ 时；$f_n = \sqrt{A^2 + AD\cos\alpha_n + \left(\frac{D}{2}\right)^2 + H^2} - i_n$

$m = D\sin\frac{180°}{n}$

式中各符号意义参见图 4-21。

4.2.9　方管直交圆管三通的展开计算

图 4-22 所示为方管与圆管垂直相交三通管。已知尺寸为 A、D、H、L、t，其展开计算公式为：

$$a = A - 2t$$

$$\sin\beta = \frac{a}{D}$$

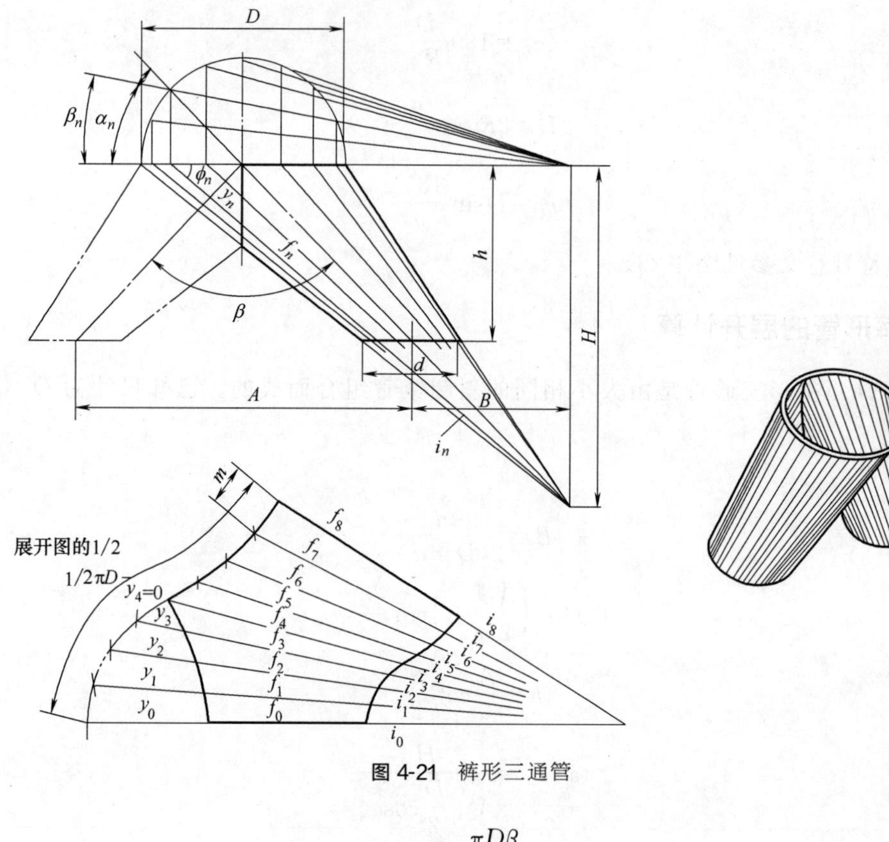

图 4-21 裤形三通管

$$f=\frac{\pi D\beta}{180^{\circ}}$$

$$h=H-\frac{D}{2}\cos\beta$$

式中各参数意义参见图 4-22。

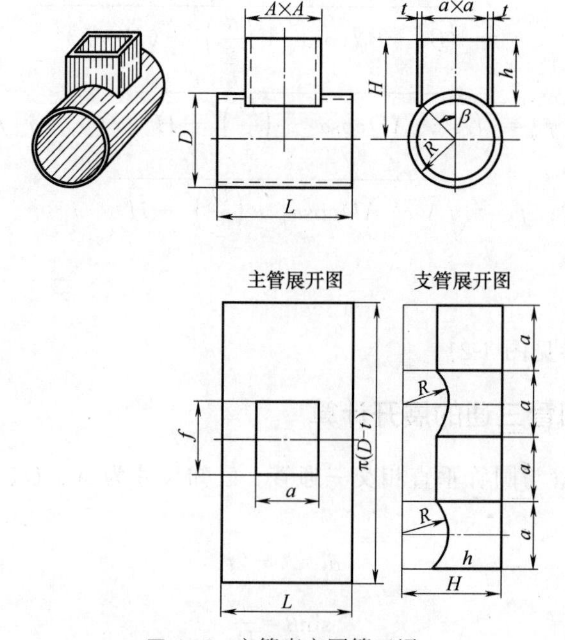

图 4-22 方管直交圆管三通

4.2.10　方管斜交圆管三通的展开计算

图 4-23 为方管与圆管水平轴线成 β 角斜交。已知尺寸为 A、B、D、H、L、t、l 及 β，其展开计算公式为：

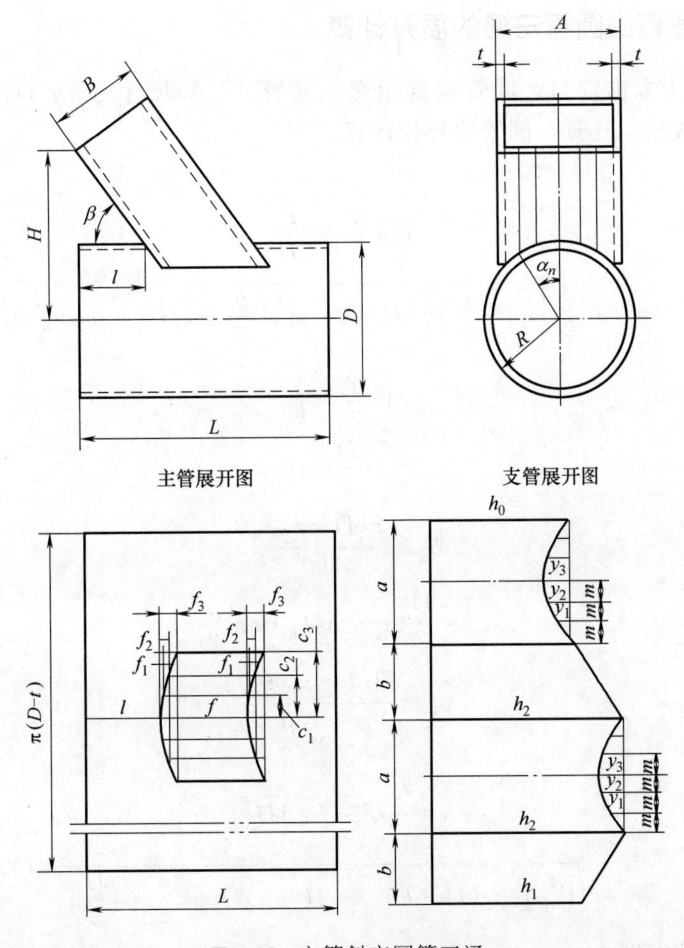

图 4-23　方管斜交圆管三通

$$a=A-2t、b=B-2t$$

$$h_0=\frac{1}{\sin\beta}\left(H-\sqrt{R^2-\frac{a^2}{4}}\right)$$

$$h_1=h_0+t\cot\beta$$

$$h_2=h_0+(B-t)\cot\beta$$

$$\sin\alpha_n=\frac{m_n}{R}$$

$$y_n=\frac{R}{\sin\beta}(1-\cos\alpha_n)$$

$$f_n=y_n\cos\beta$$

$$c_n=\frac{\pi R\alpha_n}{180°}$$

式中 m_n——a 边等分距，mm；

y_n——长方管展开曲线坐标值，mm；

f_n——开孔曲线坐标值（y_n 值水平投影），mm；

c_n——孔宽，mm。

4.2.11 方锥管直交圆管三通的展开计算

图 4-24 所示为方锥管与大圆管垂直相交三通管。已知尺寸为 a、D、h、H、L 及 t。计算公式中方锥按里口计算，圆管按外径计算。

计算公式：

$$\tan\frac{\beta}{2}=\frac{a}{2H}$$

$$c=2\sin\frac{\beta}{2}\left[\sqrt{\left(\frac{D}{2}\right)^2-(H-h)^2\sin^2\frac{\beta}{2}}+(H-h)\cos\frac{\beta}{2}\right]$$

$$\sin\frac{\phi}{2}=\frac{c}{D}$$

$$f_n=\frac{D}{2}\sin\phi_n$$

$$b_n=\frac{\pi(D-t)\phi_n}{360°}$$

$$c_n=\frac{D}{2}(1-\cos\phi_n)\tan\frac{\beta}{2}$$

$$y_n=\frac{D(1-\cos\phi_n)}{2\cos\frac{\beta}{2}}$$

$$R=\frac{1}{2}\sqrt{2a^2+4H^2}$$

$$r=\sqrt{\left(\frac{c}{2}\right)^2+(H-h)^2+(H-h)D\cos\frac{\phi}{2}+\left(\frac{D}{2}\right)^2}$$

式中 b_n——开孔宽度，mm；

c_n——开孔曲线水平投影长度，mm；

f_n——方锥管曲线宽度坐标值，mm；

y_n——方锥管曲线高度坐标值，mm。

式中其余各符号的意义可参阅图 4-24。

4.2.12 圆管平交方锥管的展开计算

图 4-25 所示为圆管与方锥管右侧面水平相交。已知尺寸为 A、d、t、H、h 及 L。

计算公式：

$$\tan\beta=\frac{2H}{A}$$

$$a=A-2t\sin\beta$$

$$l=L-\frac{A}{2}+h\cot\beta$$

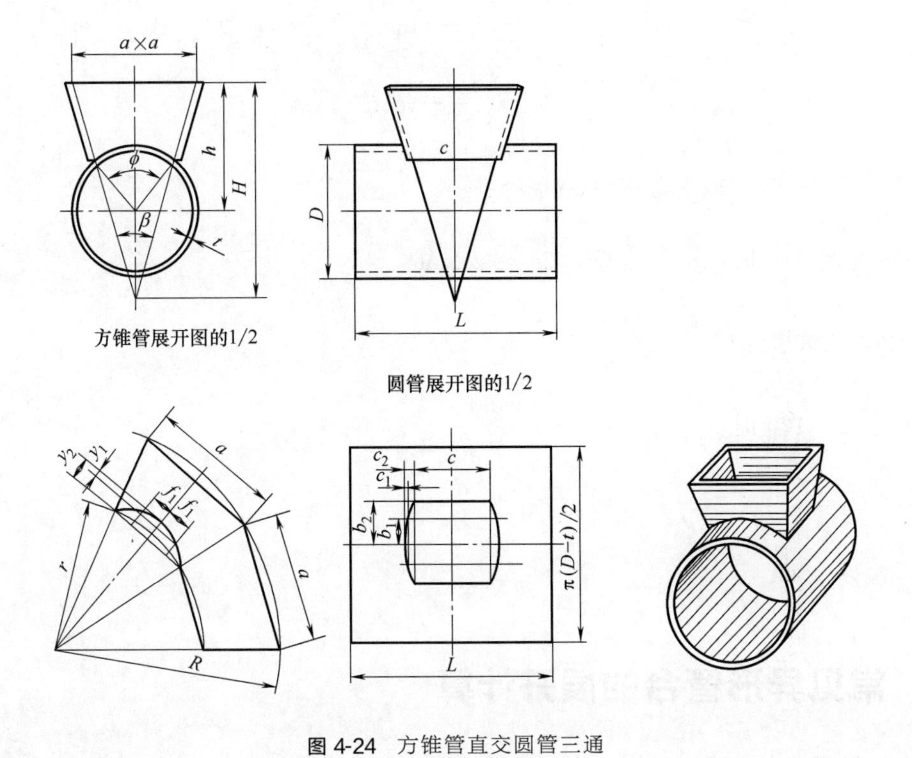

图 4-24　方锥管直交圆管三通

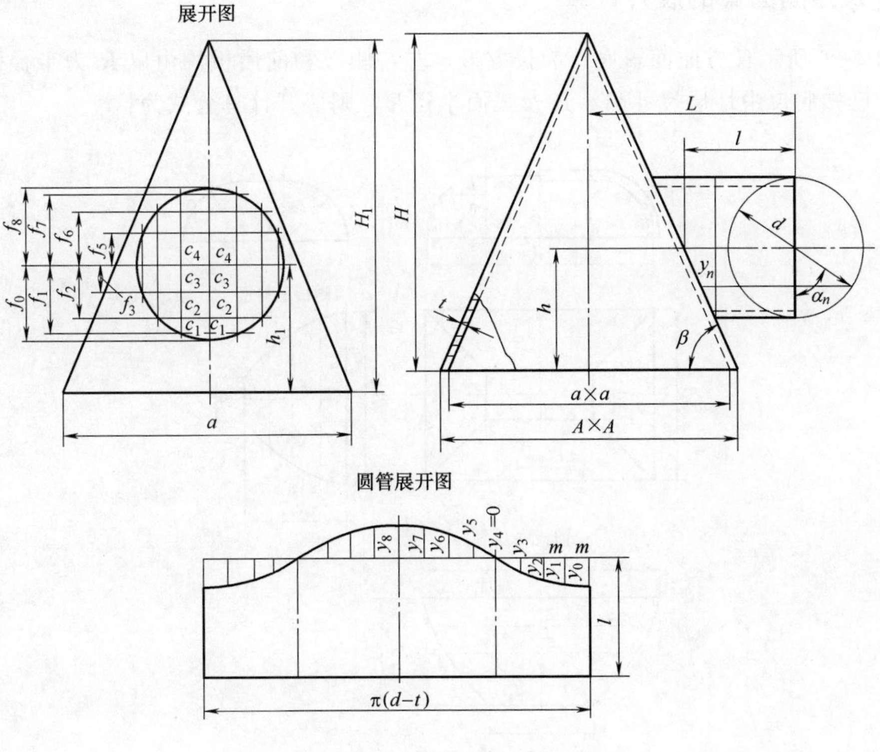

展开图

圆管展开图

图 4-25　圆管平交方锥管

$$H_1=\frac{a}{2}\tan\beta$$

$$h_1=\frac{h}{\sin\beta}-t\cot\beta$$

当 $0°\leqslant\alpha\leqslant 90°$时：$y_n=\frac{d}{2}\cos\alpha_n\cot\beta$

当 $90°<\alpha\leqslant 180°$时：$y_n=\frac{1}{2}(d-2t)\cos\alpha_n\cot\beta$

当 $0°\leqslant\alpha\leqslant 90°$时：$f_n=\frac{d\cos\alpha_n}{2\sin\beta}$

当 $90°<\alpha\leqslant 180°$时：$f_n=\frac{1}{2}(d-2t)\frac{\cos\alpha_n}{\sin\beta}$

$$c_n=\frac{d}{2}\sin\alpha_n$$

$$m=\frac{\pi(d-t)}{n}$$

4.3 常见异形管台的展开计算

常见的异形管台主要由以下结构件组成，其展开计算如下。

4.3.1 长方曲面罩的展开计算

如图 4-26 所示长方曲面罩底口为长方形，左右侧板和前后板均由以 R 为半径弧面板组合而成，已知底口中性层尺寸 A、B 及弧面半径 R，则展开计算公式为：

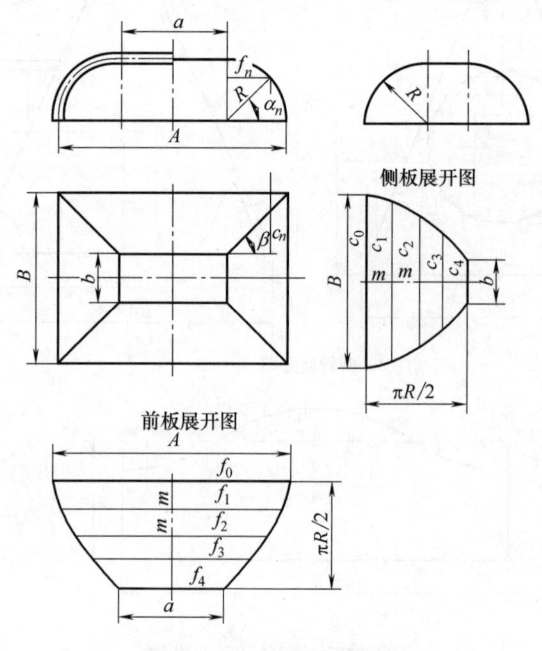

图 4-26 长方曲面罩的展开

$$a=A-2R$$

$$b=B-2R$$

$$c_n=R\cos\alpha_n\tan\beta+\frac{b}{2}$$

$$f_n=R\cos\alpha_n+\frac{a}{2}$$

$$m=\frac{\pi R}{4n}$$

式中　c_n，f_n——曲线坐标值，mm；

　　　n——1/4 圆周等分数。

4.3.2　变径长圆台的展开计算

如图 4-27 所示变径长圆台是由两个 1/2 正截头圆锥管机侧垂板组合而成的，已知尺寸为 R、r、A、H，按中性层尺寸计算，则展开计算公式为：

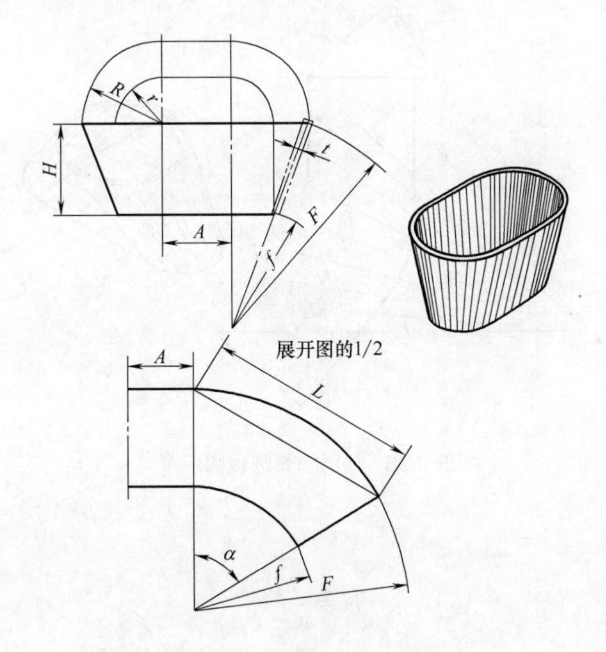

图 4-27　变径长圆台的展开

$$h=\frac{RH}{R-r}$$

$$F=\sqrt{R^2+h^2}$$

$$f=\sqrt{r^2+(h-H)^2}$$

$$\alpha=180°\frac{R}{F}$$

$$L=2F\sin\frac{\alpha}{2}$$

式中　h——截头圆锥高度，mm。

4.3.3 圆顶细长圆台的展开计算

如图 4-28 所示圆顶细长圆台是由斜圆锥管与三角形平面组合而成的，已知尺寸为 R、r、h、t 及 L。

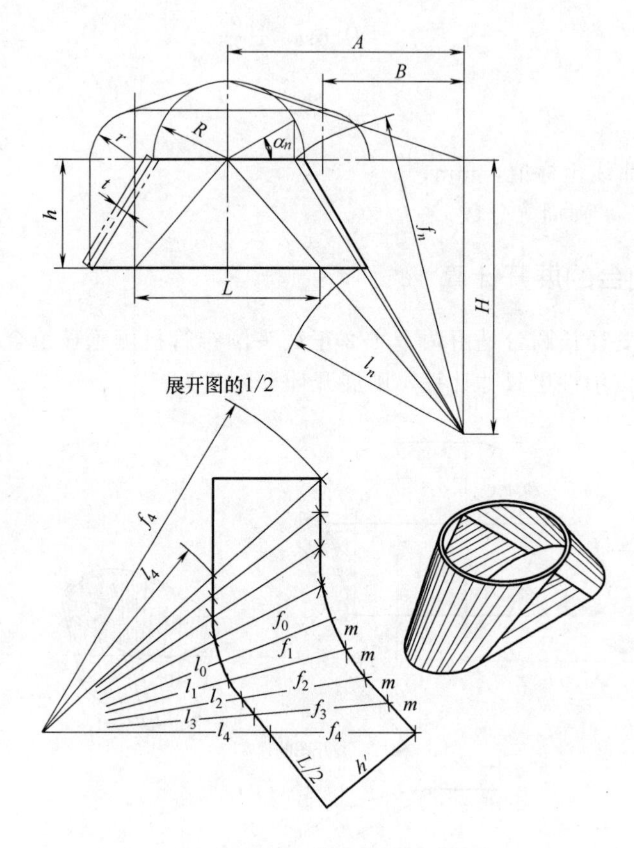

图 4-28 圆顶细长圆台的展开

展开计算公式为：

$$H=\frac{hR}{R-r}$$

$$A=\frac{LR}{2(R-r)}$$

$$B=A\left(1-\frac{h}{H}\right)$$

$$f_n=\sqrt{A^2-2AR\cos\alpha_n+R^2+H^2}$$

$$l_n=\sqrt{B^2-2Br\cos\alpha_n+r^2+(H-h)^2}$$

$$h'=\sqrt{h^2+(R-r)^2}$$

$$m=\frac{\pi R}{2n}$$

式中各符号参见图 4-28。

4.3.4　长圆直角换向台的展开计算

图 4-29 所示为长圆直角换向台，已知尺寸为 R、h。

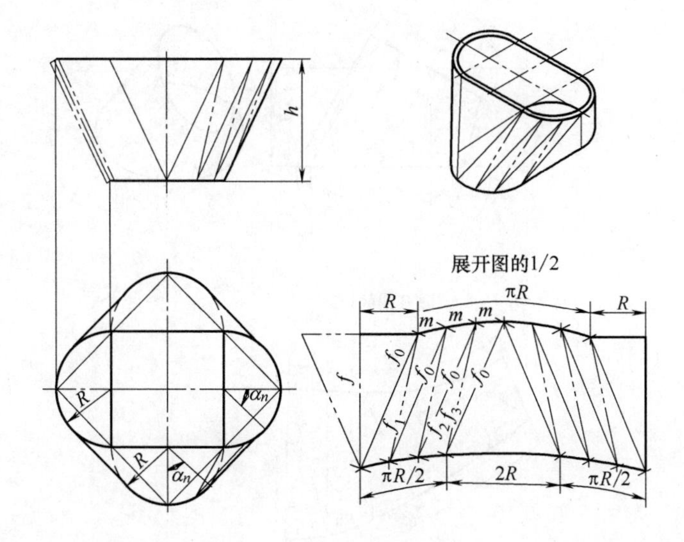

图 4-29　长圆直角换向台

计算公式：

$$f_0=\sqrt{2R^2+h^2}$$

$$f_n=\sqrt{R^2[(\sin\alpha_{n-1}-\sin\alpha_n)^2+(\cos\alpha_n-\cos\alpha_{n-1})^2]+h^2}$$

$$f=\sqrt{R^2+h^2}$$

$$m=\frac{\pi R}{n}$$

式中　f_n——盘线实长，mm；

n——半圆周等分数。

式中其余各符号参见图 4-29。

4.3.5　任意角度变径连接管的展开计算

如图 4-30 所示为任意角度变径连接管，俗称斜马蹄，在现场一般仅对上下口径和有关尺寸提出要求，对管身曲面不作要求，它不属于斜切圆锥管或斜圆锥管，因此，不能用上述两种管展开法展开。本例计算展开所作盘线（首尾相连各素线和点画线）并非真正直线，其计算值一般为近似值，但相差甚微，不影响构件质量。已知上下口中性层半径 R、r，错心距 y 及顶口斜角 β，则展开计算公式为：

$$f_n=\sqrt{(R\cos\alpha_n-y-r\cos\alpha_n\cos\beta)^2+(h-r\cos\alpha_n\sin\beta)^2+(R-r)^2\sin^2\alpha_n}$$

$$l_n=\sqrt{(R\cos\alpha_n-y-r\cos\alpha_{n+1}\cos\beta)^2+(h-r\cos\alpha_{n+1}\sin\beta)^2+(R\sin\alpha_n-r\sin\alpha_{n+1})^2}$$

$$m_1=\frac{\pi R}{n}$$

$$m_2=\frac{\pi r}{n}$$

式中 f_n，l_n——盘线实长，mm；

n——半圆周等分数。

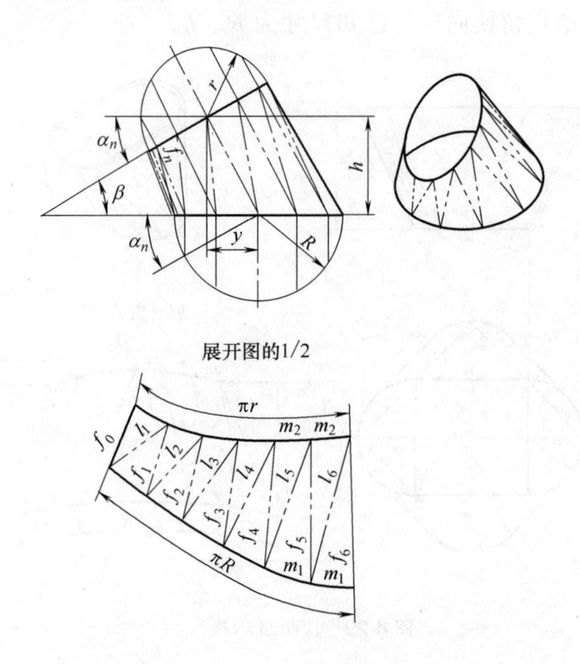

图 4-30 任意角度变径连接管的展开

4.3.6 圆顶方底台的展开计算

图 4-31 所示圆顶方底连接管是由四个斜圆锥面和四个三角形平面组合而成的，已知尺寸为圆外径 D、方外口 A、高 H 及板厚 t；展开尺寸为 a、d、h、f_n，则展开计算公式为：

$$\tan\beta=\frac{2H}{A-D}$$

$$a=A-2t\sin\beta$$

$$d=D-t\sin\beta$$

$$h=H-\frac{t}{2}\cos\beta$$

$$f_n=\frac{1}{2}\sqrt{(a-d\sin\alpha_n)^2+(a-d\cos\alpha_n)^2+4h^2}$$

$$f=\frac{1}{2}\sqrt{(a-d)^2+4h^2}$$

$$m=\frac{\pi d}{n}$$

式中各符号意义参见图 4-31。

4.3.7 圆顶长方底台的展开计算

图 4-32 所示圆顶长方底台是由四个全等斜圆锥面和四个对称三角形平面组成的，已知外形尺寸为 A、D、H 及板厚 t；展开尺寸为 a、d、h、f_n，则展开计算公式为：

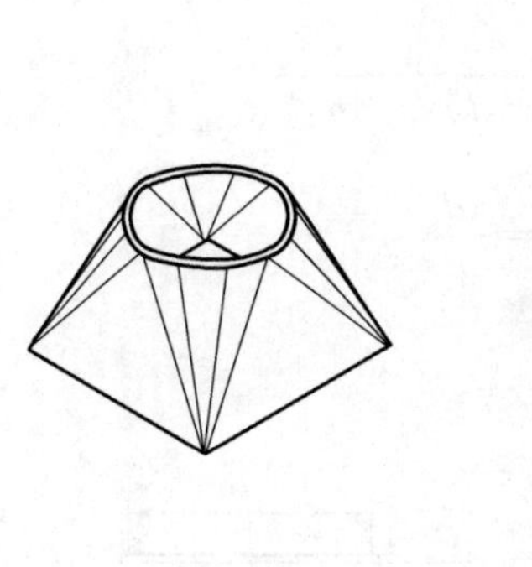

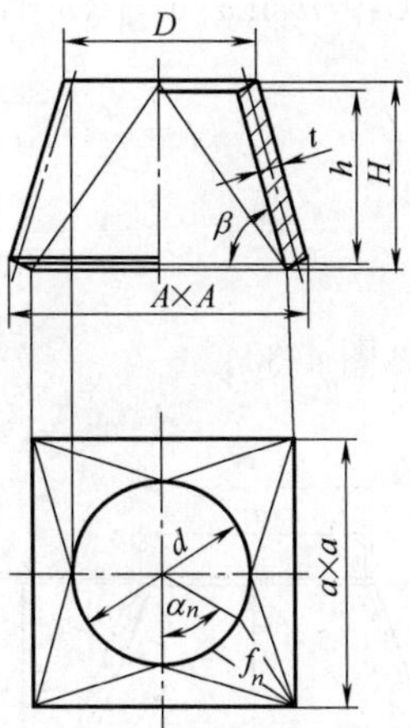

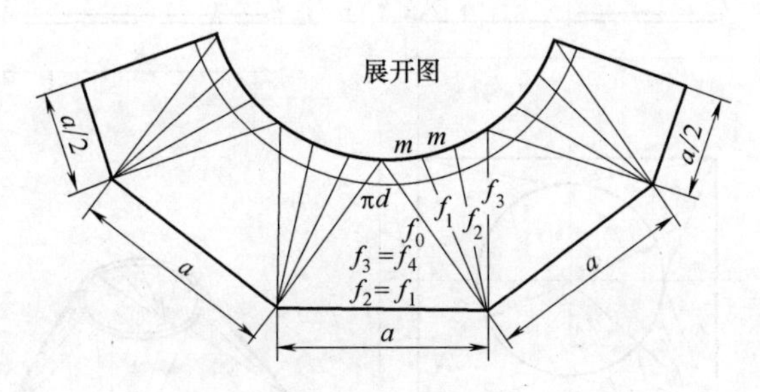

图 4-31 圆顶方底

$$\tan\beta_1=\frac{2H}{A-D}$$

$$\tan\beta_2=\frac{2H}{B-D}$$

$$d_1=D-t\sin\beta_1$$

$$d_2=D-t\sin\beta_2$$

$$d=\frac{1}{2}(d_1+d_2)=D-\frac{t}{2}(\sin\beta_1+\sin\beta_2)$$

$$a=A-2t\sin\beta_1$$

$$b=B-2t\sin\beta_2$$

$$h_1=H-\frac{t}{2}\cos\beta_1$$

$$h_2=H-\frac{t}{2}\cos\beta_2$$

$$h=\frac{1}{2}(h_1+h_2)=H-\frac{t}{4}(\cos\beta_1+\cos\beta_2)$$

$$f_0=\frac{1}{2}\sqrt{a^2+(b-d_2)^2+4h_2{}^2}$$

$$f_n=\frac{1}{2}\sqrt{(a-d\sin\alpha_n)^2+(b-d\cos\alpha_n)^2+4h^2}\quad(\text{当 }0^\circ<\alpha<90^\circ\text{时})$$

$$f_n=\frac{1}{2}\sqrt{(a-d\sin\alpha_n)^2+(b-d\cos\alpha_n)^2+4{h_1}^2}\quad（当\ \alpha=90°时）$$

$$f=\frac{1}{2}\sqrt{(a-d)^2+4{h_1}^2}$$

$$m=\frac{\pi d}{n}$$

式中各符号意义参见图 4-32。

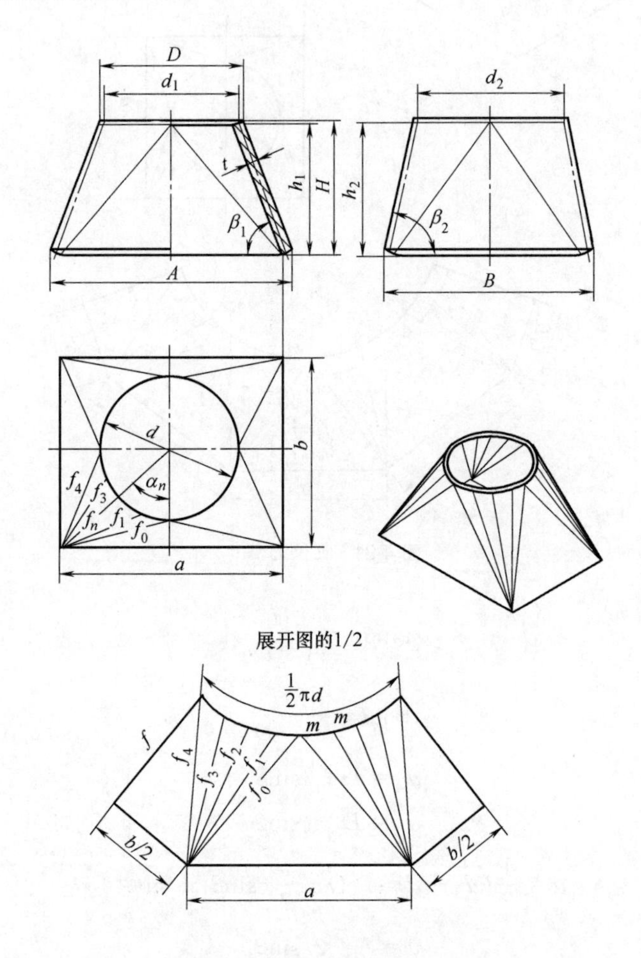

图 4-32 圆顶长方底台的展开

4.3.8 圆方偏心过渡连接管的展开计算

图 4-33 所示为顶圆直径底方尺寸相等偏心过渡连接管。已知尺寸为顶圆中径 d、底方里口 a、高 h 及偏心距 y。

计算公式：

当 $0°\leqslant\alpha<90°$ 时：$f_n=\sqrt{\left(\frac{a}{2}+y-\frac{d}{2}\cos\alpha_n\right)^2+\left(\frac{d}{2}\sin\alpha_n-\frac{a}{2}\right)^2+h^2}$

当 $\alpha=90°$ 时：$f_n=\frac{1}{2}\sqrt{(a-2y)^2+(d\sin\alpha_n-a)^2+4h^2}$

当 $90° < \alpha \leqslant 180°$时：$f_n = \frac{1}{2}\sqrt{(a-2y+d\cos\alpha_n)^2+(d\sin\alpha_n - a)^2+4h^2}$

$f=\sqrt{y^2+h^2}$

$$m=\frac{\pi d}{n}$$

式中各符号参见图 4-33。

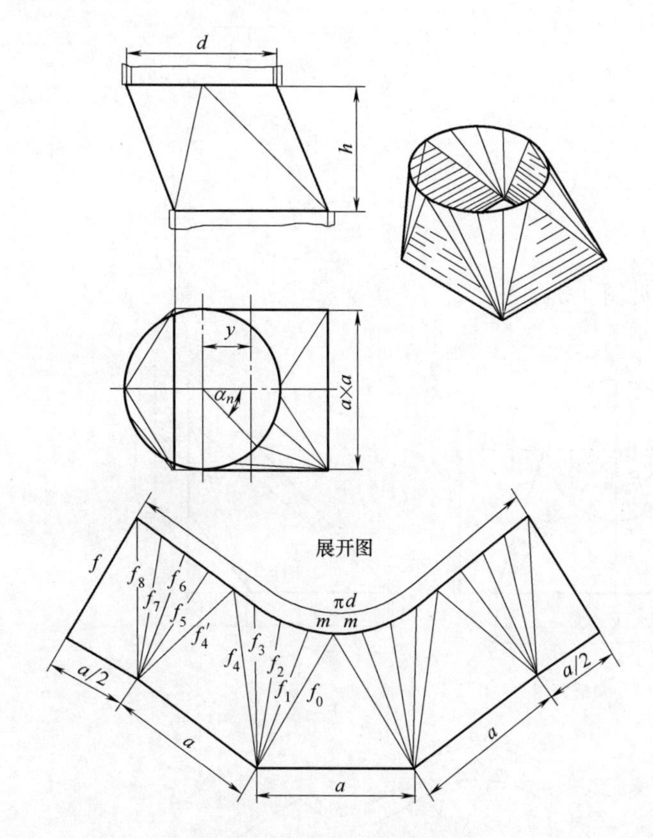

图 4-33　圆方偏心过渡连接管

4.3.9　圆长方直角过渡连接管的展开计算

圆长方直角过渡连接管是以方四角为锥顶，两种不同锥度部分斜圆锥面和四个三角形平面组成的，参见图 4-34。圆顶 6 为最高过渡点，0 为最低点，k、k'切点（不在圆水平直径端）是平、曲面的分界点，该点与底角点连线为平曲面分界线。展开放样时需准确求出 k、k'点，切勿以直径端点 3 代替。图中已知尺寸为 d、a、b、h 及 l。

计算公式：

$$c=\frac{1}{2}\sqrt{a^2+4h^2}$$

$$\sin\beta=\frac{d}{2c}$$

当 $0° \leqslant \alpha \leqslant 90°$时：$f_n=\frac{1}{2}\sqrt{(a-d\sin\alpha_n)^2+(2h-d\cos\alpha_n)^2+4l^2}$

当 $90°<\alpha\leqslant180°$ 时：$f_n=\frac{1}{2}\sqrt{(a-d\sin\alpha_n)^2+(2h-d\cos\alpha_n)^2+4(b+l)^2}$

$$f_T=\frac{1}{2}\sqrt{[a-d\sin(90°+\beta)]^2+[2h-d\cos(90°+\beta)]^2+4l^2}$$

$$f'_T=\frac{1}{2}\sqrt{[a-d\sin(90°+\beta)]^2+[2h-d\cos(90°+\beta)]^2+4(b+l)^2}$$

$$f=\sqrt{l^2+\left(h-\frac{d}{2}\right)^2}$$

$$e=d\sin\frac{\beta}{2}$$

$$m=\frac{\pi d}{n}$$

式中各符号参见图 4-34。

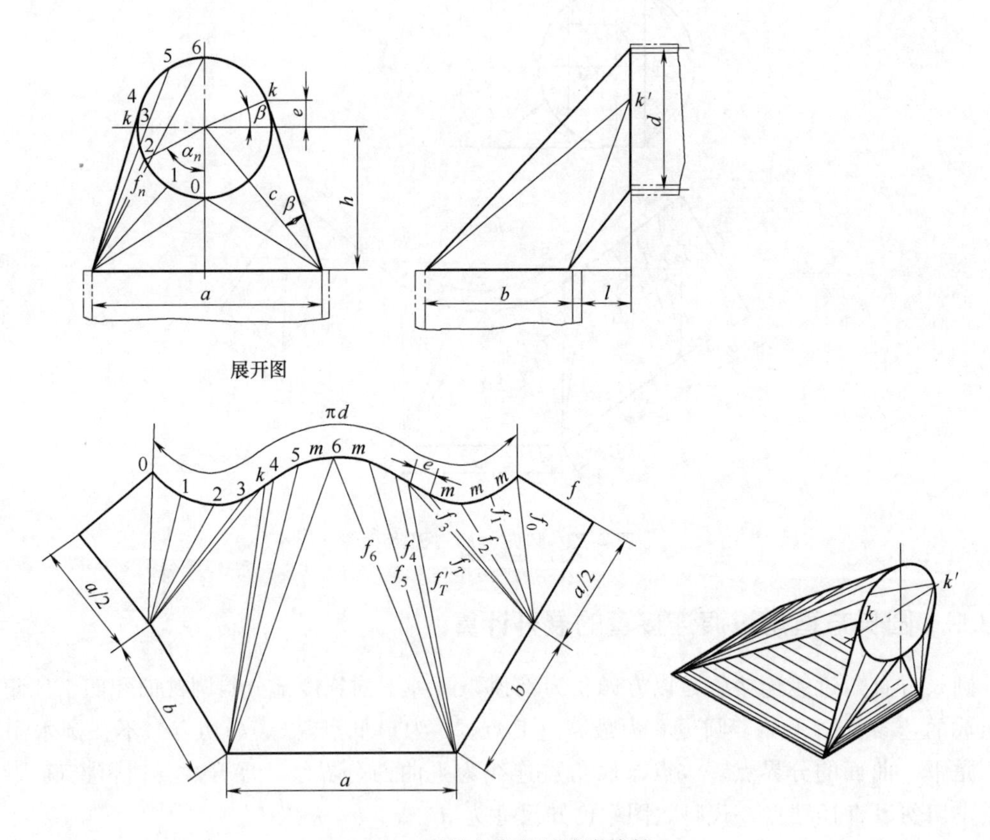

图 4-34 圆长方直角过渡连接管

4.3.10 圆顶方底裤形三通管的展开计算

圆顶方底裤形管两腿是以 R 为半径的腰圆结合线，如图 4-35 所示。已知尺寸为方外口边长 A、圆外径 D、板厚 t、高 H 和两腿间距 l。展开放样尺寸为 a、d、h、f_n。

计算公式：

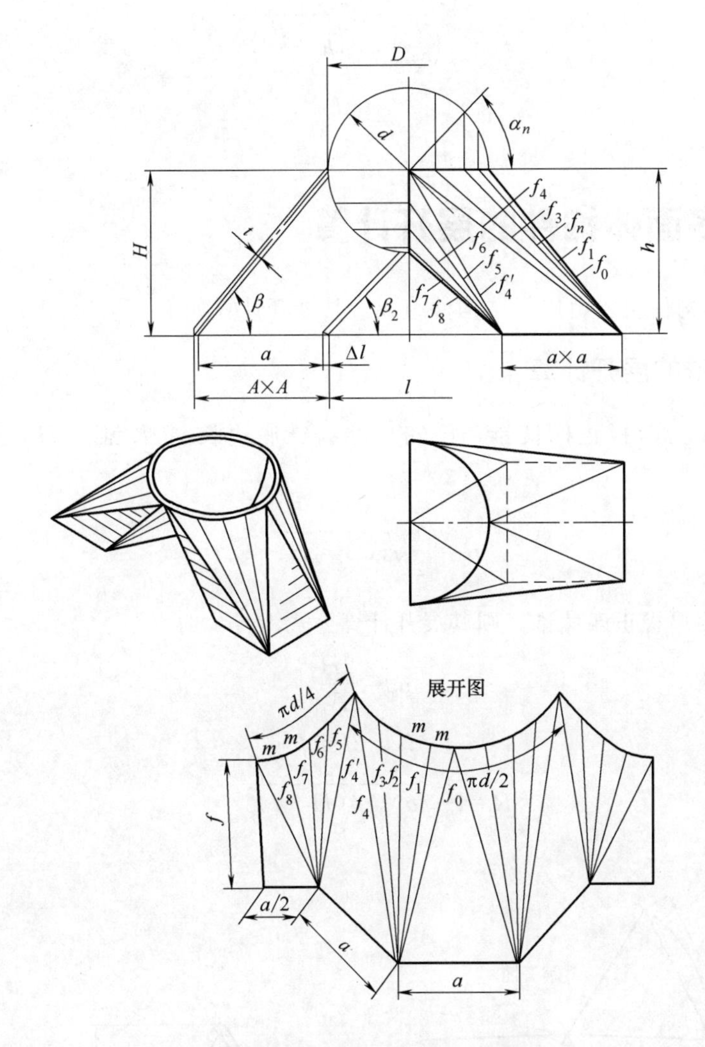

图 4-35　圆顶方底裤形三通管

$$\tan\beta_1=\frac{2H}{2A+l-D}$$

$$\tan\beta_2=\frac{2h-d}{l}$$

$$h=H-\frac{t}{2}\cos\beta_1$$

$$d=D-t\sin\beta_1$$

$$a=A-t(\sin\beta_1+\sin\beta_2)$$

$$\Delta l=t\sin\beta_2$$

当 $0°\leqslant\alpha\leqslant 90°$时：$f_n=\sqrt{\left(\frac{l}{2}+A-t\sin\beta_1-\frac{d}{2}\cos\alpha_n\right)^2+\frac{1}{4}(a-d\sin\alpha_n)^2+h^2}$

当 $90°<\alpha\leqslant 180°$时：$f_n=\frac{1}{2}\sqrt{(2h+d\cos\alpha_n)^2+(a-d\sin\alpha_n)^2+(l+2t\sin\beta_2)^2}$

$$f'_n=\frac{1}{2}\sqrt{(l+2t\sin\beta_2)^2+(a-d)^2+4h^2}$$

$$f=\sqrt{\left(\frac{l}{2}\right)^2+\left(h-\frac{d}{2}\right)^2}$$

$$m=\frac{\pi d}{n}$$

4.4 常见多面体构件的展开计算

常见的多面体构件主要由以下结构件组成，其展开计算如下。

4.4.1 正四棱锥的展开计算

如图 4-36 所示为薄板正四棱锥，已知尺寸为锥底边长 A 及锥高 H，则展开计算公式为：

$$R=\frac{1}{2}\sqrt{A^2+4H^2}$$

图 4-37 所示为厚板正四棱锥，则其展开计算公式为：

$$\tan\beta=\frac{2H}{A}$$

$$a=A-2t\sin\beta$$

$$R=\frac{1}{2}\sqrt{a^2+4(H-t)^2}$$

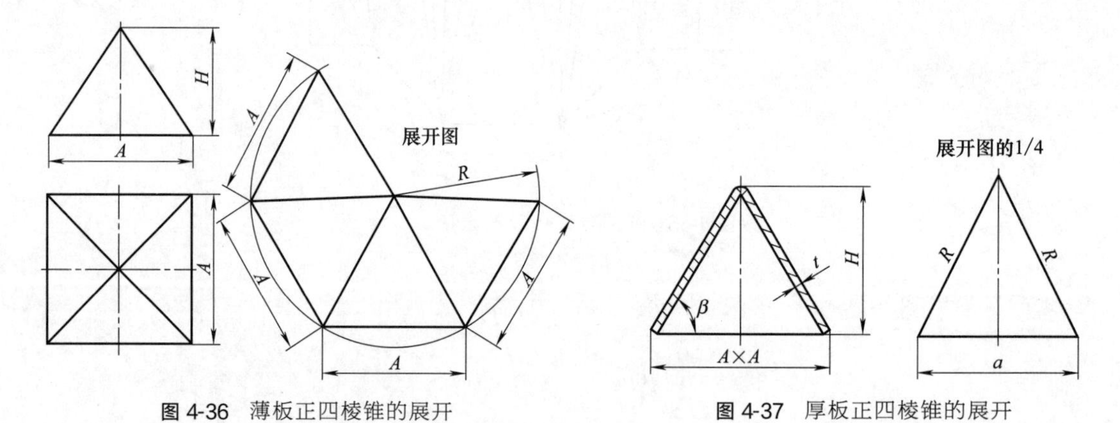

图 4-36 薄板正四棱锥的展开　　图 4-37 厚板正四棱锥的展开

4.4.2 矩形台的展开计算

如图 4-38 所示为薄板非锥体矩形台，即矩形台的各条棱线不汇交于一点（对于锥体矩形台，即棱线汇交于一点，其展开可按图 4-38 方法作出），已知尺寸为 A、B、a、b 及 h，则展开计算公式为：

$$f_1=\frac{1}{2}\sqrt{(A-a)^2+(B-b)^2+4h^2}$$

$$f_2=\frac{1}{2}\sqrt{(A+a)^2+(B-b)^2+4h^2}$$

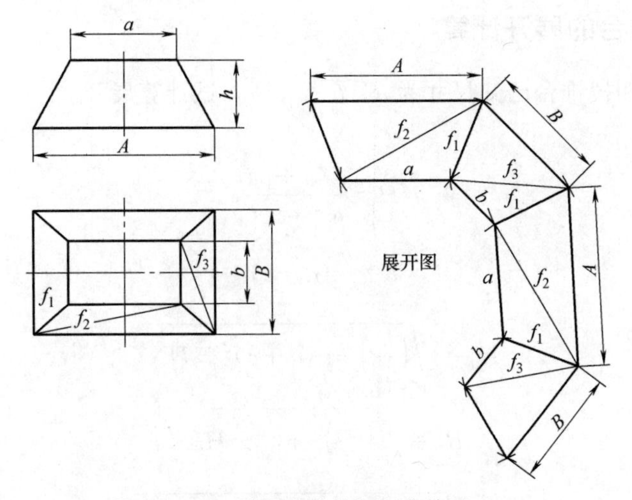

图 4-38　薄板非锥体矩形台的展开

$$f_3=\frac{1}{2}\sqrt{(A-a)^2+(B+b)^2+4h^2}$$

图 4-39 所示为厚板非锥体矩形台，已知尺寸为 A、B、C、D、h 及 t，则展开计算公式为：

$$\tan\beta_1=\frac{2h}{A-D}$$

$$\tan\beta_2=\frac{2h}{B-C}$$

$$h_1=\frac{h}{\sin\beta_1}-t\cot\beta_1$$

$$h_2=\frac{h}{\sin\beta_2}-t\cot\beta_2$$

$$a=A-2t\sin\beta_1$$

$$b=B-2t\sin\beta_2$$

$$c=C-2t\sin\beta_2$$

$$d=D-2t\sin\beta_1$$

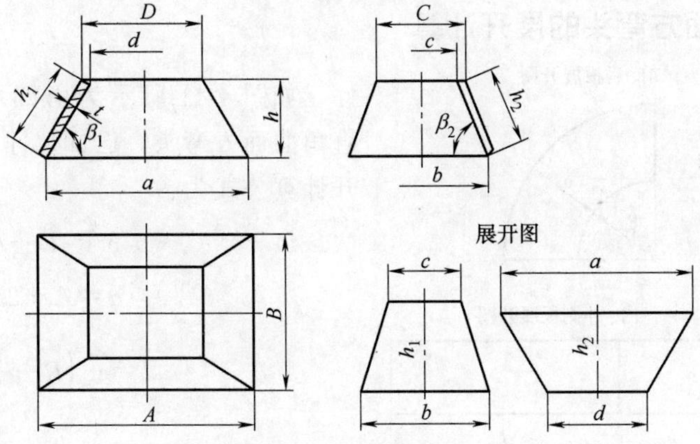

图 4-39　厚板非锥体矩形台的展开

4.4.3 斜四棱锥台的展开计算

图 4-40 所示斜四棱锥台已知尺寸为 a、b、c、h，试计算展开。

计算公式：

$$H=\frac{h(a+c)}{a+c-l}$$

$$l=\frac{b}{a}(a+c)$$

$$R_1=\sqrt{\left(\frac{a}{2}\right)^2+(a+c)^2+H^2}$$

$$R_2=\sqrt{\left(\frac{a}{2}\right)^2+c^2+H^2}$$

$$R_3=\sqrt{\left(\frac{b}{2}\right)^2+(l-b)^2+(H-h)^2}$$

式中各符号的意义可参阅图 4-40。

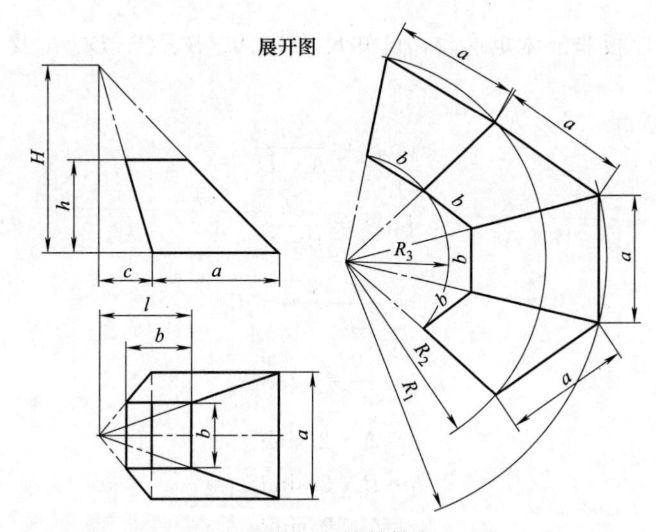

图 4-40 斜四棱锥台

4.4.4 直角曲面方弯头的展开计算

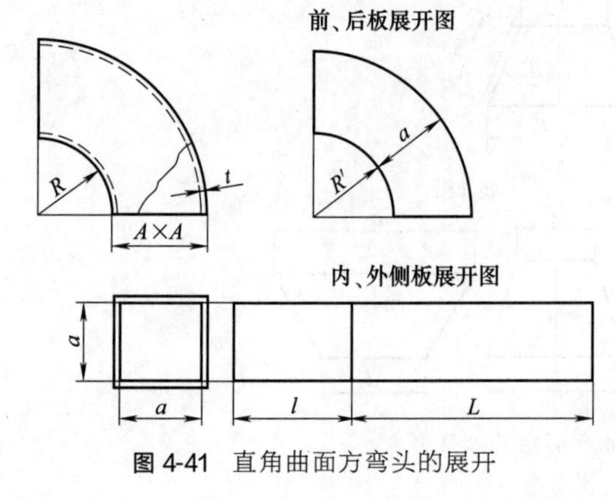

图 4-41 直角曲面方弯头的展开

如图 4-41 所示为由四块板料拼接而成的直角曲面方弯头，已知尺寸为 A、R、t，则展开计算公式为：

$$R'=R+t$$

$$a=A-2t$$

$$l=\frac{\pi}{2}\left(R+\frac{t}{2}\right)$$

$$L=\frac{\pi}{2}\left(R+A-\frac{t}{2}\right)$$

4.4.5 直角换向等口矩形台的展开计算

如图 4-42 所示为直角换向等口矩形台，已知尺寸为 A、B、H 及 t，当采用薄板制作时，其展开计算公式为：

$$h=\frac{1}{2}\sqrt{(A-B)^2+4H^2}$$

当采用厚板制作时，其展开计算公式为：

$$\tan\beta=\frac{2H}{A-B}$$

$$h'=\frac{H}{\sin\beta}-t\cot\beta$$

$$a=A-2t\sin\beta$$

$$b=B-2t\sin\beta$$

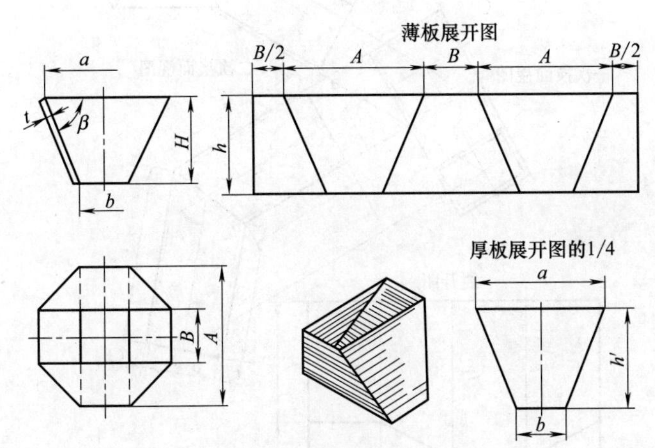

图 4-42　直角换向等口矩形台的展开

4.4.6 两节任意角度方弯头的展开计算

在图 4-43 所示两节任意角度方弯头中，管Ⅰ平行于正投影面，主视图反映棱线及轴线实长；管Ⅱ平行于水平面，俯视图反映棱线及轴线实长。两管结合实形须通过换面投影求出。图中已知尺寸为方口 A、板厚 t、两管轴线长 l_1、l_2 及 α、β。

计算公式：

$$a=A-2t$$

$$c_1=l_1+\left(\frac{A}{2}-t\right)\tan\frac{\phi}{2}$$

$$c_2=l_1-\frac{A}{2}\tan\frac{\phi}{2}$$

$$\cos\phi=\cos\alpha\cos\beta$$

$$f_1=l_2+\left(\frac{A}{2}-t\right)\tan\frac{\phi}{2}$$

$$f_2=l_2-\frac{A}{2}\tan\frac{\phi}{2}$$

式中 c_1，c_2——管Ⅰ棱线实长，mm；

f_1，f_2——管Ⅱ棱线实长，mm；

ϕ——计算角，(°)。

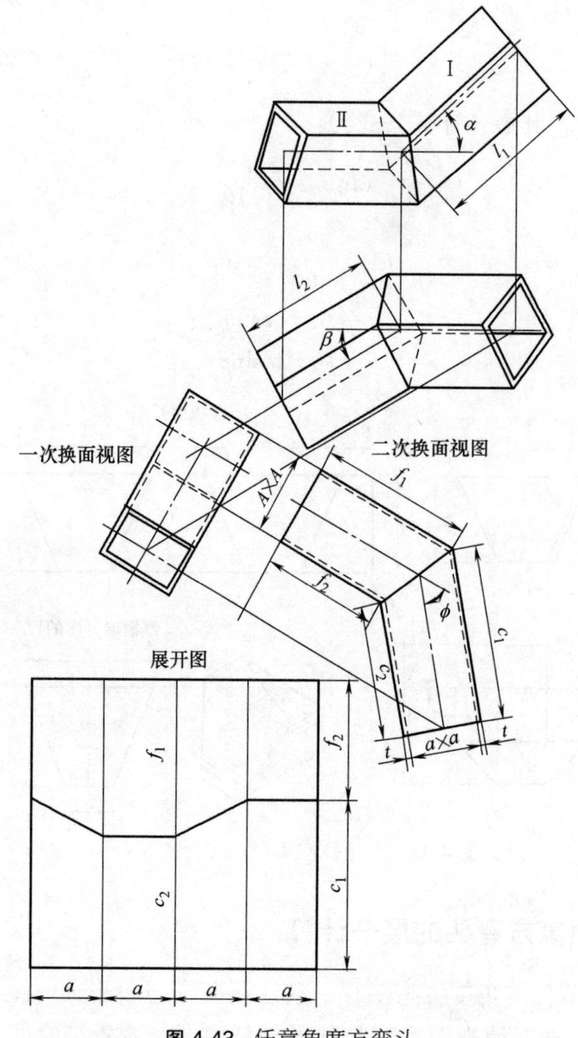

图 4-43 任意角度方弯头

4.4.7 方漏斗的展开计算

如图 4-44 所示方漏斗由斗体和方嘴组成，已知尺寸为 A、B、H 、t、L 及β，其展开计算公式为：

$$l_1=L+\frac{b}{2}\cot\frac{\beta}{2}$$

$$l_2=L-\frac{b}{2}\cot\frac{\beta}{2}$$

$$a=A-t(\sin\alpha_1+\sin\alpha_2)$$

$$b=B-2t$$

$$b'=\sqrt{(l_1-l_2)^2+b^2}$$

$$\tan\alpha_1=\frac{2H-B\cot\dfrac{\beta}{2}}{A-B}$$

$$\tan\alpha_2=\frac{2H+B\cot\dfrac{\beta}{2}}{A-B}$$

$$h_1=\sqrt{\left(\frac{b}{2}\cot\frac{\beta}{2}+H\right)^2+\left(\frac{a-b}{2}\right)^2}$$

$$h_2=\sqrt{\left(H-\frac{b}{2}\cot\frac{\beta}{2}\right)^2+\left(\frac{a-b}{2}\right)^2}$$

$$f_1=\sqrt{\left(\frac{a+b}{2}\right)^2+\left(H-\frac{b}{2}\cot\frac{\beta}{2}\right)^2+\left(\frac{a-b}{2}\right)^2}$$

$$f_2=\frac{1}{2}\sqrt{(a-b)^2+4{h_2}^2}$$

$$f_3=\frac{1}{2}\sqrt{b^2+4{h_2}^2}$$

式中各符号意义参见图 4-44。

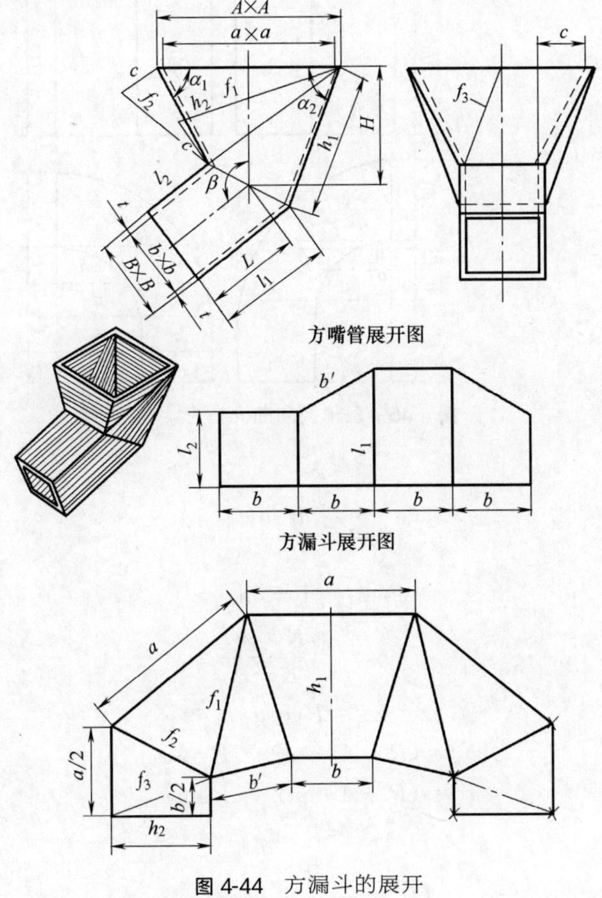

图 4-44　方漏斗的展开

4.4.8 直角换向曲面方弯头的展开计算

直角换向曲面方弯头是由四块异形板料焊接而成的，如图 4-45 所示。已知尺寸为 A、R，各异块板料展开均须分别作出。

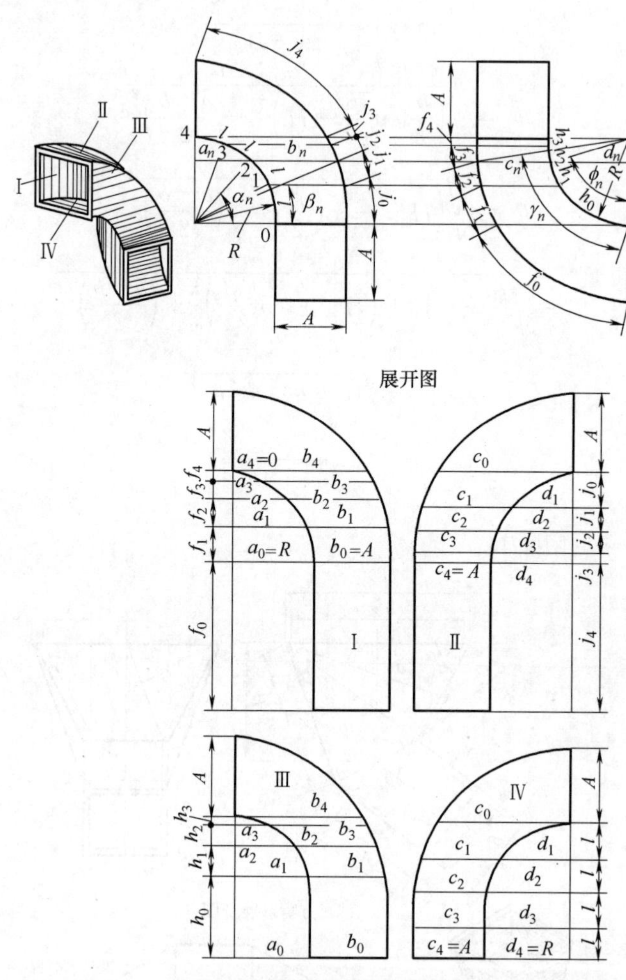

图 4-45 直角换向曲面方弯头

计算公式：

$$\sin\beta_n=\frac{R\sin\alpha_n}{R+A}$$

$$\cos\phi_n=1-\sin\alpha_n$$

$$\cos\gamma_n=\frac{R\cos\alpha_n}{R+A}$$

$$a_n=R\cos\alpha_n$$

$$b_n=(R+A)\cos\beta_n-R\cos\alpha_n$$

$$c_n=(R+A)\sin\gamma_n-R\sin\phi_n$$

$$d_n=R\sin\phi_n$$

$$f_0=\frac{\pi(R+A)\gamma_n}{180^\circ}$$

$$f_n=\frac{\pi(R+A)(\gamma_{n+1}-\gamma_n)}{180^\circ}$$

$$h_n=\frac{\pi R(\phi_{n+1}-\phi_n)}{180^\circ}$$

$$j_n=\frac{\pi(R+A)(\beta_{n+1}-\beta_n)}{180^\circ}$$

$$j_{n+1}=\frac{\pi R(90^\circ-\beta_n)}{180^\circ}$$

$$l=\frac{\pi R\alpha_1}{180^\circ}$$

式中　α_n——小圆 90°等分角；

β_n——右侧板计算角；

ϕ_n——前板计算角；

γ_n——后板计算角。

式中，其余各符号的意义可参阅图 4-45。

4.4.9 方三通管的展开计算

方口相贯件展开图法一般比较简单，不像圆管相贯那样复杂。因此，计算式也较为简

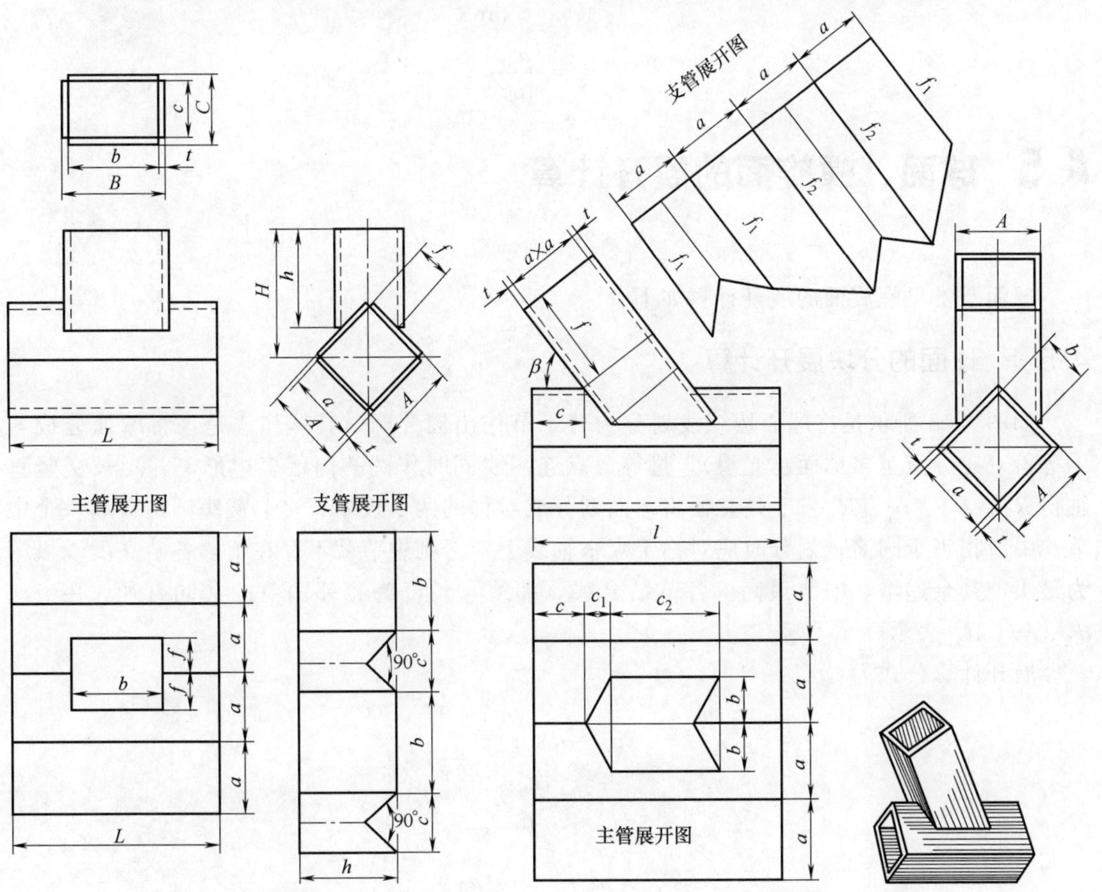

图 4-46　方三通管　　　　图 4-47　等口斜交三通管

单。方管构件的板厚处理：如为厚板件按里口计算展开；如为薄板件可忽略板厚影响。图4-46所示为长方管与方管垂直相交三通管，已知尺寸为A、B、C、t、H及L。

计算公式：

$$a=A-2t$$

$$c=C-2t$$

$$b=B-2t$$

$$f=0.707c$$

4.4.10 等口斜交三通管的展开计算

图4-47为等口斜交三通管，已知尺寸为A、c、f、l、t及β。

计算公式：

$$a=A-2t$$

$$b=0.707a-t$$

$$f_1=f+\frac{a}{2\sin\beta}$$

$$f_2=f_1+\frac{a}{\tan\beta}$$

$$c_1=0.707\frac{b}{\tan\beta}$$

$$c_2=\frac{a}{\sin\beta}$$

4.5 球面、螺旋面的展开计算

球面及常见螺旋面的展开计算如下。

4.5.1 球面的分块展开计算

如图4-48所示是将球面按纬线划分为若干节作出展开图，具体作法是：将球面分成若干等份（等分点越多球面越光滑），过等分点连纬线同时作圆的内接多边形，并延长交竖直轴得R_1、R_2、…、R_n。于是，便将球面划分成对称的两个极帽、多节截头圆锥台和一个中节。中节相当于圆筒，划分时应对称于水平轴线上，否则中节就不存在了，各节高度以极帽为最小，其余递增，中节最高。各节结合线（纬线）长度为相邻两节的共同直径，用d_1、d_2、…、d_n表示。

展开计算公式为：

$$d_1=d\sin\frac{\alpha_1}{2}$$

$$d_n=d\sin\frac{\alpha_n}{2}$$

$$h_1=\frac{d}{2}\left(1-\cos\frac{\alpha_1}{2}\right)$$

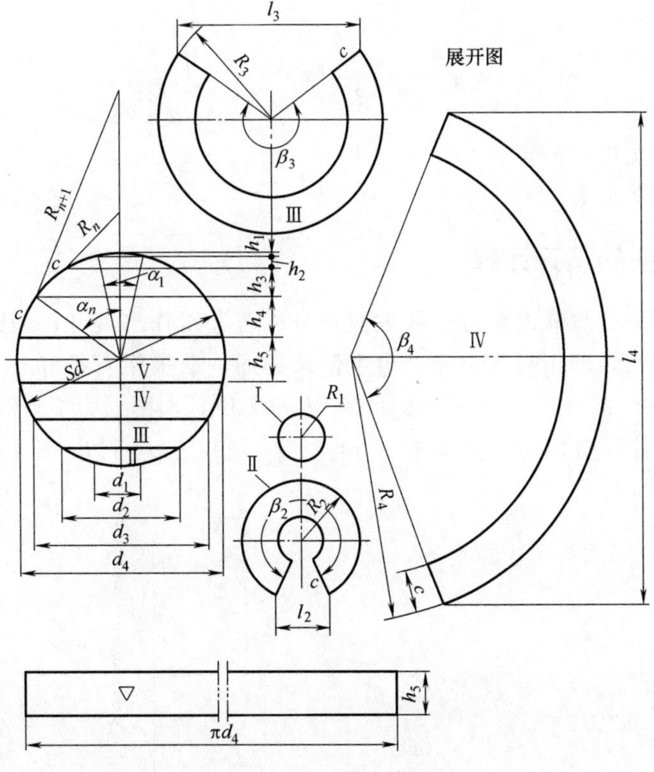

图 4-48　球面的分块展开

$$h_n=\frac{d}{2}(1-\cos\alpha_n)-\sum_{i=1}^{n-1}h_{n-1}$$

$$c_n=\frac{1}{2}\sqrt{(d_n-d_{n-1})^2+4h_n^{\ 2}}$$

$$R_n=\frac{d_nc_n}{d_n-d_{n-1}}$$

$$\beta_n=180^\circ\frac{d_n}{R_n}$$

$$l_n=2R_n\sin\frac{\beta_n}{2}$$

式中各符号参见图 4-48。

4.5.2　球面的分带展开计算

图 4-49 所示球面分带展开就是将球面按经线划分成若干长条带，用这些长条带取代球表面，尔后将它一一展开，假设球面等分数为 n，则展开计算公式为：

$$R=R_0\cos\frac{\beta}{2}$$

$$c_n=2R\sin\alpha_n\tan\frac{\beta}{2}$$

$$l=\pi R$$

$$\alpha=\frac{180^{\circ}}{N}$$

$$\beta=\frac{360^{\circ}}{n}$$

式中　c_n——球瓣宽度，mm；

N——球瓣等分数。

4.5.3　球体封头的展开计算

球体封头的展开是将球表面按经线方向划分成若干瓣作出展开，如图 4-50 所示。具体作法与前例基本一致，即用封头中径画出主俯两视图，取极帽直径 $d_1=R$（标准封头极帽直径等于封头直径的 1/2），适当划分球面 1-5 为 n 等份，本图划为 4 等份。过等分点引水平线（纬线），同时引球面切线交竖直轴于 O_1、O_2、O_3、O_4 得出展开图各纬圆半径 R_1、R_2、R_3、R_4。

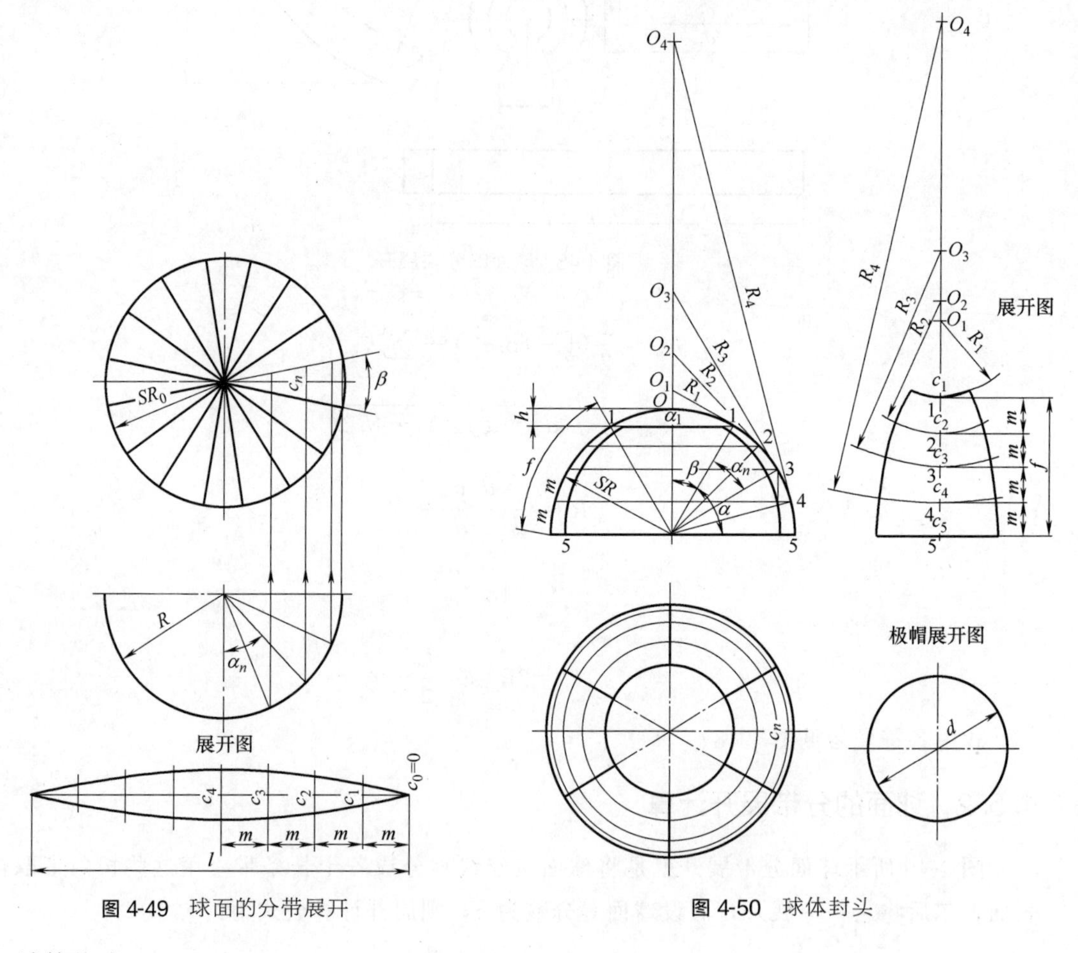

图 4-49　球面的分带展开　　图 4-50　球体封头

计算公式：

$$\sin\beta=\frac{d_1}{D}$$

$$R_n=R\tan(\beta+\alpha_n)$$

$$c_n=\frac{2\pi R}{N}\sin(\beta+\alpha_n)$$

$$f=\frac{1}{2}\pi R\left(1-\frac{\beta}{90°}\right)$$

$$m=\frac{f}{n}$$

$$h=R(1-\cos\beta)$$

$$d=\sqrt{{d_1}^2+4h^2}$$

式中　N——封头等分数（球瓣数）；

n——球面 1-5 的等分数；

c_n——球面任意等分点瓣料的弧长，mm。

式中其余各符号意义可参阅图 4-50。

4.5.4　圆柱螺旋叶片的展开计算

图 4-51 所示圆柱螺旋叶片是将叶片沿圆柱螺旋线焊接于机轴上作输送器用。叶片生产方法有二：一是按导程分段落料拼接；二是用长条带料在专用机床上整体拉制后焊接于机轴上，此法仅用于专业生产厂家。本实例仅介绍按导程分段展开计算，已知尺寸为 D、d、P，则展开计算公式为：

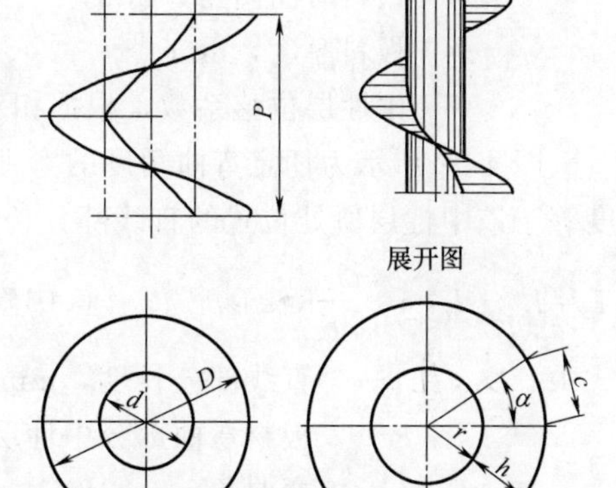

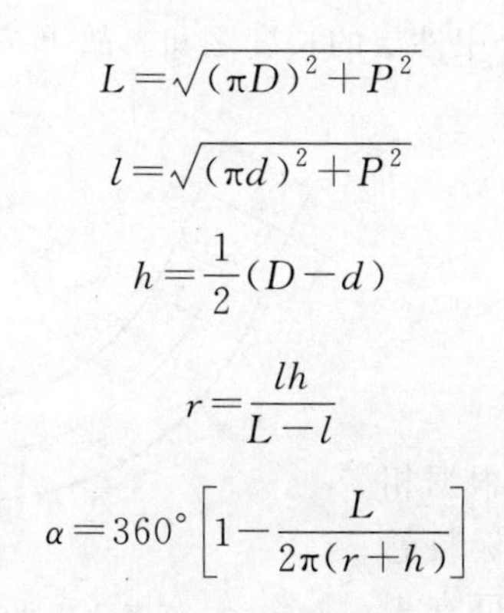

图 4-51　圆柱螺旋叶片的展开

$$L=\sqrt{(\pi D)^2+P^2}$$

$$l=\sqrt{(\pi d)^2+P^2}$$

$$h=\frac{1}{2}(D-d)$$

$$r=\frac{lh}{L-l}$$

$$\alpha=360°\left[1-\frac{L}{2\pi(r+h)}\right]$$

$$c=2(r+h)\sin\frac{\alpha}{2}$$

式中　l，L——内外螺旋线实长，mm；

P——导程，mm；

h——叶片宽度，mm；

r——叶片展开里口半径，mm；

α——切缺角，(°)；

c——切口弦长，mm。

从图 4-51 展开图中可看出，一个导程螺旋叶片展开图为一切缺圆环，但在现场中，为节省材料，对圆环一般不作切缺处理，而是切口拉制后直接沿螺旋线焊接于机轴上，这样组装后，一个导程叶片略大于原导程尺寸。

4.6 板料弯曲件的展开计算

板料弯曲件是钣金构件中的常见件之一，其弯曲件毛坯展开尺寸准确与否，直接关系到所弯工件的尺寸精度。生产中，用于弯曲成形的材料主要有板料、棒料及型材等，由于其弯曲变形不尽相同，因此，其展开料的计算也有所不同。本章主要介绍板料的展开，棒料、型材的弯曲展开可部分参照板料的弯曲展开进行，常见的型钢构件的展开计算具体可参见本书“第 5 章 型钢构件的展开计算”。

4.6.1 板料任意弯曲角度弯曲件的展开计算

根据本书“2.7.1 弯曲件的板厚处理”分析可知，由于弯曲中性层在弯曲变形的前后长度不变，因此，当中性层位置确定后，弯曲构件的毛坯展开长度便可根据中性层长度不变的原则进行计算，且中性层半径 R 由下式计算：

$$R=r+xt$$

式中 R——板料弯曲部分中性层半径，mm；

r——板料弯曲内角，mm；

t——板料厚度，mm；

x——中性层位移系数，根据相对弯曲半径 r/t 查阅表 2-5。

图 4-52 所示为任意弯曲角度的弯曲件，根据弯曲板料展开长度的计算原则，其展开长度等于该中性层所处位置的直线部分长度与弯曲部分中性层的长度之和。故可按下式计算：

$$L=L_1+L_2+\frac{\pi\theta}{180°}R\approx L_1+L_2+0.0175(r+xt)(180°-\alpha)$$

式中 L_1，L_2——直线部分长度，mm；

R——板料弯曲部分中性层半径，mm；

α——弯曲角，$\alpha=180°-\theta$，(°)；

θ——弯曲部分的中心角，(°)；

x——中性层位移系数，对板料弯曲，根据相对弯曲半径 r/t 可查表 2-5；对板料卷圆，可查表 2-6；对圆杆弯曲，可查表 2-7；对类型材弯曲，可查表 2-8；

t——板厚，mm。

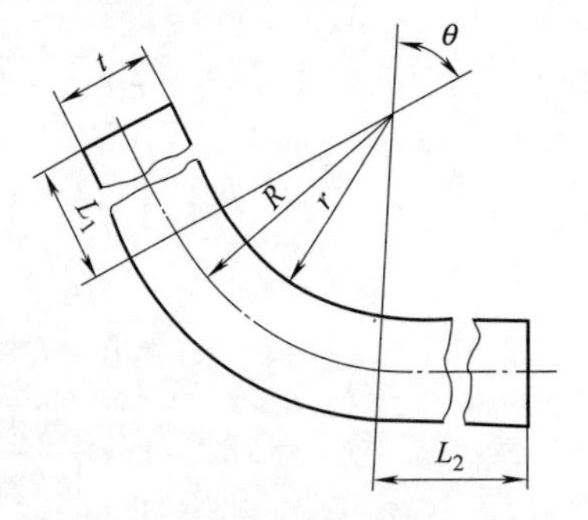

图 4-52 任意角弯曲的展开计算

4.6.2 弯曲半径 $r\geqslant0.5t$ 弯曲件的展开计算

对于弯曲顶部有圆角且半径 $r\geqslant0.5t$ 的弯曲件，其展开毛坯长度是根据弯曲前后其应变中性层长度不变的原则进行计算的。其展开长度等于其直线部分的长度与弯曲部分中性层的长度之和。

表 4-1 给出了弯曲半径 $r\geqslant0.5t$ 时，弯曲件的常用展开毛坯长度计算公式。

弯曲件尺寸的标注方式不同，其展开毛坯长度的计算方法各异，表 4-2 给出了常用的三种尺寸标注方式的计算展开长度的辅助公式。

◎ 表 4-1　弯曲半径 $r \geqslant 0.5t$ 的弯曲件的常用展开毛坯长度计算公式

弯曲形式	简图	计算公式
单角弯曲（切点尺寸）	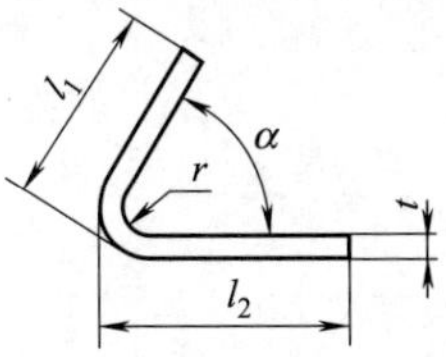	$L=l_1+l_2+\frac{\pi(180°-\alpha)}{180°}(r+xt)-2(r+t)$
单角弯曲（交点尺寸）	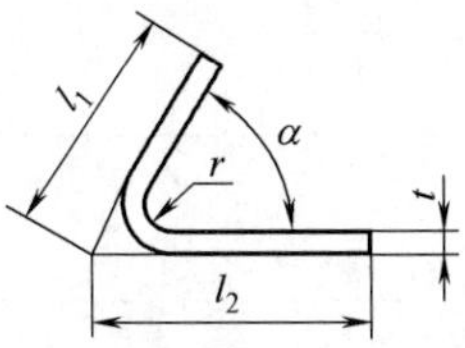	$L=l_1+l_2+\frac{\pi(180°-\alpha)}{180°}(r+xt)-2\cot\frac{\alpha}{2}(r+t)$
单角弯曲（中心尺寸）	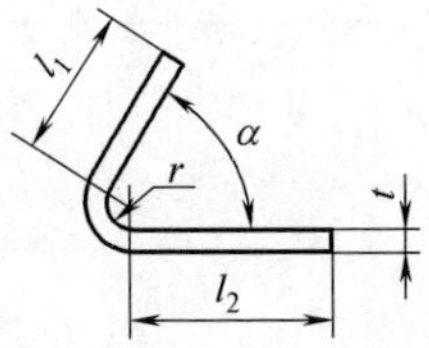	$L=l_1+l_2+\frac{\pi(180°-\alpha)}{180°}(r+xt)$
双直角弯曲	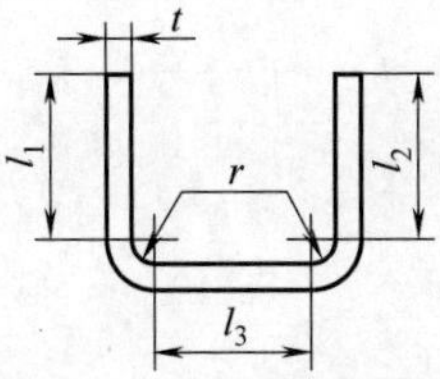	$L=l_1+l_2+l_3+\pi(r+xt)$
四直角弯曲	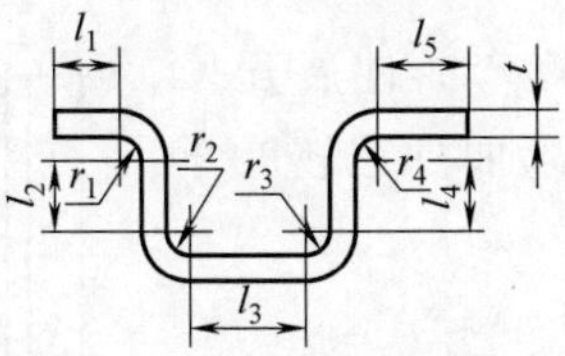	$L=l_1+l_2+l_3+\frac{\pi}{2}(r_1+r_2+r_3+r_4)+\frac{\pi}{2}(x_1+x_2+x_3+x_4)t$
半圆弯曲	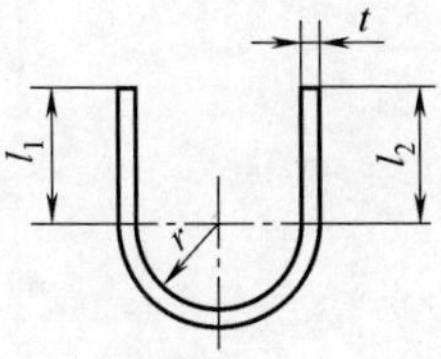	$L=l_1+l_2+\pi(r+xt)$
铰链弯曲	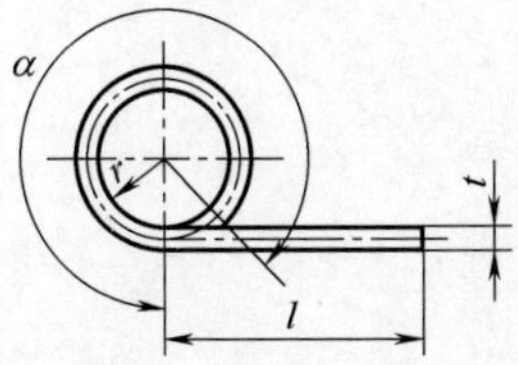	$L=l_1+\frac{\pi\alpha}{180°}(r+xt)$
吊环弯曲	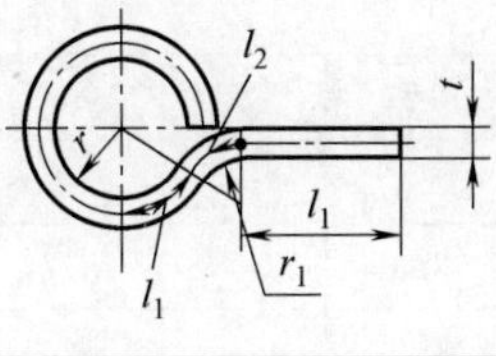	$L=1.5\pi(r+xt)+l_1+l_2+l_3$

◈ 表 4-2 计算展开长度的辅助公式

计算条件	弯曲部分简图	公式
尺寸标在外形的切线上		$L=a+b+\frac{\pi}{2}(r+xt)\frac{180^\circ-\beta}{90^\circ}-2(r+t)$ 或 $L=a+b+\frac{\pi}{2}\rho\frac{180^\circ-\beta}{90^\circ}-2(r+t)$
尺寸标在外表面的交点上		$L=a+b+\frac{\pi}{2}(r+xt)\frac{180^\circ-\beta}{90^\circ}-(r+t)\times 2\cot\frac{\beta}{2}$ 或 $L=a+b+\frac{\pi}{2}\rho\frac{180^\circ-\beta}{90^\circ}-(r+t)\times 2\cot\frac{\beta}{2}$
尺寸标在半径中心		$L=a+b+\frac{\pi}{2}(r+xt)\frac{180^\circ-\beta}{90^\circ}$ 或 $L=a+b+\frac{\pi}{2}\rho\frac{180^\circ-\beta}{90^\circ}$

生产中，当弯曲角度为 90°时，常用扣除法来计算弯曲件展开长度，见图 4-53，当板料厚度为 t，弯曲内角半径为 r，弯曲件毛坯展开长度 L 为：

$$L=a+b-u$$

式中 a，b——折弯两直角边的长度；

u——两直角边之和与中性层长度之差，见表 4-3。

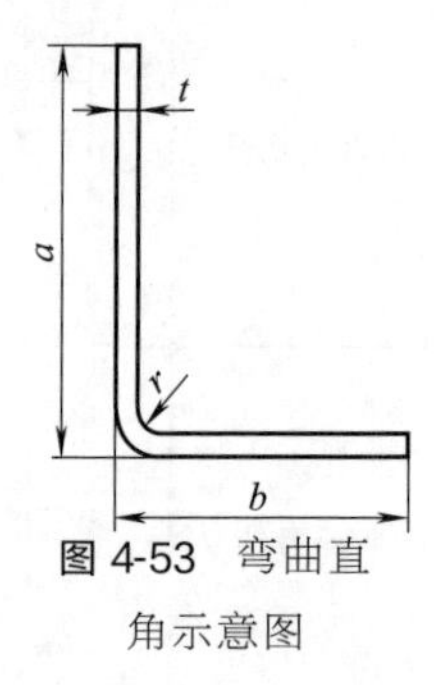

图 4-53 弯曲直角示意图

生产中，若对弯曲件长度的尺寸要求并不精确，则弯曲件毛坯展开长度 L 可按下式作近似计算：

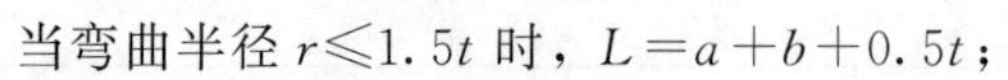

当弯曲半径 $r\leqslant 1.5t$ 时，$L=a+b+0.5t$；

当弯曲半径 $1.5t<r\leqslant 5t$ 时，$L=a+b$；

当弯曲半径 $5t<r\leqslant 10t$ 时，$L=a+b-1.5t$；

当弯曲半径 $r>10t$ 时，$L=a+b-3.5t$。

◈ 表 4-3 弯曲 90° 时展开长度扣除值 u 单位：mm

料厚 t	弯曲半径 r											
	1	1.2	1.6	2	2.5	3	4	5	6	8	10	12
	平均值 u											
1	1.92	1.97	2.1	2.23	2.24	2.59	2.97	3.36	3.76	4.57	5.39	6.22
1.5	2.64	—	2.9	3.02	3.18	3.34	3.7	4.07	4.45	5.24	6.04	6.85

续表

料厚 t	弯曲半径 r											
	1	1.2	1.6	2	2.5	3	4	5	6	8	10	12
	平均值 u											
2	3.38	—	—	3.81	3.98	4.13	4.46	4.81	5.18	5.94	6.72	7.52
2.5	4.12	—	—	4.33	4.8	4.93	5.24	5.57	5.93	6.66	7.42	8.21
3	4.86	—	—	5.29	5.5	5.76	6.04	6.35	6.69	7.4	8.14	8.91
3.5	5.6	—	—	6.02	6.24	6.45	6.85	7.15	7.47	8.15	8.88	9.63
4	6.33	—	—	6.76	6.98	7.19	7.62	7.95	8.26	8.92	9.62	10.36
5.5	7.07	—	—	7.5	7.72	7.93	8.36	8.66	9.06	9.69	10.38	11.1
5	7.81	—	—	8.24	8.45	8.76	9.1	9.53	9.87	10.48	11.15	11.85
6	9.29	—	—	—	9.93	10.15	—	—	—	—	—	—
7	—	—	—	—	—	—	—	—	11.46	12.08	12.71	13.38
8	—	—	—	—	—	—	—	—	12.91	13.56	15.29	15.93
9	—	—	—	—	—	13.1	13.53	13.96	14.39	15.24	15.58	16.51

4.6.3　弯曲半径 $r<0.5t$ 弯曲件的展开计算

当弯曲半径 $r<0.5t$ 时，由于这类弯曲件角部圆角半径 r 过小，甚至 $r=0$，弯曲变形程度大，弯角变形区材料变薄严重。通常按弯曲前后体积不变的原则计算出毛坯尺寸。

表 4-4 给出了弯曲半径 $r<0.5t$ 时弯曲件展开毛坯长度的计算公式。

◎ 表 4-4　弯曲半径 $r<0.5t$ 时弯曲件展开毛坯长度的计算公式

弯曲形式	简图	计算公式
单角弯曲	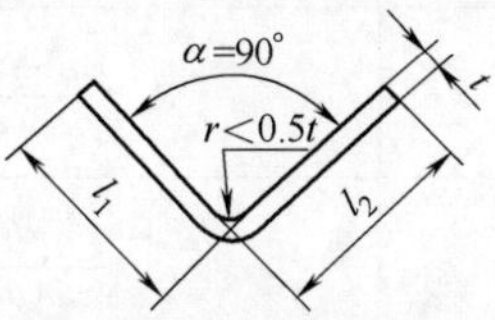	$L=l_1+l_2+0.5t$
	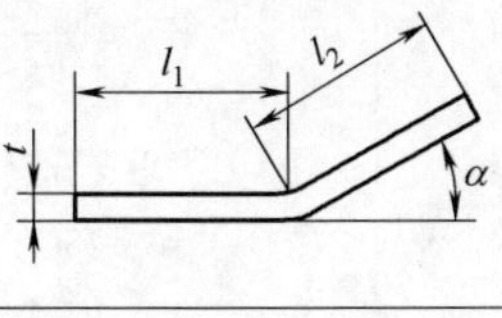	$L=l_1+l_2+\frac{\alpha}{90^\circ}\times 0.5t$
	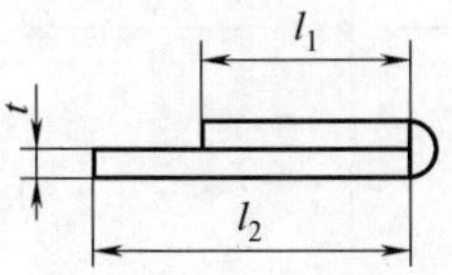	$L=l_1+l_2+t$
双角弯曲	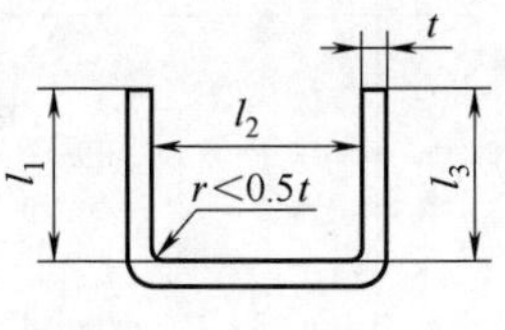	$L=l_1+l_2+l_3+0.5t$

续表

弯曲形式	简图	计算公式
三角弯曲	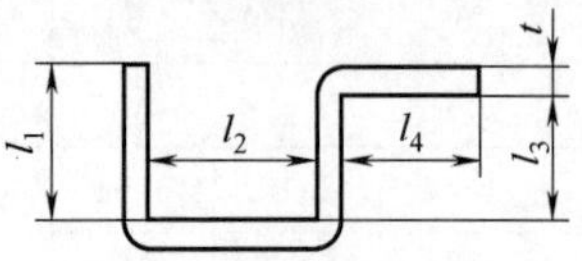	同时弯三个角时：$L=l_1+l_2+l_3+l_4+0.75t$ 先弯二个角后弯另一个角时：$L=l_1+l_2+l_3+l_4+t$
四角弯曲	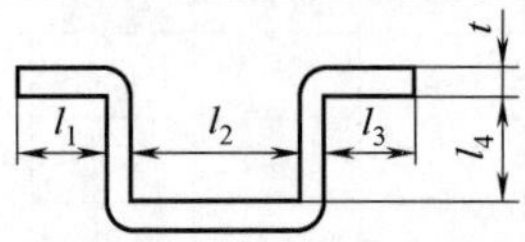	$L=l_1+l_2+l_3+2l_4+t$

4.6.4 弯曲半径 $r \geqslant 8t$ 弯曲件的展开计算

当弯曲半径 $r \geqslant 8t$ 时，中性层系数 x 均为 0.5，在弯曲件复杂形状展开尺寸计算中，常常遇到不同曲率弧线与弧线连接、圆弧与直线的连接，表 4-5 给出了圆弧与直线的连接计算公式。

◎ 表 4-5 圆弧与直线的连接计算公式

简图	已知	求	公式
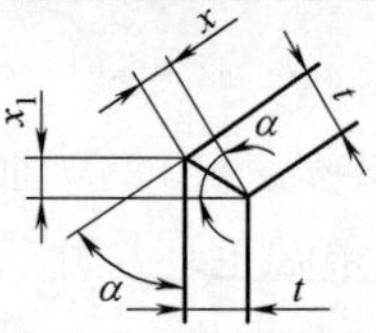	α、t	x	$x=t\tan\dfrac{\alpha}{2}$
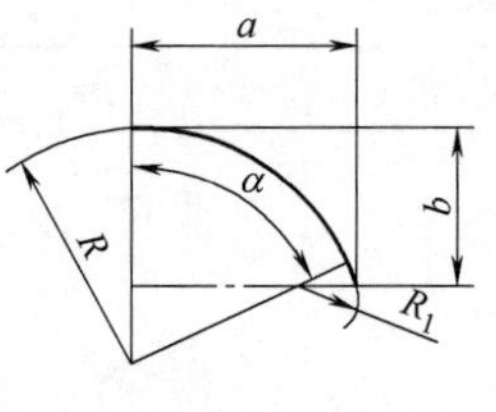	R、R_1、a	b、α	$b=R-\sqrt{(R-R_1)^2-(a-R_1)^2}$ $\sin\alpha=\dfrac{a-R_1}{R-R_1}$
	b、a、R	R_1	$R_1=\dfrac{a^2+b^2-2bR}{2(a-R)}$
	a、b、R_1	R	$R=\dfrac{a^2+b^2-2bR_1}{2(b-R_1)}$
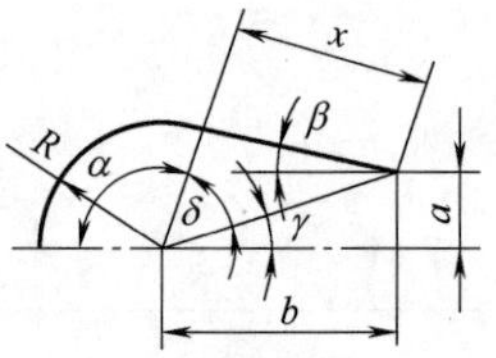	a、b、R	x、α、β、γ、δ	$x=\sqrt{a^2+b^2-R^2}$ $\tan\gamma=\dfrac{a}{b}$；$\tan\delta=\dfrac{x}{R}$ $\alpha=180°-(\gamma+\delta)$ $\beta=\alpha-90°$
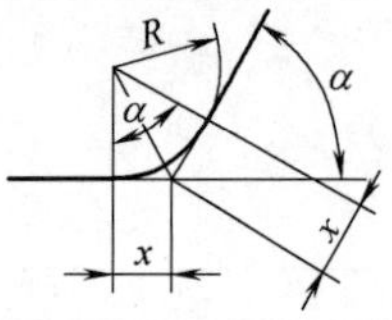	R、α	x	$x=R\tan\dfrac{\alpha}{2}$
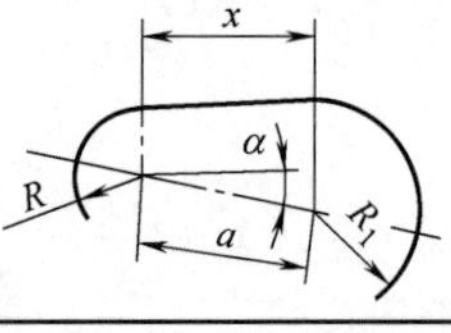	a、R、R_1	α、x	$\sin\alpha=\dfrac{R_1-R}{a}$ $x=a\cos\alpha$

续表

简图	已知	求	公式
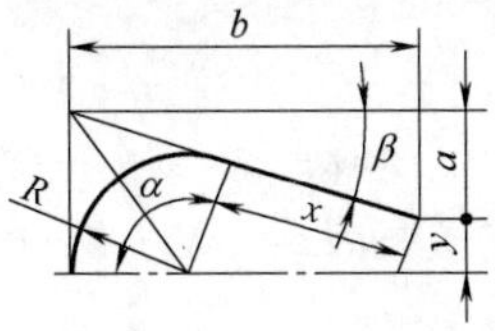	a、b、R	x、y、β、α	$\tan\beta=\frac{a}{b}$；$\alpha=90°+\beta$ $x=\sqrt{a^2+b^2}-R\tan\frac{\alpha}{2}$ $y=R\tan\frac{\alpha}{2}-a$
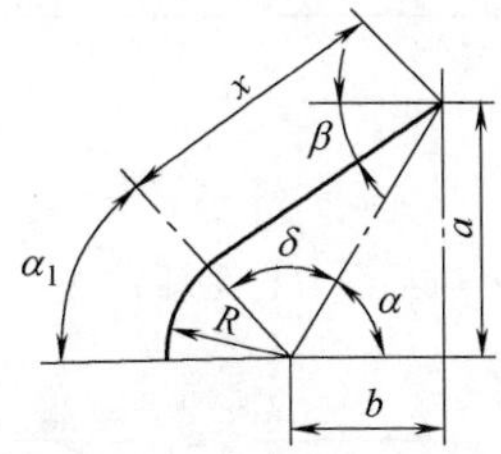	a、b、R	x、δ、β、α、α_1	$x=\sqrt{a^2+b^2-R^2}$ $\tan\alpha=\frac{a}{b}$；$\tan\delta=\frac{x}{R}$ $\alpha_1=180°-(\alpha+\delta)$ $\beta=90°-\alpha_1$
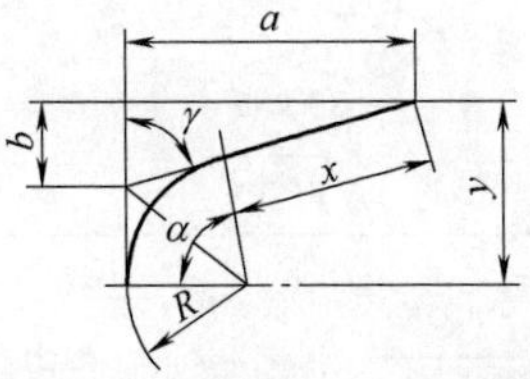	a、b、R	x、y、α	$\tan\alpha=\frac{a}{b}$ $x=\sqrt{a^2+b^2}-R\tan\frac{\alpha}{2}$ $y=R\tan\frac{\alpha}{2}+b$
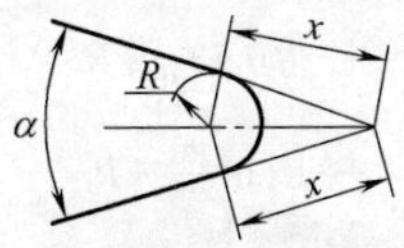	R、α	x	$x=R\cot\frac{\alpha}{2}$
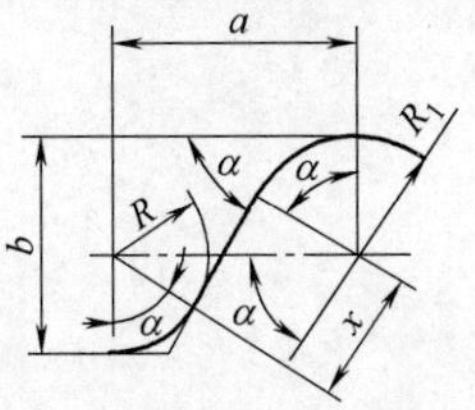	a、b、R、R_1、$R+R_1=b$	x、α	$x=\sqrt{a^2-(R+R_1)^2}$ $\sin\alpha=\frac{R+R_1}{a}$
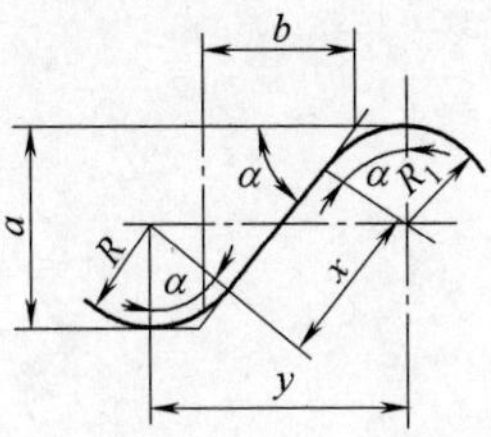	a、b、R、R_1、$R+R_1=a$	x、y、α	$\tan\alpha=\frac{a}{b}$ $y=b+a\tan\frac{\alpha}{2}$ $x=\sqrt{a^2+b^2}-a\tan\frac{\alpha}{2}$
	a、y、R、R_1、$R+R_1=a$	x、α	$\sin\alpha=\frac{a}{y}$ $x=\sqrt{y^2-a^2}$
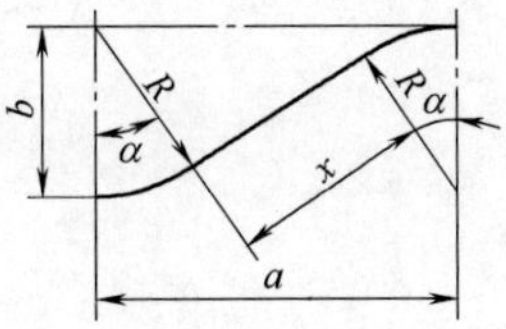	a、b、R、$b=R$	x、α	$x=\sqrt{a^2-3R^2}$ $\tan\frac{\alpha}{2}=\frac{b}{a+x}$

续表

简图	已知	求	公式
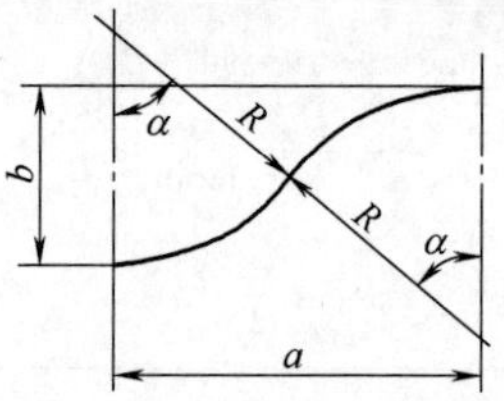	a、R、$x=0$	α、b	$\sin\alpha=\dfrac{a}{2R}$ $b=2R(1-\cos\alpha)$
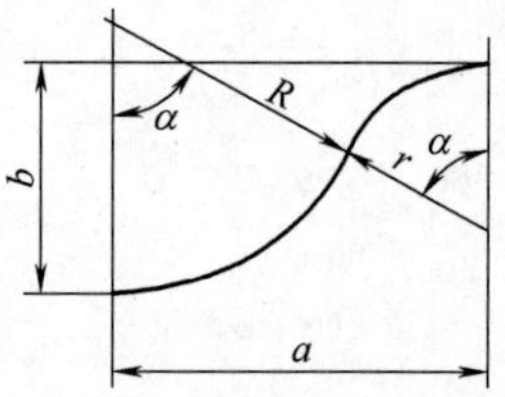	a、r、R、$R\neq r$、$x=0$	α、b	$\sin\alpha=\dfrac{a}{R+r}$ $b=(R+r)(1-\cos\alpha)$
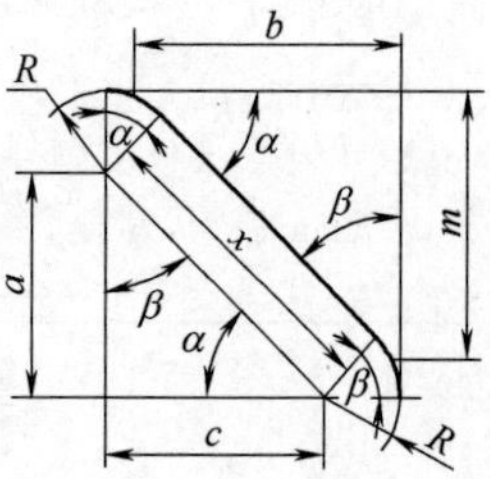	a、R、c	x、α、β	$\tan\alpha=\dfrac{a}{c}$ $\beta=90^\circ-\alpha$ $x=\sqrt{a^2+c^2}$
	b、m、R	a、c、x、β	$\beta=90^\circ-\alpha$ $x=\sqrt{b^2+m^2}-R\left(\tan\dfrac{\alpha}{2}+\tan\dfrac{\beta}{2}\right)$ $a=m+R\tan\dfrac{\beta}{2}-R$ $c=b+R\tan\dfrac{\alpha}{2}-R$

型钢构件的展开计算

5.1 角钢弯曲料长的展开计算

角钢、槽钢等型钢弯曲时，毛坯展开长度（料长）的确定是以重心径为计算基础的，因为这一层材料在受拉伸和压缩后长度基本不发生变化。事实上，对轧制的各种截面形状型材的弯曲，由于主要是在型材弯型机上以大曲率半径 R（$R\geqslant10h$，h 为型材弯曲半径 R 方向上的厚度）进行的，因此，可以相当准确地认为中性层是通过型材断面重心的，这是型钢弯曲料长展开计算的基础。

5.1.1 等边角钢内弯 90° 的料长展开

图 5-1 所示为等边角钢内弯 90°示意图，其料长展开是按重心径计算的，设料长为 l，则计算公式为：

$$l=A+L+\frac{\pi}{2}(R-Z_0)$$

式中 A，L——弯曲角钢两端的直线段长，mm；

R——等边角钢弯曲圆弧半径，mm；

Z_0——等边角钢重心距离，cm，参见表 5-1（计算时需转化为 mm）；

l——料长，mm。

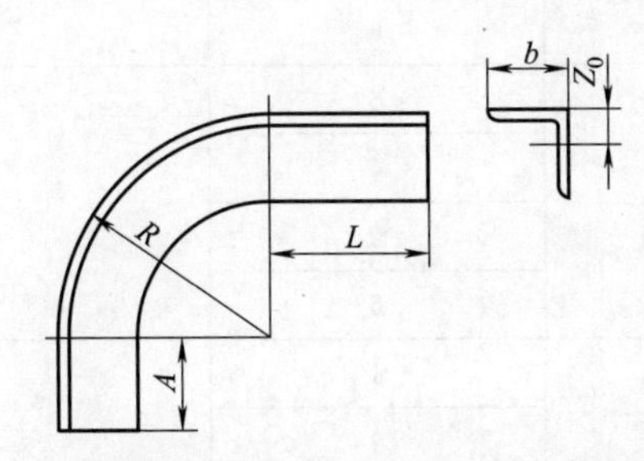

图 5-1 等边角钢内弯 90° （中性层通过角钢重心距 Z_0）

应该注意的是，按表 5-1 所查出的 Z_0（等边角钢重心距离）单位为 cm，代入计算公式时需转化为 mm，以下各公式使用时均应注意该点。

◈ 表 5-1 热轧等边角钢的重心距位置

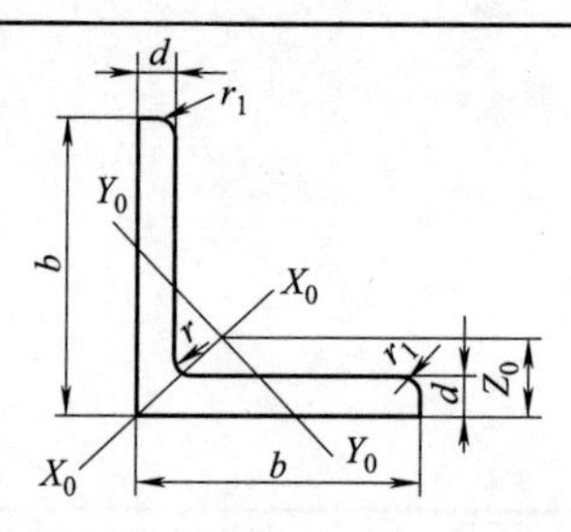

b—边宽度；d—边厚度；r—内圆弧半径；r_1—边端内圆弧半径$\left(=\dfrac{d}{3}\right)$；$Z_0$—重心距离

型号	尺寸/mm			Z_0/cm
	b	d	r	
2	20	3	3.5	0.6
		4		0.64
2.5	25	3		0.73
		4		0.76
3	30	3	4.5	0.85
		4		0.89
3.6	36	3		1.00
		4		1.04
		5		1.07
4	40	3	5	1.09
		4		1.13
		5		1.17
4.5	45	3		1.22
		4		1.26
		5		1.30
		6		1.33
5	50	3	5.5	1.34
		4		1.38
		5		1.42
		6		1.46
5.6	56	3	6	1.48
		4		1.53
		5		1.57
		6		1.68
6.3	63	4	7	1.70
		5		1.74
		6		1.78
		8		1.85
		10		1.92

续表

型号	尺寸/mm			Z_0/cm
	b	d	r	
7	70	4	8	1.86
		5		1.91
		6		1.95
		7		1.99
		8		2.03
(7.5)	75	5	9	2.04
		6		2.06
		7		2.11
		8		2.15
		10		2.22
8	80	5		2.15
		6		2.19
		7		2.23
		8		2.27
		10		2.35
9	90	6	10	2.44
		7		2.48
		8		2.52
		10		2.59
		12		2.67
10	100	6	12	2.67
		7		2.71
		8		2.76
		10		2.84
		12		2.91
		14		2.99
		16		3.06
11	110	7	12	2.96
		8		3.01
		10		3.09
		12		3.16
		14		3.24
12.5	125	8	14	3.37
		10		3.45
		12		3.53
		14		3.61
14	140	10		3.82
		12		3.90
		14		3.98
		16		4.06

续表

型号	尺寸/mm			Z_0/cm
	b	d	r	
16	160	10	16	4.31
		12		4.39
		14		4.47
		16		4.55
18	180	12		4.89
		14		4.97
		16		5.05
		18		5.13
20	200	14	18	5.46
		16		5.54
		18		5.62
		20		5.69
		24		5.87

假设一等边角钢规格为 50×50×5 内弯 90°，$A=100$mm，$L=200$mm，$R=300$mm，则料长 l 可按以下步骤计算。

查表 5-1 得，$Z_0=1.42\text{cm}=14.2\text{mm}$

$$l=A+L+\frac{\pi}{2}(R-Z_0)=100+200+\frac{\pi}{2}(300-14.2)=748.7(\text{mm})$$

5.1.2 等边角钢内弯任意角度的料长展开

图 5-2 所示为等边角钢内弯任意角度示意图，其料长展开是按重心径计算的，设料长为 l，则计算公式为：

$$l=A+L+\frac{\pi\alpha(R-Z_0)}{180^\circ}$$

式中 A，L——弯曲角钢两端的直线段长，mm；

R——等边角钢弯曲圆弧半径，mm；

Z_0——等边角钢重心距离，cm，参见表 5-1（计算时需转化为 mm）；

α——等边角钢弯曲圆弧角度，(°)；

l——料长，mm。

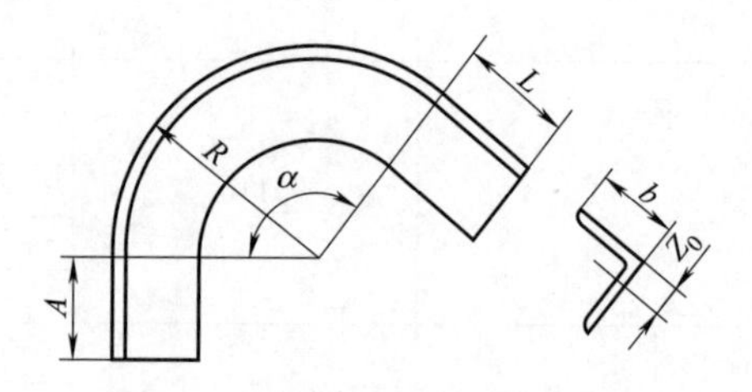

图 5-2 等边角钢内弯任意角度(中性层通过角钢重心距 Z_0)

假设一等边角钢规格为 50×50×5 内弯 120°（即 $\alpha=120°$），$A=100$mm，$L=200$mm，$R=300$mm，则料长 l 可按以下步骤计算。

查表 5-1 得，$Z_0=1.42\text{cm}=14.2\text{mm}$

$$l=A+L+\frac{\pi\alpha(R-Z_0)}{180^\circ}=100+200+\frac{\pi\times120^\circ\times(300-14.2)}{180^\circ}=898.3(\text{mm})$$

5.1.3　等边角钢外弯 90°的料长展开

图 5-3 所示为等边角钢外弯 90°示意图，其料长展开是按重心径计算的，设料长为 l，则计算公式为：

$$l=A+L+\frac{\pi}{2}(R+Z_0)$$

式中　A，L——弯曲角钢两端的直线段长，mm；

R——等边角钢弯曲圆弧半径，mm；

Z_0——等边角钢重心距离，cm，参见表 5-1（计算时需转化为 mm）；

l——料长，mm。

5.1.4　等边角钢外弯任意角度的料长展开

图 5-4 所示为等边角钢外弯任意角度示意图，其料长展开是按重心径计算的，设料长为 l，则计算公式为：

$$l=A+L+\frac{\pi\alpha(R+Z_0)}{180°}$$

式中　A，L——弯曲角钢两端的直线段长，mm；

R——等边角钢弯曲圆弧半径，mm；

Z_0——等边角钢重心距离，cm，参见表 5-1（计算时需转化为 mm）；

α——等边角钢弯曲圆弧角度，(°)；

l——料长，mm。

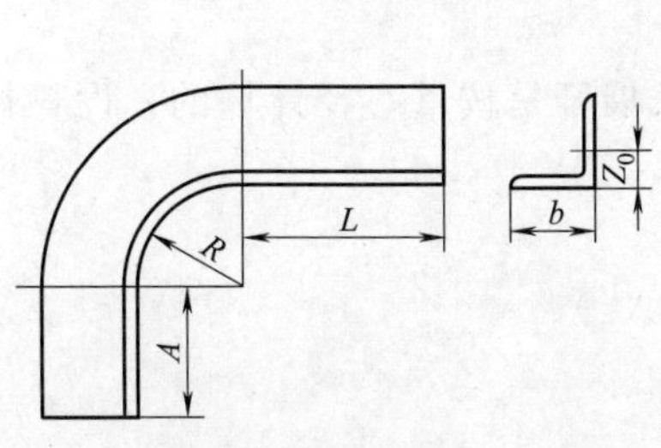

图 5-3　等边角钢外弯 90°（中性层通过角钢重心距 Z_0）

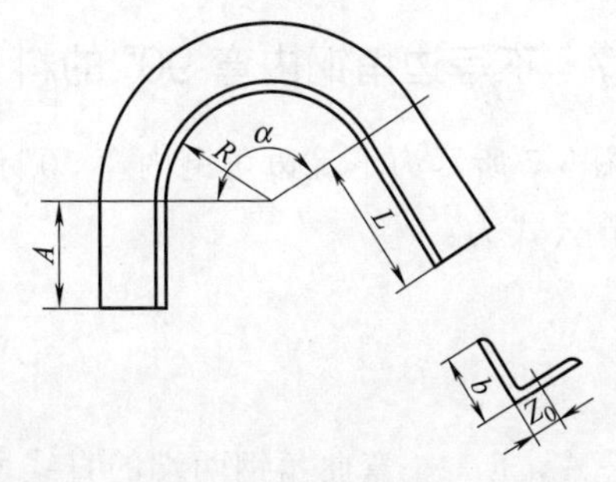

图 5-4　等边角钢外弯任意角度（中性层通过角钢重心距 Z_0）

5.1.5　等边角钢外弯钢圈的料长展开

图 5-5 所示为等边角钢外弯钢圈示意图，其料长展开是按重心径计算的，设料长为 l，则计算公式为：

$$l=\pi(D+2Z_0)$$

式中　D——等边角钢圈内径，mm；

Z_0——等边角钢重心距离，cm，参见表 5-1（计算时需转化为 mm）；

l——料长，mm。

5.1.6 等边角钢内弯钢圈的料长展开

图 5-6 所示为等边角钢内弯钢圈示意图，其料长展开是按重心径计算的，设料长为 l，则计算公式为：

$$l=\pi(D-2Z_0)$$

式中 D——等边角钢圈内径，mm；

Z_0——等边角钢重心距离，cm，参见表 5-1（计算时需转化为 mm）；

l——料长，mm。

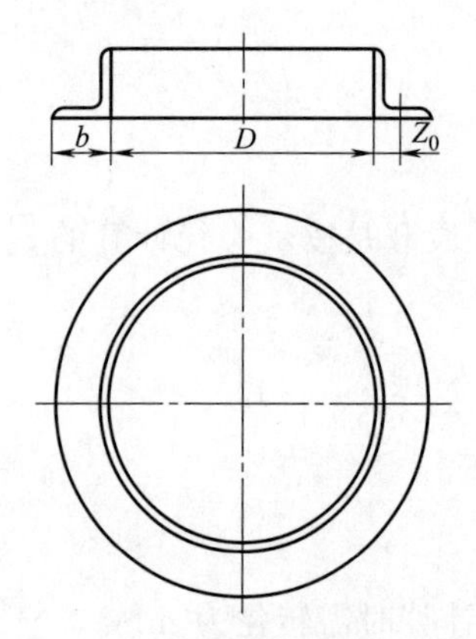

图 5-5 等边角钢外弯钢圈（中性层通过角钢重心距 Z_0）

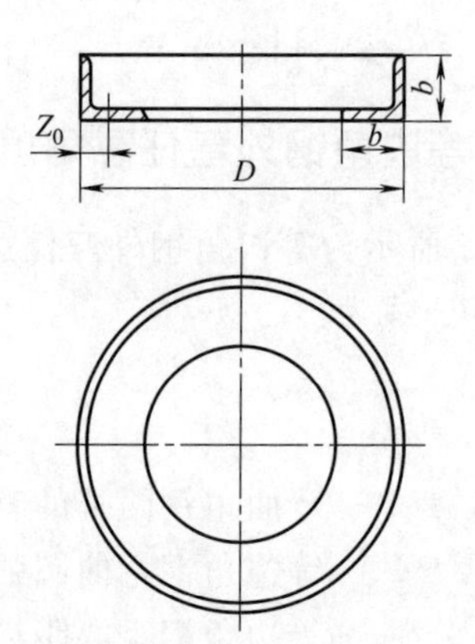

图 5-6 等边角钢内弯钢圈（中性层通过角钢重心距 Z_0）

5.1.7 不等边角钢内弯 90° 的料长展开

图 5-7 所示为不等边角钢内弯 90°示意图，其料长展开是按重心径计算的，设料长为 l，则计算公式为：

$$l=A+L+\frac{\pi}{2}(R-X_0)$$

式中 A，L——弯曲角钢两端的直线段长，mm；

R——不等边角钢弯曲圆弧半径，mm；

X_0——不等边角钢长边重心距离，cm，参见表 5-2（计算时需转化为 mm）；

l——料长，mm。

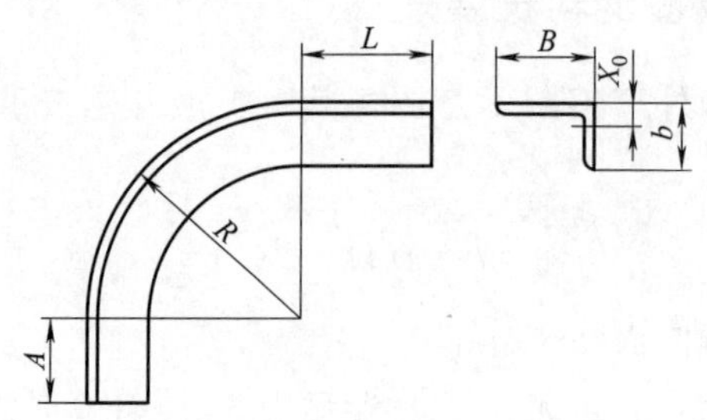

图 5-7 不等边角钢内弯 90°（中性层通过长边重心距 X_0）

◈ 表 5-2　热轧不等边角钢的重心距位置

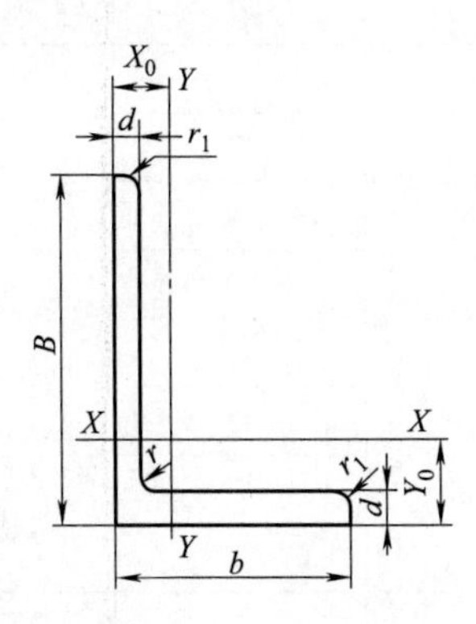

B—长边宽度；b—短边宽度；d—边厚度；r—内圆弧半径；r_1—边端内圆弧半径$\left(=\dfrac{d}{3}\right)$；

Y_0—短边重心距离；X_0—长边重心距离

型号	尺寸/mm				Y_0/cm	X_0/cm
	B	b	d	r		
2.5/1.6	25	16	3	3.5	0.86	0.42
			4		0.90	0.46
3.2/2	32	20	3		1.08	0.49
			4		1.12	0.53
4/2.5	40	25	3	4	1.32	0.59
			4		1.37	0.63
4.5/2.8	45	28	3	5	1.47	0.64
			4		1.51	0.68
5/3.2	50	32	3	5.5	1.60	0.73
			4		1.65	0.77
5.6/3.6	56	36	3	6	1.78	0.80
			4		1.82	0.85
			5		1.87	0.88
6.3/4	63	40	4	7	2.04	0.92
			5		2.08	0.95
			6		2.12	0.99
			7		2.15	1.03
7/4.5	70	45	4	7.5	2.24	1.02
			5		2.28	1.06
			6		2.32	1.09
			7		2.36	1.13

续表

型号	尺寸/mm				Y_0/cm	X_0/cm
	B	b	d	r		
(7.5/5)	75	50	5	8	2.40	1.17
			6		2.44	1.21
			8		2.52	1.29
			10		2.60	1.36
8/5	80	50	5		2.60	1.14
			6		2.65	1.18
			7		2.69	1.21
			8		2.73	1.25
9/5.6	90	56	5	9	2.91	1.25
			6		2.95	1.29
			7		3.00	1.33
			8		3.04	1.36
10/6.3	100	63	6	10	3.24	1.43
			7		3.28	1.47
			8		3.32	1.50
			10		3.40	1.58
10/8	100	80	6		2.95	1.97
			7		3.00	2.01
			8		3.04	2.05
			10		3.12	2.13
11/7	110	70	6		3.53	1.57
			7		3.57	1.61
			8		3.62	1.65
			10		3.70	1.72
12.5/8	125	80	7	11	4.01	1.80
			8		4.06	1.84
			10		4.14	1.92
			12		4.22	2.00
14/9	140	90	8	12	4.50	2.04
			10		4.58	2.12
			12		4.66	2.19
			14		4.74	2.27
16/10	160	100	10	13	5.24	2.28
			12		5.32	2.36
			14		5.40	2.43
			16		5.48	2.51

续表

型号	尺寸/mm				Y_0/cm	X_0/cm
	B	b	d	r		
18/11	180	110	10	14	5.89	2.44
			12		5.98	2.52
			14		6.06	2.59
			16		6.14	2.67
20/12.5	200	125	10		6.54	2.83
			12		6.62	2.91
			14		6.70	2.99
			16		6.78	3.06

假设一不等边角钢规格为 80×50×6 按图 5-7 所示方向内弯 90°，$A=240$mm，$L=360$mm，$R=500$mm，则料长 l 可按以下步骤计算。

查表 5-2 得，$X_0=1.18\text{cm}=11.8\text{mm}$

$$l=A+L+\frac{\pi}{2}(R-X_0)=240+360+\frac{\pi}{2}(500-11.8)=1366.5\ (\text{mm})$$

应该说明的是：按图 5-7 所示进行的内弯 90°弯曲，此处弯曲圆弧的中性层是通过不等边角钢长边重心距 X_0 的，因此，料长 l 应按长边重心距 X_0 进行计算；若按图 5-8 所示的方向进行内弯 90°弯曲，此处弯曲圆弧的中性层则是通过不等边角钢短边重心距 Y_0 的，此时，料长 l 计算公式应相应改为：

$$l=A+L+\frac{\pi}{2}(R-Y_0)$$

式中　A，L——弯曲角钢两端的直线段长，mm；

R——不等边角钢弯曲圆弧半径，mm；

Y_0——不等边角钢短边重心距离，cm，参见表 5-2（计算时需转化为 mm）；

l——料长，mm。

尤其应该注意的是：以下所述的其他各种不等边角钢的弯曲，在应用公式时均应注意这一点，即：对于不等边角钢的弯曲料长 l 的计算应首先判定中性层是通过不等边角钢的长边重心距 X_0 还是短边重心距 Y_0，在此前提下，再进一步判定该中性层是处于弯曲圆弧半径 R 之内还是之外，对于弯曲圆弧半径 R 之内，其计算料长的圆弧半径取 $R-$中性层通过的重心距，对于弯曲圆弧半径 R 之外，其计算料长的圆弧半径取 $R+$中性层通过的重心距，从而有针对性地运用各类计算公式，这是料长计算准确的关键，也是料长计算应用的精髓。

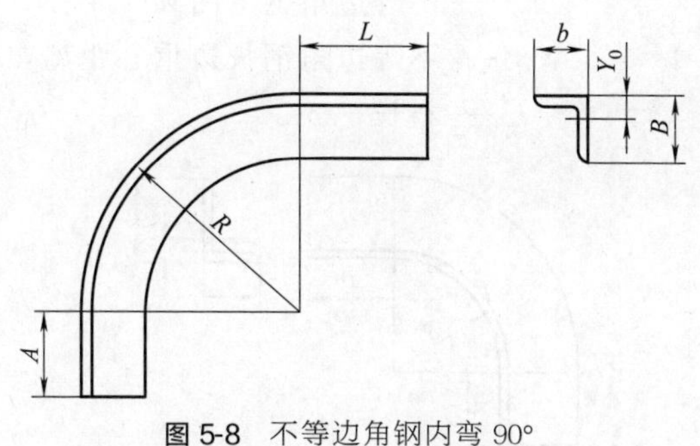

图 5-8　不等边角钢内弯 90°
（中性层通过短边重心距 Y_0）

5.1.8　不等边角钢内弯任意角度的料长展开

图 5-9 所示为不等边角钢内弯任意角度示意图，其料长展开是按重心径计算的，设料长为 l，则计算公式为：

$$l=A+L+\frac{\pi\alpha(R-Y_0)}{180^\circ}$$

式中　A，L——弯曲角钢两端的直线段长，mm；

R——不等边角钢弯曲圆弧半径，mm；

Y_0——不等边角钢短边重心距离，cm，参见表 5-2（计算时需转化为 mm）；

l——料长，mm。

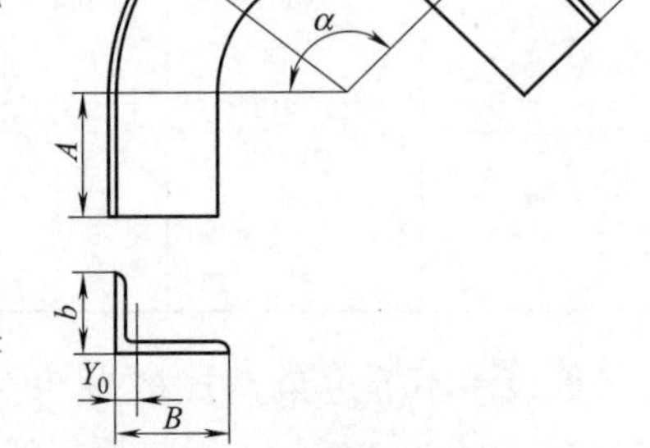

图 5-9　不等边角钢内弯任意角度（中性层通过短边重心距 Y_0）

5.1.9　不等边角钢外弯 90° 的料长展开

图 5-10 所示为不等边角钢外弯 90°示意图，其料长展开是按重心径计算的，设料长为 l，则计算公式为：

$$l=A+L+\frac{\pi}{2}(R+Y_0)$$

式中　A，L——弯曲角钢两端的直线段长，mm；

R——不等边角钢弯曲圆弧半径，mm；

Y_0——不等边角钢短边重心距离，cm，参见表 5-2（计算时需转化为 mm）；

l——料长，mm。

5.1.10　不等边角钢外弯任意角度的料长展开

图 5-11 所示为不等边角钢外弯任意角度示意图，其料长展开是按重心径计算的，设料长为 l，则计算公式为：

$$l=A+L+\frac{\pi\alpha(R+X_0)}{180^\circ}$$

式中　A，L——弯曲角钢两端的直线段长，mm；

R——不等边角钢弯曲圆弧半径，mm；

X_0——不等边角钢长边重心距离，cm，参见表 5-2（计算时需转化为 mm）；

l——料长，mm。

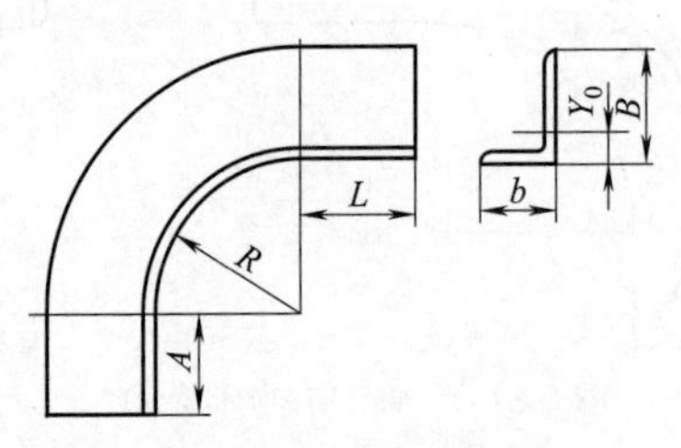

图 5-10　不等边角钢外弯 90°（中性层通过短边重心距 Y_0）

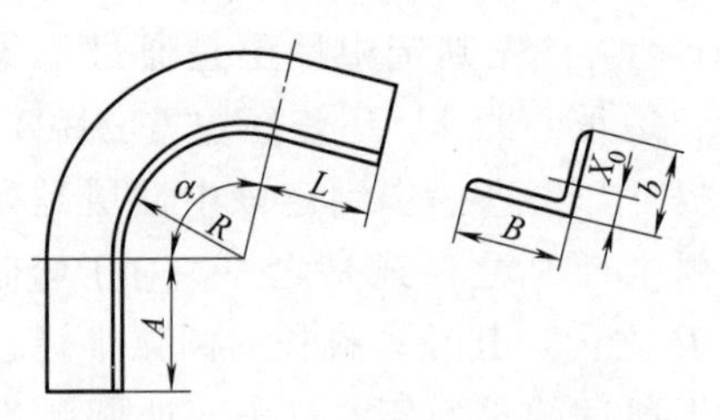

图 5-11　不等边角钢外弯任意角度（中性层通过长边重心距 X_0）

5.1.11　不等边角钢外弯钢圈的料长展开

图 5-12 所示为不等边角钢外弯钢圈示意图，其料长展开是按重心径计算的，设料长为 l，则计算公式为：

$$l=\pi(D+2X_0)$$

式中 D——不等边角钢圈内径，mm；

X_0——不等边角钢长边重心距离，cm，参见表 5-2（计算时需转化为 mm）；

l——料长，mm。

5.1.12 不等边角钢内弯钢圈的料长展开

图 5-13 所示为不等边角钢内弯钢圈示意图，其料长展开是按重心径计算的，设料长为 l，则计算公式为：

$$l=\pi(D-2Y_0)$$

式中 D——不等边角钢圈内径，mm；

Y_0——不等边角钢短边重心距离，cm，参见表 5-2（计算时需转化为 mm）；

l——料长，mm。

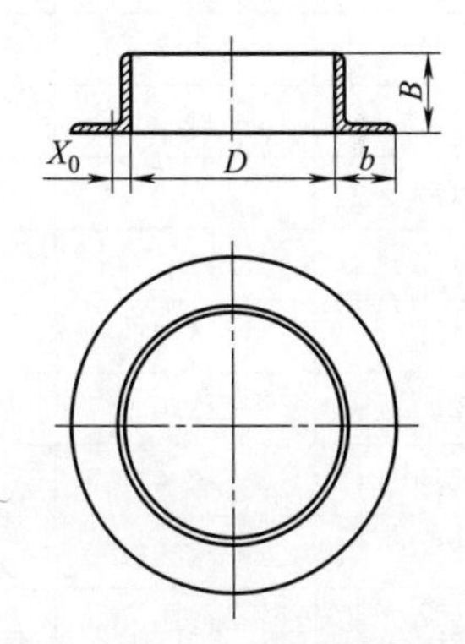

图 5-12 不等边角钢外弯钢圈
(中性层通过长边重心距X_0)

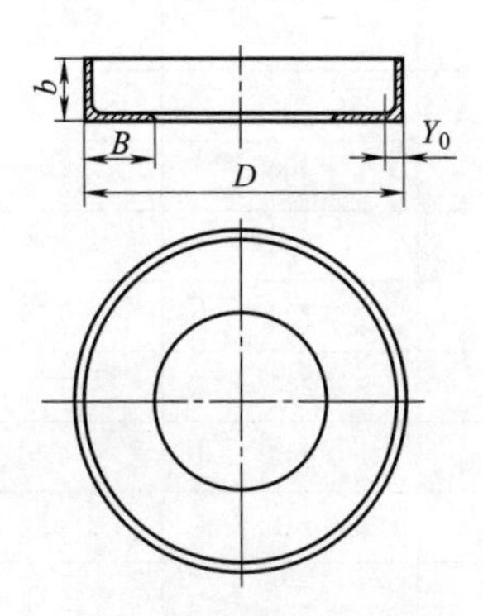

图 5-13 不等边角钢外弯钢圈
(中性层通过短边重心距Y_0)

5.2 槽钢弯曲料长的展开计算

与角钢弯曲的料长计算一样，槽钢的弯曲料长计算，展开毛坯长度（料长）的确定也是以重心径为计算基础的，槽钢重心距离的位置参见表 5-3。

◎ 表 5-3 热轧普通槽钢的重心距位置

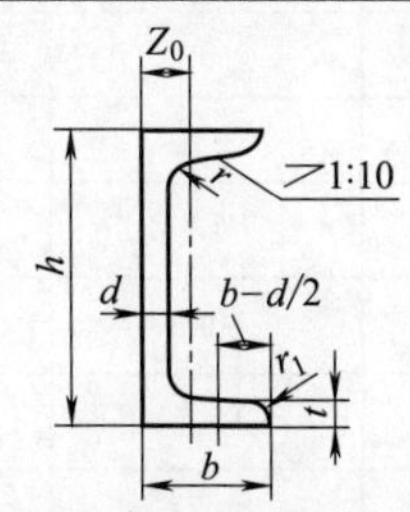

h—高度；b—腿宽；d—腰厚；t—平均腿厚；r—内圆弧半径；r_1—腿端圆弧半径；Z_0—重心距离

型号	尺寸/mm					Z_0/cm
	h	b	d	t	r	
5	50	37	4.5	7	7.0	1.35
6.3	63	40	4.8	7.5	7.5	1.36

续表

型号	尺寸/mm					Z_0/cm
	h	*b*	*d*	*t*	*r*	
8	80	43	5.0	8.0	8.0	1.43
10	100	48	5.3	8.5	8.5	1.52
12.6	126	53	5.5	9.0	9.0	1.59
14a	140	58	6.0	9.5	9.5	1.71
14b	140	60	8.0	9.5	9.5	1.67
16a	160	63	6.5	10.0	10.0	1.80
16	160	65	8.5	10.0	10.0	1.75
18a	180	68	7.0	10.5	10.5	1.88
18	180	70	9.0	10.5	10.5	1.84
20a	200	73	7.0	11.0	11.0	2.01
20	200	75	9	11.0	11.0	1.95
22a	220	77	7	11.5	11.5	2.10
22	220	79	9.0	11.5	11.5	2.03
24a	240	78	7.0	12.0	12.0	2.10
24b	240	80	9.0	12.0	12.0	2.03
24c	240	82	11.0	12.0	12.0	2.00
25a	250	78	7.0	12.0	12.0	2.065
25b	250	80	9.0	12.0	12.0	1.98
25c	250	82	11	12	12	1.92
28a	280	82	7.5	12.5	12.5	2.10
28b	280	84	9.5	12.5	12.5	2.02
28c	280	86	11.5	12.5	12.5	1.95
32a	320	88	8	14	14	2.24
32b	320	90	10	14	14	2.16
32c	320	92	12	14	14	2.09
36a	360	96	9	16	16	2.44
36b	360	98	11	16	16	2.37
36c	360	100	13	16	16	2.34
40a	400	100	10.5	18	18	2.49
40b	400	102	12.5	18	18	2.44
40c	400	104	14.5	18	18	2.42

5.2.1 槽钢平弯 90°的料长展开

图 5-14 所示为槽钢平弯 90°示意图，其料长展开是按重心径计算的，设料长为 l，则计算公式为：

$$l=A+L+\frac{\pi}{2}\left(R+\frac{h}{2}\right)$$

式中　A，L——弯曲槽钢两端的直线段长，mm；

R——槽钢弯曲圆弧半径，mm；

h——槽钢高度，mm，参见表 5-3；

l——料长，mm。

5.2.2　槽钢外弯任意角度的料长展开

图 5-15 所示为槽钢外弯任意角度示意图，其料长展开是按重心径计算的，设料长为 l，则计算公式为：

$$l=A+L+\frac{\pi\alpha(R+Z_0)}{180°}$$

式中　A，L——弯曲槽钢两端的直线段长，mm；

R——槽钢弯曲圆弧半径，mm；

Z_0——槽钢重心距离，cm，参见表 5-3（计算时需转化为 mm）；

l——料长，mm。

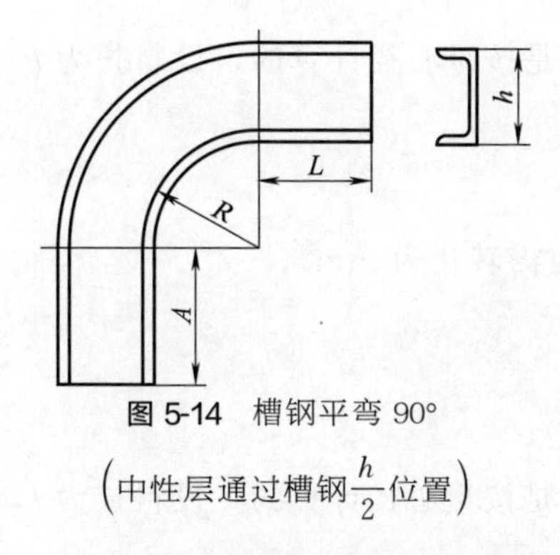

图 5-14　槽钢平弯 90°

$\left(中性层通过槽钢\frac{h}{2}位置\right)$

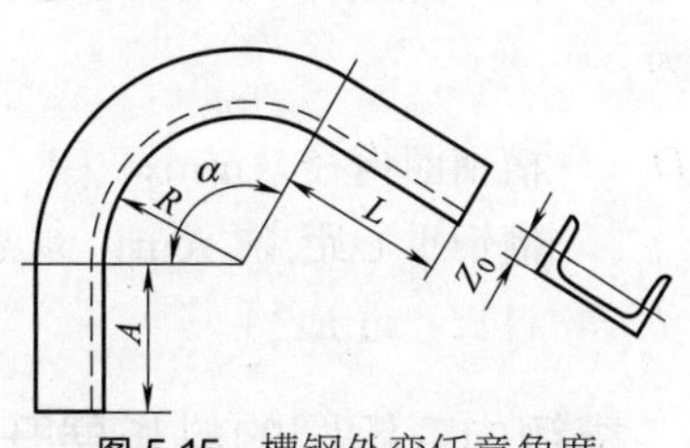

图 5-15　槽钢外弯任意角度

(中性层通过槽钢重心距 Z_0)

5.2.3　槽钢内弯任意角度的料长展开

图 5-16 所示为槽钢内弯任意角度示意图，其料长展开是按重心径计算的，设料长为 l，则计算公式为：

$$l=A+L+\frac{\pi\alpha(R-Z_0)}{180°}$$

式中　A，L——弯曲槽钢两端的直线段长，mm；

R——槽钢弯曲圆弧半径，mm；

Z_0——槽钢重心距离，cm，参见表 5-3（计算时需转化为 mm）；

l——料长，mm。

5.2.4　槽钢平弯钢圈的料长展开

图 5-17 所示为槽钢平弯钢圈示意图，其料长展开是按重心径计算的，设料长为 l，则计算公式为：

$$l=\pi(D+h)$$

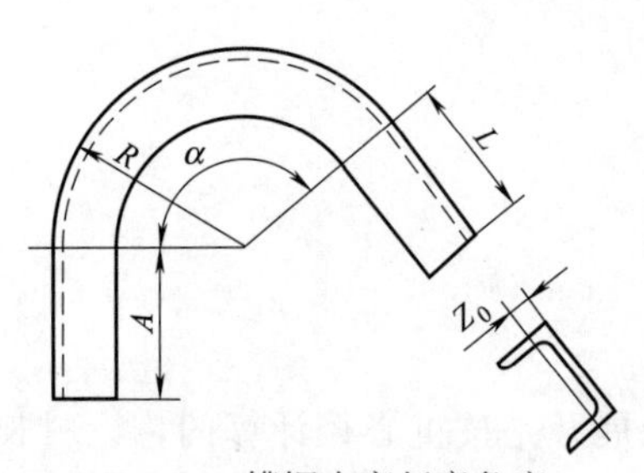

图 5-16 槽钢内弯任意角度
(中性层通过槽钢重心距 Z_0)

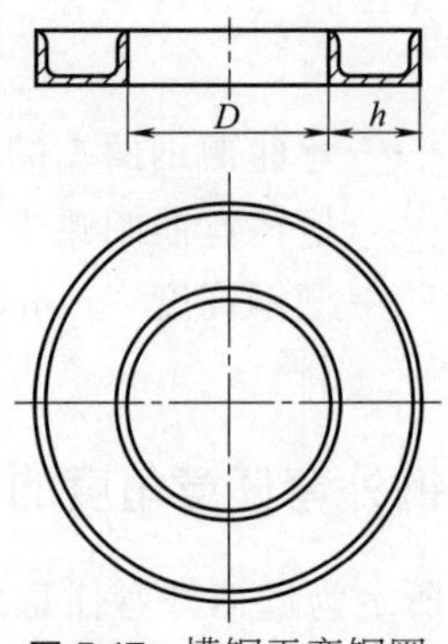

图 5-17 槽钢平弯钢圈
$\left(中性层通过槽钢\frac{h}{2}位置\right)$

式中 D——槽钢钢圈内径，mm；

h——槽钢高度，mm，参见表 5-3；

l——料长，mm。

5.2.5 槽钢外弯钢圈的料长展开

图 5-18 所示为槽钢外弯钢圈示意图，其料长展开是按重心径计算的，设料长为 l，则计算公式为：

$$l=\pi(D+2Z_0)$$

式中 D——槽钢圈内径，mm；

Z_0——槽钢重心距离，cm，参见表 5-3（计算时需转化为 mm）；

l——料长，mm。

5.2.6 槽钢内弯钢圈的料长展开

图 5-19 所示为槽钢内弯钢圈示意图，其料长展开是按重心径计算的，设料长为 l，则计算公式为：

$$l=\pi(D-2Z_0)$$

式中 D——槽钢圈外径，mm；

Z_0——槽钢重心距离，cm，参见表 5-3（计算时需转化为 mm）；

l——料长，mm。

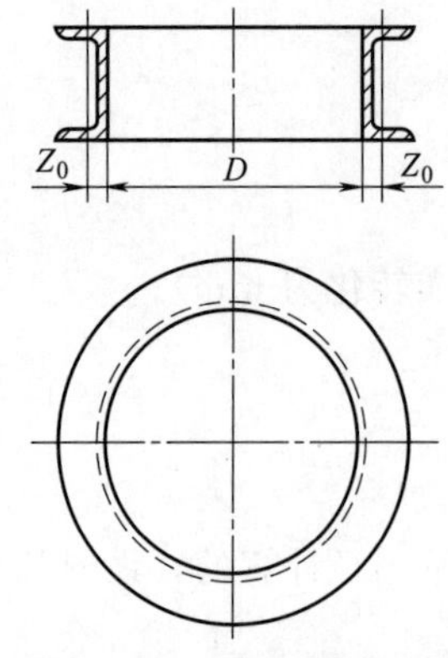

图 5-18 槽钢外弯钢圈（中性层通过槽钢重心距 Z_0）

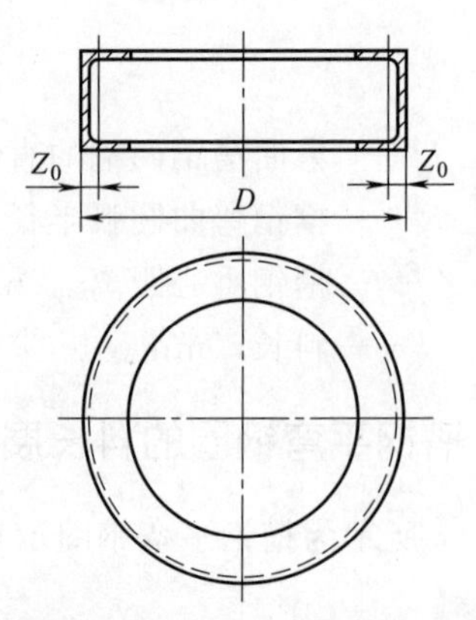

图 5-19 槽钢内弯钢圈（中性层通过槽钢重心距 Z_0）

5.3 角钢切口弯曲料长的展开计算

角钢的切口下料弯曲是角钢弯曲的另一种形式，在生产中占有很大的比例。角钢切口的形状及料长直接影响到角钢的弯曲质量。

角钢（包括槽钢等型钢）的切口通常依据图样要求画出实样图，再通过样板或用直尺直接在工件上进行划线，最后根据弯曲件的加工要求，选择冲切、切割或铣切等方式对切口进行加工。

5.3.1 等边角钢切口弯曲 90° 的料长及切口形状

图 5-20（a）所示为角钢切口弯曲 90°示意图，其料长及切口形状如图 5-20（b）所示，设料长为 l，则计算公式为：

$$l=A+B$$
$$c=b-t$$

式中　A，B——角钢切口弯曲的直边长（不含角钢边厚度 t），mm；

c——切口距离，mm；

b——角钢边宽度，mm；

t——角钢边厚度，mm；

l——料长，mm。

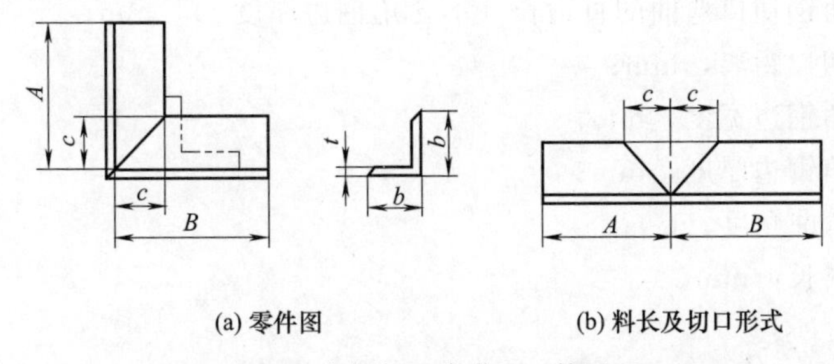

(a) 零件图　　(b) 料长及切口形式

图 5-20　角钢切口弯曲 90° 的展开

型钢的切口弯曲下料比较简单，角钢切口弯曲下料时，一般根据图样要求画出实样图，把直角尺的一边紧贴于角钢底的轮廓线上，另一边对准里角点后画出直角线，求出里角点至立边里口角点距离 c，如图 5-20 所示。料长 l 均按里皮线的直线长 A、B 计算，即料长 $l=A+B$。

5.3.2 等边角钢切口弯曲钝角的料长及切口形状

图 5-21（a）所示为角钢切口弯曲钝角示意图，其料长及切口形状如图 5-21（b）所示，设料长为 l，则计算公式为：

$$l=A+B$$

$$c=(b-t)\cot\frac{\beta}{2}$$

式中　A，B——角钢切口弯曲的直边长（不含角钢边厚度 t），mm；

c——切口距离，mm；

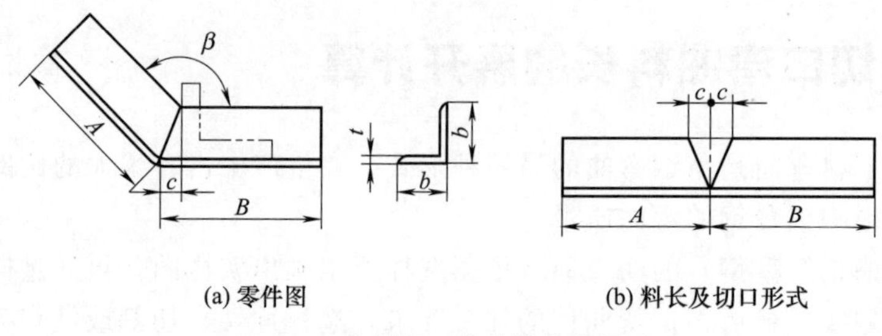

(a) 零件图　　(b) 料长及切口形式

图 5-21 角钢切口弯曲钝角的展开

b——角钢边宽度，mm；

t——角钢边厚度，mm；

β——弯曲角度，(°)；

l——料长，mm。

5.3.3 等边角钢切口弯曲锐角的料长及切口形状

图 5-22 (a) 所示为角钢切口弯曲锐角示意图，其料长及切口形状如图 5-22 (b) 所示，设料长为 l，则计算公式为：

$$l=A+B$$

$$c=(b-t)\cot\frac{\beta}{2}$$

式中　A，B——角钢切口弯曲的直边长（不含角钢边厚度 t），mm；

c——切口距离，mm；

b——角钢边宽度，mm；

t——角钢边厚度，mm；

β——弯曲角度，(°)；

l——料长，mm。

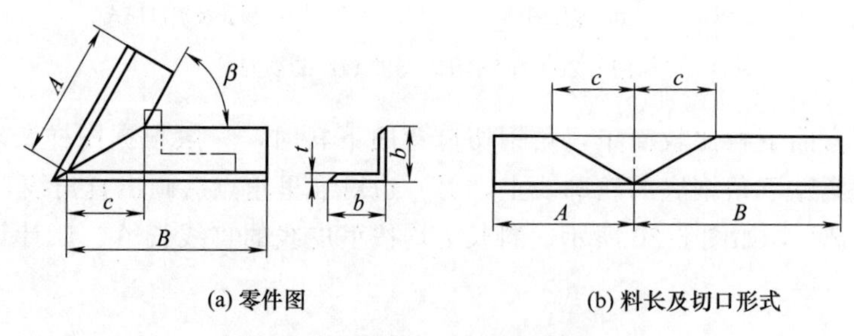

(a) 零件图　　(b) 料长及切口形式

图 5-22 角钢切口弯曲锐角的展开

5.3.4 等边角钢切口弯曲矩形框的料长及切口形状

图 5-23 (a) 所示为角钢切口弯曲矩形框示意图，其料长及切口形状如图 5-23 (b) 所示，设料长为 l，则计算公式为：

$$l=2A+2B$$

$$c=b-t$$

式中　A，B——角钢切口弯曲的直边长（不含角钢边厚度 t），mm；

c——切口距离，mm；

b——角钢边宽度，mm；

t——角钢边厚度，mm；

l——料长，mm。

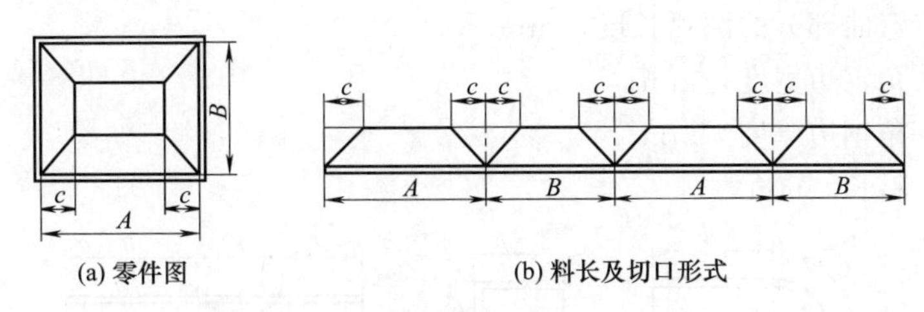

图 5-23　角钢切口弯曲矩形框的展开

5.3.5　等边角钢切口弯曲梯形框的料长及切口形状

图 5-24（a）所示为角钢切口弯曲梯形框示意图，其料长及切口形状如图 5-24（b）所示，设料长为 l，则计算公式为：

$$l=A+B+C+D$$

$$a=b-t$$

$$e=(b-t)\cot\frac{\beta_1}{2}$$

$$f=(b-t)\cot\frac{\beta_2}{2}$$

式中　A，B，C，D——角钢切口弯曲的直边长（不含角钢边厚度 t），mm；

a，e，f——切口距离，mm；

b——角钢边宽度，mm；

t——角钢边厚度，mm；

β_1，β_2——弯曲角度，(°)；

l——料长，mm。

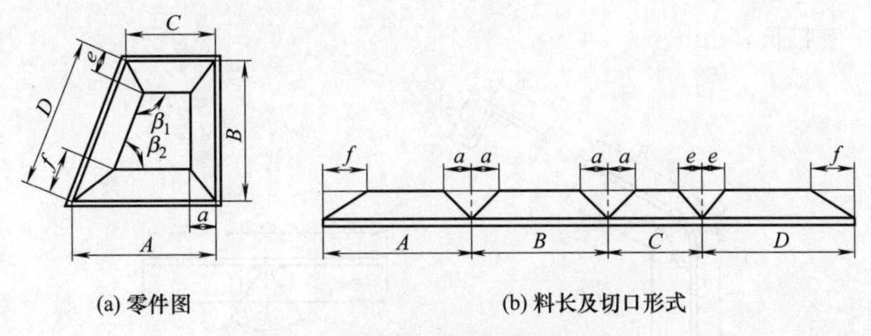

图 5-24　角钢切口弯曲梯形框的展开

5.3.6　等边角钢切口内弯 90° 圆角的料长及切口形状

图 5-25（a）所示为角钢切口内弯 90°示意图，其料长及切口形状如图 5-25（b）所示，设料长为 l，则计算公式为：

$$l=A+B+C$$

$$C=\frac{\pi}{2}\left(b-\frac{t}{2}\right)$$

式中　A，B——角钢切口弯曲的直边长（不含角钢边厚度 t），mm；

C——弯曲部分的圆弧长度，mm；

b——角钢边宽度，mm；

t——角钢边厚度，mm；

l——料长，mm。

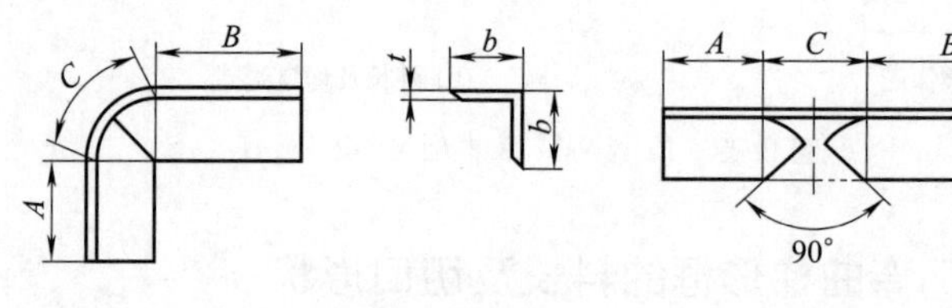

(a) 零件图　　(b) 料长及切口形式

图 5-25　角钢切口内弯 90° 的展开

5.3.7　等边角钢切口内弯任意角度圆角的料长及切口形状

图 5-26（a）所示为角钢切口内弯任意角度示意图，其料长及切口形状如图 5-26（b）所示，设料长为 l，则计算公式为：

$$l=A+B+C$$

$$C=\frac{\pi\beta\left(b-\frac{t}{2}\right)}{180^\circ}$$

式中　A，B——角钢切口弯曲的直边长（不含角钢边厚度 t），mm；

C——弯曲部分的圆弧长度，mm；

b——角钢边宽度，mm；

t——角钢边厚度，mm；

β——弯曲角度，(°)；

l——料长，mm。

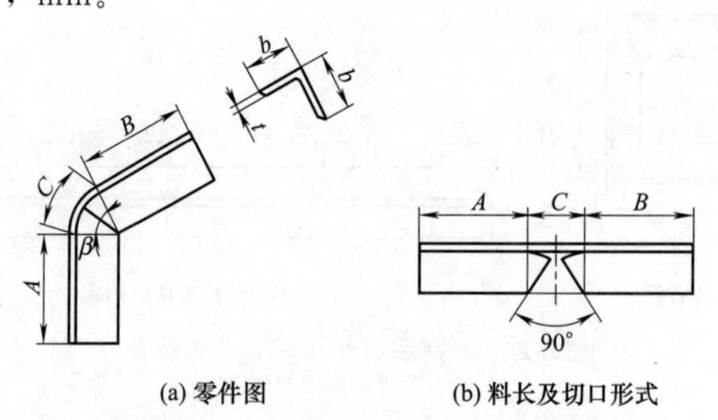

(a) 零件图　　(b) 料长及切口形式

图 5-26　角钢切口内弯任意角的展开

5.3.8　等边角钢切口内弯圆角矩形框的料长及切口形状

图 5-27（a）所示为角钢切口内弯圆角矩形框示意图，其料长及切口形状如图 5-27（b）

所示，设料长为 l，则计算公式为：

$$l=2A+2B+4C$$

$$C=\frac{\pi}{2}\left(b-\frac{t}{2}\right)$$

式中　A，B——角钢切口弯曲的直边长（不含角钢边厚度 t），mm；

c——切口距离，mm；

b——角钢边宽度，mm；

t——角钢边厚度，mm；

l——料长，mm。

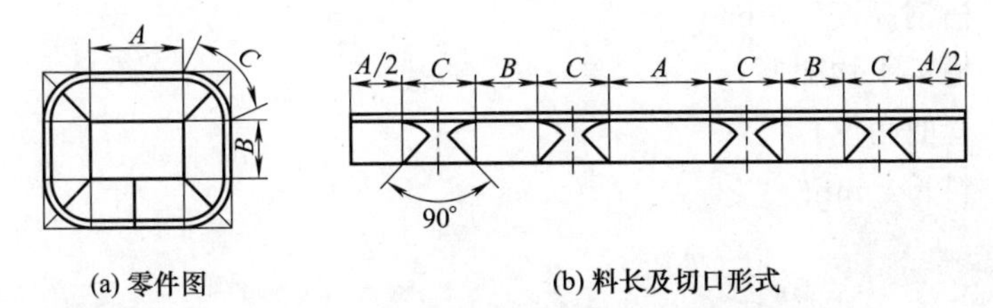

(a) 零件图　　(b) 料长及切口形式

图 5-27　角钢切口内弯圆角矩形框的展开

5.4　槽钢切口弯曲料长的展开计算

与角钢的切口下料弯曲一样，槽钢的切口下料弯曲也是槽钢弯曲的另一种形式，在生产中也占有很大的比例。其切口的形状及料长计算、切口的下料加工也与角钢基本相似。

5.4.1　槽钢切口弯曲 90° 的料长及切口形状

图 5-28（a）所示为槽钢切口弯曲 90°示意图，其料长及切口形状如图 5-28（b）所示，设料长为 l，则计算公式为：

$$l=A+B$$

$$C=h-t$$

式中　A，B——槽钢切口弯曲的直边长（不含槽钢平均腿厚 t），mm；

C——切口距离，mm；

h——槽钢高度，mm；

t——槽钢平均腿厚，mm，参见表 5-3；

l——料长，mm。

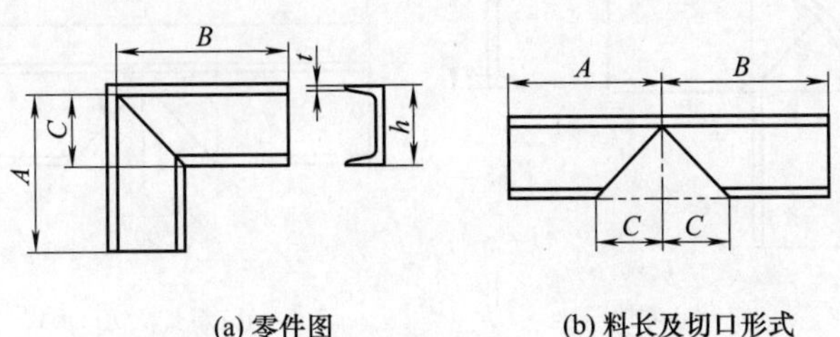

(a) 零件图　　(b) 料长及切口形式

图 5-28　槽钢切口弯曲 90° 的展开

5.4.2 槽钢切口弯曲任意角度的料长及切口形状

图 5-29（a）所示为槽钢切口弯曲任意角度示意图，其料长及切口形状如图 5-29（b）所示，设料长为 l，则计算公式为：

$$l=A+B$$

$$C=\left(h-\frac{t}{2}\right)\tan\frac{\beta}{2}$$

式中 A，B——槽钢切口弯曲的直边长（不含槽钢平均腿厚 t），mm；

C——切口距离，mm；

h——槽钢高度，mm；

t——槽钢平均腿厚，mm，参见表 5-3；

β——弯曲角度，(°)；

l——料长，mm。

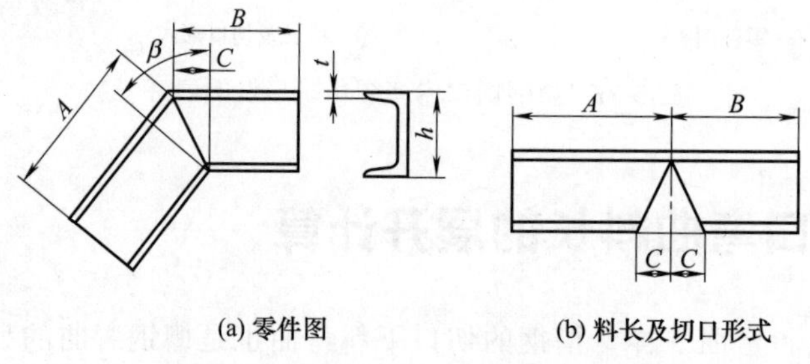

(a) 零件图 (b) 料长及切口形式

图 5-29 槽钢切口弯曲任意角度的展开

5.4.3 槽钢切口内弯 90° 圆角的料长及切口形状

图 5-30（a）所示为槽钢切口内弯 90°示意图，其料长及切口形状如图 5-30（b）所示，设料长为 l，则计算公式为：

$$l=A+B+C$$

$$C=\frac{\pi}{2}\left(h-\frac{t}{2}\right)$$

式中 A，B——槽钢切口弯曲的直边长（不含角钢边厚度 t），mm；

C——弯曲部分的圆弧长度，mm；

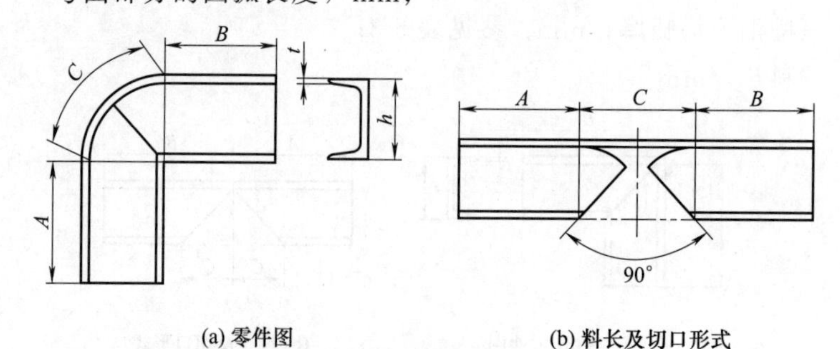

(a) 零件图 (b) 料长及切口形式

图 5-30 槽钢切口内弯 90° 的展开

h——槽钢高度，mm；

t——槽钢平均腿厚，mm，参见表 5-3；

l——料长，mm。

5.4.4　槽钢切口内弯任意角度圆角的料长及切口形状

图 5-31（a）所示为槽钢切口内弯任意角示意图，其料长及切口形状如图 5-31（b）所示，设料长为 l，则计算公式为：

$$l=A+B+C$$

$$C=\frac{\pi\beta(h-t)}{180^{\circ}}$$

式中　A，B——槽钢切口弯曲的直边长（不含角钢边厚度 t），mm；

C——弯曲部分的圆弧长度，mm；

h——槽钢高度，mm；

t——槽钢平均腿厚，mm，参见表 5-3；

β——弯曲角度，(°)；

l——料长，mm。

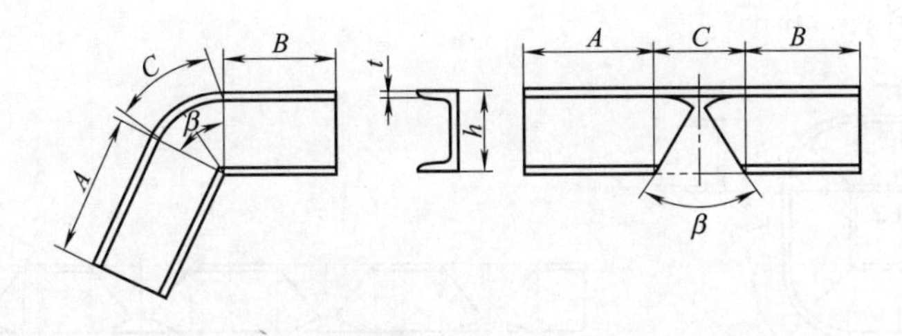

(a) 零件图　　(b) 料长及切口形式

图 5-31　槽钢切口内弯任意角的展开

5.4.5　槽钢切口弯曲矩形框的料长及切口形状

图 5-32（a）所示为槽钢切口弯曲矩形框示意图，其料长及切口形状如图 5-32（b）所示，设料长为 l，则计算公式为：

$$l=2A+2B$$

$$C=h-t$$

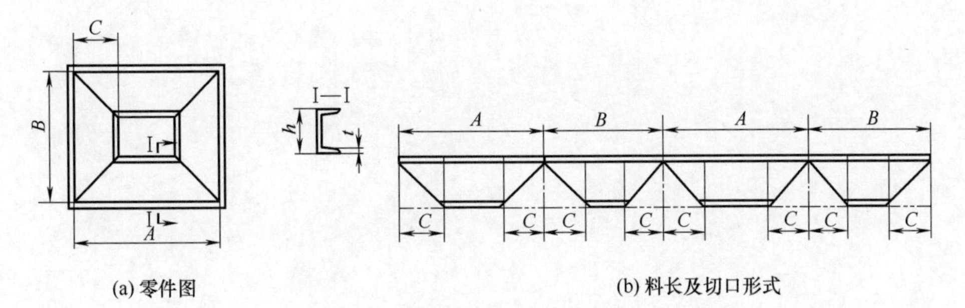

(a) 零件图　　(b) 料长及切口形式

图 5-32　槽钢切口弯曲矩形框的展开

式中 A，B——槽钢切口弯曲的直边长（不含角钢边厚度 t），mm；

C——切口距离，mm；

h——槽钢高度，mm；

t——槽钢平均腿厚，mm，参见表 5-3；

l——料长，mm。

5.4.6 槽钢切口内弯圆角矩形框的料长及切口形状

图 5-33（a）所示为槽钢切口内弯圆角矩形框示意图，其料长及切口形状如图 5-33（b）所示，设料长为 l，则计算公式为：

$$l=2A+2B+4C$$

$$C=\frac{\pi}{2}\left(h-\frac{t}{2}\right)$$

式中 A，B——槽钢切口弯曲的直边长（不含角钢边厚度 t），mm；

C——弯曲部分的圆弧长度，mm；

h——槽钢高度，mm；

t——槽钢平均腿厚，mm，参见表 5-3；

l——料长，mm。

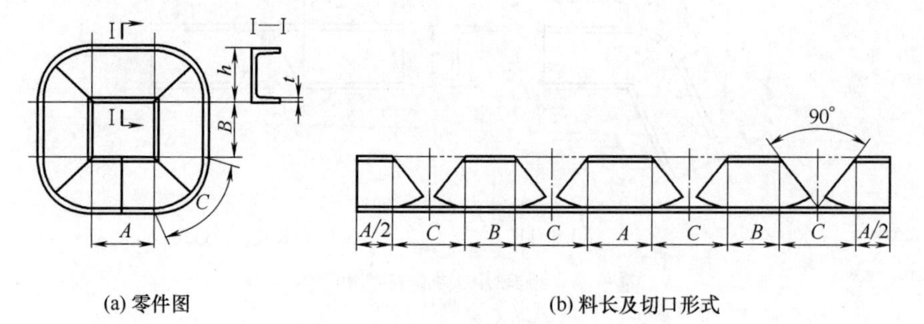

图 5-33 槽钢切口内弯圆角矩形框的展开

钣金构件的下料加工

6.1 钣金构件的放样

在钣金件的下料加工工序中，放样是下料的第一步工序，也是保证下料正确的基础。所谓放样就是在分析需要加工的钣金构件结构特点和制造工艺的基础上，通过对所加工构件进行适当工艺处理（如：加放加工余量、确定弯曲构件中性层的弯曲半径等）后进行必要的计算（对于计算过于复杂的零件，生产中也可通过试验决定）和展开，从而获得产品制造过程中所需要的用1∶1比例准确绘制的零件全部或部分的展开图（该展开图即为放样图）、展开数据、划线或检验样板等的过程。

表面看来，放样获得的是放样图、划线样板等，仅仅是钣金加工的第一道工序，实际上，展开与放样是整个钣金加工的核心，属于构件的生产技术准备，与钣金构件的下料、制造、质量检验等生产流程的各个阶段息息相关。生产中，画放样图的过程习惯上称为放样，而将在待加工构件或坯料上画出展开料（通过放样图、划线样板等）或待加工部位的加工、装配位置线的操作又称为号料。

与绘制工程图相比，在钣金构件或钢板坯料画放样图有较大的差异：首先，工程图是严格按照国家制图标准绘制的，如可采用放大或缩小的比例，线条类型、长短均有规定，而放样图则较随便，例如可以不必标注尺寸，可以添加各种必要的辅助线，也可去掉与下料无关的线条等，但仅限于1∶1的比例；其次，两者的目的也不同，绘制工程图的目的在于清晰、完整地表达构件的形状、尺寸、材质及加工要求等所有信息，而画放样图的目的在于精确地反映实物形状，以便于工件的加工；最后，两者所用的工具、操作方法也完全不同。

6.1.1 放样的工具

画放样图时，除可选用钳工划线所用的划线工具外，根据加工构件的不同，有时还使用以下放样工具。

(1) 石笔

石笔通常都是用滑石切制而成，也叫滑石笔，形状有条形［参见图6-1（a)］和方形［参见图6-1（b)］。与划针一样，石笔也是在金属材料上划线的工具，由于所画的线条能耐一定程度的雨水冲刷，且划线后一般不打样冲，因此，使用方便，但划线精度不如划针高，常用于大外形尺寸钢板、型材且精度要求不高件的划线。

石笔的使用方法与划针相同，但使用前，应将其端部磨尖，使画出的线条宽度保持在0.5mm甚至更小的范围内。磨石笔一般多在黏附一定程度电焊飞溅物的普通透明玻璃片进行（见图6-2）。

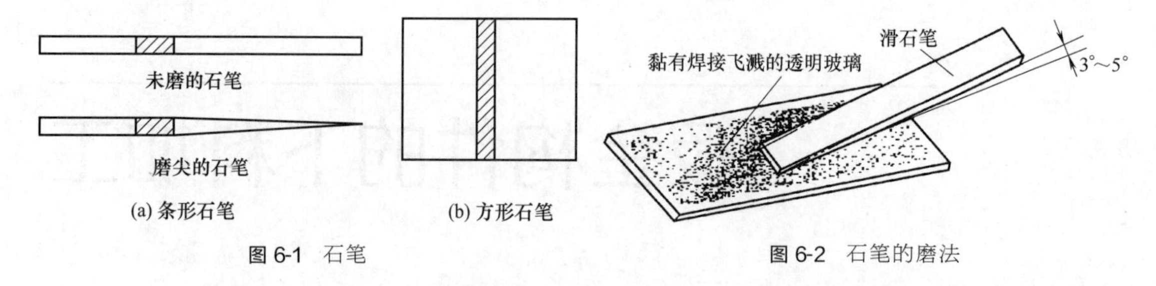

图6-1 石笔　　图6-2 石笔的磨法

(2) 粉线

当所画直线的长度超出钢直尺的长度时，可采用粉线划线。划线的方法是将粉线通过粉笔或粉口袋打粉后，在需画直线的两端用手按住粉线，并将粉线拉紧，然后，在按住粉线的前方用拇指和食指将粉线捏住，垂直向上提起一处，之后迅速松开，于是，提起的已拉紧粉线便回弹到钢板上产生一条所需划的线。当粉线较长时，需两人配合划线。

对粉线打粉一般用粉笔直接按在粉线上进行或用粉口袋（参见图6-3）进行。粉口袋一般可用自行车内胎改制，有效长度以100～150mm为宜。扎系处的扎紧程度以达到往复拉粉线无明显阻力，且不漏粉为宜。两端的扎紧处应便于解开，以便更换粉线材料。

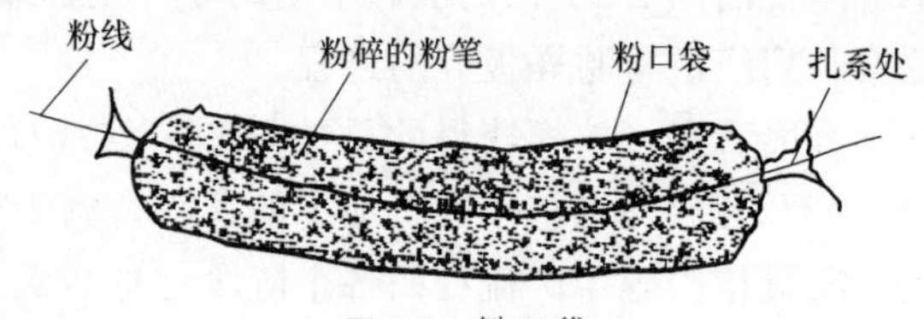

图6-3 粉口袋

使用粉线时，应注意以下几点：①为保证所弹出粉线的精度，粉线的粗细一般控制在0.8～1mm左右为宜，粉线表面不应光滑，否则，影响粉线着粉效果；②打粉过程中，粉线不可产生抖动，避免粉线已经涂上的粉因此而脱落，这在弹较长直线时尤应注意；③弹粉线时，粉线、钢板都不得有水或呈潮湿现象，且应保证弹粉钢板表面的清洁；④在露天弹粉线时，要注意风对粉线的影响，不能因风的作用使尚未弹的粉线产生弯曲；⑤弹线的钢板应平直，避免中间部位出现上凸现象，否则，粉线弹出后，会因中部高出而出现粉线回弹位置偏离，造成弹出的粉线呈折线，这对于开卷后的卷板，尤应注意；⑥对不锈钢、铝等材料最好采用墨线，以便于观察识别；⑦由于粉线是通过粉附着在钢板上实现划线的，故不耐雨水冲刷，甚至隔夜或着露水、大雾等都能失去，因此，粉线打完后，应立即进行后续加工，否则，须对粉线打上样冲或用石笔重新描出。

(3) 钢丝

当所需直线较长时，用粉线弹直线发生困难，可采用钢丝画直线法进行。钢丝画直线时，钢板整体应平直，应严格控制局部的扭曲程度，避免产生对直角尺测量精度的影响，具体参见图6-4。

(4) 曲线尺

对圆柱、圆锥类的斜截面展开后，产生的曲线都不是圆，因此，不便用圆规画出。尽管可采用描点法，但较麻烦，为此，可采用图6-5所示的曲线尺。曲线尺是通过调整螺栓来获

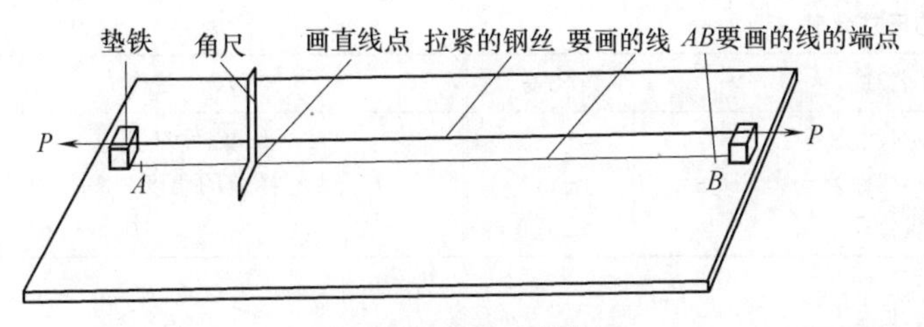

图 6-4　钢丝画直线

得不同的曲率的。使用时，应调整杆前部的铰接底座与弹性钢板的固定连接，调整好后可采用铆接，铆接后可使调整好的曲率稳定，但不得采用焊接，避免因焊接热，致使弹性钢板产生软化和变形，丧失弹性，影响使用效果。

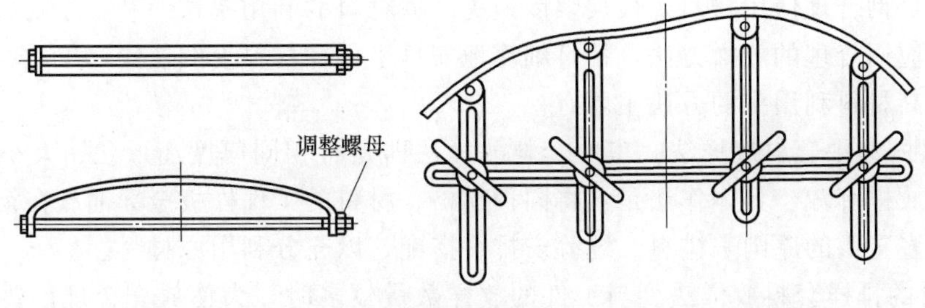

图 6-5　曲线尺

(5) 样板

对于形状复杂的构件，为了下料时准确、方便快捷，一般都采用样板。样板的类型主要有下料样板、成形样板与检验样板。样板是根据工艺图中具体的技术要求，在生产加工批量较大、单件数量较多时使用，一般采用 0.5～2mm 的薄钢板（镀锌板、马口铁）制作，在下料数量不多、尺寸精度要求不高时也可用硬纸片、胶合板、塑料板制作。样板是按照 1∶1 的比例所画出的反映零部件或构件相互之间的尺寸和真实图形的模型。样板制成后，必须在样板上标明图号、名称、件数、库存编号等，并应经专业检查人员检查、核对无差错后，方可投入使用，以保证放样的正确，同时利于样板的管理。

通常加工零部件的形状不同，所制作出的样板的用途也就不同。表 6-1 列出了几种常用样板的名称和用途。

◈ 表 6-1　常用样板的名称和用途

样板名称	用途
平面样板	在板料及型材上一个平面进行划线下料
弧形样板	检查各种圆弧及圆的曲率大小
切口样板	各种角钢、槽钢切口、弯曲的划线标准
展开样板	各种板料及型材展开零件的实际料长和形状
划孔线样板	确定零部件全部孔的位置
弯曲样板	各种弯曲零件及制作胎模零件的检查标准

样板的制作公差一般取加工构件公差的 1/4～1/3，一般不应小于表 6-2 所示的尺寸允差。

◈ 表 6-2 样板制作的尺寸允差 单位：mm

尺寸名称	公差	尺寸名称	公差
相邻中心线间公差	±0.2	长度、宽度公差	±0.5
板与邻孔中心线距离公差	±0.5	样板的角度公差	±20′
对角线公差	±1.0		

6.1.2 放样的操作方法

放样一般是在放样工作台上进行，放样前应先熟悉图纸，核对图纸各部尺寸是否正确，如无问题，方可准备好画线工具进行放样操作。

(1) 放样的基本原则

放样应贯彻合理使用材料，最大限度地提高原材料的利用率这一基本原则。在工艺许可的前提下，应用合理的放样方法，精打细算地安排工件在材料上的位置，使材料得到充分利用。具体提高材料利用率的方法主要有：

① 板材的集中套料放样法。集中套料放样法即是将相同厚度而形状、大小不同的工件集中在一起放样套裁。具体作法是：将同种规格、材料的工件样板全部铺放在钢板上，按由大至小、由多至少的原则来排料。统筹安排、搭配，以充分利用原材料。

② 板材的排样套料放样法。当工件的放样数量较多时，为使放样合理，要精心安排工件的图形位置。可以用一种形状的工件进行排样，也可以用几种不同形状的工件进行套料排样。

如单独用其中一种工件进行排样，材料的利用率都不高，则应考虑用两种工件在一起进行套料排样，以最大限度地利用原材料。但应注意：在考虑提高材料利用率的同时，还应充分分析到板材排样后的加工工艺性及生产效率的提高。

③ 型材的统计计算放样法。当型材工件的长短不一致、数量也不统一，而原材料都是一样的时候，可采用将所有同规格材料的工件归纳在一起，由长至短并结合工件的数量进行搭配的方法进行排样，可以使每根材料都获得合理的利用，这种先进行统计安排，再进行放样的方法，就是型材的统计计算放样。

型材的放样一般采用这种统计计算法。放样时，将型材摆放整齐，按预先计算好的顺序，从型材的一端并排划起，这样可以提高工作效率，还可以很方便地掌握数量。划线顺序通常是先划长尺寸的型材，再划短尺寸型材。

(2) 放样的基本方法

放样的方法一般有：采用划线工具直接划线放样的直接放样法及利用放样样板等进行的划线放样法。放样方法的选择应在熟悉图样，了解工件的结构特点、生产批量大小和装配技术要求等条件之后进行，一般对有较高装配连接要求，或批量生产的构件要制作划线样板。

划线样板可根据企业的生产设备情况，采用数控激光切割、转塔冲床、线切割等加工，也可采用先手工剪切再进行锉削修整或铣切加工的方法进行。

对于较大尺寸样板，由于样板容易出现变形，既影响放样的精度，而且使用不便。为保证样板使用的方便及使用精度，可在样板平面上（不超出外形）用铆接或螺钉连接适当立筋，如小角钢，并在适当位置加上拉手。但要注意，加立筋和拉手不允许用焊接方法连接，防止样板变形。

由于板材放样仅仅是在平面上划线，使用的放样样板也多为平板结构，相对较为简单，而型材由于具有一定的截面形状，因此，放样较为复杂且要用到一些专用的工具，采用一些具体的操作方法。

① 90°角尺。由厚尺和薄尺构成直角的一种 90°角尺。在型材放样时，可用此种 90°角尺在型材上划垂直于型材棱边的直线，如图 6-6 所示。

② 直线规　直线规由规刃和规座构成，是型材放样的专用工具。其中规刃用工具钢经锻造、淬火、刃磨制成。直线规主要用于划出型材上所加工孔的中心线，如图 6-7 所示。

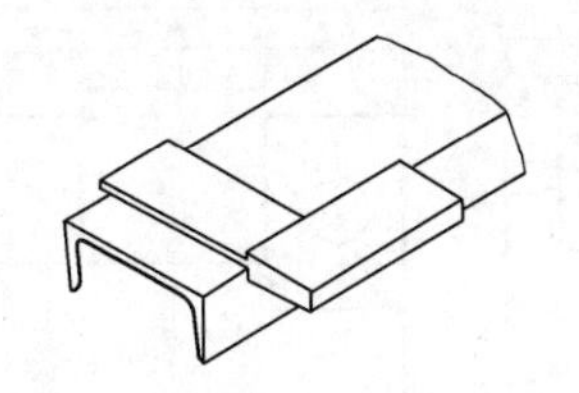

图 6-6　利用 90° 角尺的放样

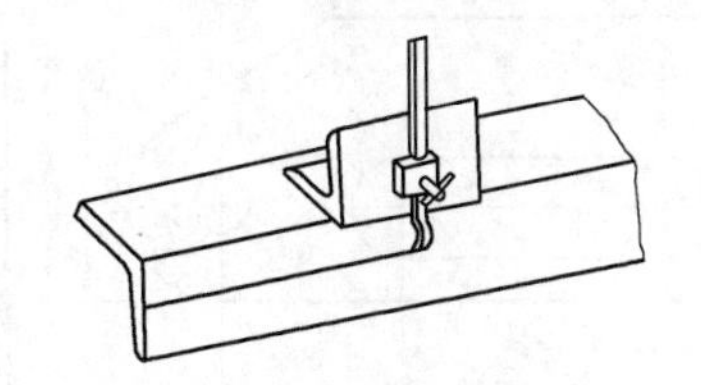

图 6-7　利用直线规的放样

③ 样杆卡。样杆卡用薄钢板弯制而成。当样杆较长时，用样杆卡将样杆挂在型材上，可防止由于样杆弯曲而影响放样的精度，如图 6-8 所示。

④ 划线样板。当工件出现各种各样的端部形状时，为使放样准确、快速，放样前要准备好相应的端部形状划线样板，如图 6-9 所示。

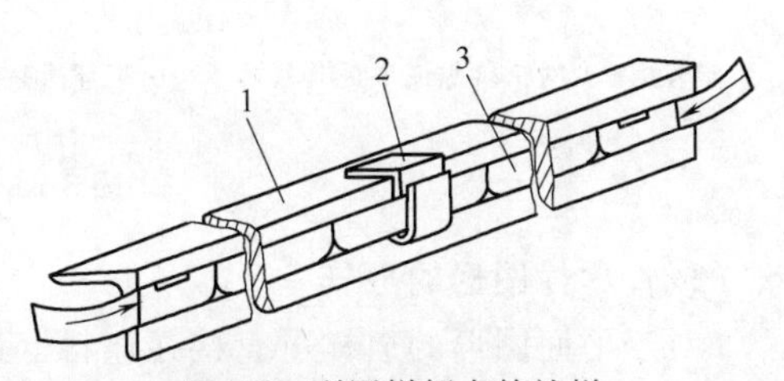

图 6-8　利用样杆卡的放样
1—角钢；　2—样杆卡；　3—样杆

(a) 槽钢插头样板　(b) 槽钢平头样板　(c) 角钢平头样板　(d) 角钢割角样板　(e) 角钢割豁样板

图 6-9　各种型钢的划线样板实例

样板上开的方孔和卷起的翻边，是为了在使用时手持方便，有利于划线操作。

6.1.3　放样操作注意事项

具体进行放样操作时，应注意以下方面的内容。

(1) 选择好放样基准

在接图样放样时，划线要遵守一个规则，即从基准开始。在设计图样上，用来确定其他点、线、面位置的基准，称为设计基准。放样时，通常也都是选择图样的设计基准来作放样基准。

图样的设计基准一般有以下三种类型。

① 以互相垂直的轮廓线（或平面）作基准。如图 6-10（a）所示的零件图样，有垂直两个方向上的尺寸。每一方向上的尺寸都是依照零件的左、下轮廓直线确定的，这两条轮廓线互相垂直，是该零件图样的设计基准，也是放样所依据的基准。

② 以互相垂直的两条中心线作基准。如图 6-10（b）所示的零件图样，两个方向上的尺寸与其中心线有对称性，其他尺寸也从中心线起始标注。因此，这两条互相垂直的中心线是该零件图样的设计基准，也是放样基准。

③ 以一条轮廓线及与其垂直的中心线作基准。如图 6-10（c）所示的零件图样，高度方向上的尺寸是依底边轮廓线为依据标注的，所以底边轮廓线是高度方向上的基准；而宽度方向上的尺寸对称于中心线，所以中心线是宽度方向上的基准。它们既是该零件图样的设计基准，也是放样基准。

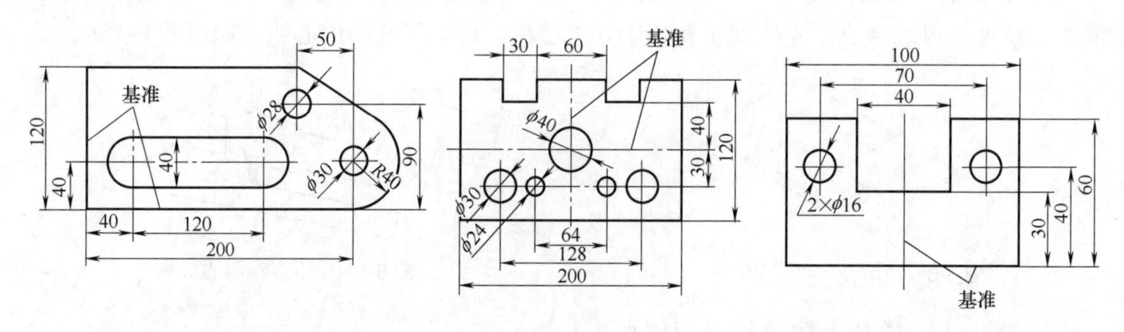

(a) 以互相垂直的轮廓线(或平面)作基准　(b) 以互相垂直的两条中心线作基准　(c) 以一条轮廓线及与其垂直的中心线作基准

图 6-10　放样基准的确定

(2) 零件图形的放样

对于平面图形的放样可直接在坯料上进行，但放样时，要结合零件的使用及加工方法，在选择好放样基准之后，再进行放样。图 6-11（b）～(d）为图 6-11（a）所示钢板制加强肋板的放样顺序，从图样显示的零件形状及实际应用情况分析，并结合判断图样的设计基准，其轮廓线 AOB 段显然是放样基准。

放样步骤如下。

① 划出放样基准线 $AO \perp AB$，参见图 6-11（b）。

② 在 AO 上截取 $AO=400\text{mm}$，在 OB 上截取 $OB=300\text{mm}$。过 A 点作 AO 的垂线并截取 $AD=100\text{mm}$；过 B 点作 OB 的垂线并截取 $BC=100\text{mm}$，参见图 6-11（c）。

③ 连接 CD，即完成该零件的放样，参见图 6-11（d）。

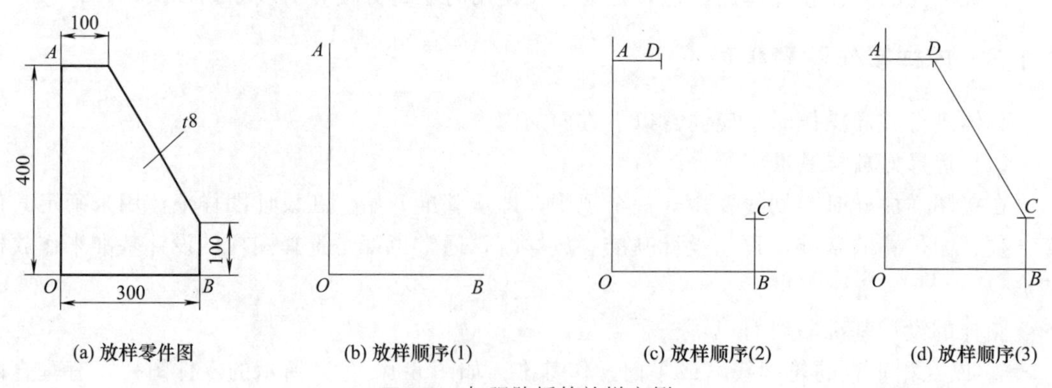

(a) 放样零件图　(b) 放样顺序(1)　(c) 放样顺序(2)　(d) 放样顺序(3)

图 6-11　加强肋板的放样实例

(3) 装配基准的放样

装配基准放样的作用之一，就是将划出的实样作装配基准使用。

装配基准的放样，多在工作平台上用石笔来划，当实样图使用时间较长或重复使用时，可在基准点、划线处以及重要的轮廓线上打上样冲眼，以便不清时重新描划。

装配基准的放样也是先判断出图样的设计基准，作放样基准，再依先外后内、先大后小的顺序来划线。

图6-12（a）为一构件底座的图样，其放样顺序见图6-12（b）～（d）。该底座由槽钢构成，从其图样标注的尺寸和图样特点来看，其右框轮廓边和水平中心线是图样的设计基准和放样基准。这类构件往往采用地样装配法来进行装配，即在平台上划出构件的实样，然后将各槽钢件按轮廓线和结合位置进行拼装。

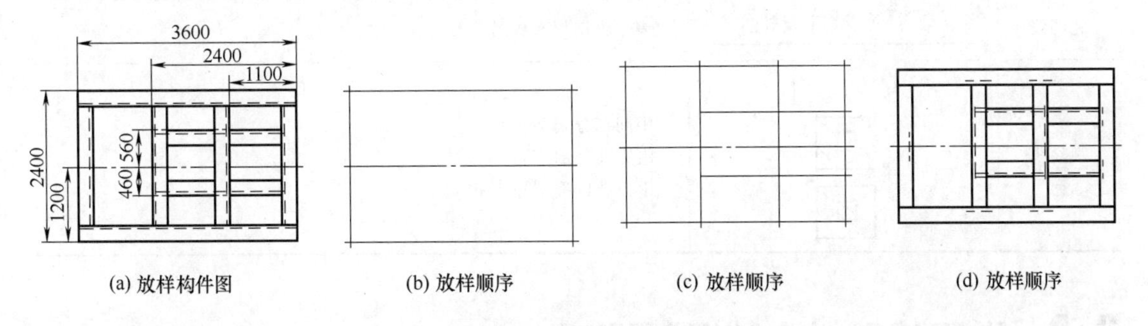

(a) 放样构件图　(b) 放样顺序　(c) 放样顺序　(d) 放样顺序

图6-12　槽钢底座的放样

放样步骤如下：①划出右框轮廓边和与之垂直的水平中心线，作放样基准，并依据此基准划出方框的外轮廓线，参见图6-12（b）；②以右框轮廓边和水平中心线为基准，划出框内各槽钢的位置，参见图6-12（c）；③划出槽钢的朝向，划清楚所有交接位置的交接关系，即完成装配基准的放样，参见图6-12（d）。

(4) 保证放样精度

应保证放样精度，否则将直接影响产品质量。这就要求保持使用量具的精度，并按规定定期检查量具精度，同时，要依据产品的不同精度要求，选择相应精度等级的量具。在进行质量要求较高的重要构件施工前，还要进行量具精度的检验。对一般要求的加工件，一般划线的尺寸允差可按表6-3要求进行。

◈ 表6-3　划线的尺寸公差　单位：mm

尺寸名称	公差	尺寸名称	公差
相邻两孔中心距离公差	±0.5	构件外形尺寸公差	±1.0
板与邻孔中心线距离公差	±0.1	两端两孔中心距离公差	±1.0
样冲孔与邻孔中心距离公差	±0.5		

(5) 划线的常用符号

将图样上的零件划到钢材上去后，这只是零件整个制造过程中的一个环节，还需要进行各种加工。为了表达划线后下面的各道工序的性质、内容和范围，常在钢材划线的零件上标出各种符号，常用工艺符号参见表6-4。

◈ 表6-4　划线常用工艺符号

标记说明	符号	说明
切断线	——\\\\\\——\\\\\\——	在剪切断的线上打上样冲或用斜线表示
加工线	—•—•—▽—•—•—•—	在线上打样冲眼，划三角形符号或注上“刨边”等字样

续表

标记说明	符号	说明
中心线		在线的两端打上样冲眼，并作标记
对称线		表示零件图形与此线完全对称
轧角线	(反) 轧角尺	表示将钢材弯成一定角度或直角
轧圆线	(反轧圆)	表示将钢板弯成圆筒形（正轧或反轧）
割除线		中间部分割除 沿方孔外部割除 沿方孔内部割除

6.2 常用的下料方法及其选用

钣金加工所用的材料形式主要有板材及型钢等。为加工出所需形状等要求的钣金构件，首先应将原材料按需要切成坯料，这一过程称为下料。

下料的方法很多，生产中所用的主要有剪切、冲裁及切割、切削等几种类型。如何在保证加工件的质量前提下，选用经济合理的下料方法是钣金下料的一项重要内容。

（1）选择下料方法的考虑因素

下料时，主要应依据零件的尺寸、几何形状、材料、板料厚度、批量、加工精度和切口质量要求等，选择合适的下料方法，以提高工效和减少板料消耗，生产出合格的零件。应该指出的是，即使是同一个零件，针对不同的企业，其切割下料的方法也是不同的。选择适当的下料方法应针对企业现有的加工设备、生产能力以及所加工钣金构件的精度要求、生产批量、加工经济性等情况进行，应从以下几方面综合考虑。

① 零件的尺寸和几何形状。一般来说，零件的外形尺寸若超过 300mm，且为薄板（板厚 $t \leqslant 1.5$mm）零件、生产批量小时，均采用手工剪裁；对于零件外形尺寸超过 300mm 的厚板（板厚≥1.5mm）零件，一般采用机械剪裁或其他下料方法；对于外形尺寸小于 300mm 的零件，如果生产批量较大，一般采用冲裁。

冲裁件的形状要尽量简单，最好是比较规则的几何形状，应避免狭长槽或狭长条。这样既便于模具的制造和维修，也便于排样时材料有较高的利用率。

由于凸模强度的限制，冲裁件上的小孔一般不小于表 6-5 中所列的数值。如果采用了有保护凸模的导向机构，则冲孔的最小尺寸可为表 6-6 所列数值的 1/3～1/2。冲裁件的最小宽度一般应不小于表 6-6 中所列的数值。

◎ 表 6-5 最小冲孔尺寸

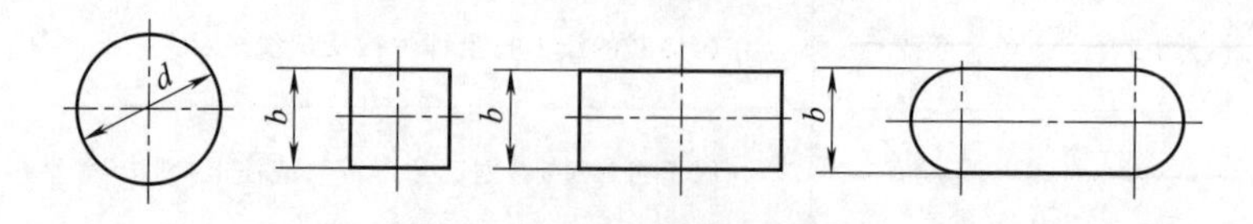

续表

材料	孔的形状			
	圆孔	方孔	长方孔	长圆孔
硬钢	$d \geqslant 1.3t$	$b \geqslant 1.2t$	$b \geqslant 1.0t$	$b \geqslant 0.9t$
软钢、黄铜	$d \geqslant 1.0t$	$b \geqslant 0.9t$	$b \geqslant 0.8t$	$b \geqslant 0.7t$
铝	$d \geqslant 0.8t$	$b \geqslant 0.7t$	$b \geqslant 0.6t$	$b \geqslant 0.5t$

◈ 表6-6　冲裁件的最小宽度

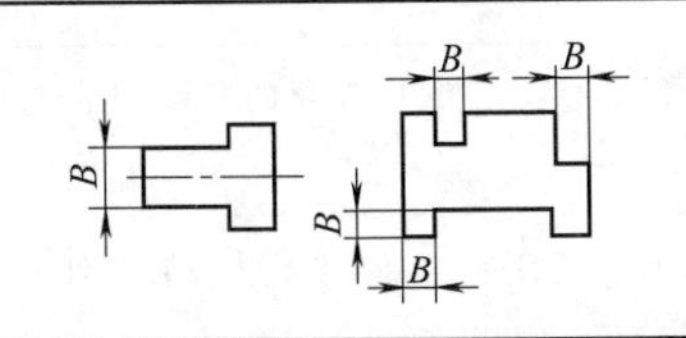

材料	宽度 B
硬钢	$(1.0 \sim 1.3)t$
软钢、黄铜	$(0.9 \sim 1.0)t$
铝	$(0.75 \sim 0.8)t$

冲裁件上孔的分布，必须考虑孔与孔之间、孔与边缘之间的距离不应太小。否则，会使凹模强度过弱，容易破裂，而且容易使冲裁件边缘胀出或变形。一般允许的最小距离为$(1.0 \sim 1.5)t$。冲裁件内形或外形的转角处，要避免出现尖角，以便于模具加工，减少模具在热处理或冲压时在尖角处产生开裂的现象。同时也能防止尖角部位的刃口过快磨损。转角处的圆角半径 r 可按板厚 t 来确定。在夹角 $\alpha \geqslant 90°$时，取 $r=(0.3 \sim 0.5)t$；在夹角 $\alpha < 90°$时，取 $r=(0.6 \sim 0.7)t$。

② 零件的厚度。板厚 $t \leqslant 1.5$mm，可用手工剪裁，板厚 $t \leqslant 3$mm 可用剪床剪裁。板厚也是安排冲裁工艺过程、选择冲床和设计模具的重要依据之一。一般来说，冲裁时，板料的厚度愈小，所需的冲裁力就愈小，若冲裁模刃口间隙小，塑性变形的时间相应缩短，冷作硬化现象不显著。

③ 零件的材质。钣金零件所用的板料的材质多种多样，材料的种类也是选择下料方法的重要因素。一般来说，材料的抗剪强度愈大，下料就愈困难。如同样 1.2mm 厚的白铁皮和不锈钢板材，用手剪裁白铁皮比剪裁不锈钢就容易得多。

气割广泛用于板厚 $t \geqslant 2$mm 的低碳钢板和低合金钢板的下料，但随碳素钢含碳量的增加，气割性能将会恶化，使切口不平整，割缝质量低，无法满足钣金工艺要求。对于高铬钢、铬镍不锈钢、铜、铝及其合金，不能采用氧气切割的方法进行切割，通常需要采用氧熔剂切割、等离子弧切割，也可采用锯割或铣切等加工方法，但主要使用手工剪切和使用剪板机、冲床等机械方法下料。

（2）常见下料方法及其应用

表6-7给出了各种下料类型所包含的常见下料方法及其应用。

◈ 表6-7　常见下料方法及其应用

分类	方法	设备	应用
剪切	手工剪切	手剪、手提振动剪、手动剪板机	用于料厚 $t \leqslant 4$mm 的低碳钢、铝、铜及其合金，纸板、胶木板、塑料板等板料的直线、曲线加工，加工件精度低、生产效率低，但成本低
	机床直线剪切	平口剪床	剪切力大、生产率高，用于直线外形的板料加工，材料同上
		斜口剪床	剪切力较小，适宜中、大件直线、大圆弧及坡口的板料加工，剪切厚度达40mm，材料同上
	短步剪切	振动剪床	适宜复杂曲线、穿孔、切口加工，还可剪钛合金，材料同上

续表

分类	方法	设备	应用
剪切	圆盘滚刀剪切	直圆滚剪	适宜剪切条料、直线、圆弧，精度较低，切口有毛刺，适宜中小件小批生产，材料同上，剪切厚度达 30mm
		下斜式圆滚剪	剪直线、圆弧(R 较小)，其余同上，剪切厚度达 30mm
		全斜式圆滚剪	复杂曲线，其余同上，剪切厚度达 20mm，精度±1mm
冲裁	冲裁	压力机	常用于板料、型材($t \leqslant 10$mm)的落料、冲孔、切断、切口等加工，精度高(落料 IT10，冲孔 1T9)，生产率高，适用于中、大批量生产
切割	火焰切割	气割机、割炬	可用于纯铁、低碳钢、中碳钢及部分低合金钢等板料、型材的下料、内外形修边等加工，精度达±1mm，成本低
	等离子切割	切割设备、割炬	碳钢、不锈钢、高合金钢、钛合金、铝铜及其合金、非金属等材料的内外形下料。切口较窄、切厚达 200mm，精度达±0.5mm，并可水下切割
	碳弧气刨	直流焊机、气刨钳	用于高合金钢、铝、铜及其合金等材料的切割、修边、开坡口、去大毛刺等加工
	电火花线切割	电火花线切割机	用于各种导电材料的精密切割，切厚可达 300mm 以上，精度达±0.01mm，可切出任意形状的平面曲线和侧壁斜度<30°的工件，尤其适于冲裁模制造
	激光切割	激光切割机	各种材料的精密切割，切厚可超过 10mm，切缝 0.15～0.5mm，精度≤0.1mm，但设备昂贵
	高压水切割	超高压(≥400MPa)水切割机	可用于各种金属、非金属(如玻璃、陶瓷、岩石)，可配入磨料，精度高，切陶瓷厚达 10mm 以上，设备昂贵
切削	手工作业	弓锯	用于各种型、棒、管、板材等各种金属及非金属材料的切割，并可锯槽、锯硬料，工具廉价、操作简单，但劳动强度大，生产率低
		手持动力锯、手控锯动机	用于各种型、棒、管、板料等各种未淬硬金属、非金属的加工，生产率高，噪声大
		电动割管机	用于 $\phi200$～$\phi1000$mm 金属、塑料管材加工
		切管架	中、小径管材的加工
		手控砂轮切割机	各种金属、非金属(有色金属、橡塑材料除外)的型、棒、管料加工
	机床作业	锯床	各种未淬硬金属的型材、棒料、管料以及塑料、木材的加工，生产率高
		刨边机、刨床	用于板材的切割、修边、开坡口等加工，精度高，材料同锯床
		钣金铣床、铣床	板材切割、修边，精度高，可切复杂曲线，材料同上
		车床、镗床	用于各种材料的棒材、管料的切断、开坡口、修边，加工精度高

6.3 剪切下料

钣金加工所用的材料形式主要有板材、型钢及管料等几种。为加工出所需形状等要求的钣金构件，首先应将原材料按需要切成坯料，这一过程称为下料。下料往往是钣金加工的第一道工序。剪切是使板料、型材、棒材通过专门的剪切设备或工具使其沿预定的直线或曲线相互分离，从而得到各种直线、曲线外形（有时还可得到内形）坯料的加工方法，它适用于除淬硬钢、硬脆材料（如铸铁、陶瓷、玻璃、硬质合金等）以外的各种材料。

剪切加工较为简单，它利用上下剪刃的相对运动来实现材料的切断。根据施加剪切力形式的不同，剪切主要有手工剪切和机械剪切两种形式。

6.3.1 手工剪切下料

手工剪切是利用手工剪切设备对板料或卷料进行的剪切分离，是一种最简单的原始操作方法，剪切设备简单，主要用于单件生产和小批量生产的备料或半成品的修整工序。由于是手工操作，故生产效率低，工人劳动强度大，加工效率低，主要用于薄料的单件生产和小批量生产时的备料或半成品的修整工序。用手工剪切设备剪切的条料及块料，一般会发生较大的弯曲变形，故在剪切前，必须将其校平。

(1) 手剪的工具

手工剪切（简称手剪）工具主要有直口剪、弯口剪、台剪及手提气动剪等，如图 6-13 所示。

其中：直口剪及弯口剪［参见图 6-13（a）、图 6-13（b）］是最简单的手剪工具，直口剪由于剪切刃为直线，故用于剪切直线轮廓的板料，可剪铝板厚 1.5mm，钢板厚 1mm；弯口剪因剪切刃为曲线，所以用于剪切曲线轮廓的板料，可剪铝板厚 2mm，钢板厚 0.8mm；图 6-13（c）所示为台剪，使用时，它的下刀片不动，上刀片由杠杆操纵，剪切时，比手剪省力，主要适用于 1.5～2mm 厚的板料剪裁；图 6-13（d）、图 6-13（e）所示风动直剪及风动冲剪属半机械化的手剪工具，剪切厚度可达 2.5mm。

(a) 直口剪 (b) 弯口剪 (c) 台剪 (d) 风动直剪 (e) 风动冲剪

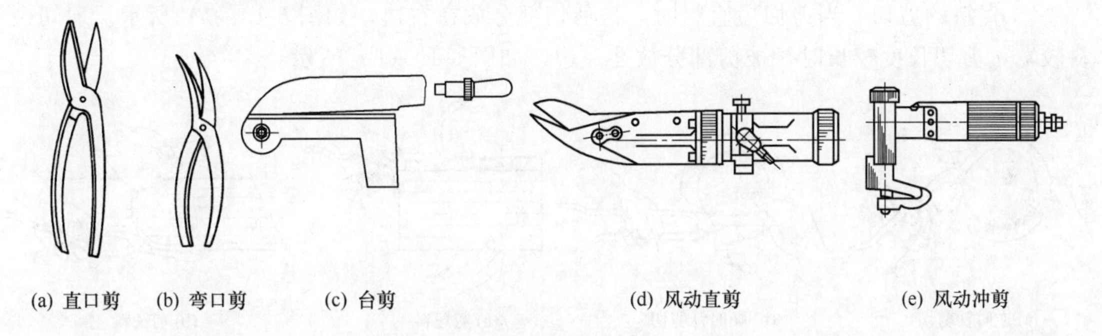

图 6-13 手剪工具

(2) 手剪的操作

手剪的操作步骤及方法如下。

① 右手握剪把（如图 6-14 所示），剪把不能露出掌心过长，尾端不能握在手掌中。

② 左手持料，上剪刃与剪切线对正。剪切时，剪刃张开剪刃全长的 3/4，剪切中，剪刃不完全合拢，应留 1/4 剪刃长，如图 6-15 所示。

图 6-14 正确握剪方法

(a) 剪切开始 (a) 剪切终了

图 6-15 剪刃工作状态

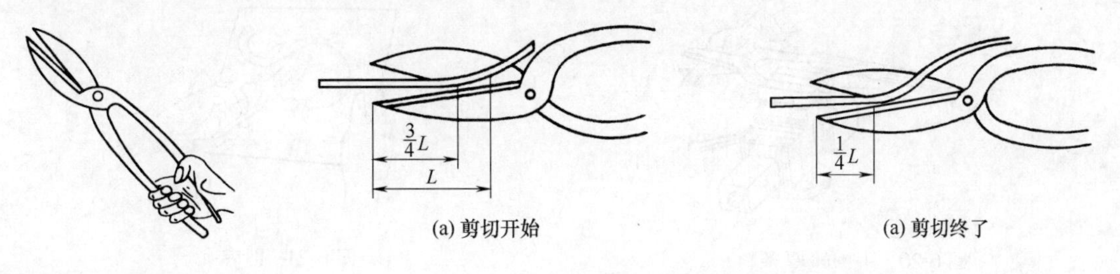

③ 在剪切刃闭合时，压线连续剪切，剪口要重合，两刃之间保持 0～0.2mm 间隙（料薄取小值，料厚取大值），如图 6-16 所示。

④ 剪切凹角应先钻止裂孔或在凹角处留一定距离不剪开，用手掰断连接处，再锉修到剪切尺寸；对于角形件，先锯开角根再剪开，如图 6-17 所示。

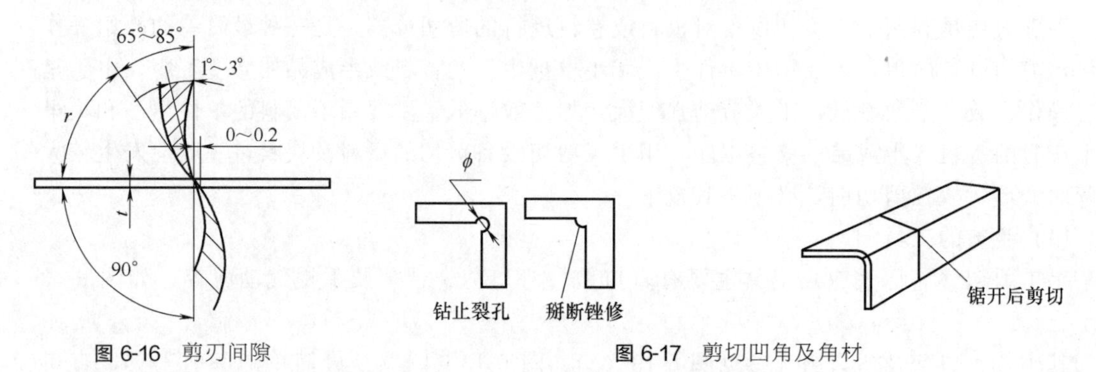

图 6-16　剪刃间隙　　图 6-17　剪切凹角及角材

(3) 不同零件的手剪操作要点

对于不同的零件结构，手工剪切时应采取不同的剪切方法，常见典型件的手剪操作要点如下。

① 圆料的剪切。剪切圆料时，当余料狭小时，可按逆时针剪切，如图 6-18（a）所示。当余料较宽时，应顺时针剪切，如图 6-18（b）所示。

② 直料的剪切。当剪切短直料时，被剪切部分放在右边，如图 6-19（a）所示。剪切余料较宽，剪切长度较长时，被剪部分放在左边，如图 6-19（b）所示。

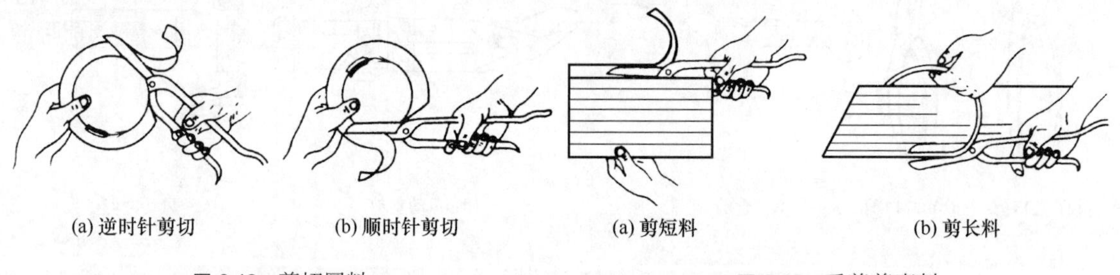

(a) 逆时针剪切　(b) 顺时针剪切　(a) 剪短料　(b) 剪长料

图 6-18　剪切圆料　　图 6-19　手剪剪直料

③ 厚条料的剪切。剪切较厚条料时，应把剪刀下柄用台虎钳夹住，上柄套一根管料，如图 6-20 所示。

④ 内孔的剪切。剪切内孔的方法是：先在板料上开二个大孔，再用弯剪采用螺旋线剪切，逐渐扩大，如图 6-21 所示。

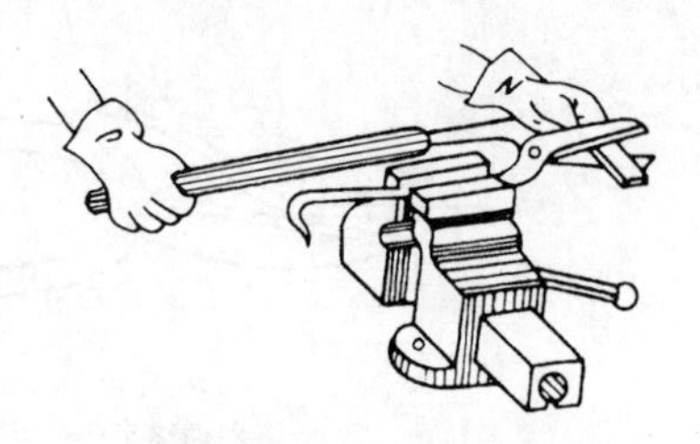

图 6-20　手剪较厚条料

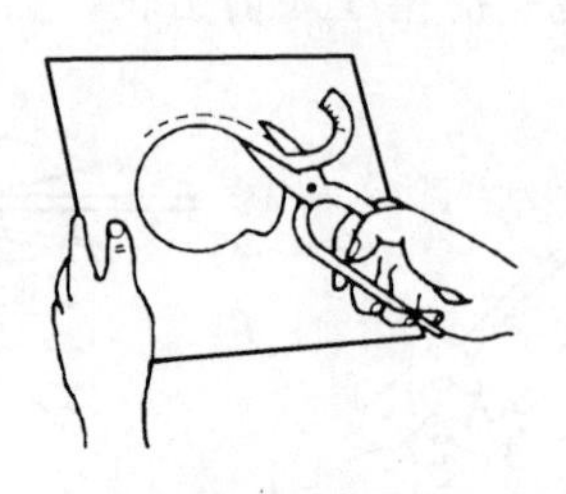

图 6-21　剪内孔

(4) 手工剪切质量分析

剪切下料质量的好坏，会直接影响到钣金工件的成形和产品的质量。其加工质量受到多方面的影响，常见的问题有拱曲和扭曲变形、过剪和超差等。刀片的刃口间隙、刃口的磨损程度是影响剪裁质量的主要因素。

① 拱曲和扭曲变形。在剪切过程中，材料受到剪切力等外力的作用，使材料内部组织发生变化，所产生的残余应力，引起拱曲和扭曲变形，手工剪裁尤其如此。当刃口间隙过大或过小或刃口磨损变钝时，拱曲、扭曲变形就更明显。在剪裁过程中，要选择合理的刃口间隙，保持刃口的锋利和适当的压料力。特别是在手工剪裁时，不应将板料过于抬高，以防剪切时出现拱曲和扭曲变形。

② 过剪和超差。过剪是在手工剪切过程中，由于导向不准或用力过猛，使剪刃进入非剪切线，如图 6-22（a）所示。超差是指剪切件不符合设计要求，使剪切件的形状和尺寸过大或过小，如图 6-22（b）所示。为了获得比较理想的剪切件，除了保证合理的刃口间隙和锋利的刃口外，在操作时还要求看清划线、用力均匀。为了不发生过剪，常采用剪切前先在凹折线的拐角处钻工艺孔等措施。

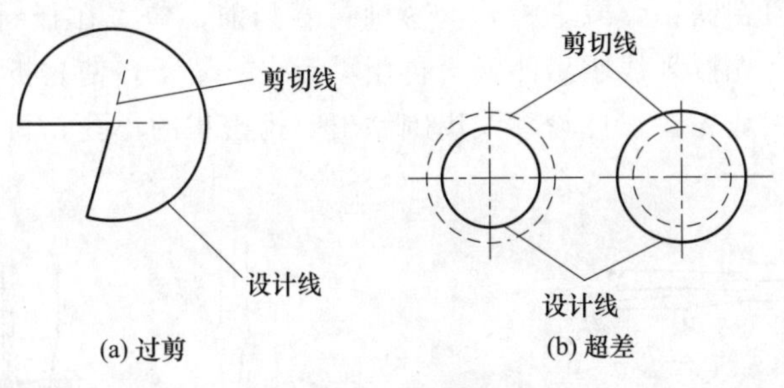

图 6-22　过剪和超差

6.3.2 錾切与克切

錾切与克切是手工剪切的另一种方式，若受加工设备及操作空间、零件结构等因素限制，可选用錾子錾切或克子克切方法进行下料加工。

(1) 錾子錾切

錾子錾切是利用錾子刃口的切削运动对工件进行加工，既可用于材料的切断，也可清除毛刺、切除余料等，每次錾削的金属层厚度为 0.5～2mm。

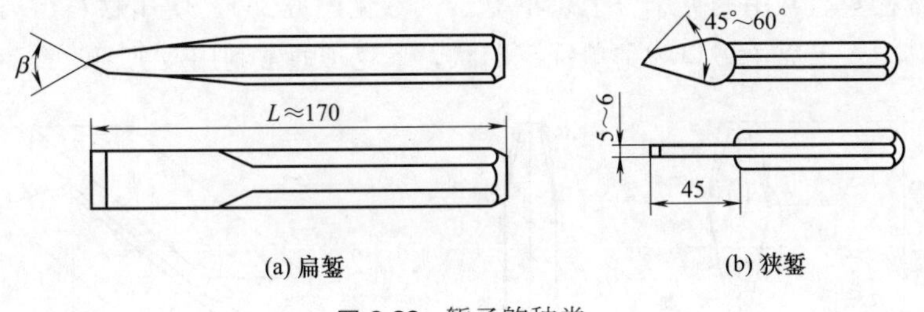

图 6-23　錾子的种类

常用錾切用的錾子为扁錾和狭錾（参见图 6-23），一般采用 45、T8、65Mn 等碳素工具钢和弹簧钢锻造制成，并经刃磨与淬火加低温回火后使用。表 6-8 给出了不同钢号錾子和克子的热处理工艺及硬度。

◈ 表6-8 不同钢号錾子和克子的热处理工艺及硬度

<table>
<tr><th rowspan="3">钢号</th><th colspan="2">淬火规范</th><th colspan="3">回火温度/℃(黄蓝色相间的温度)</th></tr>
<tr><th rowspan="2">加热温度/℃</th><th rowspan="2">冷却液(浸入深度5～6mm)</th><th>240±10</th><th>280±10</th><th>320±10</th></tr>
<tr><th colspan="3">硬度HRC(刃口部分约15mm长的被处理过的一段)</th></tr>
<tr><td>45</td><td>830±10(淡樱红色)</td><td>水</td><td>53±2</td><td>51±2</td><td>—</td></tr>
<tr><td>T8</td><td>780±10(樱红色)</td><td>水</td><td>—</td><td>56±2</td><td>54±2</td></tr>
<tr><td>65Mn</td><td>820±10(淡樱红色)</td><td>油</td><td>—</td><td>54±2</td><td>52±2</td></tr>
</table>

当加工软料（如低碳钢、电磁纯铁等）时，使用β为30°～50°的扁錾；加工中等硬度料（如中碳钢等）时，使用β为50°～60°的扁錾；加工较硬料（如高强度钢、高碳钢、弹簧钢等）时，使用β为60°～70°的扁錾。

錾削前，应先将待加工板料放在铁砧或平板上，视情况可在板料的切缝下垫上软铁等辅助材料或选用C形卡头或压板等夹具固定。錾断不超过2mm厚的薄板料时，可将板料夹在台虎钳上錾断［参见6-24（a）］。用扁錾沿钳口并斜对板面（约45°）自右向左錾切，并使錾切线与钳口平行。

錾断厚板料时，可在铁钻（或平板）上錾削。錾削前，应先在板料下面垫上软铁材料，以防损伤錾子切削刃。先按划线錾出凹痕，再用手锤击打錾子，使它折断。对于尺寸较大或形状较复杂的板料，一般先在工件轮廓线周围钻出一排密集的小孔，再用錾子进行錾断［参见图6-24（b）］。

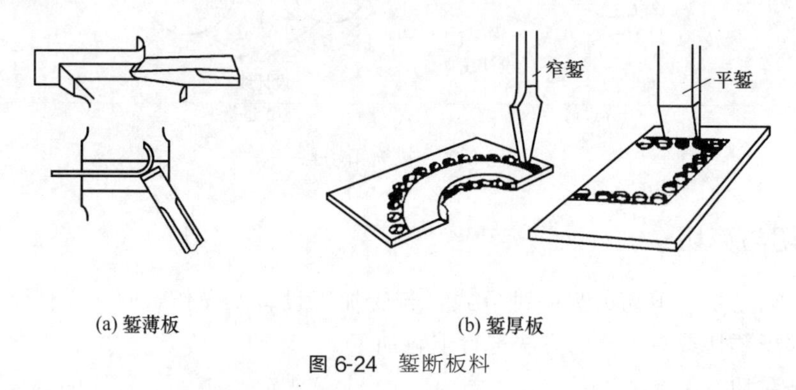

(a) 錾薄板 (b) 錾厚板

图6-24 錾断板料

(2) 克子克切

克子克切是利用克子刃口的切削运动对工件进行的加工，主要适用于较薄板料及在工件上切除铆钉头和螺栓头。常用的克子分上、下克子（参见图6-25），使用材料、刃磨及处理方法与錾子相同。其中：上克子刃口为“单锋”形状，下克子通常利用废剪刃片或钢轨加工而成。

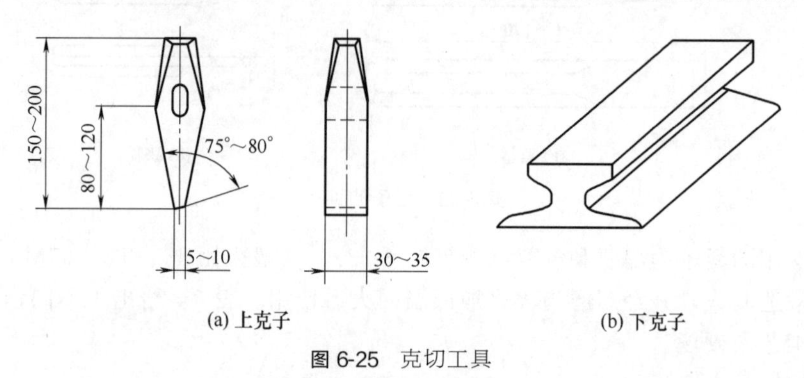

(a) 上克子 (b) 下克子

图6-25 克切工具

克子的克切需与大锤配合使用，常用于大型厚（大于 3mm）板料的切断，克切操作应由两人配合进行。克切前，应将板料平放在下克子上，废料部分探出下克刃，以过克切线找正，使克切线与下克刃重合，上克刃对准切口线置于板料上，要探出 1/3 克刃宽，并与下克刃相靠。图 6-26 所示为克切料厚 4mm 的 Q235-A 板料零件的加工操作方法。

克切直线时，要保持上克子的前面与板料垂直、刃口与板料成 10°～15°的倾角，如图 6-26（a）所示，要保持上克子的合适倾角顶部与下克子靠紧，随时纠正克切偏差。

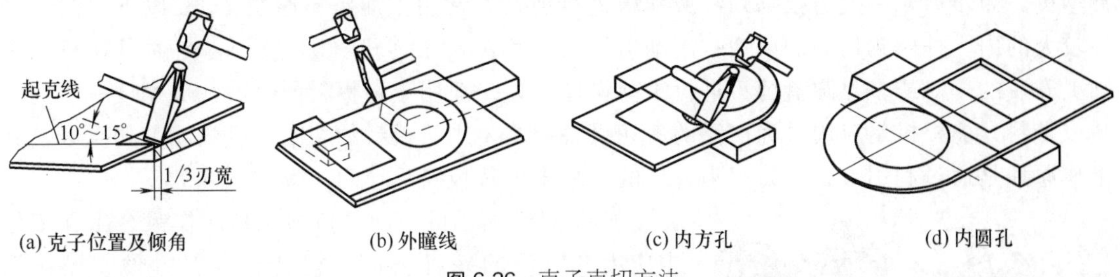

图 6-26 克子克切方法

克切曲线时，由于上、下克刃均为直线，其克切出的线也只能为直线段，所以沿曲线克切的实质是围绕曲线克切成一个外切多边形，每次克切量越小，克切出的直线段越短，越接近曲线。同时，板料转动越频繁，锤击越短促，越容易克切出近似曲线，参见图 6-26（b）。

克切内方孔时，为使克切的开口准确，首先对准下克刃划直线，并将上克刃尖角倾斜 100°～150°与板料接触，轻轻锤击开口，待克切出 2～3 倍刃宽的长度时，再将上克刃平放于起克处清根切透即可，参见图 6-26（c）。

克切内圆孔时，为便于起克，首先应选好起克点，一般选在便于扶持板料的位置，过起克点作内圆的切线，以便对准下克刃，参见图 6-26（d），克切方法与图 6-26（b）所示的外曲线一样。

用手工剪切设备剪切的条料及块料，一般会发生较大的弯曲变形，故在使用前，必须将其校平。

(3) 錾削、克削常见缺陷及防止措施

錾削、克削常见的缺陷及其防止措施参见表 6-9。

◎ 表 6-9 錾削、克削常见缺陷及其防止措施

常见缺陷	原因分析	防止措施
錾克削表面粗糙、凸凹不平	①錾子、克子刃口不锋利 ②錾子、克子掌握不正，左右、上下摆动 ③錾克削时后角变化太大 ④锤击力不均匀	①刃磨錾子、克子刃口 ②掌握錾、克削方法
錾子、克子刃口崩裂	①錾子、克子刃部淬火硬度过高 ②零件材质硬度过高或硬度不均匀 ③锤击力太猛	①降低錾子、克子刃部淬火硬度 ②零件退火，降低材质硬度 ③减少锤击力
錾子、克子刃口卷边	①錾子、克子刃淬火硬度偏低 ②錾子、克子楔角太小 ③一次錾克削量太大	①提高錾子、克子刃部淬火硬度 ②刃磨錾子、克子，增大其楔角 ③减少一次錾克削量
零件棱边、棱角崩缺	①錾克削收尾时未调头錾切 ②錾克削过程中，錾子、克子方向掌握不稳，左右摆动	①錾克削收尾时调头錾切 ②控制錾子、克子方向，保持稳定
錾克削尺寸超差	①工件装夹不牢 ②钳口不平，有缺陷 ③錾子、克子方向掌握不正、偏斜超线	①将工件装夹牢固 ②磨平钳口 ③控制錾子、克子方向

6.3.3　机械剪切下料

机械剪切是利用专用的剪切机械设备对板料等进行的剪切分离，是冷冲压生产最普遍采用的剪切方法，生产加工效率高。

(1) 械剪切的设备

机械剪切设备主要有振动剪切机、滚动剪切机、剪板机等。其中：振动剪切机又称剪切冲型机、短步剪，一般需根据划线或样板进行剪切，常用于加工料厚在 2mm 以下、曲率半径较大的内、外轮廓切面的剪切；滚动剪切机又称圆盘滚剪机（圆盘剪），是通过在机床主轴上安装的一对或多对圆盘剪刃进行滚剪操作的，一般用于将板料同时剪裁成宽度一致的条料或带料；剪板机是应用最为广泛的剪切设备，主要用于板料的切断，且只能剪切直线。其工作原理是通过利用上、下刀刃为直线的刀片来剪裁板料毛坯的。

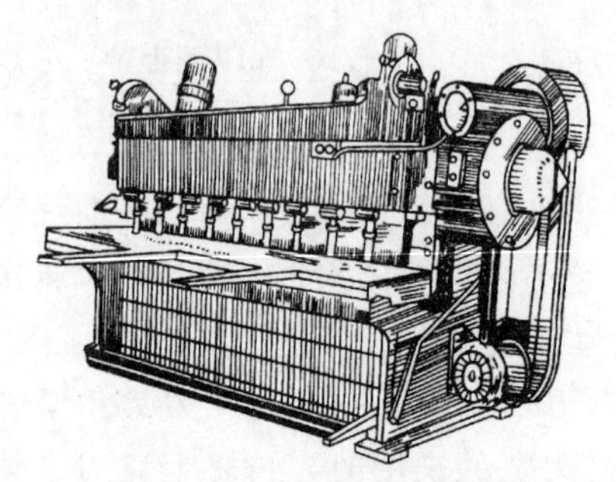

图 6-27　龙门斜口剪床

如图 6-27 所示的龙门斜口剪床是冷作钣金工在工作中应用最广泛的一种剪床。它具有进料方便、操作简单、剪切速度快、剪切质量好及精度高等优点，适用于剪切较长、较宽的板料。

龙门斜口剪床的工作部分主要由上、下剪刀组成。其中上剪刀固定在剪床的滑块上，下剪刀固定在剪床的工作台上，只有上剪刀做上下运动，才能实现对工件的剪切。上剪刀的运动是通过机械传动系统来实现的。图 6-28 给出了龙门斜口剪床工作部分的结构。

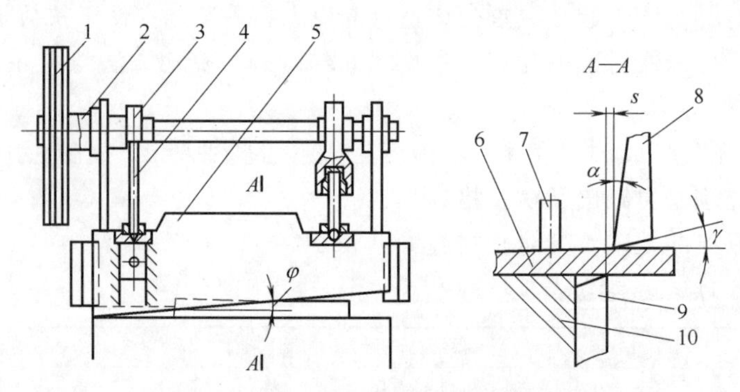

图 6-28　龙门斜口剪床工作部分的结构

1—带轮；2—离合器；3—偏心轮；4—连杆；5—滑块；6—工件；7—压料架；8—上剪刀；9—下剪刀；10—工作台

剪板机按上下刀片装配的不同分为平刃剪切机和斜刃剪切机，斜刃剪切可大大减小剪切力。斜刃剪板机下刃口呈水平状态，上刃口与下刃口呈一定角度的倾斜状态，在上下刃口间进行剪切，由于上剪刃是倾斜的，剪切时刃口与材料的接触长度比板料宽度小得多。因此，这种剪板机行程大、剪力小、工作平稳，适用于剪切厚度小、宽度大的板料。

一般上剪刃的倾角 φ 在 1°～6°之间。板料厚度为 3～10mm 时，取 $\varphi=1°\sim3°$，厚度为 12～35mm 时，取 $\varphi=3°\sim6°$。γ 为前角，可减小剪切时材料的转动；α 为后角，可减少刃口和材料的摩擦。γ 一般取 15°～20°，α 一般取 1.5°～3°。

图 6-29 所示为应用平刃剪板机的平刃剪切示意图，在上下平行的刃口间进行剪切。β 一般取 0°～15°，这种剪板机行程小、剪切力大，适用于剪切厚度大、宽度小的板料。

剪板机的剪切厚度由剪床的功率而定。如Q11-20×2000型龙门斜口剪床，其中Q表示剪切机，20表示可剪切的钢板厚度为20mm，2000表示可剪切的板宽为2000mm。

按传动机构布置位置的不同，龙门剪床可分为下传动和上传动两种，按传动方式的不同还可分为机械传动剪板机和液压传动剪板机，一般，剪切板厚小于10mm的剪板机多为机械传动结构，剪切板厚大于10mm的剪板机多为液压传动结构。目前，随着技术的不断进步，剪板机也多增设了数控系统，并提高了自动化程度，如自动定位、压紧，甚至运用了自动上、下料等。

图6-30所示为某公司生产的经济型数控液压剪板机，通过机床所配备的数控系统能实现刃口剪切间隙、后挡料尺寸的自动调整，且剪切次数有数字显示，剪切角度可调。从而，方便了剪切操作，提高了料剪切精度。

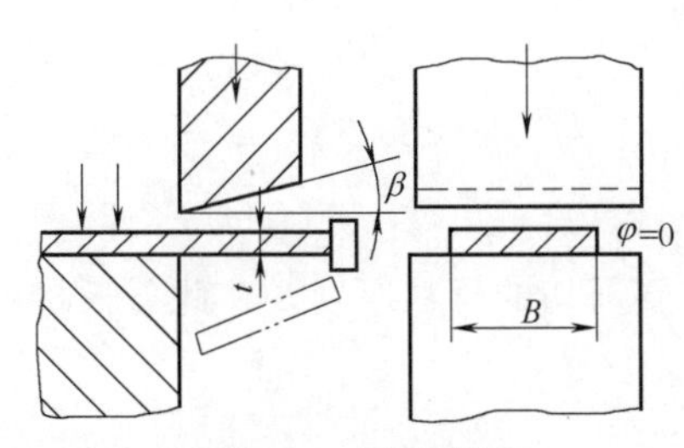

图6-29　平刃剪切

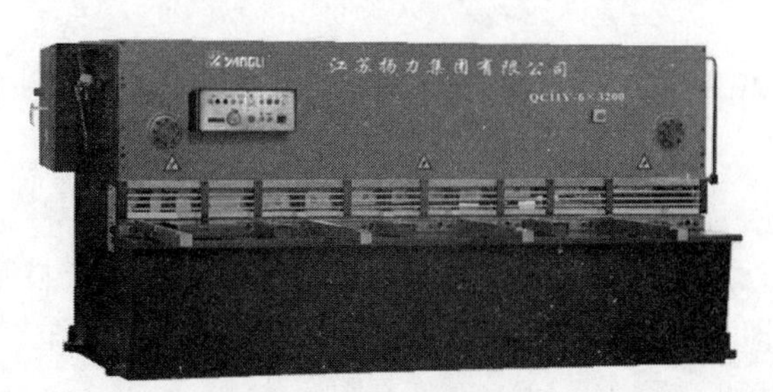

图6-30　数控液压剪板机外形

(2) 剪板机的操作

操作剪板机时，应注意以下方面。

① 正确选用剪板机型号。剪板机标定的主要规格是$t \times B$，t为标定的最大允许剪切材料厚度，B为标定的最大允许剪切板料宽度。选用的剪板机不能用于加工超过宽度B及最大允许板料厚度t的工件。

一般情况下，剪切前不需计算剪切力，因为从剪床的性能铭牌上，可以得知其剪板的最大厚度。但是剪床的最大剪切厚度是以25～30钢的强度极限为依据计算出来的，如果待剪材料的强度极限大于25～30钢强度极限或剪切强度低于25～30钢的强度极限，但板厚超过了剪床的最大剪板厚度时，则需重新计算剪切力，以确定板的可剪厚度，避免损坏剪床。

a. 平口剪床剪切力的计算公式如下：

$$P = KF\tau = Kbt\tau$$

式中　P——剪切力，N；

F——剪切面面积，mm；

b——材料的宽度，mm；

t——板厚，mm；

τ——材料的抗剪强度，MPa；

K——安全系数。

安全系数K主要考虑在剪切中，由于剪刃的磨损和间隙、材料力学性能的波动和材料弯曲等因素对剪切力的影响。一般取$K = 1.2 \sim 1.3$。

b. 斜口剪床剪切力的计算公式如下：

$$P = \frac{Kt^2\tau}{2\tan\phi}$$

式中 P——剪切力，N；

ϕ——剪刃斜角，(°)；

t——板厚，mm；

τ——材料抗剪强度，MPa；

K——安全系数，通常取 1.2～1.3。

c. 用斜口剪床剪切较高强度材料（如弹簧钢、高合金钢板）时，可通过核算最大允许板料厚度 t_{max} 来选定剪板机型号。这是因为剪板机设计时，一般按剪切中等硬度材料（抗拉强度 500MP$_a$ 左右的 25～30 钢）来考虑。因此，如果被剪材料的抗拉强度 $\sigma_b>500MP_a$，则最大容许剪切板料厚度 t_{max}，可按下式核算：

$$t_{max}=\sqrt{\frac{500}{\sigma_b}}t$$

式中 t——剪板机标定的最大允许剪切板料厚度，mm；

σ_b——要剪裁的材料抗拉强度，MPa；

t_{max}——最大容许剪切板料厚度，mm。

通过上式，换算出来的最大容许剪切板料厚度若小于要剪切的材料厚度，在此剪板机上即可使用。表 6-10 为剪板机的技术规格型号。

◈ 表 6-10 剪板机的技术规格

参数	型号				
	Q11-1×1000	QY11-4×2000	Q11-4×2500	Q11-12×2000	Q11Y-16×2500
被剪板厚/mm	1	4	4	12	16
被剪板宽/mm	1000	2000	2500	2000	2500
剪切角	1°	2°	1°30′	2°	1°～4°
行程数/(次/min)	65	22	45	30	8～12
后挡料距离/mm	500	25～500	650	750	900
功率/kW	0.6	5.5	7.5	13	22
结构形式	机械下传动	液压下传动	机械传动		液压传动

② 正确调整剪刃的间隙。应根据剪切材料的性质、厚度，检查并调整剪刃的间隙，若剪床附有剪刃间隙调整数据表，应依据数据调整剪刃间隙，也可参照表 6-11 确定剪刃间隙。

◈ 表 6-11 剪板机的合理间隙范围

单位：mm

材料种类	间隙/%	材料种类	间隙/%
电磁纯铁	$(6\sim9)t$	不锈钢	$(7\sim13)t$
软钢(低碳钢)	$(6\sim9)t$	低合金钢	$(6\sim10)t$
硬钢(中碳或高强度钢)	$(8\sim12)t$	硬铝、黄铜	$(6\sim10)t$
电工硅钢	$(7\sim11)t$	防锈铝	$(5\sim8)t$

注：表中 t 为所剪板料的厚度。

③ 剪切操作要点。剪切操作时，一般按以下步骤进行：首先将钢板表面清理干净，然后根据图样上的尺寸，用钢直尺、圆规、划针在钢板上划线，并打上样冲眼，作为剪切线；合上剪床的电源开关，按下配电箱内的按钮，启动剪床（即空运转），并检查剪床运转情况，直至正常才允许操作。待剪床正常运转后，根据剪切材料的性质、厚度按要求调整上、下刀

片的间隙；再将划好线的钢板搬上剪床平台，从压紧装置上方观察钢板上的剪切线与下刀片刃口是否对齐，对齐后，踩下离合器脚踏板，剪切第一块钢板。剪切后立即松开离合器脚踏板，使上刀片回位。用钢直尺检测第一刀钢板的尺寸（首检），待符合图样要求后再继续进行剪切，并随时抽检，以保证下料的质量；剪切完毕后，按下剪床的停止按钮，切断剪床的电源控制开关，打扫工作场地。应该注意的是，首检制度对于带自动定位功能的数控剪床也必须严格执行。此外，在剪切操作过程中还应注意以下问题。

a. 剪直线。如果一张钢板上有几条相交的剪切线，应先确定剪切顺序，不能任意剪切，否则导致剪切困难。选择剪切顺序的原则是：每次剪切能将钢板分两块，如图 6-31 所示。

b. 剪窄料。板料距压板装置较远而压不到，为了安全顺利地剪切，可加与被剪板料同等厚度的垫板和压板压牢进行剪切，压板可厚些，如图 6-32 所示。对薄板可不加垫板，直接通过压板将板料压牢。

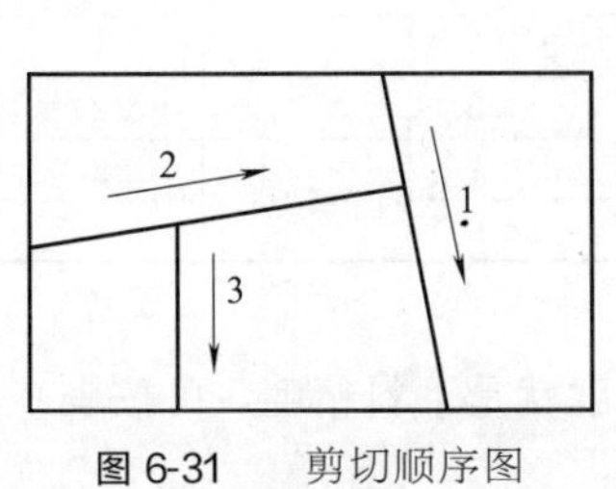

图 6-31　剪切顺序图

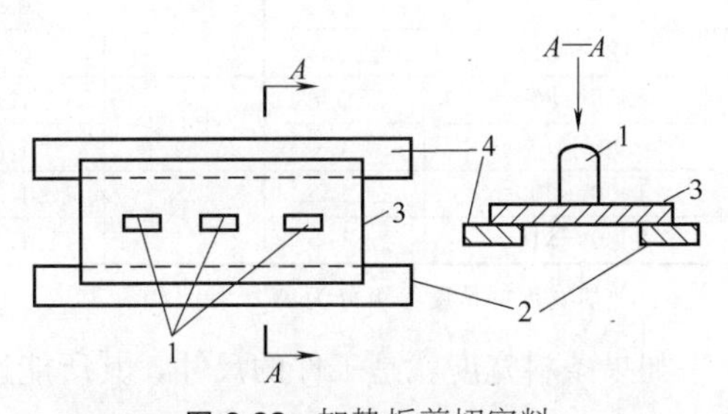

图 6-32　加垫板剪切窄料

1—压力装置；2—被剪钢板；3—压板；4—垫板

c. 利用挡板剪切。当剪切尺寸相同、数量较多的钢板时，可用挡板定位，免去划线工序，提高剪切效率。挡板分为前挡板、后挡板及角挡板。把板料的一边或两边靠紧挡板，就可剪切。用挡板剪切时，应先试切，检验合格后，进行成批剪切。

对于一般宽度的板料剪切，可按划线或用后挡板定位，并用丝杠调整后挡板的位置进行。剪切时用压板先将板料压紧，再将装有上剪刃的拖板下行，板料在上、下剪刃交错时被剪开，剪切断面一般不用后续加工，即可保证剪切质量，如图 6-33（a）所示，

对于较大宽度条料的剪切，若将板料采用后挡板定位，其外悬部分会因自重而下垂，且外悬量和板料厚度的比值 B/t 越大，定位误差也越大。因此，当条料宽度超过 300～400mm 时，应采用前挡板定位，如图 6-33（b）所示，至于前挡板的位置可用通用测量工具或样板定位。

剪切梯形和三角形毛料时，可利用侧挡板配合其他挡板定位。安装时，可先将样板放在台面上，对齐下刃口，再调整侧挡板并固定。然后，根据样板调整后挡板，剪切时同时利用侧挡板和后挡板定位，如图 6-33（c）所示。此外，也可以利用侧挡板和其他挡板共同定位的方法，如图 6-33（d）所示。

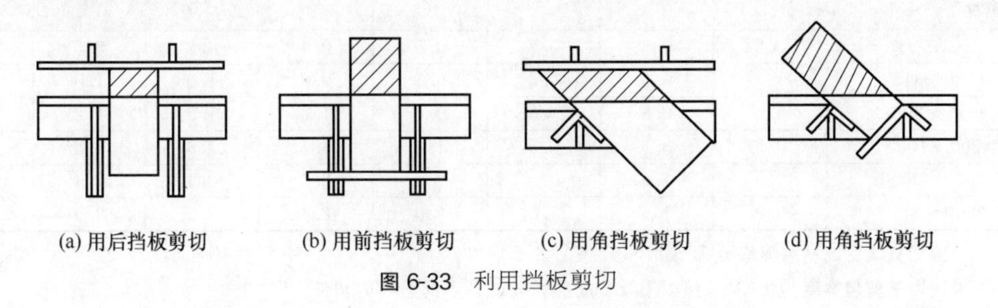
(a) 用后挡板剪切　(b) 用前挡板剪切　(c) 用角挡板剪切　(d) 用角挡板剪切

图 6-33　利用挡板剪切

d. 注意剪切安全。对于板料面积较大件，剪切时不能一人单独操作，可安排二至三人配合作业。但应指定一人指挥，各剪切人员应动作协调一致，并由专人控制脚踏离合器。剪切传动系统中的离合器和制动器要经常检查调整，以免造成剪切缺陷及人身和设备事故。

(3) 剪切的质量及精度

斜刃剪板机是生产中使用最广泛的剪切设备，采用斜刃剪板机从板材上剪下来的剪切件的剪切宽度可按表 6-12 确定。

◈ 表 6-12 剪切宽度公差

单位：mm

剪切宽度 \ 精度等级 \ 材料厚度	≤2		>2~4		>4~7		>7~12	
	A	B	A	B	A	B	A	B
≤120	±0.4	±0.8	±0.5	±1.0	±0.8	±1.5	±1.2	±2.0
>120~315	±0.6		±0.7		±1.0		±1.5	
>315~500	±0.8	±1.2	±1.0	±1.5	±1.2	±2.0	±1.7	±2.5
>500~1000	±1.0		±1.2		±1.5		±2.0	
>1000~2000	±1.2	±1.8	±1.5	±2.0	±1.7	±2.5	±2.2	±3.0
>2000~3150	±1.5		±1.7		±2.0		±2.5	

注：剪切宽度的精度等级分为 A 级和 B 级。

如果条料宽度就是工件的尺寸，其所能达到的尺寸精度就是下料精度，可按表 6-13 确定。

◈ 表 6-13 斜刃剪板机下料精度

单位：mm

板厚 *t*	宽度				
	<50	50~100	100~150	150~220	220~300
<1	+0.2 −0.3	+0.2 −0.4	+0.3 −0.5	+0.3 −0.6	+0.4 −0.6
1~2	+0.2 −0.4	+0.3 −0.5	+0.3 −0.6	+0.4 −0.6	+0.4 −0.7
2~3	+0.3 −0.6	+0.4 −0.6	+0.4 −0.7	+0.5 −0.7	+0.5 −0.8
3~5	+0.4 −0.7	+0.5 −0.7	+0.5 −0.8	+0.6 −0.8	+0.6 −0.9

采用斜刃剪板机从板材上剪下来的剪切件的直线度、垂直度的公差可由表 6-14、表 6-15 查得。剪切毛刺高度允许值由表 6-16 查得。

◈ 表 6-14 剪切直线度的公差

单位：mm

剪切宽度 \ 精度等级 \ 材料厚度	≤2		>2~4		>4~7		>7~12	
	A	B	A	B	A	B	A	B
≤120	0.2	0.3	0.2	0.3	0.4	0.5	0.5	0.8
>120~315	0.3	0.5	0.3	0.5	0.8	1.0	1.0	1.6
>315~500	0.4	0.8	0.5	0.8	1.0	1.2	1.2	2.0
>500~1000	0.5	0.9	0.6	1.0	1.5	1.8	1.8	2.5
>1000~2000	0.6	1.0	0.8	1.6	2.0	2.4	2.4	3.0
>2000~3150	0.9	1.6	1.0	2.0	2.4	2.8	3.0	3.6

注：1. 剪切直线度的精度等级分为 A 级和 B 级。

2. 本表适用于剪切宽度为板厚 25 倍以上及宽度为 30mm 以上的金属剪切件。

◈ 表 6-15　剪切垂直度的公差　　　　单位：mm

剪切宽度＼精度等级＼材料厚度	≤2		>2～4		>4～7		>7～12	
	A	B	A	B	A	B	A	B
≤120	0.3	0.4	0.5	0.7	0.7	1.0	1.2	1.4
>120～315	0.5	1.0	1.0	1.2	1.5	1.8	2.0	2.2
>315～500	0.8	1.4	1.4	1.6	1.8	2.0	2.2	2.4
>500～1000	1.2	1.8	1.8	2.0	2.2	2.4	2.6	3.0
>1000～2000	2.0	2.6	3.0	6.0	6.0	6.5	—	—

注：剪切垂直度的精度等级分为 A 级和 B 级。

◈ 表 6-16　剪切毛刺高度允许值　　　　单位：mm

精度等级＼材料厚度	≤0.3	0.3～0.5	0.5～1.0	1.0～1.5	1.5～2.5	2.5～4.0	4.0～6.0	6.0～8.0	8.0～12.0
E	≤0.03	≤0.04	≤0.05	≤0.06	≤0.08	≤0.10	≤0.12	≤0.14	≤0.16
F	≤0.05	≤0.06	≤0.08	≤0.12	≤0.16	≤0.20	≤0.25	≤0.30	≤0.35
G	≤0.07	≤0.08	≤0.12	≤0.18	≤0.32	≤0.35	≤0.40	≤0.60	≤0.70

注：剪切毛刺高度的精度等级分为 E、F、G 三级。

(4) 剪切下料注意事项

在剪切加工钛合金、镁合金和 7A04（旧牌号为 LC4）超硬铝等材料时，应特别注意其特殊要求。

① 钛合金。下料钛合金应注意以下方面：

a. 厚度 $t \leq 3.8$mm 钛板可冷剪，刀片间隙为 0.05～0.1mm；

b. 忌用钣金铣床下料，钻孔要用高速钢钻头；

c. 车间加工与贮运中应与铝、锌、铅、锡、镉等金属隔离。

② 镁合金。下料镁合金应注意以下方面：

a. 厚度 $t \leq 1.5$mm 板可冷剪或冲裁，但应预留打磨余量，$t > 1.5$mm 板只能锯切、铣切或加热冲裁，严禁熔切下料；

b. 严禁与硝盐、镁屑、水接触，以免燃烧、爆炸，加工时不得加润滑油或冷却液，零件要防水、防尘，严禁放在地上；要及时进行表面保护；

c. 禁止与钢、铜、铅、银、镍和石墨铅笔接触，允许用红蓝铅笔、龙胆紫划线标记。

③ 7A04 超硬铝。下料 7A04 超硬铝应注意以下方面：

a. 室温下，厚度 $t > 2.5$mm 时，禁止剪切、冲裁，只能铣切、锯切下料；

b. 下陷加工区域不允许钻孔。

(5) 剪切下料件常见缺陷及其解决措施

剪切下料尽管操作比较简便，但若操作不当，还是容易产生质量缺陷的，常见的有以下问题：

① 剪切坯料毛刺大。剪切属分离工序，它与冲裁加工一样有着相同的变形过程和应力应变状态。剪切间隙是影响剪板条料质量和精度的最重要的工艺参数，如图 6-34（a）所示。

剪板机上、下刀片间隙过小，剪切的上、下裂纹重合，断面形成二次撕裂，如图 6-34

(b) 所示，且上、下刀片磨损加剧；间隙过大，断面倾斜，毛刺增大，如图 6-34 (c) 所示。合理的间隙 Δ 一般为 (4%～10%) t (t 为板料厚度)，剪切下料时，应根据剪切板料的厚度，调整上下刀片，且当剪切低碳钢等强度较低材料时，取较小间隙；当剪切高碳钢等强度较高材料时，取较大间隙；以满足合理的剪切间隙，切忌使用一种间隙剪切各种厚度的板料。一般，在正式剪切下料前，均需调整好剪切间隙，并利用同品号、同厚度的边角废料进行试剪，只有在试剪合格后才进行正式剪板。

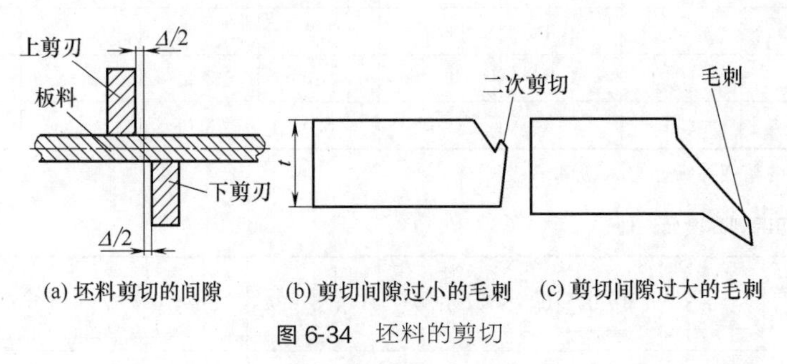

(a) 坯料剪切的间隙　(b) 剪切间隙过小的毛刺　(c) 剪切间隙过大的毛刺

图 6-34　坯料的剪切

除此之外，上、下剪刃不锋利 (磨钝或产生崩刃等)，也是产生较大毛刺的原因。此时，应将上、下剪刃磨锋利。

② 剪切坯料尺寸超差。利用剪板机可以方便地将板料剪成条料。图 6-35 所示是剪板机剪切示意图。

工作时，将挡料块调到挡料位置，板料由挡料块定位后，压料块将料压紧，由上剪刃冲下将板料剪断，剪断后的板料以倾斜的姿态落下。

为保证下料尺寸，在正式下料加工时，应首先对调整好的挡料装置进行试切，只有在试切加工合格之后才能进行正式生产；在批量下料过程中，要随时检查测量下料件的尺寸，若发生变化，应重新调整挡料装置，在剪切时，应时刻检查及调整剪板机的挡料装置，以防受振后，挡料块的位置变化，影响到剪切尺寸的精度。

剪切的坯料尺寸超差，主要原因有：挡料装置未能调整准确。在剪切大尺寸坯料时，若挡料块无法定位，则应在测量完待剪切板宽后，还应对待剪切坯料进行对角线的测量，以确定剪切加工的正确位置。

此外，在剪切小块料时，由于剪板机的压料块无法对其压紧，易造成剪切下料时，因块料移动而引起坯料的尺寸超差，解决的对策是在待剪小块料上覆盖一较大尺寸的垫板，使剪板机的压料块通过对垫板的压紧而同时将小块料压紧的方法来控制小块料的尺寸，同时又防止压料不当而发生意外事故。

③ 剪切坯料变形严重。斜剪时由于剪刃倾角 φ 的存在，有使剪下部分材料向下弯的现象，而且随着 φ 角增大，弯曲现象愈严重，前角 γ 则使剪下的材料向外弯曲，如图 6-36 所示，而且 γ 愈大，这种弯曲愈严重。因此，φ 角和 γ 角的存在，使被剪下的材料有一定程度的畸变。材料愈厚，条宽愈小，这种畸变愈严重。

剪切坯料严重变形的原因主要有：刃口磨钝、剪切间隙过大等。解决的对策分别是：修磨剪刃锋利、调整剪切间隙或采用平刃剪切。

对确因剪切的条料料厚而宽度小造成的坯料变形，应选用平刃剪板机剪切，若受设备限制，对坯料变形严重件可采取后续钳工校平或利用校平机校平的方法补救。一般来说，采用振动剪切机及滚动剪切机加工的下料件都会产生扭曲，必须进行校正后才能使用。

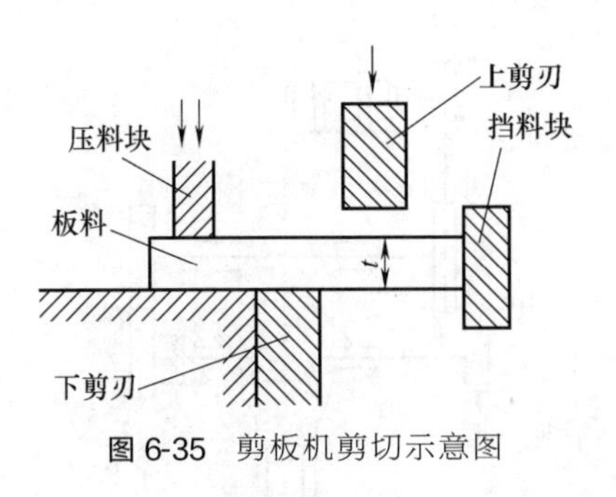

图 6-35　剪板机剪切示意图

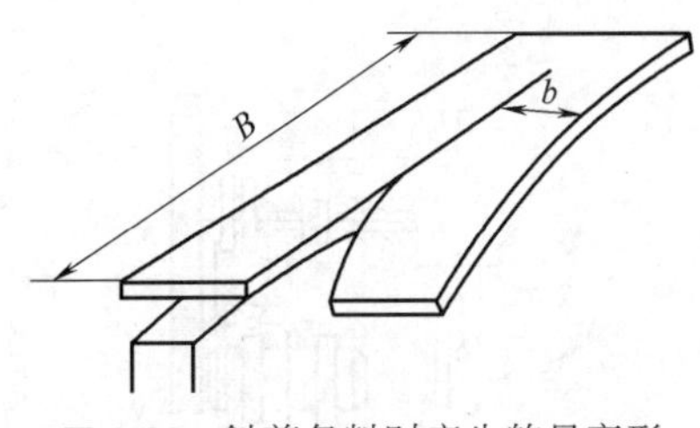

图 6-36　斜剪条料时产生的月弯形

此外，在裁剪长板料时，若未能安放辅助支架也易造成坯料的变形。

6.4 冲裁下料

从板料中冲下所需形状的下料方法称为冲裁下料。对成批生产的零件应用冲裁下料，可完成各种异形钣金件的生产，且可提高生产效率和产品质量。

6.4.1 冲裁设备

冲裁设备即冲压加工设备，简称冲床。冲床按其结构和工作原理主要分为曲柄冲压机、螺旋压力机和液压冲压机三大类。一般工厂最常用的冲床为曲柄冲压机，曲柄冲压机根据其工作主轴结构的不同，又分为曲轴压力机（曲轴冲床）和偏心压力机（偏心冲床）两种。

如图 6-37 所示为偏心冲床的结构简图。电动机 5 通过小齿轮 6 和大齿轮（飞轮）7 及离合器 8 将动力传给偏心轴 1，偏心轴 1 在轴承中作回转运动。连杆 2 将偏心轴 1 的回转运动转换为滑块 3 的直线往复运动。冲裁模的上模固定在滑块 3 上，下模固定在床身的工作台 10 上。离合器在电动机和飞轮不停地运转中，可使偏心轮机构开动或停止。工作时，踩下脚踏板 9，离合器接合，偏心轴回转并通过连杆带动滑块作直线往复运动，将被加工的板料放在上下模之间，即可进行冲裁。

图 6-38 所示为曲轴冲床的结构简图。电动机 1 通过带传动减速。带传动的从动轮 2 即飞轮。飞轮的重量和尺寸比其他传动零件大，所以运转起来后具有很大的惯性，能储存和释放出一定的能量以减少机器转动速度的波动。飞轮通过齿轮 3、4 并经离合器与主轴 6（曲轴）联系，由曲轴上的曲柄轴带动连杆 7，从而使滑块 8 沿轨道作直线往复运动。滑块上固定上模，下模固定在工作台上，工作机构是靠上模的冲压动作和下模一起完成冲压工作的。通过控制机构操纵离合器，以控制上模的运动和停止。

曲轴冲床的结构和工作原理与偏心冲床基本相同，其主要区别是所用的主轴不同。偏心冲床的主轴为偏心轴，可以通过调整偏心距来改变滑块的行程；曲轴冲床的主轴为曲轴，滑块的行程较大，约为曲柄长度的两倍，但不能调整。由于曲柄冲压机的传动机构为曲柄连杆机构，属于刚性零件的传动机构，滑块的运动是强制性的，所以在超负荷时，往往容易造成机床的损坏。

为了适用于安装不同闭合高度的模具，一般通过改变曲柄冲压机上连杆的长度，还可以通过工作台的升降来调整适应模具的闭合高度。冲床的机体可倾斜一定角度，以使工件自行从冲模上滑下。

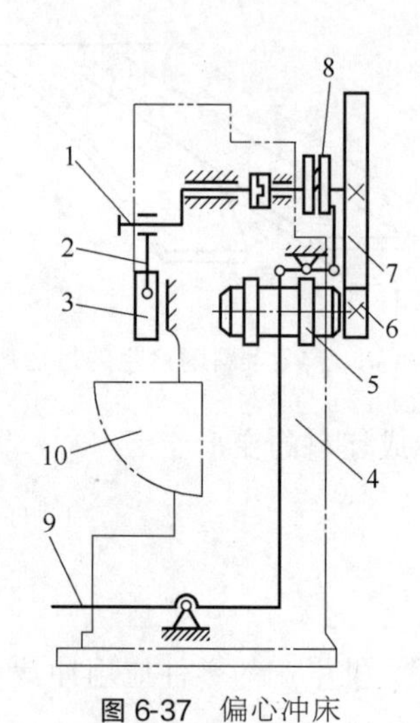

图 6-37 偏心冲床

1—偏心轴；2—连杆；3—滑块；4—床身；5—电动机；6—小齿轮；7—大齿轮（飞轮）；8—离合器；9—脚踏板；10—工作台

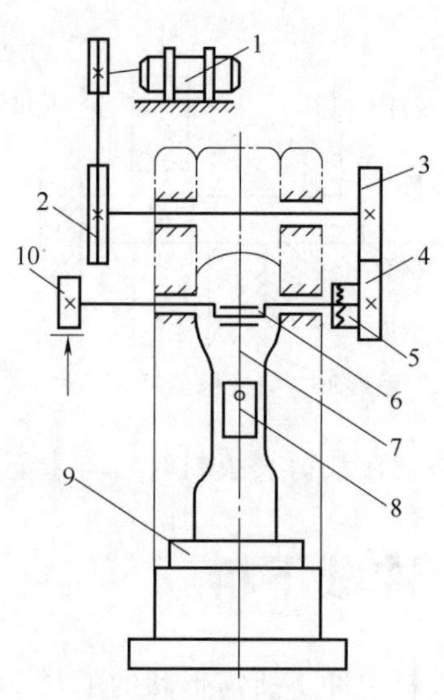

图 6-38 曲轴冲床

1—电动机；2—从动轮；3，4—齿轮；5—离合器；6—主轴；7—连杆；8—滑块；9—工作台；10—制动器

6.4.2 冲裁模的结构及组成

冲裁模具是决定钣金件加工质量的主要因素。其制造精度对冲裁件的尺寸精度有直接的影响。一般来说，金属冲裁件内外形的经济精度为 IT12～IT14 级，一般要求落料件精度最好低于 IT10 级，冲孔件最好低于 IT9 级。

钣金件常用冲裁模具的形式是单工序模具，即在压力机每一冲程中只完成一道冲裁（冲孔或落料）工序的冲裁模具。根据冲裁加工工序的不同，钣金件常用冲裁模具主要有冲孔模、落料模等。根据其导向方式的不同，又可分为敞开式冲裁模、模架导向冲裁模和导板式冲裁模等。

(1) 冲孔模

图 6-39（b）所示为加工图 6-39（a）所示零件孔所用的冲孔模结构简图。

该模具为无导向的敞开式简单冲孔模，剪切好的坯料由安装在凹模 5 上的 3 个定位销定位，上模 1 与凹模 5 共同冲出圆孔，由压缩后的聚氨酯 2 提供动力给卸料板 4 将夹在上模 1 冲头上的零件推出。

此类模具结构简单，制造容易，成本低，但使用时模具间隙调整麻烦，冲件质量差，操作也不够安全，主要适用于精度要求不高、形状简单、批量小的冲裁件。

(2) 落料模

落料模是完成落料工序的单工序模。落料模要求凸、凹模间隙合理，条料在模具中的定位准确，落料件下落顺畅，落料件平整，剪切断面质量好。

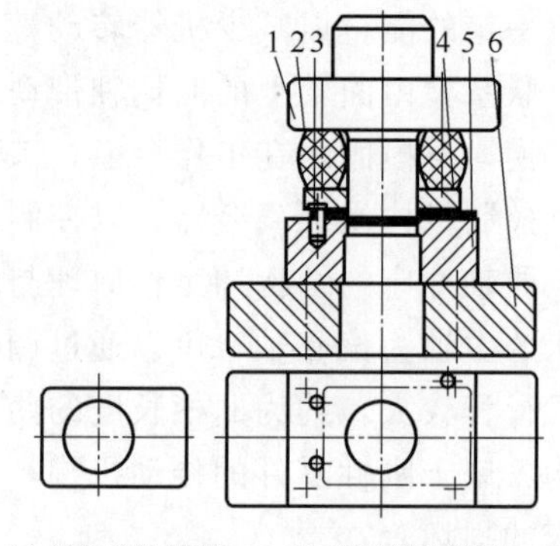

(a) 零件结构简图　(b) 模具结构简图

图 6-39 冲孔零件及敞开式冲孔模

1—上模；2—聚氨酯；3—定位销；4—卸料板；5—凹模；6—下模板

图 6-40 所示为均采用了滑动导柱式模架导向的落料模。导柱式模架导向的落料模由导柱和导套作为冲模的导向零件并相互配合，在工作时始终以 H6/h5 或 H7/h6 间隙配合形式，互不离开，从而保证冲模工作零件（凸、凹模）正确位置，保证冲裁件的质量。

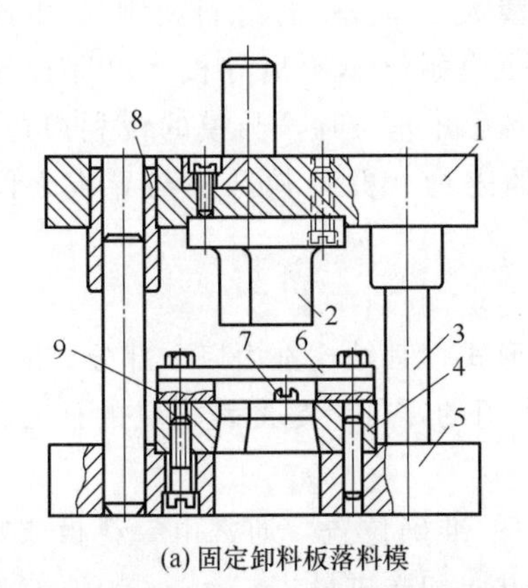

(a) 固定卸料板落料模

1—上模座；2—凸模；3—导柱；4—凹模；5—下模座；6—卸料板；7—定位销；8—导套；9—导尺

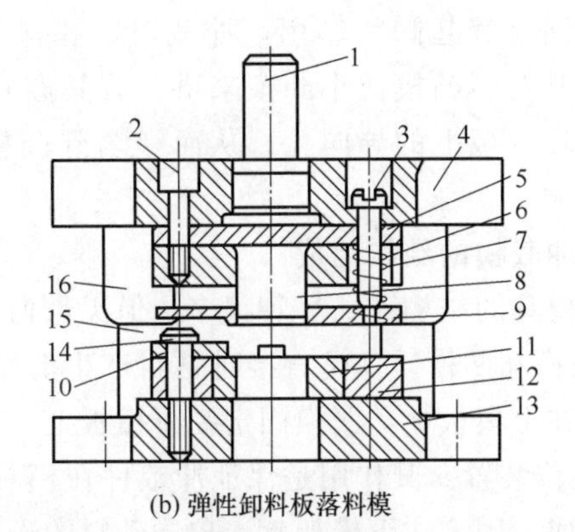

(b) 弹性卸料板落料模

1—模柄；2—内六角螺钉；3—卸料螺钉；4—上模座；5—垫板；6—凸模固定板；7—弹簧；8—凸模；9—卸料板；10—定位板；11—凹模；12—凹模套；13—下模座；14—螺钉；15—导柱；16—导套

图 6-40　模架导向的落料模

图 6-40（a）采用了固定卸料板卸料，主要用于料较厚 $t>0.5$mm、刚性较大零件的冲裁。模具工作时，条料送进采用左右导尺 9 导向，由定位销 7 直接定位，以保证板料在冲模上有正确的位置。当压力机滑块下降时，凸模 2 与凹模 4 逐渐与板料接触并将板料切断，待滑块上升时，凸模 2 随之回升，装在导尺 9 上面的卸料板 6 将包在凸模 2 上的条料刮下，落料件则从下模座下的漏料孔直接落下。

图 6-40（b）采用了弹性卸料板卸料，主要用于料较薄 $t<0.5$mm 零件的冲裁，并能保持零件有较好的平面度。卸料系统由卸料板 9、卸料螺钉 3 和弹簧 7 组成，在凸模 8 随压力机下降冲切板料时，卸料板也随之下降，并将板料压住，弹簧 7 随之被压缩。待冲压后，制品经下模座的漏料孔直接落下，而废料随条料回升紧包在凸模 8 上，在弹簧 7 弹力作用下通过卸料板 9 的复位将废料卸下。弹性卸料系统可采取弹簧作弹性元件，也可采用聚氨酯橡胶、橡皮等。

模架导向的冲裁模，导向精度较高，模具使用寿命长，适用于零件的大批量生产。

图 6-41（c）所示为加工图 6-41（a）所示圆形零件所用的导板式落料模，图 6-41（b）所示为零件排样图。

此类模具较无导向模精度高，制造复杂，但使用较安全，安装容易。一般用于板料厚度 $t>0.5$mm 的形状简单、尺寸不大的单工序冲裁模，要求压力机

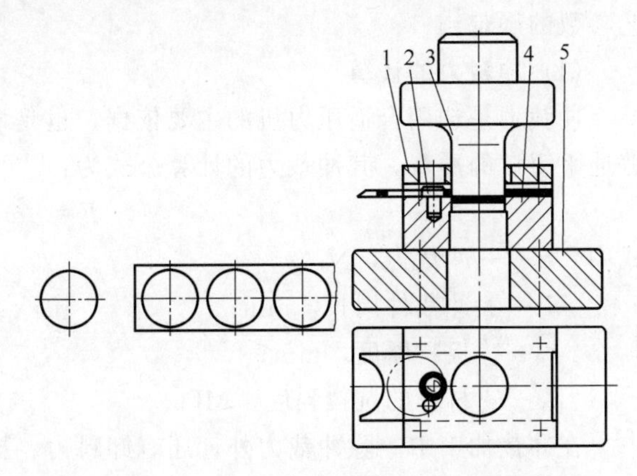

(a)零件结构简图　(b)排样简图　(c)模具结构简图

图 6-41　落料零件及导板式落料模

1—导板；2—圆柱销；3—上模；4—凹模；5—下模板

行程要小，以保证工作时凸模始终不脱离导板。对形状复杂、尺寸较大的零件，不宜采用这种结构形式，最好采用有导柱导套型模架导向的模具结构。

导板式冲模工作时，通过上模 3 的工作部分与导板 1 成小间隙配合进行导向，冲裁小于 0.8mm 的材料，采用 H6/h5 的配合，对冲裁大于 3mm 的材料，则选用 H8/h7 的配合。导板同时兼起卸料作用，冲裁时，要保证凸模始终不脱离导板，以保证导板的导向精度，尤其对多凸模或小凸模来讲，若其离开导板再进入时，凸模的锐利刃边易被碰损，同时也破坏导板上的导向孔，从而影响到凸模的寿命，并使得凸模与导板之间的导向精度受到影响。

(3) 冲裁模的结构组成

冲裁模具的结构形式尽管很多，但无论何种形式，其结构都由以下部分组成。

① 凸模和凹模。这是直接对材料产生剪切作用的零件，是冲裁模具的核心部分，通常凸模固定在上模板上，凹模固定在下模板上。

② 定位装置。其作用是保证冲裁件在模具中的准确位置，通常由导料板或定位销等定位零件组成，固定在下模架上，控制条料的送进方向和送进量。

③ 卸料装置。其作用是使板料或冲裁下的零件与模具脱离，通常由刚性或弹性卸料板等零件组成，当冲裁结束，凸模向上运动时，连带在凸模上的条料被卸料板挡住落下，此外，凹模上向下扩张的锥孔，有助于冲裁下的材料从模具中脱出。

④ 导向装置。其作用是保证模具的上、下两部分保持正确的相对位置，通常由导套和导柱、导板等组成，工作时，通过其导向，使凸模与凹模得以正确配合。

⑤ 装夹、固定装置。其作用是保证模具与机床、模具各零件间连接的稳固、可靠，通常由上模板、下模板、模柄、压板及螺栓、螺钉等零件组成，依靠这些零件将模具各部分组合装配，并固定在压力机上。

⑥ 压料装置。其作用是防止冲裁件起皱和提高冲裁断面质量，通常由弹性压边圈等组成。

6.4.3 冲裁主要参数的确定

为保证冲裁加工件的质量，在制定冲裁加工工艺及进行相关冲模设计时，应做好以下工艺参数的确定。

(1) 冲裁力的计算

冲裁力是选用合适压力机的主要依据，也是设计模具和校核模具强度所必需的数据，对普通平刃口的冲裁，其冲裁力的计算公式为：

$$F=Lt\sigma_b$$

式中 F——冲裁力，N；

L——冲裁件周长，mm；

t——板料厚度，mm；

σ_b——材料的抗拉强度，MPa。

在冲裁加工中，除冲裁力外，还有卸料力、推件力和顶件力，将冲裁后紧箍在凸模上的料拆卸下来的力称为卸料力，以 $F_{卸}$ 表示；将卡在凹模中的料推出或顶出的力称为推件力与顶件力，以 $F_{推}$ 与 $F_{顶}$ 表示，各种力的大小一般是冲裁力 F 乘以系数（0.04～0.12）。系数的具体选取可参阅相关冲压计算资料。

冲裁时所需总冲压力为冲裁力、卸料力、推件力和顶件力之和，这些力在选择压力机时是否都要考虑进去，应根据不同的模具结构分别对待：

采用刚性卸料装置和下出料方式的冲裁模的总压力 $F_{总}=F_{冲}+F_{推}$；

采用弹性卸料装置和下出料方式的冲裁模的总压力 $F_{总}=F_{冲}+F_{推}+F_{卸}$；

采用弹性卸料装置和上出料方式的冲裁模的总压力 $F_{总}=F_{冲}+F_{卸}+F_{顶}$；

根据冲裁模的总压力选择压力机时，一般应满足压力机的公称压力 $\geqslant 1.2F_{总}$。

(2) 冲裁模间隙的确定

冲裁间隙 Z 是指冲裁凸模和凹模之间工作部分的尺寸之差，即 $Z=D_{凹}-D_{凸}$。

冲裁间隙对冲裁过程有着很大的影响。它的大小直接影响到冲裁件的质量，同时对模具寿命也有较大的影响。冲裁间隙是保证合理冲裁过程的最主要的工艺参数。在实际生产中，合理间隙的数值是由实验方法来确定的。合理间隙值有一个相当大的变动范围，约为（5%～25%）t，由于没有一个绝对合理的间隙数值，加之各个行业对冲裁件的具体要求也不一致，因此各行各业甚至各个企业都有自身的冲裁间隙表，在具体确定间隙数值时，往往是参照相关的冲裁间隙表来选取。一般来说，取较小的合理间隙有利于提高冲件的质量，取较大的合理间隙则有利于提高模具的寿命。因此，在保证冲件质量的前提下，应采用较大的合理间隙。

除此之外，冲裁的双面间隙 Z 还可按下式进行计算：

$$Z=mt$$

式中　m——系数，见表6-17、表6-18；

　　　t——板料厚度，mm。

◎ 表6-17　机械制造及汽车、拖拉机行业的 m 值

材料名称	m 值
08钢、10钢、黄铜、纯铜	0.08～0.10
Q235、Q255、25钢	0.1～0.12
45钢	0.12～0.14

◎ 表6-18　电器仪表行业的 m 值

材料类型	材料名称	m 值
金属材料	铝、纯铜、纯铁	0.04
	硬铝、黄铜、08钢、10钢	0.05
	锡磷青铜、铍合金、铬钢	0.06
	硅钢片、弹簧钢、高碳钢	0.07
非金属材料	纸布、皮革、石棉、橡胶、塑料硬纸板、胶纸板、胶布板、云母片	0.02 0.03

(3) 凸、凹模工作部分尺寸的确定

在冲裁作业中，模具工作部分尺寸及精度是影响冲裁件尺寸公差等级的首要因素，而模具的合理间隙也要靠模具工作部分的尺寸及其公差来保证。因此，在确定凸、凹模工作部分尺寸及其制造公差时，必须考虑到冲裁变形规律、冲裁件公差等级、模具磨损和制造的特点。

① 冲裁凸、凹模尺寸计算的基本原则。冲裁凸、凹模尺寸计算的基本原则如下。

冲孔时，孔的直径决定了凸模的尺寸，间隙由增加凹模的尺寸取得。

落料时，外形尺寸决定了凹模的尺寸，间隙由减小凸模的尺寸取得。

由于凹模磨损后会增大落料件的尺寸，凸模磨损后会减小冲孔件的尺寸。为提高模具寿命，在制造新模具时应把凹模尺寸做得趋向于落料件的最小极限尺寸，把凸模尺寸做得趋向于冲孔件的最大极限尺寸。

② 冲裁模间隙保证的方法。冲裁模制造时，常用以下两种方法来保证合理间隙。

一种是分别加工法。分别规定凸模和凹模的尺寸和公差，分别进行制造。用凸模和凹模的尺寸及制造公差来保证间隙要求。该种加工方法加工的凸模和凹模具有互换性，制造周期短，便于成批制造。

另一种是单配加工法。用凸模和凹模相互单配的方法来保证合理间隙。加工后，凸模和凹模必须对号入座，不能互换。通常，落料件选择凹模为基准模，冲孔件选择凸模为基准模。在作为基准模的零件图上标注尺寸和公差，相配的非基准模的零件图上标注与基准模相同的基本尺寸，但不注公差，其冲裁间隙按基准模的实际尺寸配制，并保证间隙值为 Z_{min}～Z_{max}。单配加工法多用于形状复杂、间隙较小的冲模。

③ 凸、凹模分别加工时的工作尺寸计算。凸模和凹模分别加工时的工作尺寸按以下两种情况计算。

a. 冲孔模：

$$d_{凸}=(d_{min}+x\Delta)_{-\delta_{凸}}^{\ \ 0}$$

$$d_{凹}=(d+Z_{min})=(d_{min}+x\Delta+Z_{min})_{\ \ 0}^{+\delta_{凹}}$$

b. 落料模：

$$D_{凹}=(D_{max}-x\Delta)_{\ \ 0}^{+\delta_{凹}}$$

$$D_{凸}=(D_{凹}-Z_{min})=(D_{max}-x\Delta-Z_{min})_{-\delta_{凸}}^{\ \ 0}$$

式中 $d_{凸}$，$d_{凹}$——冲孔凸模和凹模的基本尺寸；

$D_{凹}$，$D_{凸}$——落料凹模和凸模的基本尺寸；

d_{min}——冲孔件的最小极限尺寸；

D_{max}——落料件的最大极限尺寸；

$\delta_{凸}$，$\delta_{凹}$——凸模和凹模的制造偏差，凸模偏差取负向，凹模偏差取正向。一般可按零件公差 Δ 的 1/4～1/3 来选取，对于简单的圆形或方形等形状，由于制造简单，精度容易保证，制造公差可按 IT6～IT8 级选取；

Z_{min}——冲裁模初始双面间隙的最小值，按各行业或各企业相关间隙表选取；

Δ——冲裁件的公差；

x——磨损系数，其值在 0.5～1 之间，可按冲裁件的公差等级选取，即当工件公差为 IT10 以上时，取 $x=1$；当工件公差为 IT11～IT13 时，取 $x=0.75$；当工件公差为 IT14 以下时，取 $x=0.5$。

④ 凸、凹模单配加工的步骤。单配加工法常用于复杂形状及薄料的冲裁件，其凸、凹模基本尺寸的确定原则是保证模具工作零件在尺寸合格范围内有最大的磨损量。单配加工凸模和凹模制造尺寸的步骤如下。

a. 首先选定基准模。

b. 判定基准模中各尺寸磨损后是尺寸增大、减小还是不变。

c. 根据判定情况，增大尺寸按冲裁件上该尺寸的最大极限尺寸减 $x\Delta$ 计算，凸、凹模制造偏差取正向，大小按该尺寸公差 Δ 的 1/4～1/3 选取；减小尺寸按冲裁件上该尺寸的最小极限尺寸加 $x\Delta$ 计算，凸、凹模制造偏差取负向，大小按该尺寸公差 Δ 的 1/4～1/3 来选取；不变尺寸按冲裁件上该尺寸的中间尺寸计算，凸、凹模制造偏差取正负对称分布，大小按该尺寸公差 Δ 的 1/8 选取。

d. 基准模外的尺寸按基准模实际尺寸配制，保证间隙要求。

6.4.4　冲裁件的质量要求

冲裁后的制品零件，其质量主要包括外观质量及尺寸精度两方面的要求。

(1) 外观质量要求

冲裁后的制品零件外形及内孔必须符合零件图样要求，冲切面应光洁、平直，内外缘不能有缺边、少肉、撕裂等加工缺陷。冲裁件的表面粗糙度 Ra 数值一般在 12.5μm 以下，具体数值可参考表 6-19，同时不能有明显的毛刺和塌角。冲裁件剪裂断面允许的毛刺高度可参考表 6-20。

◎ 表 6-19　冲裁件剪切面的近似表面粗糙度

材料厚度 t/mm	≤1	>1～2	>2～3	>3～4	>4～5
表面粗糙度 Ra/μm	3.2	6.3	12.5	25	50

◎ 表 6-20　任意冲裁件允许的毛刺高度　　单位：μm

冲件材料厚度 t/mm	材料抗拉强度 δ_b											
	<250			250～400			400～630			>630 和硅钢		
	Ⅰ	Ⅱ	Ⅲ	Ⅰ	Ⅱ	Ⅲ	Ⅰ	Ⅱ	Ⅲ	Ⅰ	Ⅱ	Ⅲ
≤0.35	100	70	50	70	50	40	50	40	30	30	20	20
0.4～0.6	150	110	80	100	70	50	70	50	40	40	30	20
0.65～0.95	230	170	120	170	130	90	100	70	50	50	40	30
1～1.5	340	250	170	240	180	120	150	110	70	80	60	40
1.6～2.4	500	370	250	350	260	180	220	160	110	120	90	60
2.5～3.8	720	540	360	500	370	250	400	300	200	180	130	90
4～6	1200	900	600	730	540	360	450	330	220	260	190	130
6.5～10	1900	1420	950	1000	750	500	650	480	320	350	260	170

注：1. Ⅰ类属于正常毛刺；Ⅱ类用于较高要求的冲件；Ⅲ类用于特高要求的冲件。
2. 一般情况下，若毛刺高度超过表 6-20 所示数值，表明毛刺已大，必须对模具进行刃磨或维修。

(2) 尺寸精度要求

零件冲裁后，其尺寸精度必须符合图样规定。冲裁加工件的尺寸精度与冲模的制造精度有直接的联系。冲模的精度愈高，冲裁件的精度也愈高。表 6-21～表 6-23 所提供的冲裁件尺寸精度，是指在合理间隙情况下对铝、铜、软钢等常用材料冲裁加工的数据。表中普通冲裁精度、较高冲裁精度分别指采用 IT8～IT7 级、IT7～IT6 级制造精度的冲裁模加工获得的冲裁件。

◈ 表 6-21 冲裁件外径尺寸的公差

单位：mm

材料厚度	工作外径尺寸							
	普通冲裁精度加工件				较高冲裁精度加工件			
	＜10	10～50	50～150	150～300	＜10	10～50	50～150	150～300
0.2～0.5	0.08	0.10	0.14	0.20	0.025	0.03	0.05	0.08
0.5～1.0	0.12	0.16	0.22	0.30	0.03	0.04	0.06	0.10
1.0～2.0	0.18	0.22	0.30	0.50	0.04	0.06	0.08	0.12
2.0～4.0	0.24	0.28	0.40	0.70	0.06	0.08	0.10	0.15
4.0～6.0	0.30	0.35	0.50	1.00	0.10	0.12	0.15	0.20

◈ 表 6-22 冲裁件内径尺寸的公差

单位：mm

材料厚度	工作内径尺寸					
	普通冲裁精度加工件			较高冲裁精度加工件		
	＜10	10～50	50～150	＜10	10～50	50～150
0.2～1	0.05	0.08	0.12	0.02	0.04	0.08
1～2	0.06	0.10	0.16	0.03	0.06	0.10
2～4	0.08	0.12	0.20	0.04	0.08	0.12
4～6	0.10	0.15	0.25	0.06	0.10	0.15

◈ 表 6-23 孔间距离的公差

单位：mm

材料厚度	普通冲裁精度加工件			较高冲裁精度加工件		
	中心距离					
	50 以下	50～150	150～300	50 以下	50～150	150～300
1 以下	±0.1	±0.15	±0.2	±0.03	±0.05	±0.08
1～2	±0.12	±0.2	±0.3	±0.04	±0.06	±0.10
2～4	±0.15	±0.25	±0.35	±0.06	±0.08	±0.12
4～6	±0.2	±0.3	±0.4	±0.08	±0.10	±0.15

注：适用于本表数值所指的孔应同时冲出。

6.4.5 影响冲裁质量的主要因素

冲裁下料是利用冲裁模具，在压力机压力的作用下，将事先放在冲模凸、凹模刃口之间的板料或条料一部分与另一部分以撕裂形式加以分离，从而得到所需形状和尺寸的平板毛坯或制件的一种冷冲压加工方法。

(1) 冲裁用原材料

钣金冲裁加工常用的原材料主要为金属板料，有时也可对某些型材（管材）及非金属材料进行加工。冲裁板料的常用材料如图 6-42 所示。

尽管冲裁下料所用的原材料相当广泛，但并不是所有的材料都可用来进行冲裁加工，用来冲裁加工的原材料必须具有良好的冲压性能、良好的使用性能及良好的表面质量等适合冲压加工工艺的特点。

(2) 冲裁的工作原理

冲裁加工是在瞬间完成的，其工作原理是通过凸、凹模刃口之间产生剪裂缝的形式实现

- 冲压用板料
  - 黑色金属
    - 碳素结构钢板　如Q195、Q235等
    - 优质碳素结构钢板　如08F、10、20等
    - 低合金结构钢板　如Q345(16Mn)、Q295(09Mn2)等
    - 电工硅钢板　如D12、D41等
    - 不锈钢板　如1Cr18Ni9Ti、1Cr13等
    - 其他
  - 有色金属
    - 纯铜板　如T1、T2等
    - 黄铜板　如H62、H68等
    - 铝板　如1050A　(L3)、1035(L4)、3A21(LF21)等
    - 钛合金板
    - 镍铜合金板
    - 其他
  - 非金属
    - 绝缘胶木板
    - 纸板
    - 纤维板
    - 塑料板
    - 橡胶板
    - 有机玻璃层压板
    - 毛毡

图 6-42　冲裁常用的材料

板料分离的，在模具刃口尖锐，凸、凹模间间隙正常时，板料的分离过程大致可分为三个阶段，图 6-43 所示为板料冲裁变形的全过程。

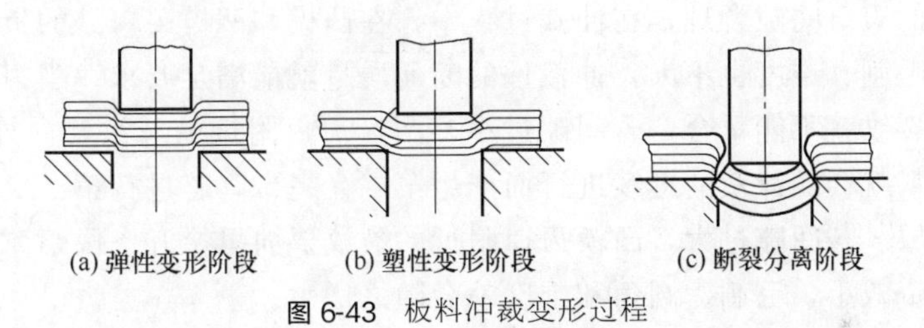

(a) 弹性变形阶段　(b) 塑性变形阶段　(c) 断裂分离阶段

图 6-43　板料冲裁变形过程

① 弹性变形阶段。如图 6-43（a）所示，当凸模开始接触板料并下压时，在凸、凹模压力作用下，板料表面受到压缩产生弹性变形，板料略有压入凹模洞口现象。由于凸、凹模间间隙的存在，在冲裁力作用下产生弯曲力矩，使板料同时受到弯曲和拉伸作用，凸模下的材料略有弯曲，凹模上的材料则向上翘。随着凸模的继续下移，最后使材料的应力达到了弹性极限范围。

② 塑性变形阶段。如图 6-43（b）所示，随着凸模的继续下压，材料内应力达到屈服点，板料在其与凸、凹模刃口接触处产生塑性剪切变形，凸模切入板料，板料下部被挤入凹模洞内。随着塑性剪切变形的发展，分离变形应力随之增加，至凸、凹模刃口侧面材料内应力超过抗剪强度，便出现微裂纹，材料开始被破坏，使塑性变形趋于结束。

③ 断裂分离阶段。如图 6-43（c）所示，凸模继续下行，刃口侧面附近产生的微裂纹不断扩大并向内延伸发展，至上、下两裂纹相遇重合，板料便完全分离，从而完成整个冲裁工作。

(3) 冲裁质量的主要影响因素

在正常冲裁工作条件下，冲裁后的零件断面不很整齐，断面有明显的四个特征区：圆角带、光亮带、断裂带、毛刺，如图 6-44 所示。

冲裁件应保证具有一定的尺寸精度和良好的断面质量。影响冲裁件质量的主要因素有：冲裁模间隙过大、过小或偏移，刃口磨损变钝，材质和板厚，冲裁力过小和冲裁模结构等。

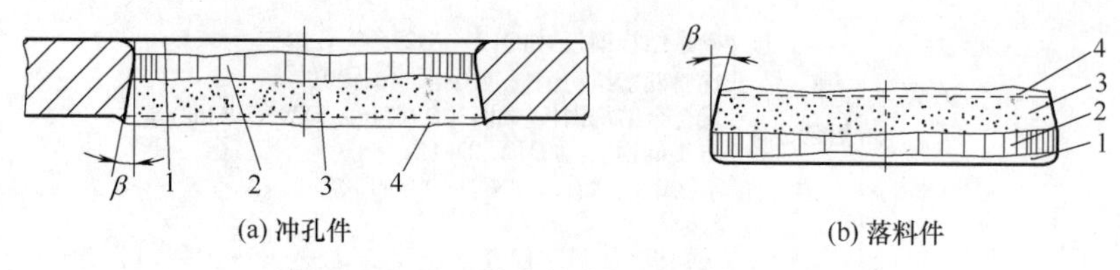

(a) 冲孔件 (b) 落料件

图 6-44 冲裁件剪切断面特征

1—圆角带；2—光亮带；3—断裂带；4—毛刺

① 尺寸精度的影响因素。冲裁模的制造精度、材质、刃口间隙和冲裁件的尺寸、形状是影响冲裁件尺寸精度的主要因素，其中冲裁模的制造精度对冲裁件尺寸精度的影响尤为突出。冲裁模的制造精度越高，冲裁件的尺寸精度也越高。

冲裁模必须具有锋利的刃口和合理的刃口间隙。若冲裁件为落料件，如果冲裁模刃口间隙过大，冲裁后由于回弹的作用，使工件的尺寸有所减小，原因是材料此时除受剪切外还产生了受径向拉伸的弹性变形；如果冲裁模刃口间隙过小，工件的尺寸会有所增加。若冲裁件为冲孔件，出现的情况与落料件正好相反。

② 断面质量的影响因素。冲裁件断面的质量问题包括毛刺过大、圆角和锥度增大、光亮带减小和断口处出现翘曲等。冲裁模刃口间隙是对冲裁件断面的质量起决定作用的因素。

如果冲裁模的刃口间隙合理，在冲裁过程中，在凸模和凹模刃口处的板料金属的裂纹就能重合，圆角、毛刺、锥度也不大，冲裁件的断面质量就能满足要求。当刃口间隙过大或过小时，所产生的裂纹就不能重合。若间隙过小，凸模刃口附近的裂纹要向外错开一段距离，这段距离内的材料就会随冲裁的继续进行而产生第二光亮带，若进行第二次剪切，容易产生撕裂的毛刺和断层。若间隙过大，凸模刃口附近的裂纹要向里错开一段距离，材料受到很大的拉伸，使光亮带减小，毛刺、圆角和锥度就会随之增大。

冲裁模刃口变钝、凸模折断、崩刀、漏料堵塞或回升时造成冲裁模损坏，卸料装置因调整不当造成模具损坏等，均可造成冲裁件报废。

由于凸模、凹模之间总有间隙存在，在冲裁过程中凸、凹模的刃口处在相互磨损状态，因此板料冲裁的毛刺是不可避免的。当刃口磨损出现圆角，刃口就不能有效地用楔形作用切入板料，导致毛刺发生。当凸模刃口变钝时，毛刺在落料件上；当凹模刃口变钝时，冲孔件的孔边产生毛刺；当凸模、凹模刃口都磨钝，则落料件和冲孔件都会出现毛刺。毛刺的大小与刃口的磨损程度有关，正常情况下，磨损的过程分为三个阶段，即初期磨损、正常磨损和剧烈磨损。刃口磨损一旦达到剧烈磨损阶段，刃口的磨损速度显著加快，毛刺会急剧增大，这时必须及时将模具重新刃磨。

另外，凸、凹模本身的尺寸精度和表面粗糙度，凹模偏移、刃口相碰，凸、凹模或导向零件不垂直等，对于冲裁质量也有一定的影响。

③ 材质与板厚对冲裁件的影响。在冲裁模间隙、刃口锋利程度、模具结构和冲裁速度相同时，一般塑性差的材料，因断裂倾向严重，经塑性变形的光亮带及圆角部分所占的比例较小，毛刺也较小，而且断面大部分为断裂带。而塑性好的材料则与之相反。

对于同一种材料来说，光亮带、断裂带、毛刺、圆角的比例也不尽相同，而是和板厚有一定关系。在冲裁作业中，板厚较小时，要求冲裁模间隙也应较小，这样保证上、下裂纹能够重合，所以，这时应要求冲裁模的制造精度高些。板料愈厚，冲裁力就愈大，同时板厚还会使工件加工硬化。

6.4.6　冲裁件的检测

冲裁件的质量检测主要包括外观和尺寸精度两部分的检测。其中：外观质量主要以零件的断面的光亮带大小、毛刺的高低及零件直线度及外观形状等为主。而尺寸检查主要以零件的线性尺寸和形状位置尺寸精度为主。

冲裁件的质量检查方式仍是采用是“三检制”，即自检、互检、专检；检查类型主要有首检、巡检、末检和抽检。

(1) 外观质量的检测

外观质量主要是以检查零件的形状、表面质量、断面质量为主。其检查方法主要以目测为主，必要时辅以量具、量仪检查。一般来说，冲裁后的制件形状必须符合图样的要求，冲裁件的边缘不能有残缺、少边等缺陷，表面应无明显的划痕、挠曲及扭弯等现象。

对金属件的断面质量主要是检查冲裁断面光亮带的宽度和毛刺高度，对非金属材料件断面质量主要是检查冲件边缘是否有分层和崩裂现象。冲裁件的毛刺高度是体现断面质量的重要参数，也是确定模具是否进行维修刃磨的重要项目，冲裁件的毛刺高度应符合表 6-20 所示的规定，毛刺高度的测量方法见图 6-45。

① 用千分尺或千分表来测量毛刺高度［图 6-45 (a)、(b)］时，先测得含有毛刺的冲裁件厚度 t_1 和板材厚度 t_0。将二者的厚度相减，即可得出毛刺的高度 $h=t_1-t_0$。此时，由于毛刺本身极为脆弱，稍加受力就会被碰破，使之难以得到精确的测量结果。但此法比较简便，对精度不高、要求不严的冲裁件仍经常采用。

② 用表面粗糙度计的方法来测得局部毛刺的高度［见图 6-45 (c)］。此法需对多点进行测量，其测量值比较精确，但测量方法复杂、麻烦。

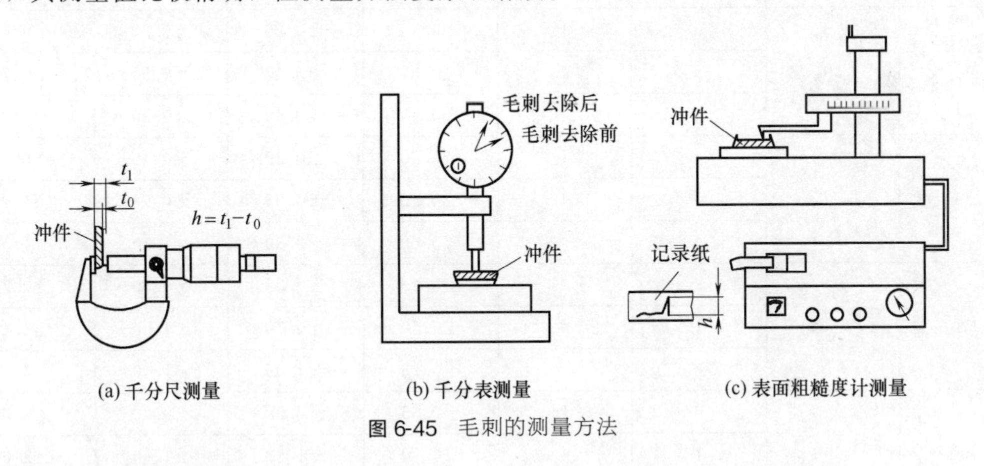

图 6-45　毛刺的测量方法

(2) 尺寸精度的检测

冲裁件尺寸检查测量方式是：在检查测量冲裁件尺寸时，其冲孔件应测量其最小一端截面尺寸 d，而落料件外形应按截面最大的一端 D 测量，如图 6-46 所示。在检查后，其大小端之差应在初始间隙最大范围内，并允许在落料凹模一面和冲孔凸模一面有自然圆角。

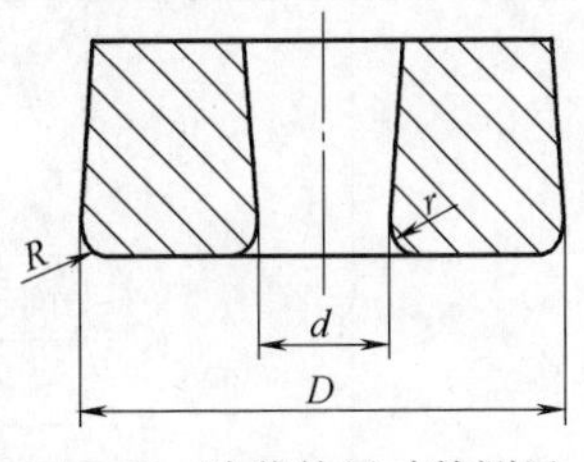

图 6-46　冲裁件尺寸的测量

对产品图样上已表明的尺寸和形状位置公差，按图样要求进行检测，其中：未注的各线性尺寸、圆角半径或角度公差要求按 GB/T 15055—2007 冲压件未注公差尺寸的极限偏差要求执行；未注的直线度、平面度、平行度、垂直度和倾斜度、圆度、同轴度、对称度、圆跳动等冲压件形位置数值可按 GB/T 1184—1996 冲压件未注形位公差数值中的规定选取，表 6-24 及表 6-25、表 6-26 分别给出了常用的冲裁件线性尺寸、角度未注尺寸、冲裁圆角半径线性尺寸的未注公差；表 6-27 及表 6-28 分别给出了常用的直线度、平面度及平行度、垂直度和倾斜度未注尺寸公差。

◎ 表 6-24 未注公差冲裁件线性尺寸的极限偏差 单位：mm

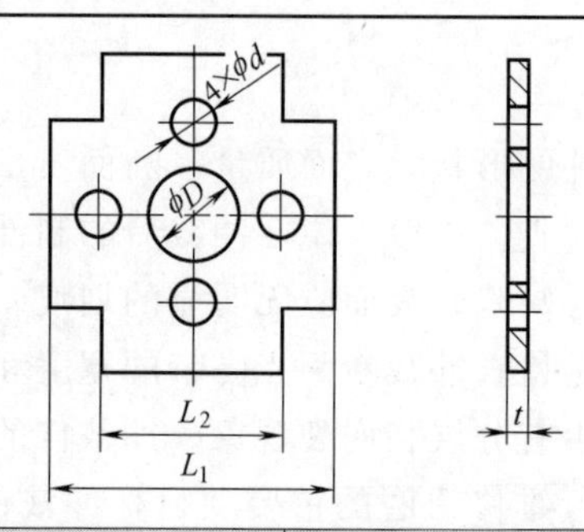

基本尺寸 L、$D(d)$		材料厚度		公差等级			
大于	至	大于	至	f	m	c	v
0.5	3	—	1	±0.05	±0.10	±0.15	±0.20
		1	3	±0.15	±0.20	±0.30	±0.40
3	6	—	1	±0.10	±0.15	±0.20	±0.30
		1	4	±0.20	±0.30	±0.40	±0.55
		4	—	±0.30	±0.40	±0.60	±0.80
6	30	—	1	±0.15	±0.20	±0.30	±0.40
		1	4	±0.30	±0.40	±0.55	±0.75
		4	—	±0.45	±0.60	±0.80	±1.20
30	120	—	1	±0.20	±0.30	±0.40	±0.55
		1	4	±0.40	±0.55	±0.75	±1.05
		4	—	±0.60	±0.80	±1.10	±1.50
120	400	—	1	±0.25	±0.35	±0.50	±0.70
		1	4	±0.50	±0.70	±1.00	±1.40
		4	—	±0.75	±1.05	±1.45	±2.10
400	1000	—	1	±0.35	±0.50	±0.70	±1.00
		1	4	±0.70	±1.00	±1.40	±2.00
		4	—	±1.05	±1.45	±2.10	±2.90
1000	2000	—	1	±0.45	±0.65	±0.90	±1.30
		1	4	±0.90	±1.30	±1.80	±2.50
		4	—	±1.40	±2.00	±2.80	±3.90
2000	4000	—	1	±0.70	±1.00	±1.40	±2.00
		1	4	±1.40	±2.00	±2.80	±3.90
		4	—	±1.80	±2.60	±3.60	±5.00

注：对于 0.5mm 以下的尺寸应标公差。

◈ 表 6-25　未注公差冲裁角度尺寸的极限偏差

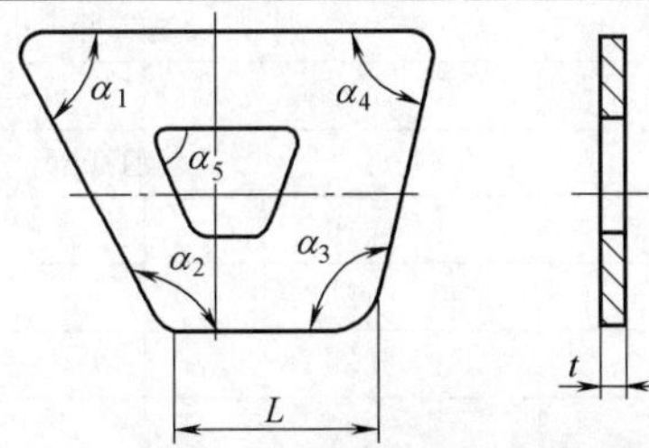

公差等级	短边长度 L/mm						
	≤10	>10～25	>25～63	>63～160	>160～400	>400～1000	>1000～2500
f	±1°00′	±0°40′	±0°30′	±0°20′	±0°15′	±0°10′	±0°06′
m	±1°30′	±1°00′	±0°45′	±0°30′	±0°20′	±0°15′	±0°10′
c v	±2°00′	±1°30′	±1°00′	±0°40′	±0°30′	±0°20′	±0°15′

◈ 表 6-26　未注公差冲裁圆角半径线性尺寸的极限偏差　　单位：mm

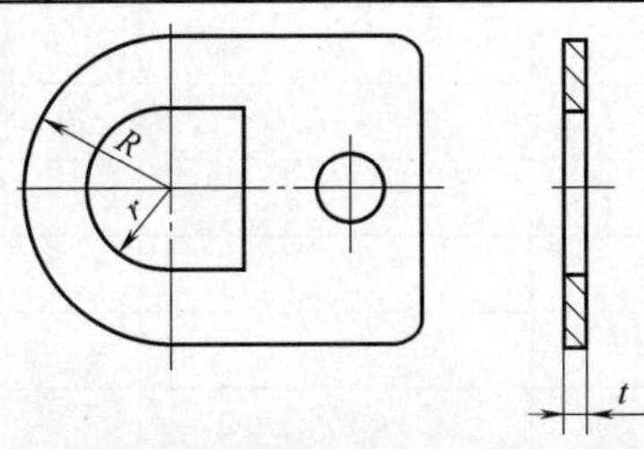

基本尺寸 R、r		材料厚度		公差等级			
大于	至	大于	至	f	m	c	v
0.5	3	—	1	±0.15		±0.20	
		1	4	±0.30		±0.40	
3	6	—	4	±0.40		±0.60	
		4	—	±0.60		±1.00	
6	30	—	4	±0.60		±0.80	
		4	—	±1.00		±1.40	
30	120	—	4	±1.00		±1.20	
		4	—	±2.00		±2.40	
120	400	—	4	±1.20		±1.50	
		4	—	±2.40		±3.00	
400	—	—	4	±2.00		±2.40	
		4	—	±3.00		±3.50	

冲裁件的倒角尺寸和倒角高度尺寸在图样上一般不提出允差要求，在检查时可按表 6-29 所示进行检查。

冲裁件要求有清角的，在图样上有注明的按要求检查，未注明的，在检查时允许有不大于 0.3～0.5mm 的小圆角。

◎ 表 6-27 直线度、平面度未注公差数值

主参数 L/mm	公差等级			
	A	B	C	D
	公差值/μm			
≤10	12	20	30	60
>10~16	15	25	40	80
>16~25	20	30	50	100
>25~40	25	40	60	120
>40~63	30	50	80	150
>63~100	40	60	100	200
>100~160	50	80	120	250
>160~250	60	100	150	300
>250~400	80	120	200	400
>400~630	100	150	250	500

◎ 表 6-28 平行度、垂直度、倾斜度未注公差数值

主参数 L/mm	公差等级			
	A	B	C	D
	公差值/μm			
≤10	30	50	80	120
>10~16	40	60	100	150
>16~25	50	80	120	200
>25~40	60	100	150	250
>40~63	80	120	200	300
>63~100	100	150	250	400
>100~160	120	200	300	500
>160~250	150	250	400	600
>250~400	200	300	500	800
>400~630	250	400	600	1000

◎ 表 6-29 冲裁件的倒角尺寸允差

类型	图示	允许偏差值							
非配合零件		非配合半径及倒角							
		R 或 C	0.3	0.5	1~3	4~5	6~8	10~16	20~30
		ΔR 或 ΔC	±0.2	±0.3	±0.5	±1	±2	±4	±5
配合零件		配合半径及倒角							
		R、r、C	0.4~1	1.5~3	4~6	8~12			
		ΔR、Δr、ΔC	−0.2	−0.5	−1	−2			

6.4.7　冲裁件缺陷及其解决措施

冲裁件常见的缺陷主要有毛刺大、制件表面挠曲等，产生的原因既可能是冲裁材料方面，也可能是冲裁模调试或模具方面，还可能是操作者的操作疏忽等，解决方案必须在仔细分析缺陷产生原因的基础上针对性地采取措施。

(1) 冲裁断面毛刺大

在冲裁加工中，冲裁件断面产生不同程度的毛刺是不可避免的，但若毛刺太大而影响制件的使用，这是不允许的。若工件有较大的毛刺，可以通过后处理的方法去除，最常用的方法就是进行滚光处理，对较大冲裁件的毛刺则可采用钳工锉削法去除。一般来说，毛刺的产生情形及修理措施如下。

① 对冲孔件孔边毛刺大，冲孔废料圆角带的圆角增大，形成大塌角的情形，这是由于凹模刃口变钝了，即凹模刃口带有圆角，于是在冲孔废料上在凹模圆角处产生较大的拉伸变形，形成大圆角（塌角），此时需重磨凹模刃口使之锋利，如图6-47所示。

② 对落料件上产生较大的毛刺，而板料余料圆角处产生大圆角的情形，这是由于凸模刃口变钝，凸模有圆角，于是在板料（凸模一侧）上产生大圆角的拉伸变形，形成大圆角(即较大塌角)，此时需重磨凸模刃口使之锋利，如图6-48所示。

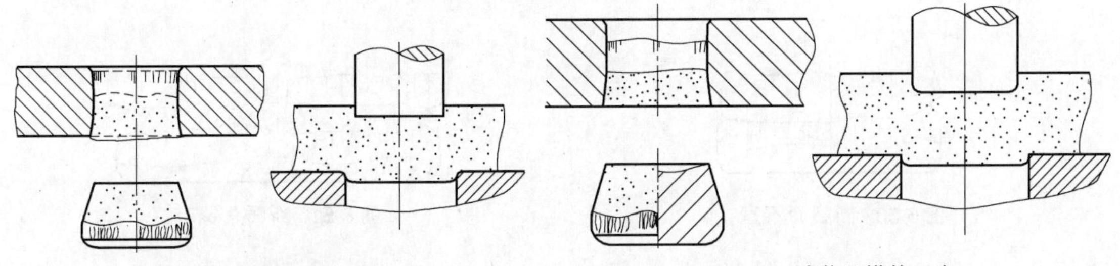

图6-47　冲裁凹模的刃磨　　图6-48　冲裁凸模的刃磨

③ 对落料件、板料余料或冲孔件、冲孔废料上都产生大的毛刺和塌角的情形，这是由于冲裁凸模和凹模刃口都变钝了，需重磨凸、凹模刃口，使之锋利，如图6-49所示。

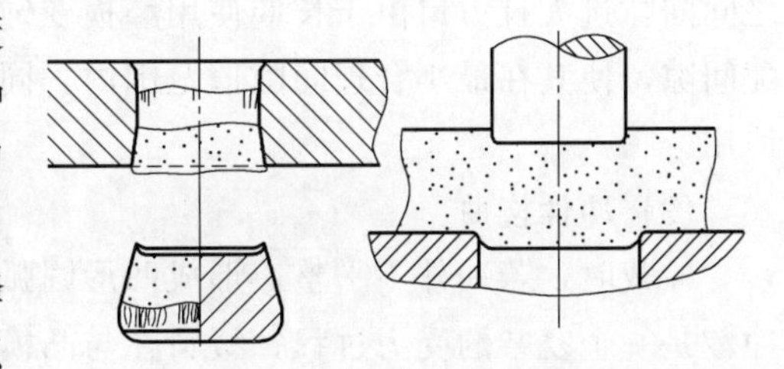

图6-49　冲裁凸模与凹模的刃磨

冲裁加工中，操作人员应经常检查刃口的锋利程度，判断凸、凹模刃口是否变钝，可采用以下的方法检查。

a. 用手指在刃口上轻轻摸一摸，是否有锋利的感觉，如果觉得有打滑或不刺手及感到高低不平时，就表明刃口已经变钝，必须卸下进行刃磨。

b. 用手指甲在刃口上轻轻擦一下，如果指甲能被刮削一层，说明刃口是锋利的，可以继续使用，否则应拆下刃磨。

c. 在垂直于刃口尖边的方向上用放大镜看刃口是否有发亮的地方，如果有反光及发亮现象，表明刃口已经变钝，应进行刃磨。如果刃口锋利，则在垂直方向上，只能看到一条又细又黑的线条。

若刃口不太锋利，可按以下方法进行临时性修理：首先把冲模从压力机上拆下（若操作方便，也可不拆卸，直接在压力机上进行），用细油石加些煤油直接放在研磨面上，细心地对工作刃口或其他受损部位进行手工研磨，研磨时应注意使油石沿一个方向来回，不可随意改变方向，直到把刃口磨得光滑锋利为止。

为保证刃口的锋利，在制订冷冲压工艺方案时，应规定出冲模在冲裁一定数量工件后应进行刃磨一次，以保证冲压件质量的稳定性及冲模耐用度。

(2) 冲裁断面粗糙

冲裁加工的断面由圆角带、光亮带、断裂带和毛刺四部分组成，若断面粗糙，会影响到制件的使用和精度。因此，在冲压时应给予充分注意和重视，冲裁断面粗糙的类型主要有以下几种。

① 断裂面不直。冲裁断面有明显斜角、粗糙、裂纹和凹坑，圆角处的圆角增大并出现较高的拉断毛刺，如图 6-50 所示。这是由于凸、凹模间隙过大，刃口处裂纹不重合而强行撕裂或由于使用的板料塑性较差而造成的。这时，必须要更换凸模或凹模，调整其间隙在合理范围内，并且要采用塑性较好的板料冲压。

② 断面有裂口。冲裁时，若冲裁断面带有裂口和较大毛刺双层光亮断面，在工件上部形成齿状毛刺，如图 6-51 所示。则是由于凸、凹模间隙过小，刃口处裂纹不重合而造成的。其修整办法可用研修或成形磨削修磨凸模或凹模中的一件，以放大间隙，减少裂口与毛刺的产生。

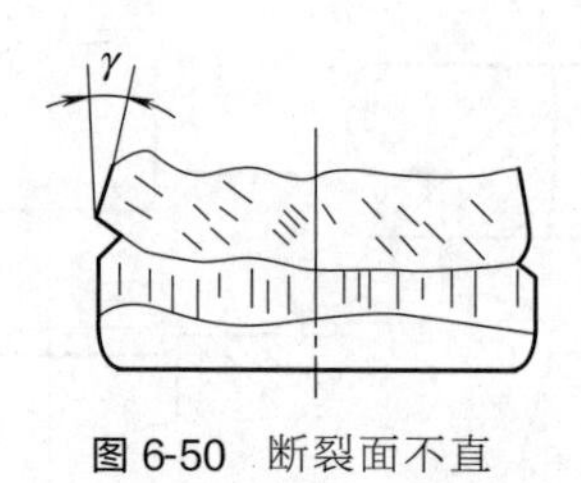

图 6-50 断裂面不直

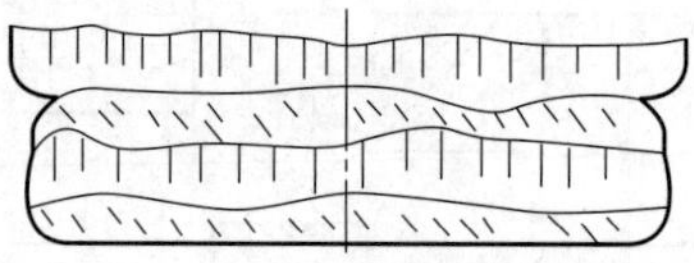

图 6-51 断面有裂口

③ 断面圆角过大。冲裁时，若冲件断面圆角过大，如图 6-52 所示，则是由于凸、凹模之间间隙过大且刃口由于长期使用磨损变钝引起的，其解决方案是重新更换凸模并与凹模匹配间隙，使其在最小合理间隙值范围内，同时对凹模刃口进行刃磨，使其变得锋利，再继续使用。

(3) 冲件挠曲

冲裁时，若冲件不平整，形成凹形圆弧面，则表明冲件产生了挠曲变形。这是由于板料冲裁是一个复杂的受力过程，板料在与凸模、凹模刚接触的瞬间首先要拉深、弯曲，然后剪断、撕裂。整个冲裁过程，板料除了受垂直方向的冲裁力外，还会受到拉、弯、挤压力的作用，这些力使冲件表面不平产生挠曲。影响工件挠曲的因素有很多方面。

① 凸、凹模间间隙的影响。当凸、凹模间间隙过大时，则在冲裁过程中，制件的拉深、弯曲力变大，易产生挠曲，改善的办法主要有：在冲裁时用凸模和压料板（或顶料器）将制件紧紧地压住，或用凹模面和退料板将搭边部位紧紧压住，以及保持锋利的刃口；当间隙过小时，材料冲裁时受到的挤压力部分变大。这都会使工件产生较大的挠曲。

② 凸、凹模形状的影响。当凸、凹模刃口不锋利时，则制件的拉深、弯曲力变大，也会使工件产生较大的挠曲。此外凹模刃口部位的反锥面，使制件在通过尺寸小的部位时，外周向中心压缩，也会引起工件的挠曲，如图 6-53 所示。

③ 卸料板与凸模间间隙的影响。当冲裁模使用较长时间后，由于长期磨损，使卸料板

与凸模间的间隙加大，致使在卸料时易使制品或废料带入卸料孔中，而使制品发生翘曲变形。

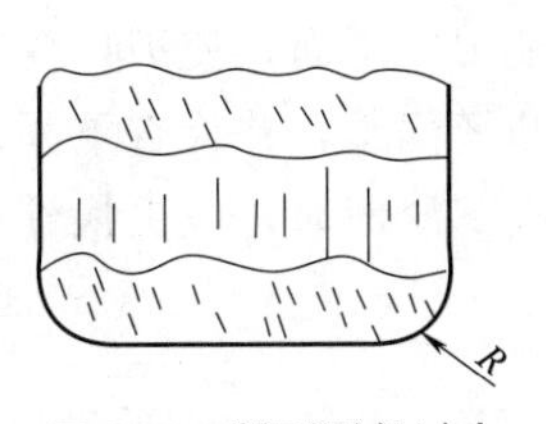

图 6-52　断面圆角过大

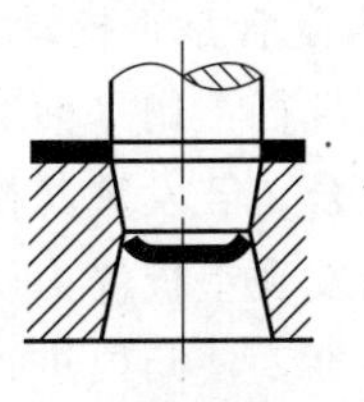

(a) 圆周挠曲

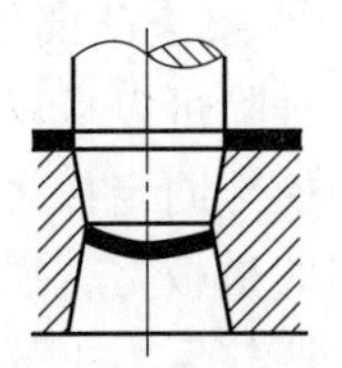

(b) 整体挠曲

图 6-53　凹模反锥引起的挠曲

排除可以从以下方面进行：重新调整卸料板与凸模间的间隙使之配合适当，一般应修整为 H7/h6 的配合形式。在使用冲裁厚度为 0.3mm 以下的有色金属工件（如铝板）或硬纸板时，可采用橡胶板作为卸料板，假如用钢板做卸料板，则易使工件拉入间隙中，造成表面弯曲变形，影响产品质量。

④ 工件形状的影响。当工件形状复杂时，工件周围的剪切力就会不均匀，因此产生了由周围向中心的力，使工件出现挠曲。在冲制接近板厚的细长孔时，制件的挠曲集中在两端，使其不能成为平面。解决这类挠曲的办法，首先是考虑冲裁力合理、均匀地分布，这样可以防止挠曲的产生，此外，增大压料力，用较强的弹簧、橡胶等，通过压料板、顶料器等将板料压紧，也能得到良好的效果。

⑤ 材料内部应力的影响。作为工件原料的板料或卷料，在轧制、卷绕时所产生的内部应力，使其本身存在一定的挠曲，而在冲压成工件时，随着应力的破坏，就会转移到材料的表面，从而增加工件的挠曲情况。要消除这类挠曲，应在冲裁前消除材料的内应力，可以通过校平或热处理退火等方法来进行，也可以在冲裁加工后进行校平或热处理退火等方法来校正。

⑥ 油、空气的影响。冲裁过程中，凸模、凹模与工件之间，或工件与工件之间，若有油、空气不能及时排出而压迫工件，工件会产生挠曲。特别是对薄料、软材料更为明显。因此，在冲裁过程中如需加润滑油，应尽可能均匀地涂油，或者在模具的结构中开设油、气的排出孔，都可以消除这类挠曲现象。此外，制件和冲模之间表面有杂物也易使工件产生挠曲。因此，应注意在模具以及板料的工作表面清除脏物。

(4) 内孔与外缘的尺寸位置发生变化

在冲裁模工作中，出现内孔与外缘的相对尺寸发生变化的问题，产生的原因及解决措施可从以下方面进行。

① 检查落料与冲孔的凸模和凹模孔的相对位置是否发生了变化或凸模歪斜。

② 采用导正销定位的模具，其导正销的位置是否偏斜或在采用两个导正销定位时，条料在冲制过程中受力，而使两个导正销发生扭曲，致使条料定位不准确。

排除可以从以下方面进行：检查一下落料与冲孔的凹模孔和落料凸模与冲孔凹模相对位置是否发生变化，并进行修复或更换；检查一下侧刃、凸模、凹模尺寸，若磨损有变大或变小，应进行更换；根据原模具设计要求调整导正销的高度与垂直度，使之符合原设计要求；检查定位销的损坏程度或位置，必要时可进行重新更换与调整。

(5) 制品只有压印而剪切不下

冲裁模在工作一段时间后，有时在板料上只有压印而剪切不下制品来，产生的原因及解决措施可从以下方面进行。

① 检查凸模与凹模刃口是否变钝或者凸模进入凹模的深度是否太浅。

② 检查凸模与固定板配合是否松动或者凸模是否在受力时拔出。

排除可以从以下方面进行：用平面磨床平磨凸模与凹模刃口平面，使刃口变得锋利；检查凸模与固定板之间的配合，若发现凸模松动，应立即将凸模固紧，并检查下固定板与模板之间的垫板是否损坏。当发现垫板淬火硬度不够而被凸模端部压凹时，应更换硬度较高的垫板；调整压力机的闭模高度，使凸模进入凹模的深度要适中。

(6) 废料或制品随凸模回升

在冲裁一些较软或厚度较薄的材料，且工件形状较为复杂或带有窄长切口的冲模时，常会发现在冲压时，其废料或工件在凹模孔内有回升现象。由于这种废料及工件的回升，很容易使凸、凹模的刃口被啃坏或发生意外事故，因此，应及早发现并及时处理解决。

在冲裁模设计中，废料或工件一般是要求从凹模的漏料孔中排出模具外的，现其随凸模上升，显然，是因凹模对它的约束力太小或是受到凸模上升时一定力的牵引，基于上述考虑，该现象的产生原因可从以下方面进行分析、检查。

① 检查凸、凹模的间隙。若间隙过大，则由于凹模无法对废料或工件形成有效的约束，在凸模的带动下就很容易随之上升，间隙过大是影响废料及工件回升的主要因素之一。若间隙过大则采取的措施显然是减小间隙。

② 检查凹模刃口。凹模刃口尺寸过长或成倒锥形，易使废料及工件在冲压时回升，如图 6-54（a）、（b）所示的凹模刃口，其 h 值不应太大，也不能成 α 角的倒锥。若在测量时有上述现象并且凸、凹模的间隙偏大，则极易随凸模回升，应修整成如图 6-54（c）所示的形状，使凹模刃口修整成 $10'$左右锥度的刃口形式，并尽量减小 h 值，即可消除废料及工件的回升。

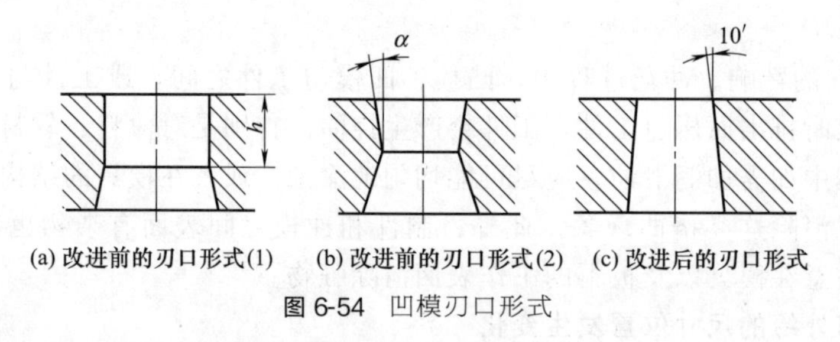

(a) 改进前的刃口形式(1)　(b) 改进前的刃口形式(2)　(c) 改进后的刃口形式

图 6-54　凹模刃口形式

③ 检查润滑油。应检查润滑油是否用得太多或润滑油黏度太大，若润滑油太多或太黏，易使废料及工件黏附在凸模上而被提起。

6.5 气割下料

气割是利用氧-乙炔气或氧-液化气火焰的热能，将工件切割处预热到一定温度后，喷出高速切割气流，使金属燃烧并放出热量而实现切割的方法。

气割下料具有方便、适应性强的特点，能够实现非直线的、所有中厚度的包括钢板、型钢等所有低、中碳钢钢材、铸钢件的切割，此外，气割还具有生产成本低等优点。

按切割气产生的火焰不同，可分为氧-乙炔气切割、氧-液化石油气切割等；按操作方法不同又可分为手工气割、半自动气割和数控自动气割，在钣金加工中应用最广泛的是氧-乙炔气手工气割。

6.5.1　气割的设备及工具

采用不同的可燃气体进行气割，所使用的设备和工具也略有不同。氧-乙炔气割设备是由氧气瓶和氧气减压器、乙炔气瓶和乙炔减压器、回火保险器和割炬等组成，如图6-55所示。

① 氧气瓶与乙炔气瓶。氧气瓶是储存高压氧气的圆柱形容器，外表漆成天蓝色作为标志，最高压力为16.7MPa，容积约40L，储气量约$6m^3$。氧气瓶属高压容器，有爆炸危险，使用中必须注意安全。搬运时应避免剧烈震动和撞击。焊接操作中氧气瓶距明火或热源应在5m以上。夏日要防止暴晒，冬天如阀门冻结，严禁用火烘烤，应用热水解冻。瓶中氧气不允许全部用完，余气表压应保持98～196kPa，以防瓶内混入其他气体而引起爆炸。

乙炔气瓶是储存及运输乙炔的专用容器，外形与氧气瓶相似，但比氧气瓶略短(1.12m)、直径略粗（250mm），瓶体表面涂白漆，并用红漆在瓶体标注“乙炔”字样。为保证乙炔稳定和安全地储存，在乙炔瓶内充满了浸渍丙酮的多孔填料。

乙炔气瓶在搬运、装卸、使用时，都应竖立放稳，严禁在地面卧放。使用乙炔时，必须经减压器减压，禁止直接使用。

② 减压器。减压器是将高压气体降为低压气体的调节装置，其作用是将气瓶中流出的高压气体的压力降低到需要的工作压力，并保持压力的稳定。图6-56所示为一种单级减压器的结构原理图。顺时针旋转调节螺钉1，使减压活门8开启，从气瓶来的高压气体由高压室7经减压活门流入低压室12，气体膨胀且压力降低至工作压力，然后从出气口11流出。工作压力的高低通过改变调节螺钉的位置调节。工作弹簧2和副弹簧6的作用是保证当气瓶内压力逐渐降低时，减压活门能正常自动开启并保持平衡，使工作压力稳定不变。

氧气和溶解乙炔气的减压器，必须选用符合气体特性的专用氧气减压器和乙炔减压器。

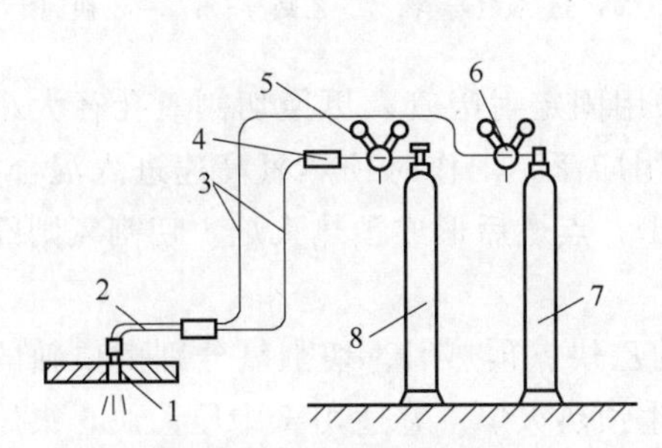

图6-55　氧-乙炔气割设备

1—工件；2—割炬；3—胶管；4—回火保险器；
5—乙炔减压器；6—氧气减压器；
7—氧气瓶；8—乙炔气瓶

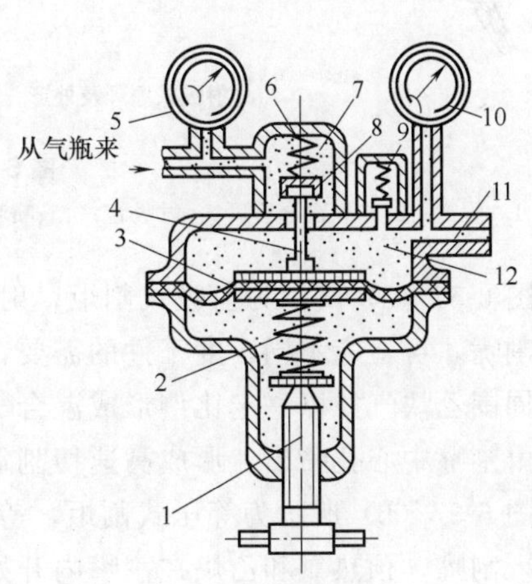

图6-56　减压器

1—调节螺钉；2—工作弹簧；3—弹性薄膜；
4—传动杆；5—高压表；6—副弹簧；
7—高压室；8—减压活门；9—安全阀；
10—低压表；11—出气口；12—低压室

③ 割炬及胶管。割炬的作用是使氧与乙炔按比例混合而形成预热火焰，并将高压氧气喷射到被切割工件上，使被切金属在氧射流中燃烧，氧射流将燃烧生成的熔渣吹除而成切口。

割炬按氧和乙炔混合方式不同分为射吸式和等压式两种，参见图 6-57，其中以射吸式割炬应用最多，且适于低压或中压乙炔，表 6-30 给出了常用射吸式割炬型号及其参数。

◎ 表 6-30 常用射吸式割炬型号及其参数

割炬型号	G01-30			G01-100			G01-300			
割嘴号码	1	2	3	1	2	3	1	2	3	4
割嘴孔径 /mm	0.6	0.8	1.0	1.0	1.3	1.6	1.8	2.2	2.6	3.0
切割厚度范围 /mm	2～10	10～20	20～30	10～25	25～30	50～100	100～150	150～200	200～250	250～300
氧气压力 /MPa	0.2	0.25	0.3	0.2	0.35	0.5	0.5	0.65	0.8	1.0
乙炔压力 /MPa	0.001～0.1									
氧气消耗量 /(m^3/h)	0.8	1.4	2.2	2.2～2.7	3.5～3.2	5.5～7.3	9.0～10.8	11～14	13.5～18	19～26
乙炔消耗量 /(L/h)	210	240	310	350～400	460～500	550～600	680～780	800～1100	1150～1200	1250～1600

注：型号中 G 表示割炬，0 表示手工，1 表示射吸式，后缀数字表示气割低碳钢最大厚度（mm）。

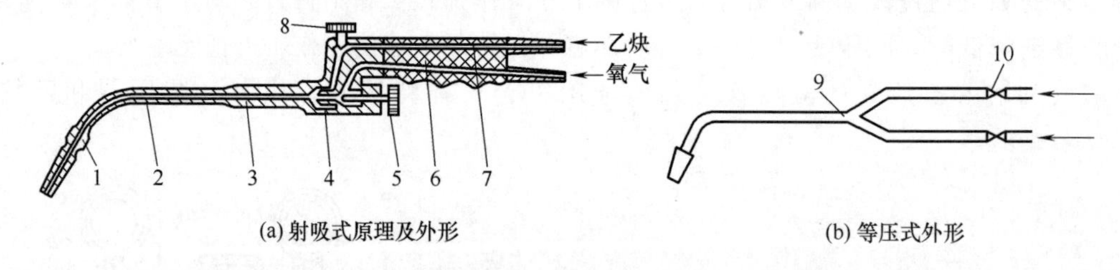

(a) 射吸式原理及外形　　(b) 等压式外形

图 6-57 割炬构造原理

1—焊嘴；2，9—混合管；3—射吸管；4—喷嘴；5，10—氧气阀；6—氧气导管；7—乙炔导管；8—乙炔阀

图 6-57（a）所示为射吸式割炬，射吸式割炬采用固定射吸管，更换切割氧孔径大小不同的割嘴，可适应不同厚度工件的需要，生产中使用广泛。工作时预热氧高速进入混合室，吸入周围乙炔气并以一定比例形成混合气由割嘴喷出，点燃后形成预热火焰。切割氧则经氧气管由割嘴中心孔喷出，形成高速切割氧流。

图 6-57（b）所示为等压式割炬，等压式割炬的乙炔、预热氧、切割氧分别由单独的管路进入割嘴，预热氧和乙炔在割嘴内开始混合而产生预热火焰。它适用于中压乙炔，火焰稳定、不易回火。

输送氧气、乙炔气或液化石油气到割炬的橡胶软管，是用优质橡胶夹麻织物或棉纤维制成，氧气胶管的允许工作压力为 1.5MPa，胶管孔径为 8mm；乙炔胶管允许工作压力为 0.5MPa，管径为 10mm。为便于识别，氧气胶管采用红色，乙炔胶管采用绿色。

6.5.2　气割过程及气割的条件

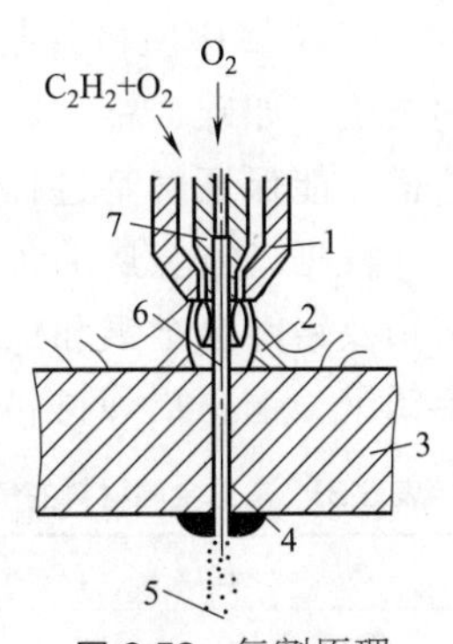

图 6-58　气割原理

1—预热嘴；2—预热焰；3—工件；4—割缝；5—熔渣；6—切割氧；7—切割嘴

图 6-58 所示为气割原理示意图。它利用气体火焰的热能将工件切割处预热至燃点，然后打开切割氧调节阀，喷出高速切割氧流，使金属氧化燃烧而放出巨热，同时将燃烧生成的氧化熔渣从切口吹掉，实现对金属的切割。

（1）气割过程

根据气割过程可知，气割由金属预热、燃烧和氧化物被吹除三个过程组成。开始气割时，必须用预热火焰将被切割处金属由表至里预热至燃点温度，一般碳钢在纯氧中的燃点为 1100～1150℃，然后把气割氧喷射到温度达燃点的金属上，金属开始剧烈燃烧，产生大量的氧化物熔渣。由于燃烧时放出大量的热，使氧化物熔化成液态，并受喷射氧气流的作用，将氧化物熔渣吹掉，形成切口。

同时，金属燃烧时产生的热量和预热火焰，又进一步预热下层金属到燃点，使切割继续进行下去，即可形成割缝将金属分离。氧气切割过程实质是燃割而不是熔割，喷射氧气流很细，因此切口较窄而且整齐。

（2）气割条件

尽管气割能较好地完成金属的切割，但并不是所有的金属都能满足这个过程的要求，而只有符合下列条件的金属才能进行气割。

a. 金属在氧气中的燃点应低于熔点，这是氧气切割过程能正常进行的最基本条件。如低碳钢的燃点约为 1350℃，而熔点约为 1500℃。它完全满足了这个条件，所以低碳钢具有良好的气割条件。

随着含碳量的增加，钢的熔点降低，燃点增高，所以其气割性能随着含碳量的增加而变差。如含碳量为 0.7%的碳钢，其燃点和熔点大致相等。当含碳量大于 0.7%时，燃点高于熔点，所以气割有困难，实际上，由于钢中含有其他一些杂质，所以气割含碳量大于 0.50%的碳钢时，就有一定困难。

铜、铝以及铸铁的燃点都高于熔点，因此，都不能够用普通的气割方法进行切割。

b. 燃烧生成的金属氧化物的熔点应低于金属熔点，这样才能使氧化物在液态下从割缝中被吹掉。因为高熔点的氧化物会阻碍下层金属与氧气流接触，使气割发生困难。如低碳钢气割时，生成的氧化铁的熔点约为 1370℃，且流动性好，故易于进行气割，而高铬钢和镍铬钢，气割时生成高熔点（约 1990℃）的氧化物（Cr_2O_3），铝及铝合金也会生成高熔点（约 2050℃）的氧化物，所以这些材料都不易进行气割。

c. 金属在切割氧射流中，燃烧应该是放热反应。在气割过程中这一条件也很重要，因为放热反应的结果是上层金属燃烧产生很大的热量，对下层金属起着预热作用。如气割低碳钢时，由金属燃烧所产生的热量约占 70%，而由预热火焰所供给的热量仅为 30%，可见金属燃烧时所产生的热量是相当大的，所起的作用也很大。相反，如果金属燃烧是吸热反应，则下层金属得不到预热，气割过程就很难进行。

d. 金属导热性不应太高，不然，预热火焰的热量和气割过程中所放出的热量会强烈地被导散，这样可能使气割不能开始或中途停止。铜、铝及其合金等金属就是由于具有高导热性，因而气割较为困难。

e. 金属中阻碍气割过程和提高钢的可淬性的杂质要少。被气割金属中，阻碍气割过程的杂质（如碳、铬，以及硅等）要少，同时提高钢的可淬性的杂质（如钨与铝等）也要少，这样才能保证气割过程正常进行，同时割缝表面也不会产生裂纹等缺陷。

根据气割金属的条件，气割主要用于碳素钢和低合金钢，如低碳钢，高锰钢，低铬、低铬钼及铬镍合金钢和钛合金等；对高碳钢和强度高的低合金钢，气割一般比较困难；铸铁、不锈钢、铜、铝等材料则不能气割，表 6-31 给出了常见金属材料的气割性能。

◈ 表 6-31 常见金属材料的气割性能

金属	性　能
钢：含碳量在 0.4%以下	切割良好
钢：含碳量在 0.4%～0.5%	切割良好，为防止发生裂纹，应预热到 200℃，并且在切割之后要缓冷退火，退火温度应为 650℃
钢：含碳量在 0.5%～0.7%	切割良好，切割前必须预热至 700℃，切后应退火
钢：含碳量在 0.7%以上	不易切割
铸铁	不易切割
高锰钢	切割良好，预热后更好
硅钢	切割不良
低铬合金钢	切割良好
低铬及低铬镍不锈钢	切割良好
18-8 铬镍不锈钢	可以切割，但要有相应的作业技术
铜及铜合金	不能切割
铝	不能切割

注：表中含碳量为质量分数。

6.5.3 气割的步骤与方法

进行气割操作首先应选择正确的工艺规范，然后，按照正确的操作步骤进行，同时对不同规格的气割材料应针对性地采取不同措施。

(1) 气割工艺规范的选择

采用氧-乙炔气割下料时，割嘴与工件表面距离一般取 3～5mm，对料厚 t<4mm 的薄板取 10～15mm。气体压力见表 6-32，割嘴倾角见表 6-33。

◈ 表 6-32 手工切割的气体压力

钢板厚度/mm	割炬		气体压力/MPa	
	型号	割嘴	氧气	乙炔
<3	G01-30	1,2	0.3～0.4	0.001～0.12
3～12		1,2	0.4～0.5	
12～30		2，3，4	0.5～0.7	
30～50	G01-100	3，4，5	0.5～0.7	
50～100		5，6	0.6～0.8	
100～150	G01-300	7	0.8～1.6	
150～200		8	1.0～1.4	
200～250		9	1.0～1.4	

◈ 表6-33　割嘴与工件表面的倾斜角度

工件厚度/mm	<10	10～30	>30		
			开始时	钢穿后	结束时
倾斜方向	后倾	后倾	前倾	垂直	后倾
倾角度数	0°～30°	80°～85°	80°～85°	• 0°	80°～85°

此外，还应控制好切割的速度。切割速度过快，切割气流在切口处弯曲，很难得到平整的切割面，又极容易产生割不透等缺陷。切割速度过慢，则容易烧坏割件棱边，使切口加宽而影响割件尺寸。气割的速度是否合理，在实际工作中，可以通过以下两种方法来判断切割速度是否合适：观察切割面的割纹，如果割纹均匀，后拖量很小，说明切割速度合适；在切割过程中，顺着切割气流方向从切口上部观察，如果切割速度合适，应看到切割处气流通畅，没有明显弯曲。

(2) 火焰性质的判断

乙炔气燃烧时，由于与氧气混合量比例不同，火焰的性质也不同，其可分为三种火焰：中性火焰、氧化火焰、碳化火焰。不同的切割火焰性质决定了不同切割的效果。

中性火焰是氧气和乙炔混合比为1.0～1.2燃烧时形成的火焰，这种火焰燃烧充分，对高温金属的增碳和氧化作用都小，温度可达3050～3150℃，是最适宜切割金属的一种火焰，中性火焰的颜色非常明亮而且清晰，中性火焰的形状如图6-59（a）所示，其长度适中，明显可见焰心、内焰和外焰三部分。

氧化火焰外形基本与中性火焰相似，但因乙炔量少，而氧气过多（氧气与乙炔的混合比大于1.2），所以内焰缩成圆锥形，整个火焰短而呈蓝紫色。氧化火焰的形状如图6-59（b）所示，其长度较短，内、外焰无明显界限，亮度较暗。

碳化火焰是乙炔量较多（氧气与乙炔的混合比小于1）的一种火焰。由于氧气不足，因此乙炔气燃烧进行得缓慢，火焰较长，而且有发烟现象，呈淡红色。碳化火焰的形状如图6-59（c）所示，其长度较长，而且明亮，内焰比较突出。

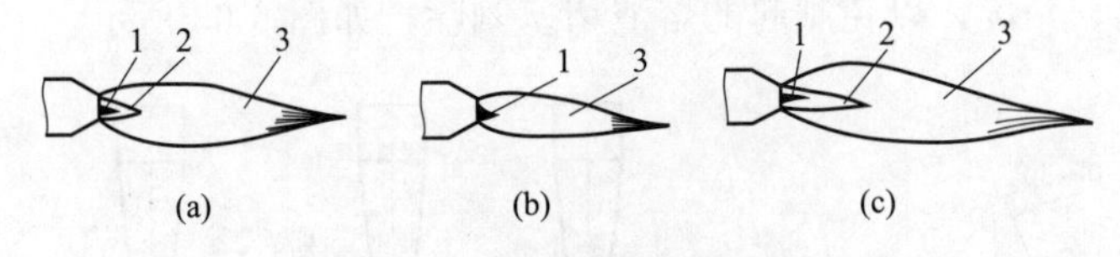

图6-59　观察调整预热火焰

1—焰心；2—内焰；3—外焰

氧化火焰及碳化火焰都不适用于预热和气割。气割时，应逐步调整氧气与乙炔的混合比，使火焰为中性火焰。

(3) 气割下料的操作步骤与方法

一般气割下料可按以下步骤及方法操作。

① 气割操作前的准备。气割操作前的准备工作主要是：打扫、清理好切割场地，同时准备好划线及切割工具，安放、安装好待切割材料，保证待切割材料的下面要留出一定的空间，使割缝畅通，保证切口的熔渣向下顺利排除。根据图样尺寸及形状的要求，在待加工钢板上利用划线工具划出下料线。

② 检查割炬。气割前必须检查割炬是否正常，检查的方法如图6-60所示。旋开割炬氧

气调节阀，使氧气流过混合气室喷嘴，这时将手指放在割炬的乙炔进气管口上，如果手指感到有吸力，证明割炬正常，若无吸力或有推力，则证明割炬不正常，必须进行修理或更换。

③ 调整火焰。先微量打开氧气阀，再少量打开乙炔阀，使可燃混合气体从割炬中喷出，然后，用左手握住割炬中部，使割嘴朝人体外侧，右手划火柴点燃割炬，再用右手握割炬，进行调节氧气和乙炔阀门，将火焰调出中性火焰和足够的强度。

在预热火焰调至中性火焰后，可反复试放切割氧，同时调节混合气调节阀，以保证乙炔焰在切割过程中也能保持为中性火焰。同时，从不同侧面观察切割气流（俗称风线）的形状，要求其呈现均匀、清晰的圆柱形。否则，应关闭乙炔和氧气，用通针清透割嘴，直至获得规范的切割气流为止。

④ 预热并气割。若从钢板的边缘开始切割，可先对板边进行预热，当预热点略呈红色时，可将预热火焰中心移出边缘外，慢慢打开切割氧气阀，使切割气流贴在板边上，可观察到切口处氧化熔渣随氧气流一起飞出。当割透时，即可慢慢移动割炬进行切割，如图 6-61 所示。

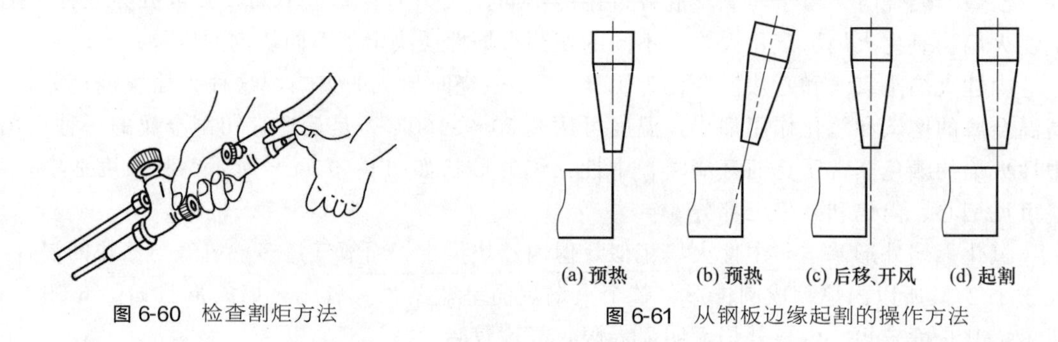

图 6-60 检查割炬方法

图 6-61 从钢板边缘起割的操作方法

为充分利用预热火焰和提高效率，切割时，可根据被割钢板厚度将割嘴逆前进方向向后倾斜 0°～30°，钢板越薄，角度越大，如图 6-62 所示。

对于厚料的切割，如果需要在钢板中部某个位置开孔，则应注意在开放切割氧时，控制割嘴距钢板的距离、角度，以免溅起的熔渣堵塞割嘴，如图 6-63 所示。

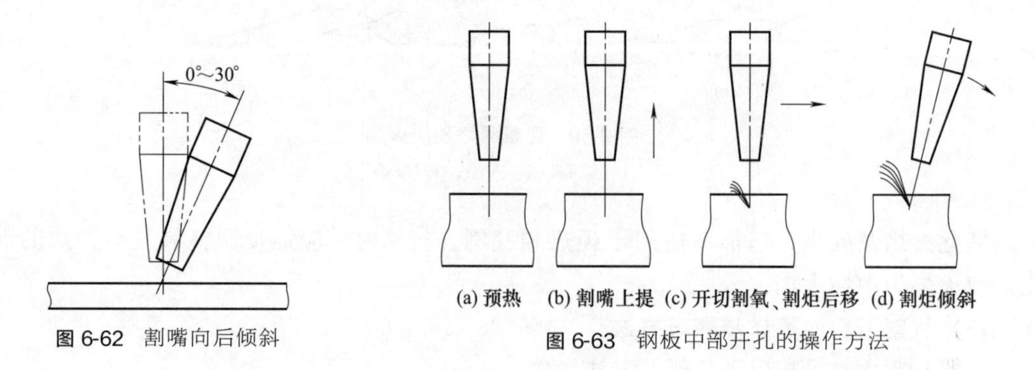

图 6-62 割嘴向后倾斜

图 6-63 钢板中部开孔的操作方法

气割时持炬姿势为：右手握住割炬的手柄，左手大拇指、食指和中指扶持切割氧气调节阀，随时调整火焰和准备发生回火时，切断气源。无论是站姿还是蹲姿，都要重心平稳，手臂肌肉放松，呼吸自然，端平割炬，双臂依切割速度的要求缓慢移动或随身体移动，如图 6-64 所示。割炬的主体应与被割物体的上平面平行。

气割中，如果需要移动身体位置，应预先关闭切割氧气阀门，待身体位置移好后，再将割嘴对准割缝预热进行切割。在切割过程中，由于氧、乙炔气体供应不足、熔嘴堵塞割嘴、嘴头过热等原因，常会发生回火现象，此时应紧急关闭气源。正确的顺序是：先关闭乙炔阀，切断易燃气源，再关闭混合气调节阀。查清原因，处理完毕后再点火继续工作。

⑤ 气割结束。割至终点后，关闭切割氧气阀，同时抬起割炬。若不需继续使用，先关闭乙炔阀，最后关闭混合气调节阀。放松减压器的调压螺杆，关闭乙炔和氧气瓶阀。工作结束后，卸下割炬、减压器，并妥善保管，盘起乙炔、氧气胶管，清理好工作场地。

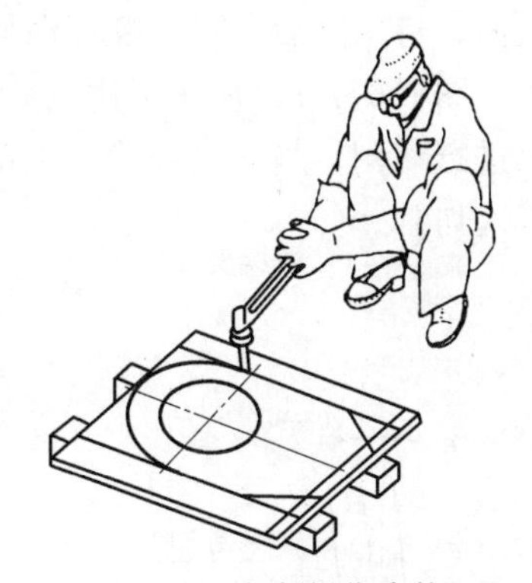

图 6-64　气割操作姿势

6.5.4　气割低碳钢材的操作方法

氧-乙炔气割主要用于切割低碳素钢和低合金钢，广泛用于钢板、型材的下料及焊接前的开坡口，各种外形复杂板材的切割等加工。气割操作过程中，对不同规格尺寸大小的钢材，其具体的气割方法也是不同的，具体有以下几种。

(1) 厚钢板的气割

气割厚度＞50mm 的厚钢板时，操作前，首先应根据气割工件的厚度，通过表 6-32 选择割炬的型号、割嘴的号码及氧气、乙炔气的压力值，然后便可进行后续的切割，气割各主要工序的操作要点如下。

① 点燃割炬，调整火焰。先开启预热氧调节阀，然后再稍许打开乙炔调节阀，待两种气体在割炬中混合后，从割嘴中喷出，用打火机点燃。然后根据切割材料的种类和厚度，调节预热氧和乙炔调节阀，直至获得所需的火焰。调整好预热火焰后，再开启切割氧调节阀，检查切割氧流的形状和长度，直至切割氧流为笔直而清晰的圆柱体，长度一般为工件厚度的 1/3 为止。

② 预热工件。在割件边缘处预热，割嘴沿切割方向后倾 10°～20°，待割件边缘加热成暗红色时，再将割嘴垂直割件表面加热，如图 6-65 所示。

③ 气割。待割件边缘被加热到呈亮红色时，将割嘴向切割方向前倾 20°～30°，慢慢开启切割氧气阀，当割件边缘被割透时，将割嘴逐渐转为垂直割件（钢板）表面方向，开始正常切割；正常切割时，割嘴与割件的距离应保持在 2～4mm 之间，切割速度的大小可由割缝后拖量来调整。本操作实例切割速度为 260mm/min 左右。切割中，要调整好切割氧、乙炔的压力；临近割件终点时，要将割嘴向切割方向后倾 20°～30°，并放慢切割速度，以减少后拖量，使切口较平整，如图 6-66 所示。

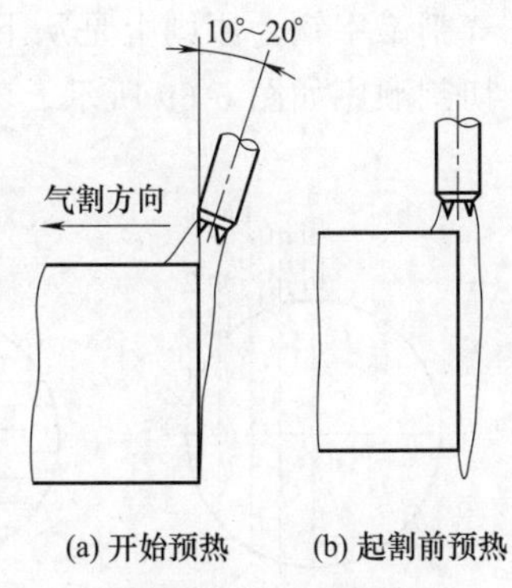

图 6-65　厚钢板的预热

气割到终点时，迅速关闭氧气阀门，并将割炬抬起，再关闭乙炔阀门，最后关闭预热氧气阀门。气割结束后，关闭氧气瓶阀和乙炔瓶阀，并把胶管中的氧气和乙炔气体放掉，拆卸工具。

(2) 管料的气割

管料气割主要有固定管料及转动管料两种切割方式，气割时，预热火焰应垂直于管料的表面，待割穿后，将割嘴逐渐倾斜，直到接近管料的切线方向后，再继续切割。

图 6-67（a）所示为固定管料的气割。气割时从管子的下部开始预热，按切割方向 1 所示进行切割，当切割到管子上部时，关闭切割氧气，将割矩移到管子的下部，沿切割方向 2 再次切割。

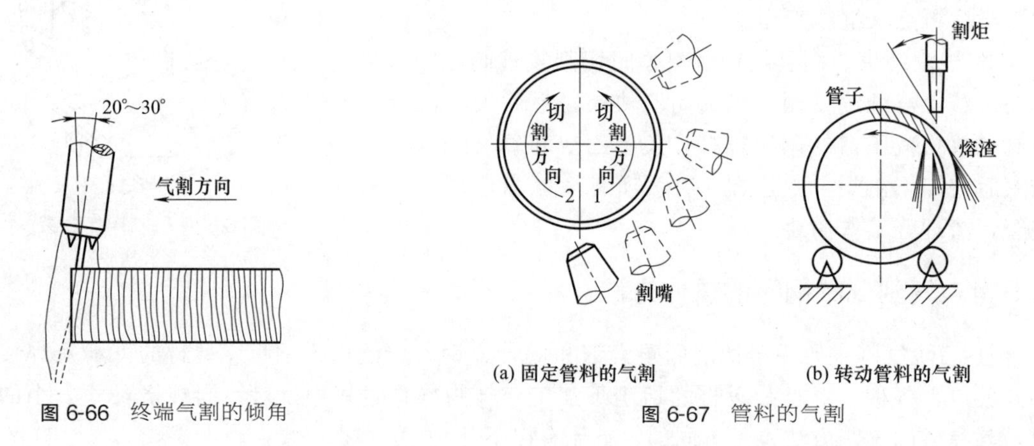

图 6-66 终端气割的倾角

图 6-67 管料的气割

图 6-67（b）所示为转动管料的气割。将管料置于滚轮架上，割嘴偏离管顶一段距离，使熔渣沿管子的内、外壁同时落下。气割时逆时针转动管料。

(3) 圆钢的气割

圆钢气割时，应先从圆钢的一侧预热，预热火焰垂直于圆钢表面。开始气割时，在打开切割氧气阀的同时，将割嘴转为与地面垂直，待割透圆钢后，割嘴向前移动，同时稍作横向摆动，如图 6-68（a）所示。

气割圆钢时，最好一次割完，对大直径圆钢不能一次割透的，可采用分瓣切割，如图 6-68（b）所示。

(4) 工字钢的气割

气割工字钢，原则上是从下向上切割，不至于切割结束时余料坠落，砸坏割炬，发生事故，切割顺序如图 6-69 所示。气割时，割嘴与割面垂直。

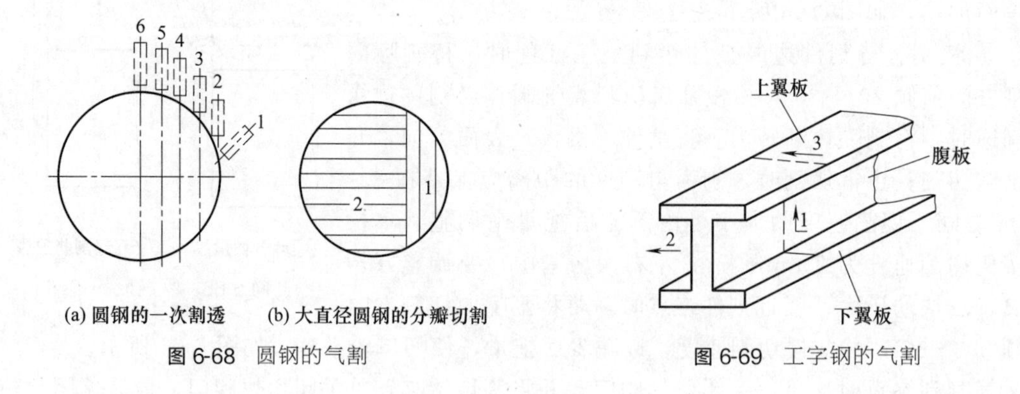

图 6-68 圆钢的气割

图 6-69 工字钢的气割

(5) 坡口的气割

气割加工坡口，一般和下料结合起来进行。气割坡口的方法简单易行、效率高，能满足质量要求。但是切割后，必须清理干净氧化铁残渣。它包括手工气割和半自动、自动气割机切割。其操作方法和工具使用与一般气割相同，只需将单个或多个割嘴在割缝处偏斜成所需角度，就可以开出多种形式的坡口。

半自动和自动气割焊接坡口与一般手工气割比较，气割速度应稍快，预热火焰应适当大些，切割氧气的压力也应稍大。

① Y 形坡口。用半自动气割机，采用两把割炬进行 Y 形坡口的气割，如图 6-70 所示。

图 6-70（a）所示方法，垂直割炬在前，倾斜割炬在后，两割炬的距离 L 由割件厚度决定，见表 6-34 中“第一种方法”。气割时，当倾斜割炬将到起割点时，气割机停止移动，点燃倾斜割炬的预热火焰后再进行气割。

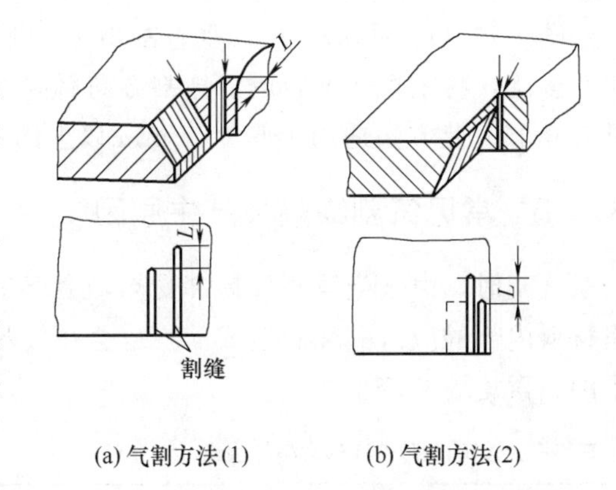

(a) 气割方法(1)　(b) 气割方法(2)

图 6-70　Y 形坡口的气割

◈ 表 6-34　Y 形坡口气割时割嘴间距与割件厚度关系

割件厚度/mm		5～20	20～40	40～60
割嘴号码		1	2	3
割嘴间隔距离 L/mm	第一种方法	35～30	30～25	25～15
	第二种方法	20～5	15～10	10～7

图 6-70（b）所示方法，垂直割炬在前，倾斜割炬在后，前者气割钝边，后者气割坡口，两割炬的距离 L 见表 6-34 中“第二种方法”。气割中，倾斜割炬到起割点时，气割机不需停止移动预热。

② 双 Y 形坡口。用半自动气割机，采用三把割炬同时切割，如图 6-71 所示。

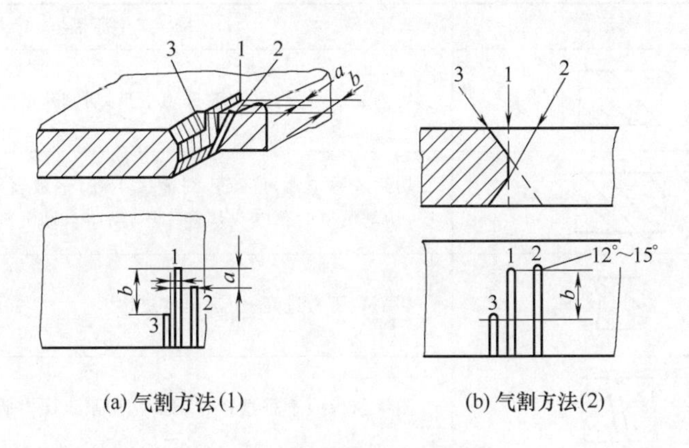

(a) 气割方法(1)　(b) 气割方法(2)

图 6-71　双 Y 形坡口的气割

1—垂直割炬；2，3—倾斜割炬

图 6-71（a）所示方法，垂直割炬 1 在前，倾斜割炬 2、3 在后，间距 a 和 b 由割件厚度确定，见表 6-35。此方法适用于厚度 50mm 以下钢板。

◈ 表 6-35　双 Y 形坡口气割时割嘴间距与割件厚度关系

割件厚度/mm		20	30	40	60	80	100
割嘴间隔距离/mm	a	10～20	8～10	0～2	0	0	0
	b	25	22	20	18	16	16

图 6-71（b）所示方法，垂直割炬 1、倾斜割炬 2 位于同一位置，为防止切割氧射流的相互干扰，将割炬 2 安装成沿气割方向后倾 12°～15°，倾斜割炬 3 位于割炬 1 之后，相距 b，见表 6-35。此方法适用于厚度 50mm 以上的钢板。

6.5.5 常见气割缺陷及产生原因

气割时，由于金属割件局部受热，会产生不均匀的热胀冷缩，引起塑性变形。同时，金属材料内部的应力（轧制造成的）也会在气割时得到释放，引起割件变形。影响割件变形大小的因素见表 6-36。

◈ 表 6-36 影响气割件变形大小的因素

影响因素	变形大小
割件厚度	割件越厚、刚性越大，则变形就越小。反之，薄板气割的变形大
切割速度	切割速度快，割件受热时间短，变形就小。反之，变形就大
预热火焰能率	火焰能率越大，当切割速度不变时，割件的变形也越大
割件表面的杂质	割件表面有氧化皮、铁锈等杂质时，会增加气割时吸收的热量，因而使割件的变形加大
割件切割过程中的刚性	同一割件，采用不同的切割方法，会有不同的刚性。切割过程中，割件的刚性越大，则变形就越小

表 6-37 给出了常见的气割缺陷及其产生原因，充分认识到割件缺陷的产生原因，可针对性地采取措施。

◈ 表 6-37 常见气割缺陷及其产生原因

缺陷名称	图示	产生原因
粗糙		切割氧压力过高；割嘴选用不当；切割速度太快；预热火焰过大
缺口		切割过程中断，重新起割衔接不好；钢板表面有厚的氧化皮、铁锈等；切割坡口时预热火焰能率不足；半自动气割机导轨上有脏物
内凹		切割氧压力过高；切割速度过快
倾斜		割炬与板面不垂直；风线歪斜；切割氧压力低或嘴号偏小
上缘熔化		预热火焰太强；切割速度太慢；割嘴离割件太近
上缘呈珠链状		钢板表面有氧化皮、铁锈
下缘粘渣		从割嘴到钢板的距离太小，火焰太强；切割速度太快或太慢；割嘴号太小；切割氧压力太低

6.6 其他下料方法

在钣金下料加工中，除上述下料方法外，还广泛采用锯切下料、等离子切割、激光气割、水切割及铣切等下料方法。

6.6.1 锯切下料

生产中广泛采用的锯切加工分手工锯切及机械锯切、砂轮切割等。

除手工锯切外，常用的锯切工具还有：手锯、高低速圆盘锯、摩擦锯、金属带锯和弓形摆锯等，一般均为机械锯切，图 6-72（a）、（b）分别为常用的手持风动锯、弓锯机等锯切设备外形。

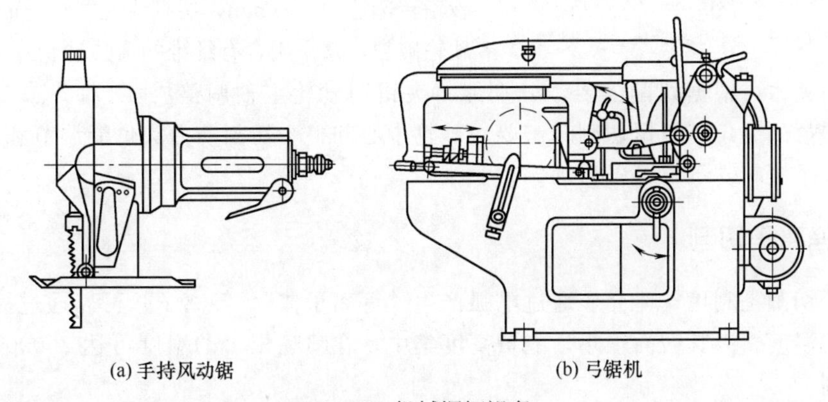

(a) 手持风动锯　　(b) 弓锯机

图 6-72　机械锯切设备

上述锯切设备不仅仅可用于型材的下料，也可用于其他金属材料的切割，锯切材料时，一般可根据锯切材料的性质和尺寸大小选择使用，参见表 6-38。

◈ 表 6-38　各种锯切工具、技术要求及应用范围

<table>
<tr><th>所用工具</th><th colspan="5">技术要求</th><th>应用范围</th></tr>
<tr><td>高速圆盘锯</td><td colspan="5">切削速度≥1700m/min，锯片尺寸 ϕ200mm×32mm×1.5mm，齿数为 104，侧面向心角 15′～20′，前角 8°，后角 45°</td><td>铝、铜等有色金属导管等</td></tr>
<tr><td>低速圆盘锯</td><td colspan="5">切削速度≤31m/min，进给量≤0.4m/min，应有液冷装置</td><td>型钢、方钢等</td></tr>
<tr><td rowspan="2">摩擦锯（砂轮）</td><td colspan="5">型号：G46ZYIXPB，砂轮片尺寸：ϕ300mm×32mm×2mm
速度：2810r/min</td><td>碳钢、不锈钢管、钢型材等</td></tr>
<tr><td colspan="5">型号：G80ZYISPB，砂轮片尺寸：ϕ200mm×32mm×1mm
速度：2810r/min</td><td>小尺寸有色和黑色导管等</td></tr>
<tr><td>金属带锯</td><td colspan="5">纯铜、铝及铝合金等：选斜矩形齿，4 个/in[①]；
黄铜、青铜等：选长锥台形齿，6～8 个/in；
钢：选短锥台形齿，板厚>8mm 时，10～14 个/in；板厚<8mm 时，22 个/in</td><td>板、管、型材，多为条料及样板边缘</td></tr>
<tr><td rowspan="2">弓形摆锯（需液冷）</td><td>钢板</td><td>σ_b<700MPa
σ_b>700MPa</td><td>直径<20mm
直径>33mm</td><td>齿距/in</td><td>6～8
7～10</td><td rowspan="2">型材、棒材、管子等</td></tr>
<tr><td>薄壁钢管
黄铜、铜</td><td>齿距/in</td><td>10
4</td><td>硬青铜</td><td>齿距/in
10～12</td></tr>
</table>

①1in=25.4mm。

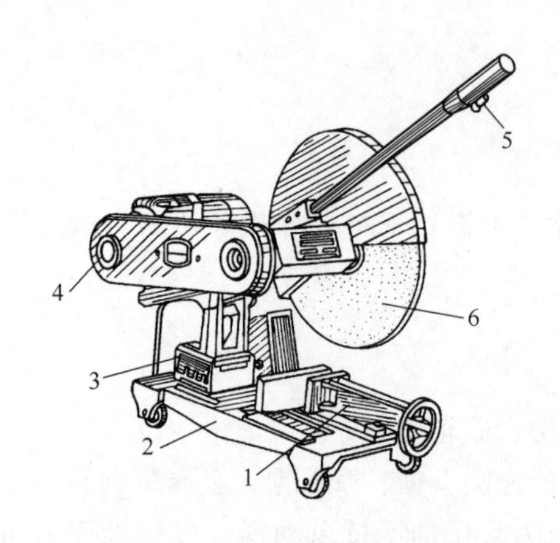

图 6-73 移动式砂轮切割机的结构
1—可转动夹钳；2—底座；3—中心调整机构；
4—切割动力头；5—手柄开关；6—砂轮

砂轮切割机适用于切割角钢、槽钢、扁钢、钢管等型材，尤其适用于切割不锈钢、轴承钢、各种合金钢等材料，它是目前应用最广泛的砂轮切割设备。

图 6-73 给出了移动式砂轮切割机的结构，由切割动力头 4、可转动夹钳 1、中心调整机构 3 和底座 2、手柄开关 5、砂轮 6 等部分组成。由手柄开关 5 控制砂轮旋转进行切割。切割用的砂轮片必须具有很高的线速度和较小的厚度。

切割动力头由电动机、V 带传动和砂轮片组成。通常使用的砂轮片直径为 300～400mm，厚度为 3mm，砂轮转速达 2900r/min，切割线速度达 60m/s。为防止砂轮破裂，常采用含有纤维的增强砂轮片。

可转动夹钳可根据切割需要，分别能将夹钳与砂轮主轴调整成 0°、15°、30°、45°的夹角，或者任意的夹角，根据切割时需要，砂轮中心和整个切割动力头也能调节和旋转。整个砂轮机由 4 个滚轮支承，可以移动。

6.6.2 等离子切割

等离子切割是利用气体介质通过电弧产生“等离子体”。等离子弧可以通过极大的电流，具有极高的温度，因其截面很小，能量高度集中，在喷嘴出口的温度可达 20000℃，可以进行高速切割。

等离子弧按电源连接方式分为转移型和非转移型两种形式，参见图 6-74。转移型电弧是在电极和工件之间燃烧，水冷喷嘴不接电源，仅起冷却压缩作用。非转移型电弧是在电极和喷嘴之间燃烧，水冷喷嘴既是电弧电极，又起冷却压缩作用，而工件不接电源，因此非转移型等离子弧又称为等离子焰。

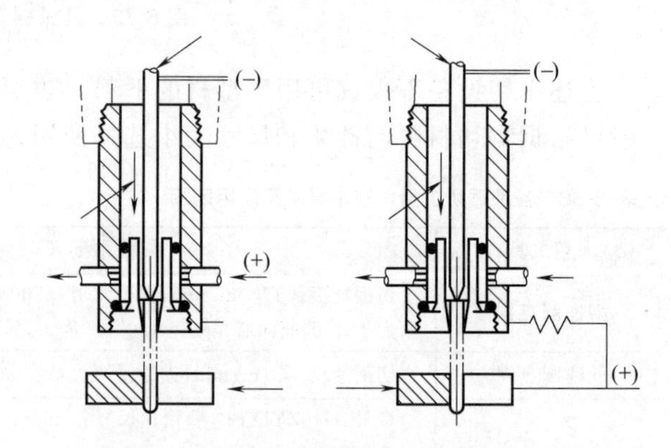

图 6-74 等离子切割的形式

常用等离子弧的工作气体是氮、氩、氢，以及它们的混合气体等。根据它们切割的工作过程及原理的不同，又可分为双气流等离子气割、水压等离子气割、空气等离子气割等。

(1) 等离子切割的应用

等离子切割一般是用来切割不能或不允许采用气割方法的材料，其切割效率比氧气切割高 3 倍以上，切割厚度可达 150～200mm，能切割一般氧气所不能切割的不锈钢、耐热钢、铝、铜、镍、钨、钼、钛、铸铁及其合金等金属，也可用于切割花岗石、碳化硅、耐火砖、混凝土等非金属材料。

切割时，等离子切割电流与切割间隙的关系可参见表 6-39。

◇ 表 6-39　切割电流与切割间隙的关系

切割电流/A	20	60	120	250	500
切割间隙/mm	1.0	2.0	3.0	6.5	9.0

(2) 等离子切割的操作要点

① 等离子气体种类的选择。目前等离子切割在生产中，通常采用氢气、氮气和氩气混合、氮气和氢气混合、氩气和氢气混合以及压缩空气等。由于离子气的导热性越好，等离子弧的温度越高；离子气的相对原子或分子质量越大，越易于排除割口处熔化的金属。因此，离子气的选择可依据切割材料的性质要求而确定。

氢气导热性好，切割速度快，但其分子质量轻，排除熔体功能差，致使割口粗糙；氩气导热性差，切割速度较慢，但其原子质量大。因此，将氢气与氩气混合使用切割效果最好，可切割薄板、中厚板及厚板的有色金属或化学活泼性强的材料。

氮和氩混合气体的效果次之。氮和氢混合气体比单一氮气可提高热效应，加速切割速度，可用于较厚板的碳钢切割。但要求氮气纯度应在 99.5%以上，否则，钨极烧损加剧，切割质量降低。

由于空气中含有大量的氮，氮气易得价廉，我国实际生产中常利用空气中的氮气作为切割气体，广泛用于中等厚度以下碳钢等的切割。

② 喷嘴距工件高度。随喷嘴到工件距离增加，弧柱有效热量减少，并对熔融金属的吹力减弱，引起切口下部熔瘤增多，切割质量明显降低。当距离过小时，喷嘴与工件间易短路而烧坏喷嘴。因此，电极在喷嘴内缩进量通常为 2～4mm 时，喷嘴距离工件的高度一般在 6～8mm，空气等离子切割和水压等离子切割时还可以略小。

③ 极性的选择。当被切割材料厚度较大时，一般选择直流正接，即电极接负极，被切割材料接正极。将电极接负极，喷嘴接正极，能量不如正接电弧集中，但比较容易控制，常用于切割较薄的材料或金属喷涂，也可用于各种非金属材料的切割。

④ 电极的选择。常用的有钍钨电极和铈钨电极。钍是一种放射性的元素，对人的健康有害。铈钨极具有使用寿命长、无放射性的特点，有替代钍钨极的趋势。

⑤ 等离子切割割炬的选择。气割所使用割炬的喷嘴结构如图 6-75 所示，大多采用圆柱形、圆锥形等单孔型或多孔型扩散型孔道，多孔型孔道可使等离子弧在喷嘴外得到二次压缩，提高等离子弧刚性及切割质量。

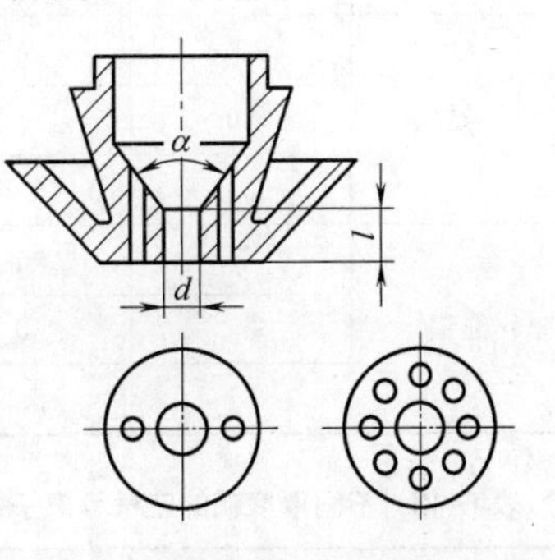

(a) 双孔道焊喷嘴　(b) 多孔道割喷嘴

图 6-75　喷嘴结构

割炬径向进气有利于提高喷嘴的使用寿命，增大孔道比（l/d）和减小孔道直径 d，更有利于压缩等离子弧。通常，喷嘴孔径的大小取决于等离子弧直径的大小，应根据电流和离子气流量决定，参见表 6-40，并且孔径 d 确定时，孔长度 l 增大，则压缩作用增强。

◇ 表 6-40　切割喷嘴参数与许用电流的关系

孔径/mm	孔道比(l/d)	许用电流/A	孔径/mm	孔道比(l/d)	许用电流/A	备注
0.8		约 14	2.8		240	
1.2		约 80	3.0		约 280	
1.4	2.0～2.5	约 100	3.5	1.5～1.8	380	转移型电弧；喷嘴材料为纯铜；壁厚为 2～2.5mm
2.0		约 140	6.0		＞400	
2.5		约 180	6.0～5.0		＞450	

(3) 等离子切割的工艺参数

表 6-41～表 6-43 给出了各种不同厚度材料的不同切割方法工艺参数。

◈ 表 6-41 不同材料的一般等离子切割工艺参数

材料	厚度 /mm	喷嘴孔径 /mm	空载电压 /V	切割电流 /A	切割电压 /V	切割速度 /(cm/min)	氮气流量 /(L/min)
不锈钢	8	3	160	185	120	75～84	35～39
	20	3	160	220	125	53～67	32～37
	30	3	230	280	140	58～67	45
铝及铝合金	12	2.8	215	250	125	140	74
	21	3.0	230	300	130	125～133	74
	34	3.2	240	350	140	58	74
纯铜	5	—	—	310	70	157	24
	18	3.2	180	340	84	50	28
	38	3.2	252	304	106	19	26
低碳钢	50	7	252	300	110	17	17.5

◈ 表 6-42 不同材料的水压等离子切割工艺参数

材料	厚度 /mm	喷嘴孔径 /mm	压水流量 /(L/min)	氮气流量 /(L/min)	切割电压 /V	切割电流 /A	切割速度 /(cm/min)
低碳钢	3	3～4	2～1.7	52～78	145～140	260	500
	6	3～4	2～1.7	52～78	160～145	300～380	380
	12	4～5	1.7	78	155～160	400～550	250～290
	51	5.5	2.2	123	190	700	60
不锈钢	3	4	1.7	78	140	300	500
	19	5	1.7	78	165	575	190
	51	5.5	2.2	123	190	700	60
纯铝	3	4	1.7	78	140	300	572
	25	5	1.7	78	165	500	203
	51	5.5	2	123	190	700	102

◈ 表 6-43 不同厚度钢的空气等离子切割工艺参数

材料	厚度 /mm	喷嘴孔径 /mm	空气流量 /(L/min)	空载电压 /V	切割电压 /V	切割电流 /A	切割速度 /(cm/min)
不锈钢	8,6,5	1.0	8	210	120	30	20,38,43
碳钢	8,6,5	1.0	8	210	120	30	24,42,56

6.6.3 激光切割

激光切割是一种将激光束和气体束同时聚焦在工件表面上对材料进行切割的方法。由于激光切割无毛刺，没有热应力变形，精度高，割缝细，割缝质量优于等离子切割和火焰切割。另外，激光切割属于无接触加工方式，对加工材料不施加外力，故不会对板材造成变形。因此，在现代钣金加工业中，很多零件经过激光切割后就可以直接用于装配，不需要零件的后续处理。

激光切割特别适用于异形轮廓的切割，省却了模具投入费用，节省了加工费用，降低了产品制造成本，减少了模具的库存和保养费用，激光切割过程中的噪声也大大低于模具加工方式，且激光切割的适应性更强，可以切割工业上常用的各种金属板材，可以切割各种硬度的材料，还可以切割各种非金属板材。此外，激光切割的过程容易实现计算机控制，柔性控制更方便。切割图形读入CAD/CAM软件后，经过套料、排料等工艺编程后将自动生成切割程序，控制数控机床实行切割。尽管激光切割机价格较贵，但从总体上讲是经济的，并可替代模具冲切下料加工，目前，在钣金加工业中获得较为广泛的应用。

(1) 激光切割基本原理

图6-76所示为激光切割原理图。通过利用一个连续功率为0.25～16kW的激光器或频率为100Hz以上的脉冲激光器，再由光学系统将光束聚焦成一个直径为0.01mm或更小的光斑点，从而获得108～10^{10}W/cm^2的能量密度和10000℃的高温。

该聚焦后的焦点无论照射在怎样坚硬材料的工件表面，工件表面一旦吸收能量后，都将在小于10^{-3}s的瞬间使材料局部迅速熔化或气化，熔化后未气化的液态金属或非金属，再通过吹入氧气束升温并清除干净。

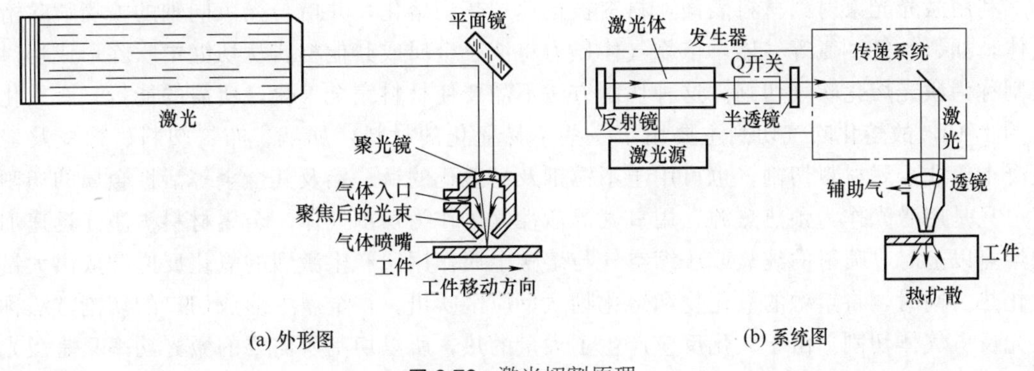

(a) 外形图 (b) 系统图

图6-76 激光切割原理

根据工件材料的性质，也可采用吹氮、氢、二氧化碳、氩或压缩空气等辅助气流排除切口液态金属，并保护切割表面。同时，精确控制光斑尺寸和焦点至切割表面的距离，还可获得光整的切断面。

(2) 激光切割的特点

由于激光光束聚焦性好，光斑小，激光切割的加热面积只有氧气切割的1/1000～1/10，所以氧化范围极为集中，切口细小，可以进行精密切割。例如采用150W的激光反应气体切割低碳钢时，当氧气流量为10L/min时，热影响区宽度为1.0mm，切口宽度约0.6mm。

激光切割后的切缝有一定的锥度，且表面会留下很浅的热影响层，但与其他切割方法比较，切割同等厚度的同种材料，利用激光切割速度最高，切缝宽度最小。

一般说来，同等厚度同种材料的切割辅助气体活性越大，压力越大，切缝宽度越小；若焦点位于材料表面下方的1/3板厚处时，切割深度最大，切缝宽度最小；激光光束与喷气嘴气流同轴度越高，切缝宽度越小，切割质量越高，为此，对激光切割的切口质量一般均采用数控技术进行控制。

激光切割一般用于难切割金属的切割，其成本比等离子切割可降低75%，若用1000W

的 CO_2 气体激光切割石英管，其成本比用金刚石砂轮切割低 40%。同时，由于激光光斑极小，切口狭小，也可节省材料。

此外，由于激光的传输特性，利用一台激光器可同时服务于几个工作台，将整个切割过程实现 CNC 数字控制，不需装夹固定即可进行二维或三维切割，能切割任意形状的零件，且噪声相对较小。目前，由 CNC 控制或制成切割机器人的大型激光切割机，已作为一种精密制造方法，应用于所有材料的切割，不仅可切割小轿车顶窗、飞机蒙皮等空间曲线的合金材料、复合材料、氮化硅等硬脆材料，以及塑料、橡胶等柔软材料，还可以进行服装剪裁。

(3) 激光切割的应用

根据激光的不同切割机理，可将其分为蒸发气化切割、熔化吹气切割、反应气体切割等多种切割方法。不同的切割方法，其主要应用也有所不同。

利用激光光束射到金属材料表面，材料沿高能量密度激光束的轨迹，立即被加热到沸点以上产生金属蒸气而急剧气化，并以蒸气的形式由切口喷出逸散，且在蒸气快速喷出的同时形成切口的切割称为激光蒸发气化切割。由于材料的气化热一般很大，所以蒸发气化切割需要很大的功率和功率密度。

激光蒸发气化切割多用于极薄金属材料的切割，也可用于非金属材料的切割，如切割木材、塑料等材料，它们在加热中几乎不会熔化就直接气化切割完毕。

利用激光光束射到材料表面，材料被迅速加热到熔化，并借与光束同轴的喷嘴喷吹惰性气体，如氩、氦、氮等气体，依靠气体压力将液态金属或其他材料从切缝中吹除形成切口的切割称为激光熔化吹气切割。这种切割方法不需要使材料完全气化，所需的能量只有气化切割的 1/10，故熔化吹气切割主要用于一些不易氧化的材料，如纸、布、塑料、橡皮及岩石混凝土等非金属材料切割，也可用于不锈钢及易氧化的钛、铝及其合金等活性金属的切割。

只是用激光作为预热热源，用氧气等活性气体作为切割气体。金属材料被激光迅速加热到熔点以上时，喷射的纯氧或压缩空气与熔融金属作用，产生激烈的氧化反应并放出大量的氧化热。同时，将熔融的氧化物和熔化物从反应区吹出，在金属中形成切口的切割方法称为激光反应气体切割。由于氧化反应产生了大量的热，所以切割所需要的激光功率只是激光熔化切割的 1/2，而切割速度远远大于激光熔化切割和气化切割。

激光反应气体切割多用于碳钢、钛钢、热处理钢和铝等易氧化金属材料的切割。目前广泛采用大功率 CO_2 气体激光器切割，其输出功率大（可达 100kW），且连续稳定，因而，可切割钢板、钛板、石英、陶瓷、塑料及木材等，切割金属材料的厚度可从薄板到 10mm 左右，切割非金属材料可达几十毫米。

表 6-44 给出了激光切割的性能。

(4) 激光切割的安全保护

激光切割机使用的激光器大都是大功率激光器件，属于高危险、高功率的激光产品，其发射的光波多以可见光或接近红外不可见波长工作。在使用和操作这类激光器的时候要特别注意自身的防护和安全。

由于激光束的高方向性和高亮度性的特点，照射到可燃物质上会立即引起燃烧，直接照射到人体皮肤上面就会造成严重的皮肤灼伤，且很难愈合。在切割过程中，通过切割材料的反射激光束对人体一样有很大的危害。这种激光束无论通过什么方式一旦照射到眼睛，经过聚焦后到达眼底的辐照度可以增大几万倍，从而造成对眼睛的严重伤害（主要是角膜烧伤或网膜烧伤），而且是不可恢复的永久性损伤。所以在使用和操作激光器或激光切割机的时候，操作者一定要佩戴激光防护眼镜，按照激光器或激光切割机使用说明书的要求，关闭所有可能泄漏激光辐射的防护门窗，以防激光辐射对人体的伤害。

◎ 表6-44 激光切割的性能

金属	厚度/mm	功率/kW	切割速度/(mm/s)	金属	厚度/mm	功率/kW	切割速度/(mm/s)
钢	1.3	0.5	60	镍合金	1.5	0.85	38
	1.6	0.5	41		3.2	6.0	50
	2.3	0.6	30	钛	1.0	0.23	82
	3.2	6.0	68		5.1	0.6	55
	16.8	6.0	19		31.8	3.0	21
	54	6.0	5.5		50	3.0	8.5
不锈钢	0.3	0.35	73	铝	3.2	6.3	42
	1	0.5	28		6.4	6.8	17
	2.3	0.6	30		12.7	5.7	13
	3.2	3.0	42		—	—	—

除了激光束本身的伤害以外，还有一些其他的潜在危害。激光器的工作电压属于高电压，电击也是一个主要的危害。

此外，一些材料在激光加工受热或燃烧时会发生化学变化并散发有毒的气体（或者其他形式，如烟、微粒），这些材料包括PVC（聚氯乙烯塑料）、聚碳酸酯材料和不同类型的玻璃纤维复合材料，这些气体可能会对人体造成危害，操作者对此要特别引起高度重视，必要的情况下应佩戴防毒面具。并注意在激光工作区域有适当的通风和排气措施。

6.6.4 高压水切割

高压水切割又称高压水射流切割、水刀切割，是目前世界上先进的切割工艺方法之一。它优于火焰切割、等离子加工、激光加工、电火花加工、车铣刨加工等切割加工技术，同时，水切割不会产生有害的气体或液体，不会在工件表面产生热量，是真正的多功能的、高效率的、冷切割加工，但加工设备昂贵。其切割原理是将水压增至超高压100～400MPa，经节流小孔（ϕ0.15～ϕ0.4mm），使水压热能转变为射流动能（流速高达900m/s）后，再用这种高速密集的水射流进行切割。

高压水切割分加磨料切割和不加磨料切割两种，其中，磨料切割是再往水射流中混入磨料粒子，经混合管形成磨料射流进行切割，水射流作为载体使磨料粒子加速，由于磨料质量大、硬度高，因此，磨料水射流较水射流的射流动能更大，切割效能更强，但切割间隙增大，切割嘴寿命降低。

(1) 高压水切割机的组成

高压水切割机是利用高压水流切割的机器设备，主要由以下部分组成：高压水泵（产生高压水的核心设备）、CNC运动控制平台（简称加工平台，相当于一大型的三轴立铣，只是其放工件的台面是一水箱，水箱中装满水，以缓解高压水射出的冲力）、磨料存放器、传输系统及开关水控制系统等。

(2) 高压水切割的特点

目前的高压水切割设备均是微机控制或由工业机器人操作，可实行五轴联动，重复精度可达±0.05mm。应用水切割具有以下优点：

① 切割金属的粗糙度达 1.6μm，切割精度达±0.10mm，可用于精密成形切割；

② 在有色金属和不锈钢的切割中无反光影响和边缘损失；

③ 碳纤维复合材料、金属复合材料、不同熔点的金属复合体与非金属的一次成形切割；

④ 低熔点及易燃材料的切割，如纸、皮革、橡胶、尼龙、毛毡、木材、炸药等材料；

⑤ 特殊的场地和环境下切割，如水下、有可燃气体的环境；

⑥ 高硬度和不可溶的材料切割，如石材、玻璃、陶瓷、硬质合金、金刚石等。

水切割属于冷态切割，切割过程中无化学变化，具有对切割材质理化性能无影响、无热变形现象发生的特点，但当切割坯料长宽比比较大时，由于被切割材料内应力的存在，也存在一定的弯曲现象，需要后续工序的校正。

采用高压水切割时，初始切割噪声偏大，正常切割噪声较小，无粉尘出现。切割料厚 65mm 的不锈钢 316L 时，其穿孔时间为 28s，切割的最小剩余宽度可达 0.15mm，工艺损失极小。

高压水切割的速度较快，对料厚 $t=3$mm Q235 板的切割速度为 1000mm/min，但切割速度随切割厚度的增加而降低，且曲线切割速度低于直线切割速度，对于不锈钢，则随碳含量的降低而提高，表 6-45 给出了高压水切割不锈钢的切割速度。

◎ 表 6-45 高压水切割不锈钢的切割速度

切割厚度/mm		4～6	10～12	14～16	18～20	22～24	30	65
切割速度/(mm/min)	304	600	380	300	280	220	95	
	316L	630	400	320	300	240	110	25

(3) 高压水切割的应用

水切割是非热源的高能量射流束加工，具有切缝窄、精度高、切面光洁、清洁无污染等优点，可以切割各种金属、非金属材料，各种硬、脆、韧性材料，如钛镍合金、陶瓷、玻璃、复合材料等。

由于切割中无热过程，材料无热效应（冷态切割），因此，特别适用于各种热切割方法难以胜任或不能加工的材料（如不锈钢、钛及钛合金等），及常规切割困难或无法加工的材料（如玻璃、陶瓷、复合材料、反光材料、化纤、热敏感材料等）。

又由于切割过程中，无尘、无味、无毒、无火花、振动小、噪声低，因而特别适合恶劣的工作环境和有防爆要求的危险环境。

(4) 高压水切割的安全操作

高压水射流切割时的主要安全技术问题是防止高压水射流及其飞溅水珠的冲击、噪声及触电等。

高压水射流具有很大的冲击力，直接喷射到人体上将造成很大的伤害。即使是采用水射流进行冲洗或剥离加工，压力为 25MPa 左右的水射流也能贯穿人体；而切割加工所用的水压力高达 196～294MPa，这种高压水射流很容易切断人骨。另外，如果反冲飞散出的水珠射入人眼，也会使眼睛受到损伤。因此，必须防止高压水射流喷射到人体上，可以采取以下安全措施：

① 在高压水射流切割区的周围应设置隔离屏，以防止加工过程中人体遭受喷出的水射流及飞散的水珠的冲击作用；

② 检查或更换切割喷嘴时，必须把高压水的压力释放到安全程度，否则不可进行操作，以免发生事故；

③ 操作人员至少要戴防护镜，最好戴防护面罩。

此外，高压水射流加工时，初始切割时，在空气中会产生较大的噪声，应注意防止。

6.6.5　铣切下料

铣切下料是利用高速旋转的铣刀将成叠摞在一起的板料，按号料样板沿一定的曲率进行铣切的方法。它适用于曲线外形、孔口较多、数量较大的大型尺寸零件的展开下料，既可保证产品质量、降低成本，又可提高工作效率。

(1) 铣切加工原理

铣切加工设备主要有钣金铣床、回转臂铣床。根据铣切设备的不同，铣切加工的原理也有所不同。

① 叠料立铣。叠料立铣加工时，将板料成叠摞放在钣金铣床上，参见图6-77（a）。把板料5和铣切样板4用弓形夹3夹紧，形成“料夹”。当铣刀1高速转动后，推动料夹，靠弓形夹底座在台面6上移动，使铣切样板紧靠靠柱2移动，板料则被铣刀铣切。因铣刀直径和靠柱直径相等，所以铣出的零件外形与铣切样板相同。

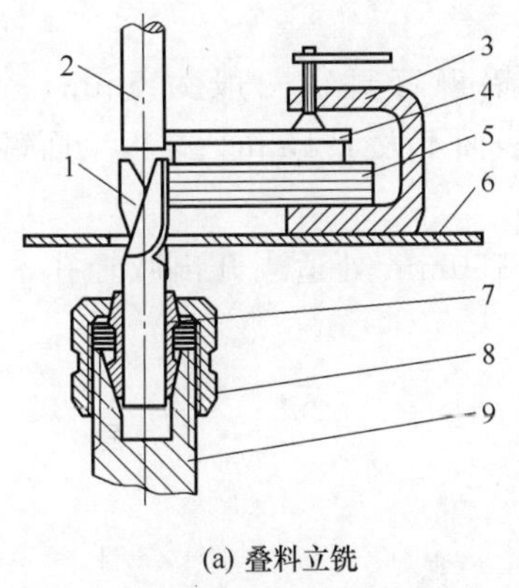

(a) 叠料立铣

1—铣刀；2—靠柱；3—弓形夹；
4—铣切样板；5—板料；6—台面；
7—夹头；8—紧固螺母；9—主轴

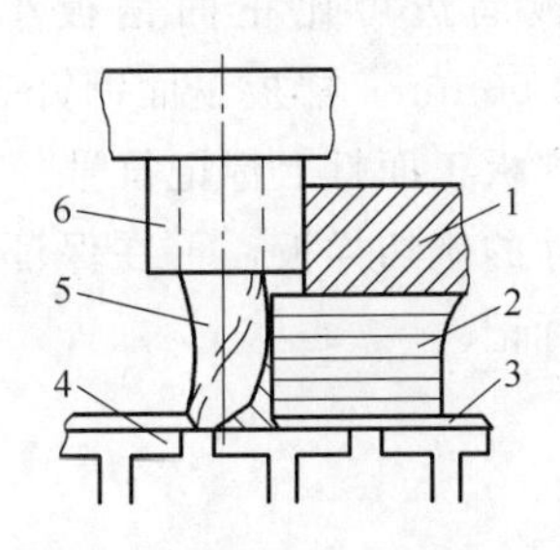

(b) 叠料回转铣

1—铣切样板；2—板料；3—层板；
4—工作台；5—铣刀；6—靠柱

图6-77　板料成叠铣切

② 叠料回转铣。叠料回转铣加工时，将成叠的板料压紧在台面上，如图6-77（b）所示，把板料2和铣切样板1固定在机床台面上，工作时，靠柱6不旋转仅与样板1表面接触进行导向，铣刀5则作高速旋转进行铣切，即可铣出与样板外形相似而尺寸稍大的毛料。

(2) 铣切样板的制作

铣切样板是保证铣切加工件质量的关键，其制作因使用铣切设备的不同而有所不同。

① 钣金铣床用铣切样板。钣金铣床用铣切样板一般正面采用2～4mm厚的硬铝板和10mm厚的层板铆接而成。其工作尺寸及形状应按零件的展开样板或展开件制造，其中正面铝板外形允许比所依据的展开样板大0.2mm，层板外形允许比铝板外形小0.2mm；铆钉直径为4～5mm，铆接边距为15mm，间距为50mm。

为有利于铣切样板的安装及保管，样板的正反两面均不允许铆钉头凸出，样板正面应打上标记符号。

② 回转臂铣床用铣切样板。回转臂铣床用铣切样板按材料不同可分两种：一种是用整块精制层板制造；另一种是用厚度为 3～5mm 的硬铝板与层板铆接而成。其工作部分的形状应按展开样板或展开件制造，但在尺寸上要考虑靠柱与铣刀尺寸的差值 $\Delta=1/2(D-d)$，如图 6-78 所示，即铣切外形及内孔时，样板的工作部分尺寸应按样板的外形均匀缩小 Δ。

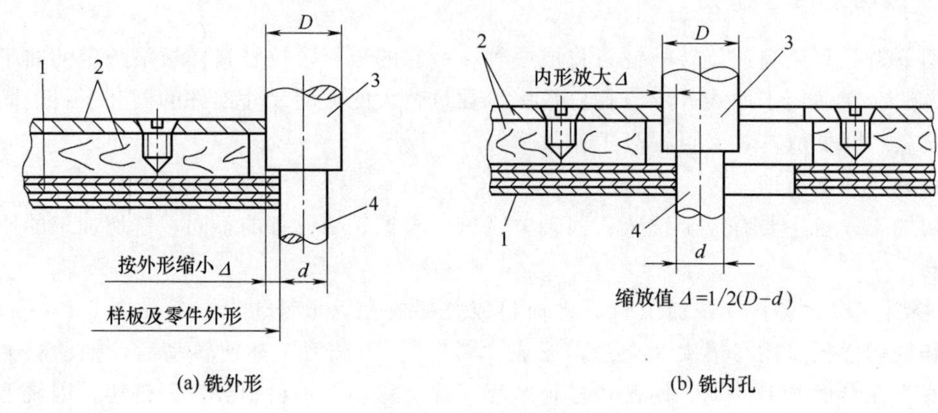

图 6-78　铣切样板

1—零件；2—铣切样板；3—靠柱；4—铣刀

此外，层板周边可比正面钢板小 0.5mm；铝铆钉直径一般为 5mm，铆接边距为 15mm，间距为 50mm。样板正面铆钉头允许凸出表面不大于 1mm，样板反面铆钉头不允许凸出表面，且样板正面打上标记符号。

对于大尺寸的铣切样板，可在保证边距 100～150mm 处适当开出减轻孔，并醒目地注明“减轻孔”标记。

参考文献

[1] 钟翔山. 钣金加工实用手册 [M]. 北京：化学工业出版社，2012.

[2] 钟翔山. 冷作钣金工实用技能手册 [M]. 北京：金盾出版社，2014.

[3] 钟翔山，等. 实用钣金操作技法 [M]. 北京：化学工业出版社，2012.

[4] 陈忠民. 钣金工操作技法与实例 [M]. 上海：上海科学技术出版社，2009.

[5] 王孝培. 实用冲压技术手册 [M]. 北京：机械工业出版社，2001.

[6] 李占文. 钣金工操作技术 [M]. 北京：化学工业出版社，2009.

[7] 杨国良. 冷作钣金工 [M]. 北京：中国劳动社会保障出版社，2001.

[8] 钟翔山. 图解钣金工入门与提高 [M]. 北京：化学工业出版社，2013.

[9] 王爱珍. 钣金技术手册 [M]. 郑州：河南科学技术出版社，2007.

[10] 吴洁，等. 冷作钣金工实际操作手册 [M]. 沈阳：辽宁科学技术出版社，2006.

[11] 夏巨谌，等. 实用钣金工 [M]. 北京：机械工业出版社，2002.

[12] 钟翔山. 钣金加工实战技巧 [M]. 北京：化学工业出版社，2018.

[13] 孙凤翔. 钣金展开图画法及典型实例 [M]. 北京：化学工业出版社，2015.

[14] 霍长荣，等. 钣金下料常用技术 [M]. 第2版. 北京：机械工业出版社，2015.

[15] 王振强. 钣金展开计算法 [M]. 第2版. 北京：机械工业出版社，2014.

[16] 杨玉杰. 钣金展开放样技巧与精通 [M]. 北京：机械工业出版社，2019.